PRODUKTIONSWIRTSCHAFT UND INDUSTRIEBETRIEBSLEHRE

Herausgegeben von Prof. Dr. Jörg Schlüchtermann, Bayreuth

Band 20
Johannes Siebert
Modellierung komplementärer Interaktionen – Konzeption eines innovativen Ansatzes in der multiattributiven Nutzentheorie
Lohmar – Köln 2009 • 244 S. • € 56,- • ISBN 978-3-89936-858-1

Band 21
Rainer-Johannes Wolf
Risikoorientiertes Netzwerkcontrolling – Bestimmung der Risikoposition von Unternehmensnetzwerken und Anpassung kooperationsspezifischer Controllinginstrumente an die Anforderungen des Risikomanagements
Lohmar – Köln 2010 • 460 S. • € 69,- • ISBN 978-3-89936-888-8

Band 22
Reiner Meierbeck
Strategisches Risikomanagement der Beschaffung – Entwicklung eines ganzheitlichen Modells am Beispiel der Automobilindustrie
Lohmar – Köln 2010 • 472 S. • € 72,- • ISBN 978-3-89936-977-9

Band 23
Tobias Metze
Supply Chain Finance – Die wertorientierte Analyse und Optimierung des Working Capital in Supply Chains
Lohmar – Köln 2010 • 360 S. • € 64,- • ISBN 978-3-89936-981-6

Band 24
Christoph Hardt
Rohstoffpreisrisikomanagement in industriellen Supply Chains – Dargestellt am Beispiel der Automobilindustrie
Lohmar – Köln 2011 • 412 S. • € 67,- • ISBN 978-3-8441-0075-4

JOSEF EUL VERLAG

Rohstoffpreisrisikomanagement in industriellen Supply Chains
Strategie, Analyse, Handhabung und Kontrolle
mit Fokus auf die Automobilindustrie

Dissertation
zur Erlangung des Grades eines Doktors der Wirtschaftswissenschaften
der Recht- und Wirtschaftswissenschaftlichen Fakultät
der Universität Bayreuth

Vorgelegt
von
Christoph Hardt
aus Würzburg

Dekan: Prof. Dr. Markus Möstl

Erstberichterstatter: Prof. Dr. Jörg Schlüchtermann

Zweitberichterstatter: Prof. Dr. Klaus Schäfer

Tag der mündlichen Prüfung: 10. August 2011

Reihe: Produktionswirtschaft und Industriebetriebslehre · Band 24

Herausgegeben von Prof. Dr. Jörg Schlüchtermann, Bayreuth

Dr. Christoph Hardt

Rohstoffpreisrisikomanagement in industriellen Supply Chains

Dargestellt am Beispiel der Automobilindustrie

Mit einem Geleitwort von Prof. Dr. Jörg Schlüchtermann, Universität Bayreuth

EUL VERLAG

Bibliografische Information der Deutschen Nationalbibliothek

Die Deutsche Nationalbibliothek verzeichnet diese Publikation in der Deutschen Nationalbibliografie; detaillierte bibliografische Daten sind im Internet über <http://dnb.d-nb.de> abrufbar.

Dissertation, Universität Bayreuth, 2011, unter dem Titel: Rohstoffpreisrisikomanagement in industriellen Supply Chains – Strategie, Analyse, Handhabung und Kontrolle mit Fokus auf die Automobilindustrie

ISBN 978-3-8441-0075-4
1. Auflage September 2011

JOSEF EUL VERLAG GmbH
Brandsberg 6
53797 Lohmar
Tel.: 0 22 05 / 90 10 6-6
Fax: 0 22 05 / 90 10 6-88
E-Mail: info@eul-verlag.de
http://www.eul-verlag.de

Bei der Herstellung unserer Bücher möchten wir die Umwelt schonen. Dieses Buch ist daher auf säurefreiem, 100% chlorfrei gebleichtem, alterungsbeständigem Papier nach DIN 6738 gedruckt.

Geleitwort

In den letzten Jahren mussten auf zahlreichen Rohstoffmärkten hohe Volatilitäten oder zumindest erhebliche Preissteigerungen beobachtet werden. Die dadurch entstehenden Risiken sind nicht nur für Einzelunternehmen relevant, sie haben auch eine große Bedeutung für das Supply Chain Management, also die Koordination von Waren-, Informations- und Finanzströmen über Unternehmensgrenzen hinweg. Zwar treffen Rohstoffpreissteigerungen im Regelfall zunächst nur die ersten ein oder zwei Stufen in einer industriellen Wertschöpfungskette. Wenn diese Preissteigerungen aber nicht einfach in Form von Preiserhöhungen an den Endverbraucher weiter gereicht werden können, entsteht finanzieller Druck auf alle Kettenglieder. Es stellt sich daher die Frage, ob und wie die durch Rohstoffpreissteigerungen entstehenden, bisweilen existenzgefährdenden Risiken als Herausforderung für die gesamte Kette aufgefasst und behandelt werden sollten.

Im Supply Chain Management (SCM) gibt es seit Jahren die viel beachtete These, dass sich durch zunehmende Spezialisierung der Unternehmen sowie der dadurch erfolgten Reduktion der Wettschöpfungstiefe der Wettbewerb von der Ebene der Einzelunternehmen auf die Ebene der Ketten verlagert. Folgt man dieser Konzeption, ist es quasi unausweichlich, dass Risikomanagement auch ein SCM-Thema wird. Vor diesem Hintergrund hat sich die Dissertation von Herrn Christoph Hardt zum Ziel gesetzt, Möglichkeiten und Grenzen eines unternehmensübergreifenden Risikomanagements auszuloten. Herr Hardt fokussiert seine Arbeit auf das Management von Rohstoffpreisrisiken, weil diese im Vergleich zu anderen Risiken die größten unmittelbaren finanziellen Auswirkungen nach sich ziehen. Um den empirischen Teil beherrschbar zu halten, wird der Untersuchungsgegenstand zudem auf die Automobilindustrie eingegrenzt. Im Rahmen der vorgelegten Arbeit kann er sowohl wichtige Einsichten in den empirischen Umsetzungsgrad eines wertschöpfungskettenübergreifenden Rohstoffpreisrisikomanagements gewinnen als auch konzeptionelle Vorschläge unterbreiten, wie die Unternehmen Maßnahmen zur Beherrschung von Rohstoffpreisrisiken verwirklichen können. Das Buch richtet sich daher an Wissenschaftler aus den Themenkomplexen Risikomanagement und Supply Chain Management und zugleich Entscheidungsträgern der Praxis, die in ihrem Bereich das noch junge Thema des unternehmensübergreifenden Risikomanagements ausbauen wollen.

Bayreuth, im August 2011 *Prof. Dr. Jörg Schlüchtermann*

Vorwort

Diese Arbeit entstand in meiner Zeit als externer Doktorand am Lehrstuhl für Produktionswirtschaft und Industriebetriebslehre an der Wirtschaftswissenschaftlichen Fakultät der Universität Bayreuth unter der Leitung von Prof. Dr. Jörg Schlüchtermann.

Viele Menschen haben mich während meiner Dissertationszeit unterstützt, denen ich an dieser Stelle meinen Dank aussprechen möchte.

Danken möchte ich meinem Doktorvater Herrn Prof. Dr. Jörg Schlüchtermann für die wissenschaftliche Betreuung der Arbeit. Er hat mir während des Entstehungsprozesses den notwendigen Freiraum eingeräumt und mit seiner Bereitschaft selbst auf kurzfristige Anfragen hin konstruktiv mit mir über die Arbeit zu diskutieren maßgeblich zum Gelingen der Dissertation beigetragen. Herrn Prof. Dr. Klaus Schäfer danke ich sehr herzlich für die freundliche Übernahme des Zweitgutachtens und Herrn Prof. Dr. Torsten Kühlmann für den Vorsitz im Prüfungsausschuss.

Ich bedanke mich bei Herrn Dr. Lorenz Jüngling und Herrn Dr. Konrad Richter stellvertretend für meinen Arbeitgeber McKinsey&Company für die Unterstützung im Rahmen der Gestaltung und Durchführung der Unternehmensinterviews. Die in dieser Arbeit dargestellte empirische Untersuchung wäre ohne dieses Engagement nicht möglich gewesen. Danken möchte ich im Rahmen dessen auch den befragten Unternehmen, die der anonymisierten Nutzung der Ergebnisse ohne Zögern zustimmten.

Danken möchte ich zudem meinen Eltern Hildrun und Ernst Hardt, meiner Schwester Kirsten sowie meiner Großmutter Anna, die mich zeit meines Lebens in allen Belangen uneingeschränkt unterstützt und gefördert haben und ohne die mein bisheriger Lebensweg nicht denkbar gewesen wäre.

Mein ganz besonderer Dank geht letztlich meiner wunderbaren Frau Marianna. Sie hat mich während der gesamten Dissertationszeit liebevoll unterstützt und auch über die ein oder andere Stimmungsschwankung großzügig hinweggesehen.

Bayreuth/Würzburg, im August 2011 *Christoph Hardt*

Inhaltsverzeichnis

Abbildungsverzeichnis

Tabellenverzeichnis

Abkürzungs- und Symbolverzeichnis

ARCH .... Autoregressive Conditional Heteroscedasticity
B .... Basis (Spotpreis Future – Futurepreis)
BRIC .... Brasil, Russia, India, China
CAPM .... Capital Asset Pricing Model
CF .... Cash Flow
CFaR .... Cash Flow at Risk
CoC .... Cost of Carry
CRB .... Commodity Research Bureau
CRC .... Cold Rolled Coil
CY .... Convenience Yield
DGCX .... Dubai Gold & Commodities Exchange
EaR .... Earnings at Risk
EF .... Erfolgsfaktor
EWMA .... Exponentiell Weighted Moving Average
GARCH .... Generalized Autoregressive Conditional Heteroscedasticity
GSCI .... Goldman Sachs Commodity Index
h .... Hedge Ratio
H. .... Heft
HDG .... Hot Dip Galvanized
HRC .... Hot Rolled Coil
JIS .... Just in Sequence
k .... Korrelationskoeffizient
M^{AO} .... Rohstoffbedarf Abnahmeoption
M^{AV} .... Rohstoffbedarf Abnahmeverpflichtung
M^{L} .... Rohstoffbedarf Lager
M^{S} .... Rohstoffbedarf Spotmarkt

M .... Rohstoffbedarf
MC-Simulation . Monte-Carlo-Simulation
MCX .... Multi Commodity Exchange
NCDEX .... National Commodity & Derivatives Exchange
o.Jg. .... ohne Jahrgang
P^{AO} .... Rohstoffpreis Abnahmeoption
P^{AV} .... Rohstoffpreis Abnahmeverpflichtung
P^{L} .... Rohstoffpreis Lager
P^{S} .... Rohstoffpreis Spotmarkt
P_{F} .... Futurepreis
P .... Rohstoffpreis
PEST .... Political, Economical, Sociocultural, Technical
PGM .... Platingruppenmetalle
RK .... Rohstoffkosten
RKaR .... Rohstoffkosten at Risk
SC .... Supply Chain
SCM .... Supply Chain Management
SHFE .... Shanghai Futures Exchange
VaR .... Value at Risk
Vol. .... Volume
$1 - \alpha$ .... Konfidenzintervall
σ .... Standardabweichung, hier auch Volatilität

1 Einführung in das Themengebiet und Definition der Hauptforschungsfragen

1.1 Ausgangssituation und Zielsetzung

In den letzten zwei Jahrzehnten hat sich das betriebliche und wettbewerbstechnische Umfeld vieler industrieller Unternehmen stark verändert. Der Wettbewerb auf den zumeist gesättigten Märkten (Käufermärkte) wird auf Grund internationaler Konkurrenten immer härter. Die Kunden werden sich dieses Sachverhaltes immer mehr bewusst und äußern individuelle Wünsche, was zu einer Verkleinerung der typischen Kundensegmente führt. Die Unternehmen versuchen, den Kampf um die Kunden durch Erfüllung der individuellen Wünsche und ständige Innovationen für sich zu entscheiden. Konsequenz dieser Tendenz ist, dass Produktlebenszyklen kürzer und Produktserien kleiner werden. Die Unternehmen können aus diesem Grund immer weniger von den kostentechnisch so wichtigen Economies of Scale profitieren. Um dennoch wettbewerbsfähig zu bleiben, gingen die Unternehmen dazu über, sich immer mehr auf ihre Kernkompetenzen zu konzentrieren und darüber hinausgehende Wertschöpfungsstufen an Zulieferer auszulagern. Die damit verbundene Hoffnung ist, sowohl von Skalen- und Spezialisierungseffekten innerhalb des eigenen Unternehmens als auch über die Zulieferer zu profitieren. Die Bedeutung der Supply Chain (SC) stieg auf Grund der Konzentration auf die Kernkompetenzen an. Konsequenterweise entwickelte sich parallel das Supply Chain Management (SCM), welches darauf abzielt, durch kooperative Ansätze und gemeinsame Prozessoptimierungen, wie z.B. das JIT-Konzept, weitere Kosten-, Qualitäts- und Zeitvorteile innerhalb der SC zu erzielen.[1]

[1] Vgl. MÜLLER (2009), S. 84.

Das SCM führt zu einer zunehmenden Verflechtung der Unternehmen untereinander und impliziert eine Abhängigkeit des individuellen Unternehmenserfolgs von der Performance der gesamten SC.[2] Dies veranlasste verschiedene Autoren die Hypothese aufzustellen, dass der Wettbewerb zwischen einzelnen Unternehmen immer mehr von einem Wettbewerb zwischen einzelnen SC abgelöst wird.[3]

Parallel zu dieser Entwicklung sind bereits seit einigen Jahren sehr volatile und zumeist steigende Rohstoffpreise zu beobachten.[4] So stieg der Preis für eine Tonne Aluminium von Juli 2002 bis Juli 2010 um mehr als 55%, der Preis für Kupfer im selben Zeitraum gar um mehr als 305%. Der Anstieg ist vor allen Dingen auf das extreme Wachstum der Nachfrage nach Rohstoffen in der Volksrepublik China und anderen Schwellenländern, wie Indien, zurückzuführen.[5] Im Zuge der weltweiten Finanzkrise, die mit der Pleite der Investmentbank Lehman Brothers, Inc. begann, haben auch die Rohstoffpreise weltweit erheblich nachgegeben. Allerdings ist dies mit der Konsequenz verbunden, dass dringend benötigte Erweiterungsinvestitionen im Rohstoffsektor verschoben oder vollständig aufgegeben wurden. Die mittelfristigen Nachfrageerwartungen vor allem der Schwellenländer sind unverändert. Sobald die Nachfrage aus diesen Ländern wieder anzieht, werden die Knappheiten auf der Angebotsseite verstärkt zu Tage treten und erneut zu heftigen Preisanstiegen führen.[6] Dieses Phänomen ist seit etwa Ende 2009 verstärkt zu beobachten.

Die steigenden Rohstoffpreise sind insbesondere für Industrieunternehmen ein Problem, da deren Materialkostenanteil oft bei über 60% der Gesamtkosten liegt.[7] Diese Unternehmen weisen bei erhöhten Rohstoffpreisen auch erhöhte Beschaffungskosten auf, was ceteris paribus zu einer Reduzierung des Gewinns führt. Unter Berücksichtigung der weiter oben aufgestellten Hypothese, dass Wettbewerb immer mehr nicht zwischen einzelnen Unternehmen, sondern zwischen SC herrscht, könnte die Reduzierung des Gewinns nur verhindert werden, wenn die erhöhten Kosten eins zu eins an die Endkunden der SC, die

2 Vgl. Jüttner (2003), S. 777. So kann z.B. ein Ausfall/ein Problem eines SC-Partners negative Auswirkungen auf die gesamte SC nach sich ziehen. Vgl. Manuj/Mentzer (2008), S. 133.

3 Vgl. z.B. Seiter (2006), S. 575.

4 Vgl. McFall Lamm (1996), S. 191, Minahan (2008).

5 Matthies (2005), S. 364.

6 Vgl. Verband der Automobilindustrie (VDA) (2009), S. 70.

7 Vgl. Lysons/Farrington (2006), S. 20.

per definitionem außerhalb der SC stehen, weitergegeben werden könnten. Dies ist aber auf Grund des großen Wettbewerbs nur wenigen SC möglich. Die Auswirkung stark volatiler Rohstoffpreise kann folglich zu Hiobsbotschaften wie Insolvenzen, Arbeitsplatzabbau oder Versorgungsengpässen führen.[8] Es ist darum sinnvoll, die Rohstoffpreisrisiken aktiv zu managen.

Allerdings ist das Management der Rohstoffpreisrisiken für ein einzelnes Unternehmen innerhalb der SC kaum durchführbar, da ein Großteil der Rohstoffe, der letztendlich in einem Endprodukt verarbeitet ist, von vorgelagerten Zulieferern beschafft wird und einem näher am Endkunden situierten Unternehmen nur in Form von vorgefertigten Komponenten in die Hände fällt. Folglich entzieht sich ein großer Teil der Rohstoffbeschaffung dem traditionellen Einflussbereich eines einzelnen Unternehmens. Unternehmensindividuelle Alleingänge müssen daher zu kurz greifen und könnten auf Grund der fehlenden Transparenz im schlimmsten Fall zu einer Potenzierung des bestehenden Risikos führen.[9] Demzufolge ist ein gemeinsamer unternehmensübergreifender Ansatz notwendig, um den Rohstoffpreisrisiken in der SC Herr zu werden.

Empirische Untersuchungen zeigen allerdings, dass das Management von Rohstoffpreisrisiken selbst innerhalb der Unternehmen noch immer ein Schattendasein führt.[10] Falls sich ein Unternehmen aktiv mit dem Management seiner Rohstoffpreisrisiken beschäftigt, wird die Notwendigkeit eines unternehmensübergreifenden Rohstoffpreisrisikomanagement-Ansatzes in der SC ignoriert.[11] Es ist demzufolge davon auszugehen, dass die Wirkung des Rohstoffpreisrisikomanagements insgesamt beschränkt bleibt.

[8] So sind viele Autoren der Meinung, dass viele Unternehmenskrisen der vergangenen Jahre auf unzureichende konzeptionelle, organisatorische und systemtechnische Methoden zur Abbildung und Steuerung von Finanz- und Commodityrisiken zurückzuführen sind. Vgl. ROSENKRANZ-KAISER (2008).

[9] Vgl. WATERS (2007), S. 179. So führt beispielsweise eine unternehmensindividuelle Handhabung des Rohstoffpreisrisikos zu einer Übersicherung und damit zu einer Risikoerhöhung, da in der SC nachgelagerte Unternehmen unter Umständen das Rohstoffpreisrisiko handhaben, welches bereits von vorgelagerten Unternehmen gehandhabt wurde..

[10] Die Bemühungen konzentrieren sich vornehmlich auf das Management der Wechselkurs- und Zinsänderungsrisiken, während Rohstoffpreisrisiken ausgeblendet werden. Vgl. PFENNIG/SCHÄFER (1999b), S. 570 PRIERMEIER (2005), S. 209. Eine mögliche Erklärung für den sporadischen Einsatz ist, dass Rohstoffpreisrisiken und deren Handhabungsinstrumente wie Futures, Swaps und Optionen als relativ kompliziert zu steuern eingestuft werden. Diese Einstellung dürfte sich infolge der weltweiten Finanzkrise und der daraus entwickelten Skepsis ggü. den Kapitalmärkten noch verfestigen.

[11] Vgl. MANUJ/MENTZER (2008), S. 133.

Allerdings fehlt auch in der theoretischen Managementforschung ein ganzheitlicher Ansatz für das Rohstoffpreisrisikomanagement in der SC, der den strategischen Blick schärft, die verschiedenen operativen und strategischen Aspekte in einem Konzept kombiniert und die enorme Vielfalt von Methoden und Instrumenten auf ihre Anwendungsmöglichkeiten untersucht. Dies ist verwunderlich, da Zsidisin 2008 sagte: „Overall, though the prior literature has been focused more on the threats associated with supply disruptions, supply management professionals are more concerned with the issue of material price increases."[12] Genau diese Forschungslücke soll mit der vorliegenden Arbeit geschlossen und ein Konzept zum Management von Rohstoffpreisrisiken in der SC entwickelt werden.

Der Fokus der vorliegenden Arbeit soll dabei auf der Automobilindustrie liegen. Zum einen ist die Automobilindustrie besonders weit fortgeschritten, was die Implementierung des SCM angeht.[13] Die Abhängigkeit zwischen SC-Partnern und der Wettbewerb zwischen SC anstatt einzelner Unternehmen ist hier besonders groß.[14] Zum anderen weist die Automobilindustrie selbst für eine Industriebranche einen relativ hohen Bedarf an Rohstoffen aus und scheint aus diesem Grund stark von Rohstoffpreisrisiken betroffen.[15] Darüber hinaus ist die Automobilwirtschaft im Branchenvergleich so etwas wie ein Konzeptführer. Damit verbindet sich Offenheit, aber auch der Mut der Führungskräfte, neue Lösungen aus Beratung und Wissenschaft in die Unternehmensführung einzubauen.[16]

[12] Zsidisin et al. (2008), S. 409. Der Fokus der Forschung im Bereich des Risikomanagements in SC lag in den letzten Jahren auf Extremrisiken, wie z.B. dem elften September oder der Subprimekrise und war im Detail für die Praxis unbrauchbar. Siehe eine ähnlich kritische Argumentation zu den sog. „Black Swans" in Smith (2008), S. 226.

[13] Vgl. Hofmann/Wessely (2008), S. 128.

[14] Eine Umfrage unter 300 europäischen Automobilunternehmen ergab, dass die Stabilität der Zulieferer große Wichtigkeit besitzt. Dies lässt auf eine starke gegenseitige Abhängigkeit schließen. Vgl. Ernst and Young AG (2009d), S. 17, 19, Zobolski (2008), S. 4.

[15] Vor allem die Preisentwicklung für metallische Rohstoffe, wie Nichteisenmetalle und Stähle, haben zu Jahresbeginn 2008 zu erheblichen Verwerfungen in der automobilen Wertschöpfungskette geführt. Vgl. Verband der Automobilindustrie (VDA) (2009), S. 70.

[16] Vgl. Wildemann (1997b), S. 329, Von den Eichen (2005), S. 88.

1.2 Vorgehensweise und Aufbau der Arbeit

Primäres Ziel dieser Arbeit ist die Beantwortung der Hauptforschungsfrage: Wie sollte ein Konzept zum Management von Rohstoffpreisrisiken in der SC mit Fokus auf die Automobilindustrie gestaltet werden? Im Zuge der Erarbeitung der Antwort auf diese Frage sollen drei weitere Forschungsfragen aufgestellt und beantwortet werden. Insgesamt gilt es demzufolge, vier Hauptforschungsfragen zu beantworten:

- Wie entstehen Rohstoffpreisrisiken und besteht eine Notwendigkeit, das Rohstoffpreisrisiko in der Supply Chain mit erhöhter Aufmerksamkeit zu betrachten? Existiert hier eine Forschungslücke?
- Welche Ansätze in der theoretischen und empirischen Literatur gibt es bereits, auf die bei der Entwicklung eines Konzepts zum unternehmensübergreifenden Management von Rohstoffpreisrisiken zurückgegriffen werden kann? Welche Erfolgsfaktoren lassen sich daraus ableiten?
- Wie ist der aktuelle Status quo der abgeleiteten Erfolgsfaktoren in der SC der Automobilindustrie zu beurteilen? Lassen sich inhaltliche Schwerpunkte für das Konzept zum Rohstoffpreisrisikomanagement in der SC ableiten?
- Wie sollte ein Konzept zum Management von Rohstoffpreisrisiken in der SC mit Fokus auf die Automobilindustrie gestaltet werden?

Die vorliegende Arbeit wird aus sechs Kapiteln bestehen, so dass, abgesehen von Kapitel 1 (Einführung) und Kapitel 6 (Schlussbetrachtung), jedes der weiteren vier Kapitel der Beantwortung einer der vier Forschungsfragen gewidmet ist. Die explizite Beantwortung der Forschungsfragen und die Generierung eines Ausblicks auf das folgende Kapitel erfolgt jeweils strukturell identisch im Rahmen eines sog. Zwischenfazits und Ausblicks.

Das zweite Kapitel hat zum Ziel, die erste Forschungsfrage zu beantworten. Hier werden vor allem die theoretischen Grundlagen und Begrifflichkeiten unter Berücksichtigung der aktuellen und einschlägigen Literatur geklärt sowie die wissenschaftliche Aufgabenstellung der Arbeit (Forschungslücke) noch einmal explizit herausgearbeitet. Inhaltlich wird vor allen Dingen auf die Bedeutung von unternehmensübergreifenden SC und des SCM eingegangen. Des Weiteren werden die Grundlagen zur industriellen Beschaffung von Rohstoffen gelegt und die hohe Volatilität von Rohstoffen sowie das daraus entstehende Rohstoffpreisrisiko empirisch belegt. Zum Ende des zweiten Kapitels werden die Begriffe Risiko sowie Rohstoffpreisrisiko geklärt und ein gemeinsames Verständnis der unterschiedlichen Phasen des Risikomanagements geschaffen. Zu guter Letzt wird der Einfluss von Rohstoffpreisrisiken auf die Finanz- und Ertragslage einer fiktiven automobilen SC sowie ihrer Einzelunternehmen explizit dargelegt und die Notwendigkeit des Rohstoffpreisrisikomanagements in der SC unterstrichen.

Das dritte Kapitel gibt eine Übersicht über bestehende, dem Rohstoffpreisrisikomanagement in der SC nahe stehende Ansätze. So wird das „Allgemeine Risikomanagement im Unternehmen", das „Risikomanagement in der SC" und das „Rohstoffpreisrisikomanagement im Unternehmen" untersucht. Ziel ist die Beantwortung der zweiten Forschungsfrage und die Identifikation von Erfolgsfaktoren für das Rohstoffpreisrisikomanagement in der SC. Der strukturelle Aufbau orientiert sich dabei maßgeblich an den in Kapitel 2 gemeinsam definierten Phasen des Risikomanagements (Risikostrategie, Risikoanalyse, Risikohandhabung und Risikocontrolling). Im Einzelnen werden zunächst die Erfolgsfaktoren des Allgemeinen Risikomanagements im Unternehmen unter Rückgriff sowohl auf zahlreiche empirische, als auch theoretische Forschungsarbeiten und Untersuchungen entwickelt. Diese werden dann als Basis für die Herleitung der Erfolgsfaktoren für das Rohstoffpreisrisikomanagement im Unternehmen und dem Risikomanagement in der SC herangezogen und punktuell ergänzt. Als letzter Schritt werden die Erfolgsfaktoren des Rohstoffpreisrisikomanagements im Unternehmen und dem Risikomanagement in der SC zu den Erfolgsfaktoren des Rohstoffpreisrisikomanagements in der SC zusammengeführt.

Im vierten Kapitel soll die dritte Forschungsfrage beantwortet werden. Insgesamt gliedert sich der Ablauf und damit auch die Struktur des vierten Kapitels in drei Abschnitte. Im ersten Abschnitt stehen die Entwicklung des empirischen Untersuchungsmodells (halbstandardisiertes Interview) und die Charakterisierung der Befragten im Vordergrund. Der zweite Abschnitt ist auf die Auswertung der empirischen Untersuchungsergebnisse (Status quo) fokussiert. Im Einzelnen werden die SC-Stufen Stahlproduzent, Automobilzulieferer und Automobilhersteller in der Betrachtung berücksichtigt und entlang der im dritten Kapitel abgeleiteten Erfolgsfaktoren für das Rohstoffpreisrisikomanagement in der SC beleuchtet. Der dritte und letzte Abschnitt fasst die Status quo entlang der Erfolgsfaktoren über die drei Fallstudien hinweg noch einmal strukturiert zusammen und gibt wie gewohnt einen kurzen Ausblick auf Struktur und Inhalte des nachfolgenden Kapitels 5.

Im fünften Kapitel sollen nun die in Kapitel 3 und 4 herausgearbeiteten Grundlagen des Konzepts in einen Gesamtzusammenhang gebracht und ein Rohstoffpreisrisikomanagement in der SC entwickelt werden. Die Struktur orientiert sich dabei einerseits an den vier Phasen des Risikomanagementprozesses und andererseits innerhalb dieser Phasen an den herausgearbeiteten Erfolgsfaktoren. Der Schwerpunkt dieses Kapitels liegt dabei auf den im Rahmen der empirischen Untersuchung der unterschiedlichen Unternehmen der Automobilindustrie identifizierten Schwachpunkten.

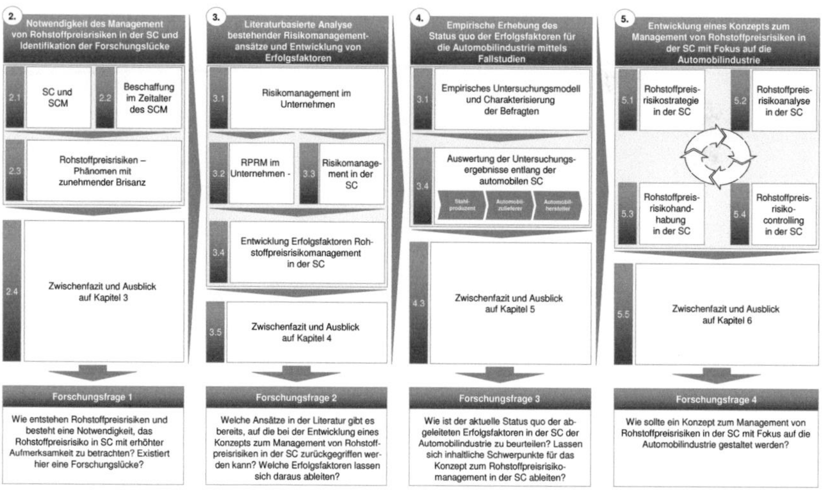

Abbildung 1.1: Aufbau der Arbeit

Zum Schluss wird im sechsten Kapitel die gesamte Arbeit anhand der vier Forschungsfragen kurz zusammengefasst und auf die Grenzen der Untersuchung sowie den daraus resultierenden weiteren Forschungsbedarf hingewiesen. Abbildung 1.1 fasst die geschilderte Vorgehensweise, die Struktur der einzelnen Kapitel und die Zuordnung der Kapitel zu den vier Forschungsfragen übersichtlich zusammen.

2 Notwendigkeit des Managements von Rohstoffpreisrisiken in der Supply Chain und Identifikation der Forschungslücke

2.1 Supply Chains und Supply Chain Management

2.1.1 Supply Chains – Entstehung und Phänotypen

Seitdem Unternehmen existieren, gibt es auch Lieferketten (nachfolgend SC). Eine SC bezeichnet nach Schlüchtermann/Völkl (2004) – im Extremfall – alle wertschöpfenden unternehmerischen Tätigkeiten, von der Rohstoffgewinnung bis zur Auslieferung des Produkts an den Endkunden, die zur Befriedigung der Kundenbedürfnisse und zu einem Wettbewerbsvorteil der gesamten SC beitragen.[17] Nach dieser Definition kann eine SC sowohl innerbetrieblich zwischen verschiedenen Funktionsbereichen als auch unternehmensübergreifend zwischen rechtlich selbständigen Unternehmen existieren. In der vorliegenden Arbeit sollen die unternehmensübergreifenden SC im Mittelpunkt stehen. Aus diesem Grund sind, wenn nicht ausdrücklich darauf hingewiesen wird, mit der Bezeichnung „Supply Chain" unternehmensübergreifende Lieferanten-Kunden-Beziehungen gemeint. Abbildung 2.1 macht den Unterschied zwischen innerbetrieblichen und unternehmensübergreifenden SC noch einmal deutlich.

[17] Vgl. Schlüchtermann/Völkl (2004), S. 385, Wisner/Tan (2000), S. 34. Die hier verwendete Definition spiegelt ein sehr umfassendes Verständnis wider und unterscheidet sich grundlegend von vielen älteren Definitionen, die hauptsächlich auf die logistischen Prozesse und die damit verbundenen Materialflüsse abstellten. Vgl. Carnol (2001), S. 223. Für eine sehr ähnliche Definition vgl. auch Arndt (2008), S. 47.

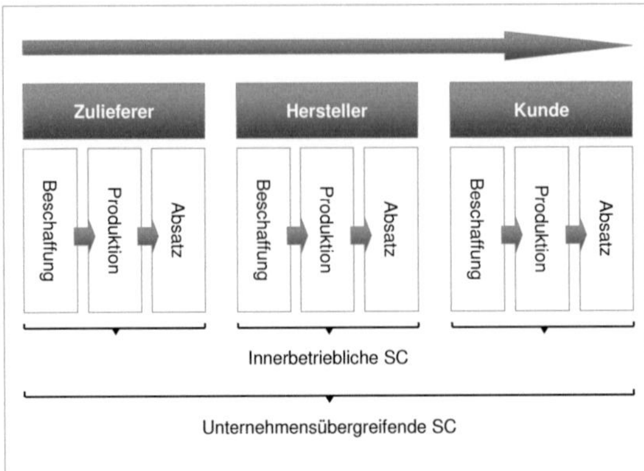

Abbildung 2.1: Innerbetriebliche vs. unternehmensübergreifende Supply Chain[18]

Die traditionellen SC, die meist nur wenige Unternehmen umfassten und einfacher Gestalt waren, sind heute aus verschiedenen Gründen sehr viel komplizierter geworden. Für viele industrielle Unternehmen hat sich das betriebliche Umfeld in den letzten zwei Jahrzehnten tiefgreifend verändert. Unternehmen aller Industriezweige agieren mittlerweile international, was neben großen Chancen auf der Absatzseite auch einen verschärften Wettbewerb auf den ehemaligen Heimatmärkten zur Folge hat. Durch den starken Wettbewerb sind viele industrielle Märkte mittlerweile durch einen Angebotsüberhang gekennzeichnet (sog. Käufermarkt). Die Kundschaft der Unternehmen äußert immer individueller werdende Wünsche, die eine Verfeinerung der Kundensegmente und eine Explosion der Produktvarianten nach sich ziehen. Unterstützt von der modernen Kommunikations- und Informationstechnologie, versuchen die Unternehmen, das Rad des Fortschritts immer schneller zu drehen, um zumindest kurzfristig auf Grund innovativer und kundenspezifischer Produkte Wettbewerbsvorteile zu generieren. Dieser Drang nach neuen, innovativeren und auf die Wünsche der Kunden angepassten Produkten verkürzt die Produktlebenszyklen und damit die zur Verfügung stehende Zeit zur Amortisation der Investitionsaufwendungen. Die Unternehmen stehen aus diesen Gründen unter einem enormen Kostendruck und sehen sich mehr denn je gezwungen, ihre Kosten sorgfältig zu managen.

18 Eigene Darstellung. Angelehnt an Pfohl (2000), S. 12.

Um unter diesen schwierigen Umweltbedingungen dennoch erfolgreich agieren zu können, gingen die Unternehmen dazu über, sich auf ihre Kernkompetenzen[19] zu konzentrieren und darüber hinausgehende wertschöpfende Tätigkeiten auszulagern.[20] Die Konzentration auf die Kernkompetenzen bietet vier Hauptvorteile:[21]

- Optimale Nutzung der eigenen Stärken und Bündelung der Kräfte zur Weiterentwicklung Kernkompetenzen.
- Aufbau natürlicher Markteinstrittsbarrieren und Schutz vor Wettbewerbern.
- Optimale Nutzung der Lieferantenfähigkeiten (z.B. Economies of Scale).[22]
- Erhöhte Flexibilität, geringere Investments und damit Reduktion der Risiken auf sich technologisch schnell wandelnden Märkten.[23]

Die Wertschöpfungstiefe[24] liegt als Konsequenz der branchenübergreifenden Konzentration auf die Kerngeschäftsfelder im deutschen Industriedurchschnitt bei nur noch 45%.[25] Dies bedeutet, dass ein Unternehmen 55% vom eigenen Umsatz bei seinen Lieferanten zukauft. Der zu beobachtende Trend der Reduzierung der Wertschöpfungstiefe wird nach

---

19 Kernkompetenzen sollten idealerweise drei Kriterien erfüllen. Erstens sollte das Unternehmen hier einen Know-how- und Skill-Vorsprung besitzen, um eine Chance auf Dominierung dieses Bereich zu haben. Zweitens sollte der Bereich ein Alleinstellungsmerkmal besitzen, Optionen für die Zukunft bereithalten und klar abgegrenzt sein. Drittens sollte der Bereich für den Kunden auch langfristig von Bedeutung sein. Vgl. Quinn/Hilmer (1994), S. 45-47.

20 Vgl. Blecker/Liebhart (2006), S. 3. So kommt es gerade auf dynamischen Märkten verstärkt zur Konzentration auf Kernkompetenzen. Vgl. Motamedi (1985), S. 58.

21 Für eine ausführlichere Darstellung der Vorteile vgl. Quinn/Hilmer (1994), S. 43. Die Gründe für Outsourcing können hier allerdings nicht erschöpfend dargestellt werden. Der interessierte Leser sei diesbezüglich verwiesen auf die einschlägige Literatur. Für einen kostengetriebenen Ansatz vgl. z.B. Coase (1937) oder auch Hallikas/Virolainen/Tuominen (2002), S. 46. Andere Erklärungsansätze für Outsourcing sind z.B. eher strategiebasierte Ansätze wie die Ressourcenperspektive, wo es darum geht, sich Zugang zu spezifischen Ressourcen zu verschaffen, über die das eigene Unternehmen nicht verfügt. Wenige andere Autoren nennen hier auch noch organisationale Ansätze wie z.B. den „Population Ecology-Ansatz". Vgl. z.B. Zahn/Kapmeier/Tilebein (2006), S. 20, Kieser/Woywode (1999), S. 255.

22 Vgl. Blecker/Liebhart (2006), S. 3.

23 Vgl. Hansmann/Ringle (2007), S. 95.

24 Die Wertschöpfung ist dabei als positive Ertragsdifferenz aus der Leistung des erstellenden Unternehmens sowie der für diese Leistungserstellung verbrauchten Vorleistung messbar. Vereinfacht ausgedrückt entspricht Wertschöpfung dem Ergebnis der Eigenleistung. Vgl. Haller (1997), S. 42 f.

25 Vgl. Jahns (2003), S. 18.

einer empirischen Untersuchung der TU München auch in Zukunft unvermindert anhalten.[26] Zukünftig soll der Untersuchung nach ein guter Richtwert für die durchschnittliche Fertigungstiefe zwischen 25 und 40% liegen.[27]

Die oben beschriebene Veränderung traf die globale Automobilindustrie mit besonderer Wucht. Der ohnehin starke Wettbewerb auf den größten Märkten Europa, Japan und Nordamerika wird durch globale Überkapazitäten infolge der Konjunktureintrübungen nach der globalen Finanzkrise noch weiter befeuert.[28] Um die Wünsche der Kunden zu erfüllen und die eigenen Absatzzahlen zumindest stabil zu halten, schaffen die OEMs[29] neue Fahrzeugmodelle und Modellvarianten.[30] So gab es z.B. 1980 in den USA noch 550 verschiedene Automobilmodelle mit einem durchschnittlichen Absatz von 20.500 Stück im Jahr. In 1999 konnten bereits 1.050 Modelle mit einem durchschnittlichen Absatz von nur noch 15.000 Stück beobachtet werden.[31] Dies führte zu einer zunehmenden Fragmentierung des Absatzmarktes, die sich deutlich im Vergleich der Marktanteile der zehn wichtigsten Volumenmodelle in Westeuropa im Zeitraum von 1980 bis 2000 zeigt. Der Marktanteil verringerte sich im genannten Zeitraum von 27,2% auf gerade einmal 10,2%.[32] Zudem werden die existierenden Modelle und Varianten immer schneller von einem Nachfolger abgelöst. Betrug der Lebenszyklus eines Volkswagen Golf II in Deutschland noch ganze zehn Jahre, so wurde der im Jahr 2003 eingeführte Golf V bereits 2008

[26] Vgl. WILDEMANN (2002), S. 32 ff., JAHNS (2005d), S. 115-144.

[27] Vgl. WILDEMANN (2005), S. 20.

[28] In Deutschland hatten 2002 542 Menschen von 1.000 ein Auto, in den USA 453 und in Japan 428. Mit signifikanten Erhöhungen dieser Zahlen ist nicht zu rechnen. Vgl. RADTKE/ABELE/ZIELKE (2004), S. 26.

[29] Als OEM werden Unternehmen bezeichnet, die selbst gefertigte oder fremdbezogene Komponenten, Module etc. zu kompletten Fahrzeugen kombinieren und diese den Endverbrauchern am Markt anbieten (Automobilhersteller). Der Begriff „Zulieferer" schließt alle wirtschaftlichen Einheiten ein, welche im Rahmen zwischenbetrieblicher Arbeitsteilung für ein in der Wertschöpfungskette nachgelagertes Unternehmen industrielle Vorprodukte liefern oder entsprechende Dienstleistungen erbringen. Vgl. WALLENTOWITZ/FREIALDENHOVEN/OLSCHEWSKI (2008), S. 1.

[30] Vgl. WALLENTOWITZ/FREIALDENHOVEN/OLSCHEWSKI (2008), S. 12.

[31] Dies entspricht einer Erhöhung der Modellanzahl von 91% und einem gleichzeitigen Rückgang des Absatzes von 25% pro Modell. Vgl. VELOSO/KUMAR (2002), S. 4. Ähnlich SCHULZ/ASENKERSCHBAUMER (2008), S. 25. Die C-Klasse hat mit einer Auswahl von neun Motoren, zwei Lenkungen, drei Getriebevarianten und drei Ländervarianten ganze 96 Grundvarianten. Hinzu hat der Kunde eine Auswahl zwischen 80 Sonderausstattungen, 14 Lackfarben, fünf Innenausstattungsfarben sowie drei verschiedenen Sitzbezügen. Vgl. GRAF/PUTZLOCHER (2004), S. 62. Ähnlich DODEL (2004), S. 3.

[32] Vgl. MATTES et al. (2004), S. 18.

nach nur fünf Jahren von seinem Nachfolger abgelöst.[33] Die deutliche Beschleunigung der Modellentwicklung wurde in allererster Linie durch die Verkürzung der Entwicklungszeiten möglich. Dauerte es in den 80er Jahren noch ca. fünf Jahre und länger, bis ein neues Fahrzeug in Serie gehen konnte, so dauert es heute teilweise weniger als drei Jahre.[34] Als Unternehmen nicht auf den Innovationszug aufzuspringen und sich dementsprechend dem Wettbewerbsdruck zu entziehen, kann zwar kurzfristig zu einer verbesserten Kostensituation führen, birgt aber mittel- bis langfristig ein großes Risiko. Oft reicht schon die falsche Einschätzung und damit das Verpassen einer einzigen Technologie, um die Vorherrschaft in einer Industrie nachhaltig einzubüßen.[35]

Folge dieser Entwicklung ist, dass viele Automobilunternehmen bereits in den letzten 15 Jahren nur geringe Renditen erreichen konnten.[36] Wie nicht anders zu erwarten, gingen auch die Unternehmen der Automobilindustrie dazu über, sich auf ihre Kernkompetenzen zu konzentrieren und die unternehmensinterne Wertschöpfungstiefe zu reduzieren. Während früher die OEMs einen Großteil der Wertschöpfung übernahmen, haben heute

33 Vgl. Wallentowitz/Freialdenhoven/Olschewski (2008), S. 30. Das durchschnittliche Alter aller am Markt angebotenen Baureihen lag 1987 noch bei vier Jahren. Im Jahr 2001 waren es bereits nur noch drei Jahre und im Jahr 2004 nur noch 2,5 Jahre. Vgl. Radtke/Abele/Zielke (2004), S. 22.

34 Vgl. Becker (1999), S. 55, Radtke/Abele/Zielke (2004), S. 22.

35 Ein Beispiel für eine solche Entwicklung stellt der Druckerhersteller Star Micronics dar, der in den 80er Jahren eine sehr starke Stellung im Segment der Nadeldrucker hatte. Star Micronics war allerdings der Meinung, dass Tintenstrahldrucker nur eine Übergangslösung vom Nadel- auf den Laserdrucker darstellten und ließ diese Innovationsrunde aus. Star Micronics verlor daraufhin die starke Stellung an den Konkurrenten HP. Vgl. Radtke/Abele/Zielke (2004), S. 24.

36 Zwischen 1994 und 2004 lag die durchschnittliche Umsatzrendite (EBIT/Umsatz) der Automobilhersteller nur bei ca. 4,8%, die der Zulieferer bei 6,5%. Vgl. Deutsche Bank AG (2002). Im Jahr 2005 war diese mit 6,1% bzw. 7,9% nur geringfügig besser. Vgl. Götz (2005b), S. 32. Inbesondere der Sachverhalt, dass Automobilhersteller niedrigere Renditen als ihre Zulieferer aufweisen, überrascht. Vgl. Proff/Proff (2008), S. 18. Automobilhersteller haben in den letzten Jahren mit zunehmend sinkenden Margen zu kämpfen. So sank das durchsetzbare Preispremium der Mercedes-E-Klasse von 26% im Jahr 1986 auf 10% im Jahr 2006. Ähnliches gilt für den VW Golf oder den VW Polo. Vgl. Proff/Proff (2008), S. 116. Erklärung für diesen Trend sind neu auf den Markt kommende, technisch überlegene Konkurrenzprodukte, die einen Preisnachlass des eigenen Modells erforderlich machen und die Tatsache, dass die Konkurrenzprodukte sich angleichen und die Differenzierung sowie die Durchsetzung eines hohen Preispremiums schwerer fällt. D'Aveni (1995), S. 94.

praktisch alle OEMs große Teile der Wertschöpfung an Zulieferer abgegeben.[37] Dies lässt sich gut anhand der Entwicklungs- und Fertigungstiefe der Automobilhersteller belegen. Hier sank die Entwicklungstiefe von ca. 90% Mitte der 80er Jahre bis auf ca. 50% im Jahr 2005. Die Fertigungstiefe wiederum veränderte sich im gleichen Zeitraum von ca. 36 auf 17%.[38] Wenn sich der Großteil der Unternehmen einer Industrie auf seine Kernkompetenzen konzentriert und die Wertschöpfungstiefe daraufhin branchenweit sinkt, dann ist dieser Trend für gewöhnlich auch mit einer Erhöhung des Beschaffungsvolumens, der Anzahl der Lieferanten und einer Verlängerung bzw. Verkomplizierung der SC verbunden.[39]

Der etablierte Begriff der SC und auch die Abbildung 2.1 suggerieren einen linearen Zusammenhang vom Lieferanten über den Produzenten zum Endkunden. Diese Linearität ist in der Realität allerdings meist nicht anzutreffen. In der Realität handelt es sich streng genommen bei vielen SC daher nicht um Ketten, sondern um Netzwerke,[40] mit teilweise komplizierten und wenig zielgerichtet wirkenden Lieferbeziehungen, die weit über 10.000 Unternehmen umfassen können.[41] Da sich die Definition von Netzwerken in ihren Grundsätzen nicht von der bereits vorgestellten Definition der SC von Schlüchtermann/Völkl (2004) unterscheidet und als Ziel ebenfalls die Generierung von Wettbewerbsvorteilen an-

37 Vgl. SCHULZ/ASENKERSCHBAUMER (2008), S. 25. Der Wertschöpfungsanteil der deutschen Automobilindustrie wird schon heute – abhängig von Unternehmen und Modell – mit nur noch 25 bis 35% beziffert. Vgl. VERBAND DER AUTOMOBILINDUSTRIE (VDA) (2009), S. 69, DODEL (2004), S. 16. Im Jahr 1990 lag er noch bei knapp 45%. Vgl. BACKHAUS/VOETH (2007), S. 41. Als Beispiel eines OEMs mit besonders geringer Wertschöpfungstiefe kann Porsche genannt werden. In der Sportwagenfertigung werden hier Anteile von rund 20% erreicht, bei der Fertigung des Cayenne sind es sogar nur etwa 10%. Vgl. WALLENTOWITZ/FREIALDENHOVEN/OLSCHEWSKI (2008), S. 31. Die Schwerpunkte der OEMs liegen dabei auf Karosserie, Antrieb und teilweise im Segment Ausstattung. Vgl. RADTKE/ABELE/ZIELKE (2004), S. 109 ff.

38 Vgl. JAHNS (2005d), S. 8. Leicht unterschiedliche Zahlen mit der gleichen Tendenz finden sich in FREUDENBERG/KLENK (1999), S. 126.

39 Vgl. JAHNS (2005d), S. 19, KRAMPF (2000), S. 1.

40 Vgl. ARNDT (2004), S. S46.

41 Vgl. JÜTTNER (2003), S. 775, SIEBERT (2006), S. 16. Der Begriff des Netzwerkes erhielt in der Betriebswirtschaft in den 80er Jahren Einzug und wird noch immer sehr uneinheitlich verwendet. Teilweise ist in der Literatur sogar von babylonischer Begriffsvielfalt die Rede. Vgl. ZENTES/SWOBODA/MORSCHETT (2003), S. 5. Für eine Übersicht über verschiedene Netzwerktypologien und Definitionen vgl. SYDOW (2003), S. 54, 56 ff. Das Konzept sozialer Netzwerke geht auf Ursprünge in der Sozialantrophologie zurück. Die Sichtweise blieb allerdings lange Zeit auf die Beziehungen zwischen Personen begrenzt. Vgl. BLECKER/LIEBHART (2006), S. 2.

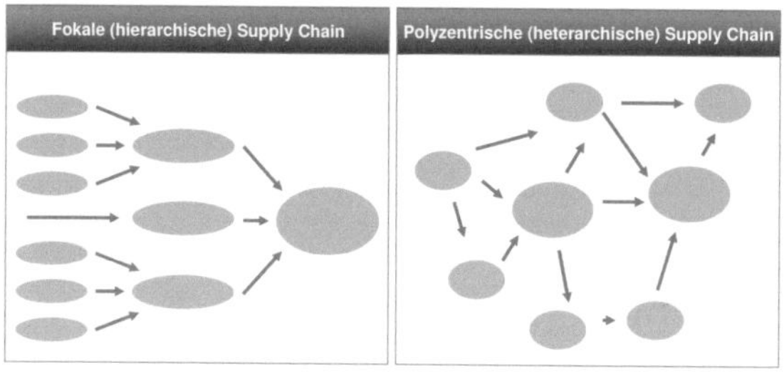

Abbildung 2.2: Phänotypen typischer Supply Chains

sieht, soll im Folgenden von einer Unterscheidung zwischen Netzwerk und SC abgesehen werden.[42]

Nachdem die Entstehung komplexer SC im Allgemeinen und für die Automobilindustrie im Speziellen skizziert wurde, soll im Anschluss kurz auf die Phänotypen dieser SC eingegangen werden. Alles in allem können zwei typische SC unterschieden werden: Zum Ersten existieren fokale oder auch hierarchische SC. Diese relativ häufig anzutreffenden SC werden von einem starken Unternehmen dominiert. Dieses dominierende Unternehmen – welches meist weit downstream in der SC zu finden ist und oft aus oligopolistischen Marktstrukturen stammt – nimmt die koordinierende und treibende Rolle in der SC ein. Zum Zweiten existieren sog. polyzentrische oder auch heterarchische SC, wo alle Partner relativ gleichberechtigt sind bzw. mehrere Parteien an den wichtigen Entscheidungen direkt beteiligt werden. Heterarchische Netzwerke sind Handlungs- und Verhaltenssysteme, in denen Führung und Dominanz regelmäßig durch Verhandlungen neu festgelegt werden bzw. einzelne Akteure alleinverantwortlich die Koordination bestimmter Bereiche übernehmen. Dieser Bereich wird meist durch die Spezialisierung des jeweiligen Akteurs festgelegt.[43] Die beschriebenen SC-Phänotypen sind zur besseren Anschaulichkeit in Abbildung 2.2 dargestellt.

Automobile Wertschöpfungsnetzwerke zeichnen sich seit der zweiten Hälfte der 90er Jahre durch eine stark fokale bzw. monozentrische Ausprägung aus und sind meist vom

[42] Für eine viel genutzte Definition von Netzwerken vgl. SYDOW (1992), S. 79.
[43] Vgl. WILDEMANN (1997), S. 425.

jeweiligen OEM dominiert.[44] Bei der Konzeption der SC wurde die Zielsetzung verfolgt, die Anzahl der Direktzulieferer an die OEMs zu reduzieren[45] und sie gleichzeitig mit der Fertigung und letztlich auch Entwicklung von Modulen und Systemen[46] zu betrauen.[47] Diese Bewegung wurde maßgeblich von den seinerzeit sehr erfolgreichen Herstellern aus Japan kopiert. Hersteller in Europa ließen sich damals von durchschnittlich 800 bis 2.200 Lieferanten direkt beliefern, während die Japaner mit lediglich 160 bis 300 Lieferanten Lieferbeziehungen unterhielten.[48]

Auf der ersten Ebene der SC nach dem OEM befinden sich die sog. Systemlieferanten oder Tier 1,[49] die vollständige Bauteilsätze, Baugruppen oder Systeme des Fahrzeugs mit einer hohen technischen Komplexität liefern. Durch die zunehmende Konzentration auf die Kernkompetenzen und die Auslagerung darüber hinausgehender Wertschöpfungsstufen, wird sich der Lieferanteil der Top-Lieferanten deutlich erhöhen.[50] Bei der Tier 1 handelt es sich meist um international agierende Großkonzerne, welche bei der Herstellung des Fahrzeugs eine ständig wichtiger werdende Rolle spielen. Sie übernehmen einerseits einen Teil der Investitionen im Bereich Entwicklung und Technologie und organisieren andererseits die zweite Zulieferebene, indem sie wiederum Kernaktivitäten defi-

44 Vgl. DODEL (2004), S. 3, RIPPE/THOLEN (2008), S. 16 f.

45 Beispiele für derartige Reduktionen der Direktzulieferer sind General Motors, die eine Reduzierung von 10.000 auf 5.500 Lieferanten oder Ford, die eine Reduzierung von 1.800 auf 1.000 Lieferanten vorgenommen haben. Vgl. JAHNS (2005d), S. 282. Zwischen 1986 und 1996 reduzierten BMW und PSA ihre Direktlieferanten von 1.400 auf 900 bzw. von 900 auf 600. Vgl. VELOSO/KUMAR (2002), S. 10. So will sich z.B. auch das große Zulieferunternehmen Siemens konzernweit (d.h. nicht nur Automobilgeschäft) im Jahr 2009/10 von ca. 74.000 Direktlieferanten trennen. Vgl. KÖHN (2009), S. 1.

46 Der Unterschied zwischen Modulen und Systemen ist, dass es bei Systemen (z.B. Bremssystem) um die Entwicklung und Fertigung von technologisch, funktional zusammengehörenden Bauteilen geht. Bei Modulen (z.B. Türen) stehen Montageüberlegungen im Vordergrund, d.h., hier ist nicht die Technologie, sondern die räumliche Nähe ausschlaggebend. Vgl. FREUDENBERG/KLENK (1999), S. 125 f.

47 Vgl. DODEL (2004), S. 16 f.

48 Vgl. BOTHE (1989), S. 30.

49 Der Begriff „Tier" kommt aus dem angelsächsichen Sprachgebrauch und bedeutet Rang. Er wurde insbesondere von japanischen Unternehmen in die Betriebswirtschaft eingeführt, die bereits in den 90er Jahren ihre Zulieferer in sog. Tiers einteilten. Vgl. KOSCHNIKE (2001), S. 252, HINES (1994), NISHIGUCHI (1994).

50 Vgl. FREUDENBERG/KLENK (1999), S. 127. Ein Beispiel ist der BMW Z3, bei dem 90% der fahrzeugspezifischen Bauteile, die ca. 50% aller Bauteile ausmachen und in 19 Modulen zusammengefasst sind, von nur 18 Lieferanten bezogen werden. Vgl. BECKER (1999), S. 58. Auch beim Smart decken nur sieben Systemlieferanten 80-85% der Wertschöpfung ab. Vgl. SEBASTIAN (1999), S. 390.

nieren und darüber hinausgehende Wertschöpfungsschritte auslagern.[51] Auf der zweiten Ebene befinden sich die Komponentenhersteller oder Tier 2. Diese produzieren z. B. für den Cockpit-Systemlieferanten das komplette Gebläseaggregat für Heizung und Lüftung und beliefern schwerpunktmäßig die Tier-1-Lieferanten.[52] In diesem Bereich dominieren große, teilweise auch international agierende Unternehmen. Auf der nächsten Ebene befinden sich Material- und Einzelteillieferanten oder Tier 3 (bzw. 4 oder 5), die beispielsweise die Kunststoffteile für das Gebläseaggregat liefern und hauptsächlich die Tier 1 als auch die Tier 2 beliefern. Dies ist der Bereich, in dem vor allem die KMU angesiedelt sind.[53] Auf der untersten Stufe der SC befinden sich die Rohstofflieferanten, welche meist wiederum sehr große international tätige Konzerne sind und alle Stufen (vom OEM bis zum letzten Tier) der SC beliefern.[54]

Verkomplizierend für die Struktur der SC wirkt zudem, dass innerhalb eines Zulieferkonzerns sowohl Bereiche vorhanden sein können, welche die Anforderungen von Systemlieferanten oder Tier 1 erfüllen, als auch gleichzeitig andere Bereiche, die unter die Kategorie der reinen Komponenten- oder Teilehersteller (also Tier 2 bzw. 3) fallen.[55] Zudem ist die Struktur der SC ständigen Veränderungen unterworfen. So werden z.B. durch die oben angesprochenen Bestrebungen der OEMs, ihre Direktlieferanten zu reduzieren, viele Zulieferer, die immer direkt mit dem OEM zusammengearbeitet haben, plötzlich verpflichtet, dem vorgeschalteten Systemlieferanten bestimmte Bauteile zu liefern. So fallen regelmäßig Tier-1-Zulieferer komplett weg oder werden zu Tier-2-Lieferanten, was wiederum Verschie-

[51] Vgl. RIPPE/THOLEN (2008), S. 16 f.

[52] Vgl. WILDEMANN (2001), S. 83.

[53] Vgl. WILDEMANN (2001), S. 83, RIPPE/THOLEN (2008), S. 16 f. So kommt es, dass nahezu 80% der deutschen Automobilzulieferer dem Mittelstand zugerechnet werden. Vgl. RADTKE/ABELE/ZIELKE (2004), S. 138.

[54] Vgl. WILDEMANN (2001), S. 83.

[55] Vgl. RIPPE/THOLEN (2008), S. 16 f. So bieten auch Rohstofflieferanten mittlerweile nicht nur die Rohmaterialien, sondern auch ausgewählte zusätzliche Wertschöpfungsschritte an und können dadurch je nach SC-Struktur nur Rohstofflieferant oder auch Tier sein. Vgl. VELOSO/KUMAR (2002), S. 18. Insbesondere bei der Bearbeitung der Rohmaterialen und der Teilmontierung überschneiden sich die Wertschöpfungsschritte von Automobilherstellern, Tier und stahlverarbeitenden Unternehmen. Vgl. GREBE (2008), S. 30.

bungen in deren Lieferantenstruktur zur Folge haben kann.[56] So kommt es, dass zwischen den Tier-Stufen und den Fabriken des OEMs leicht bis zu 50.000 Verbindungen bestehen können[57] und die SC der Automobilindustrie als sehr komplex gilt.[58]

Viele Unternehmen betreiben oft mehrere dieser hochkomplexen SC für verschiedene Produkte oder Produktlinien gleichzeitig. Als Unterscheidungsmerkmal der SC wird meist das Endprodukt herangezogen.[59] Insgesamt bleibt also festzuhalten, dass die automobile SC durch eine besonders große Komplexität, ständige Veränderungen und gegenseitige Abhängigkeit der Unternehmen geprägt ist. Ein zielgerichtetes Management der SC, um diese erfolgsoptimal auszurichten, scheint unter diesen Umständen angebracht.[60] Aus diesem Grund soll das parallel zu den komplexen SC entstandene SCM im Folgenden beleuchtet werden.

2.1.2 Supply Chain Management – Ansatz der Supply-Chain-Optimierung

In der betriebswirtschaftlichen Literatur wird der Begriff des SCM das erste Mal von Oliver und Webber im Jahre 1982 erwähnt[61] und erlebte vor allem in den letzten Jahren sehr viel Aufmerksamkeit von Theorie und Praxis.[62] In der Forschung bestehen einige unterschiedliche Ansätze, die versuchen, das Thema SCM in einen konzeptionellen Rahmen zu bringen. Eine der bekanntesten Einordnungen stammt von Bechtel und Jayaram

56 Vgl. HALLIKAS/VIROLAINEN/TUOMINEN (2002), S. 49. Natürlich wird ein Teil der Lieferanten von diesen Veränderungen nicht betroffen. Vor allen Dingen die Zulieferer, die Teile oder Komponenten für den Motor liefern, werden auch in absehbarer Zeit Tier-1-Lieferanten bleiben. Der Motor gehört zur Kernkompetenz des Herstellers und wird auch auf absehbare Zeit beim OEM verbleiben. Vgl. FREUDENBERG/KLENK (1999), S. 132.

57 Vgl. SMITH (2002), S. 7.

58 Vgl. DODEL (2004), S. 4.

59 Vgl. SCHÖNSLEBEN (2004), S. 12 ff., KAJÜTER (2006), S. 15. Die Abgrenzung kann aber auch anhand von weiteren Merkmalen, wie z.B. Märkte, Distributionskanäle, Warengruppen oder geografische Verteilung, durchgeführt werden. Vgl. LOVELL/SAW/STIMSON (2005), S. 143 ff.

60 Die Bedeutung des SCM wird unterstrichen durch eine internationale Studie von Accenture, des INSEAD und der Stanford University aus dem Jahr 2003, in der fast 90% der befragten Top-Manager SCM als kritisch oder sehr wichtig für ihr jeweiliges Unternehmen einstuften. Dies wird noch unterstrichen durch die Tatsache, dass eine ähnlich hohe Prozentzahl der Befragten die Ausgaben für SCM in den letzten Jahren erheblich erhöht hat. Vgl. ANDERSON et al. (2003), S. 4.

61 Vgl. OLIVER/WEBBER (1982), S. 63 ff.

62 Vgl. BURGESS/SINGH/KOROGLU (2006), S. 703. Umfragen zeigen, dass 44% der Unternehmensnetzwerke in der Zeit von 2000 bis 2006 gegründet wurden. Vgl. SEITER (2006), S. 577.

(1997) und zeigt die chronologische Entwicklung des SCM-Ansatzes anhand von fünf sog. „Schulen", die anschließend kurz vorgestellt werden sollen.[63]

Die **SC Awareness School** bezieht sich zunächst auf die Erkenntnis, dass eine SC mit verschiedenen funktionalen Bereichen existiert und eines aktiven Managements bedarf. Im Mittelpunkt steht der Materialfluss durch die gesamte SC vom Rohstoffproduzenten bis hin zum Endkunden.[64]

Die **Linkage/Logistics School** konzentriert sich auf die Verbindungen zwischen den unterschiedlichen Teilbereichen einer SC. Es wird erkannt, dass eine SC einerseits aus unternehmensinternen Bereichen besteht (z.B. Beschaffung, Produktion, Absatz) und darüber hinaus aus verschiedenen Unternehmen zusammengesetzt ist. Die Linkage/Logistics School hat zum Ziel, die Verbindungen zwischen diesen Bereichen zu identifizieren, zu optimieren und zu einem kompetitiven Konkurrenzvorteil auszubauen.[65]

Die **Information School** dagegen beleuchtet den Aspekt des Informationsflusses zwischen einzelnen Abteilungen innerhalb eines Unternehmens und zwischen verschiedenen Unternehmen als Quelle eines Wettbewerbsvorteils. Es wird betont, dass dieser Informationsfluss nicht nur einseitig, sondern auch zweiseitig funktionieren muss, um Feedbackschleifen zwischen den Teilbereichen zu ermöglichen. Auf diese Weise kann jedes SC-Mitglied erfahren, wie die Kunden die individuelle Performance des Unternehmens einschätzen und daraufhin unter Umständen Optimierungspotenziale ableiten.[66]

Die **Integration/Process School** hat die Integration der einzelnen SC Bereiche in ein System, bestehend aus einer Vielzahl von Prozessen, zum Ziel. Dieses System soll so verändert und angepasst werden, dass die Performance der SC ganzheitlich optimiert wird. Der Hauptunterschied zwischen der Integration/Process School und der Linkage/Logistics

[63] Vgl. BECHTEL/JAYARAM (1997), S. 16-19, GROLL (2004), S. 20. Andere Autoren nennen im Vergleich dazu nur die ersten vier Schulen und ignorieren die „Future school". Vgl. hierzu HIEBER (2002), S. 33 f. CIGOLINI/COZZI/PERONA (2004), S. 10-12. Hier wird sogar von der ursprünglichen Bezeichnung der Schulen abgewichen.

[64] Vgl. BECHTEL/JAYARAM (1997), S. 16 f.

[65] Vgl. BECHTEL/JAYARAM (1997), S. 17 f.

[66] Vgl. BECHTEL/JAYARAM (1997), S. 18.

School besteht darin, dass die Integration/Process School die gegebenen Teilbereiche einer SC nicht als feststehend ansieht und zum Zwecke der Optimierung der Performance diese auch in der Reihenfolge verändern oder austauschen kann. Die Linkage School dagegen konzentriert sich allein auf die Optimierung der bestehenden Verbindungen.[67]

Unter dem Begriff der **Future School** wird die zukünftige Entwicklung des SCM subsummiert. So wird z.B. die enge Verzahnung des SCM mit Konzepten wie den strategischen Allianzen oder Partnerschaften als ein Trend der Zukunft angesehen. Der Fokus wird somit durch eine tendenziell transaktionsorientierte auf eine eher beziehungsorientierte Sichtweise verändert. Des Weiteren stellt die Future School den Primat des Kunden noch einmal in den Mittelpunkt der Bemühungen.[68]

Auch auf Grund der unterschiedlichen SCM-Schulen wird der Begriff des SCM nicht einheitlich definiert. In Anlehnung an die Definition zur SC soll im Rahmen dieser Arbeit daher eine allgemein gehaltene und relativ geläufige Definition von Mentzer (2001) verwendet werden. Dieser definiert SCM als „[...] the systematic, strategic coordination of the traditional business functions and the tactics across these business functions within a particular company and across businesses within the supply chain, for the purpose of improving the long-term performance of the individual companies and the supply chain as a whole."[69]

Zum einen wird der Fokus des SCM auf die systematische und strategische Koordination der traditionellen Funktionsbereiche und ihrer Taktiken sowohl innerbetrieblich als auch unternehmensübergreifend gelegt. Dies bedeutet, dass SCM die Integration sämtlicher Waren-, Informations- und Finanzflüsse entlang der SC beinhaltet sowie deren Optimierung mittels Planung, Organisation, Personaleinsatz, Führung und Kontrolle. Zum anderen fokussiert die Definition ebenfalls den Aufbau und die Pflege der notwendigen horizontalen als auch vertikalen Beziehungen. Modernes SCM nach Mentzer ist somit ein multidisziplinäres und multifunktionales Aufgabengebiet, welches nicht nur mit den ty-

67 Vgl. BECHTEL/JAYARAM (1997), S. 18.
68 Vgl. BECHTEL/JAYARAM (1997), S. 18 f.
69 MENTZER et al. (2001), S. 18.

pischen tangiblen Güterströmen befasst ist, sondern immer mehr mit dem Aufbau und der Institutionalisierung von langfristigen Beziehungen und Vertrauen mit dem Ziel der Optimierung der Performance der einzelnen Unternehmen als auch der gesamten SC.[70]

Innerhalb einer SC können zwei gegensätzliche Beziehungsstrukturen unterschieden werden – partnerschaftliche oder marktdominierte Beziehungen.[71] Marktdominierte Beziehungen sind tendenziell eher kurzfristig und stark transaktionsorientiert, während partnerschaftliche Beziehungen langfristiger sind und hauptsächlich auf Vertrauen basieren. Dazwischen finden auf einer gleitenden Skala alle denkbaren intermediären Arrangements ihren Platz.[72] Traditionell waren automobile SC hauptsächlich durch den Markt reguliert. Durch die zunehmende Reduzierung der Zulieferer und die wachsende Bedeutung des SCM ist hier allerdings seit einigen Jahren ein Wandel zu verzeichnen. Heute gibt es eine starke Tendenz von OEMs und anderen Lieferanten in der automobilen SC, ihre Wettbewerbssituation durch intensive Zusammenarbeit mit einem erfahrenen Zulieferer zu verbessern.[73] Diese Unternehmen setzen auf Partnerschaft und Kooperation[74] und integrieren aus diesem Grunde ihre Zulieferer frühzeitig und langfristig in verschiedene Geschäftstätigkeiten.[75] Im Hinblick auf die häufigsten Kooperationsbereiche in der Automobilindustrie zeigt sich das Bild einheitlich. Unabhängig von der Unternehmensgröße kann festgestellt werden, dass die mit Abstand meisten Kooperationen den Bereichen For-

70 Vgl. hierzu auch Jahns (2005b), S. 28, Brindley/Ritchie (2004), S. 6, Dobler/Burt (1996), S. 13, Wisner/Tan (2000), S. 34, 40 ff., Branch (2001), S. 7, Bund/Granthien (2001), S. 131 f., Monczka/Trent/Handfield (2001), S. 24. Umfragen haben ergeben, dass über 90% der Unternehmensnetzwerke ohne zeitlichen Horizont gegründet wurden. Es kann also von einer eher langfristig orientierten Absicht ausgegangen werden. Vgl. Seiter (2006), S. 577.

71 Vgl. Schonert (2008), S. 197.

72 Vgl. Hinterhuber/Stahl (1996), S. 91. Dies sind z.B. hybride Ausgestaltungen wie Joint Ventures, Lizenzvereinbarungen oder auch langfristige Lieferverträge. Vgl. Eckhard (2008), S. 13.

73 Einer aktuellen Studie zufolge, welche auf einer Umfrage unter Automobilherstellern und Zulieferern verschiedener Umsatzgrößen basiert, stellte sich heraus, dass im Jahr 2005 bereits 95% aller befragten Unternehmen Partner einer Kooperation waren. Vgl. van Donk/van der Vaart (2005), S. 99.

74 Eine Kooperation wird als eine vereinbarte (vertraglich oder stillschweigend), einseitig kündbare gemeinsame Bewältigung von Aufgaben mindestens zwei rechtlich selbständiger Unternehmen verstanden. Vgl. Meckl (1994), S. 4, Kruse (1998), S. 15, Siebert (2006), S. 9.

75 Vgl. Rippe/Tholen (2008), S. 22, Zobolski (2008), S. 384.

schung und Entwicklung, Beschaffung sowie Produktion zuzuordnen sind.[76] So verdankt z.B. BMW 15 von 18 bedeutsamen Innovationen im Jahr 2001 seinen Lieferanten.[77]

Beispiele für partnerschaftliche Ansätze im Sinne des SCM in der Beschaffung sind das in den 80er Jahren aufgekommene Just-in-Time-Konzept (JIT). Hier werden die Lieferungen des Zulieferers zeitlich genau auf die Produktion ausgerichtet und damit die Notwendigkeit von großen Zwischenlägern aufgehoben.[78] Bei der Lieferung nach Just-in-Sequence (JIS) handelt es sich um eine Erweiterung des ursprünglichen JIT-Prinzips. Ähnlich wie beim JIT-Prozess fertigen die Lieferanten im Idealfall direkt in einen Versandpuffer bzw. auf einen LKW-Anhänger, diesmal jedoch nicht sortenrein, sondern bereits genau in der Reihenfolge, in der die Teile später beim OEM verbaut werden.[79]

Trotz einer zunehmend partnerschaftlichen Ausprägung der automobilen SC und der Einsicht, dass die Kunst des Beziehungsmanagements darin besteht, die Vorteile von Partnerschaft und Markt optimal zu kombinieren, wird die Partnerschaftlichkeit meist geringer als notwendig beurteilt.[80] So beschränken sich die partnerschaftlichen Ansätze meist auf die direkten Lieferanten (Tier 1), während weiter upstream angesiedelte Zulieferer häufig außen vor bleiben.[81] Je nach Stellung in der Lieferkette nehmen die Befragten die Koope-

---

76 Vgl. WALLENTOWITZ/FREIALDENHOVEN/OLSCHEWSKI (2008), S. 39, GROHMANN/HOFER/ZANGL (2005). In den Bereichen, die inhaltlich weiter vom Entwicklungsprozess entfernt sind, sind kooperative Formen der Zusammenarbeit eher selten. Vgl. BARTELT (2002), S. 158 ff. Ein in der Literatur viel zitiertes Beispiel stellt das Programm TANDEM bei Daimler dar. Vgl. z.B. RUDNITZKI (1999), S. 171. Ein weiteres Programm bei Daimler mit ählichem Ziel nennt sich SCORE. Vgl. GEREFFI (1999), S. 1 ff.

77 Während kleine und mittelgroße Zulieferer jeweils drei Innovationen hervorbrachten, wurden neun allein von Systemlieferanten – den so genannten Mega-Lieferanten, die oftmals größer als die OEMs selbst sind – entwickelt. Vgl. GRECA (2005), S. 113. Insbesondere die japanischen Automobilhersteller wie Honda und Toyota begannen sehr früh mit umfangreichen Entwicklungskooperationen. Sie verdankten schon Ende des letzten Jahrtausends bis zu 60% ihrer Innovationen ihren Zulieferern. Vgl. BENSAOU (1999), S. 37.

78 Der Anteil der JIT-Anlieferung hat mittlerweile einen Wert von bis zu 65% am gesamten Versorgungsbedarf. Vgl. KNORST (2004), S. 75.

79 Vgl. OSTERTAG (2008), S. 19. Der Anteil des JIS-Verfahrens ist in den vergangenen Jahren stark gestiegen und wird weiter zunehmen. Vgl. KNORST (2004), S. 75. Auf der Absatzseite wurde in den 90er Jahren das Efficient-Consumer-Response-Konzept entwickelt, welches auf den Aufbau effizienter Feedbackprozesse mit den direkten Kunden abzielt. Für weitere Ansätze von erfolgreichen SCM-Ansätzen in der Automobilindustrie vgl. RADTKE/ABELE/ZIELKE (2004), S. 154.

80 Vgl. RIPPE/THOLEN (2008), S. 22, 36, BEHRENBECK et al. (2005), S. 12.

81 OEMs arbeiten mit 30% ihrer Vorlieferanten zusammen, 1st Tier nur mit 24% und 2nd Tier nur noch mit 21%. Vgl. PRICE WATERHOUSE COOPERS AG (2007), S. 18.

ration sehr unterschiedlich wahr. So glauben z.B. 80% der OEMs, dass die Kooperation sehr partnerschaftlich sei. Diese Meinung wird jedoch nur von knapp 60% der Tier 1 geteilt.[82] Insgesamt ist die Zufriedenheit der Zulieferer mit der herrschenden SC-Beziehung in einer empirischen Studie als unterdurchschnittlich beurteilt worden.[83]

Die latente Unzufriedenheit der Automobilzulieferer mit dem Status quo der partnerschaftlichen Zusammenarbeit liegt in der oft einseitigen Abhängigkeit begründet. In der Regel steht einer relativ großen Zahl von Zulieferern eine sehr geringe Zahl von Herstellern als Abnehmer gegenüber.[84] Diese Abhängigkeit wird durch wachsende Investitionen der Zulieferer in Forschungs- und Entwicklungsprojekte im Rahmen der SC-Partnerschaften noch verschärft.[85] Die OEMs tendieren dazu, dieses Abhängigkeitsverhältnis in den jährlichen Preisverhandlungen rigoros auszunutzen.[86] „They demanded their Tier 1 suppliers to reduce prices every year, and told them that if they were just more efficient at manufacturing, they would not suffer any margin losses."[87] Dies führt dazu, dass eine empirisch nachweisbare hohe negative Korrelation zwischen umsatzbezogener Abhängigkeit von einem oder wenigen Herstellern und den Gewinnen existiert.[88] Allerdings ist gerade in der Automobilindustrie durch das Bestreben die eigene Wettbewerbssituation zu verbessern, alle nicht im Fokus stehenden Wertschöpfungsschritte auszulagern und Lager weitestgehend zu vermeiden, eine zunehmende beidseitige Abhängigkeit von Abnehmern und

82 Vgl. PRICE WATERHOUSE COOPERS AG (2007), S. 18.

83 Vgl. MEINIG/MALLAD (2005), S. 45 ff.

84 Vgl. TAKEISHI (2001), S. 410. Obwohl sich die Unternehmenslandschaft im Bereich der Automobilindustrie sowohl im Bereich der OEMs als auch der Zulieferer in den letzten Jahren stark konsolidierte, ist dies noch immer der Fall. Existierten vor ca. 25 Jahren noch mehr als 50 unabhängige Automobilhersteller (OEMs) und ca. 30.000 Zulieferer, so sind es derzeit noch ca. ein Dutzend global agierende OEMs und nur ca. 5.600 Zulieferer. Vgl. DODEL (2004), S. 15, RADTKE/ABELE/ZIELKE (2004), S. 18.

85 Vgl. GMEINER (2005), S. 5, KUREK (2004), S. 14 f., SCHOLZ (2000), S. 39.

86 Vgl. ZOBOLSKI (2008), S. 342.

87 BANKER (2009). Einer Studie zufolge lag der von Automobilherstellern und großen Zulieferern geforderte Preisnachlass gegenüber Lieferanten im Jahr 2006 bei durchschnittlich 4,2%. Dabei ist es so, dass Volumenhersteller überdurchschnittliche Preisnachlässe fordern. Vgl. WALLENTOWITZ/FREIALDENHOVEN/OLSCHEWSKI (2008), S. 39, GMEINER (2005), S. 87. Zu den von den OEMs erwarteten Preisnachlässen gibt Gmeiner für VW 15% und für Ford 18% Nachlass über einen Zeitraum von drei Jahren an. Vgl. GMEINER (2005), S. 89.

88 Vgl. NOBEOKA/DYER/MADHOK (2002), S. 727. Die umsatzbezogene Abhängigkeit wird dabei meist als prozentualer Anteil des mit diesem Hersteller erzielten Umsatzes am Gesamtumsatz des Zulieferers ermittelt. Vgl. TAKEISHI (2001), S. 414, TAKEISHI (2002), S. 326.

Zulieferern zu beobachten.[89] Als Beispiel für diesen Sachverhalt kann der in der Presse populäre Fall von Daimler aus dem Jahr 2005 herangezogen werden. Daimler musste zu dieser Zeit auf Grund eines Fehlers in einer Diesel-Einspritzpumpe die Produktion für 18 Tage stoppen. Die defekte Einspritzpumpe wurde von Bosch, einem Tier-1-Zulieferer produziert, doch Bosch wies in den darauf folgenden Analysen nach dem Verursacher jede Schuld von sich. Bosch argumentierte, dass dieser Defekt nicht von ihnen, sondern von einem Zulieferer – Federal Mogul – (also einem Tier 2 von Daimler) ausgelöst worden wäre. Die Suche nach der Fehlerquelle war aber auch hier noch nicht beendet, da Federal Mogul den Defekt nicht auf eigenes Handeln, sondern auf Probleme des in der Produktion verwendeten Granulats zurückführte. Dieses Granulat wurde von DuPont geliefert – also einem Tier 3 von Daimler.[90] Durch dieses Beispiel wird noch einmal deutlich, was Betriebswissenschaftler schon seit Jahren im Zuge des SCM proklamieren: „The buying firm success is dependent on its suppliers success."[91] Ein Unternehmen wird somit nur dann erfolgreich am Markt agieren, wenn es seinen Blick hebt und seine Optimierungsaktivitäten auf seine Wertschöpfungspartner ausweitet und mit seinen Wertschöpfungspartnern besser kooperiert als seine Konkurrenten.[92] Dabei ist es entscheidend zu verstehen, dass die gesamte SC gefordert ist. Nicht nur der OEM und seine Tier-1-Lieferanten – wie es heute oft der Fall ist – sondern auch deren Lieferanten und Vorlieferanten.[93]

Die Konkurrenz zwischen einzelnen Unternehmen wird aus diesem Grund mehr und mehr durch eine umfassendere Konkurrenz zwischen unternehmensübergreifenden SC abgelöst.[94] Obwohl diese Meinung mittlerweile breiten Anklang gefunden hat, ist sie nicht

---

89 Gerade in der Automobilindustrie äußert sich diese Abhängigkeit besonders: So wird ein Mitarbeiter eines großen deutschen OEMs mit folgender Aussage zitiert: „Wenn wir in der Verlängerung der Konzeptphase in die Serienentwicklung nur einen Lieferanten haben und dann feststellen, dass er die Ziele nicht erfüllen kann, dann müssen wir mit ihm weiter zusammenarbeiten, auch wenn das die Verfehlung unserer eigenen Ziele bedeuten würde." ZOBOLSKI (2008), S. 353.

90 Vgl. HENKE (2008), S. 179. Ein weiteres Beispiel stellen die im Jahr 2007 publik gewordenen Turbulenzen bei dem Zulieferer Karmann und den Auswirkungen auf die OEMs (insbesondere VW) dar. Vgl. RIPPE/THOLEN (2008), S. 14.

91 DOBLER/BURT (1996), S. 438, MENTZER et al. (2001), S. 18, JÜTTNER (2003), S. 777.

92 Vgl. ARNDT (2008), S. 48, HAVIGHORST (2001), S. 202, WALTHER (2001), S. 15, WAGNER (2001), S. 102.

93 Vgl. MINAHAN (2008).

94 Vgl. DYER/CHO/CHU (1998), S. 678, CHRISTOPHER (1999), S. 3, WHIPPLE/FRANKEL (2000), S. 21, REISS/PRÄUER (2003), S. 29, ARNDT (2004), S. 47, HOTWAGNER (2008), S. 23, TRKMAN/MCCORMACK (2009), S. 4.

ganz unumstritten.[95] So kann es insbesondere auf stark konsolidierten Märkten mit sehr umfassenden SC sein, dass ein Lieferant mehreren SC angehört und die SC dadurch nicht mehr eindeutig voneinander separierbar sind. Da in der vorliegenden Arbeit die SC aber ausgehend vom Endprodukt definiert werden soll, ist eine vollkommene Überschneidungsfreiheit der SC nicht notwendig, um von Konkurrenz sprechen zu können. Wichtig ist nur, dass das Endprodukt vom Kunden letztendlich als unterschiedlich zur Konkurrenz empfunden wird.[96] Dafür können je nach Produkt bzw. Industrie unterschiedliche Produktmerkmale verantwortlich sein.[97] Nichtsdestotrotz muss jedem Unternehmen klar sein, dass ein wichtiger Lieferant u.U. auch der Lieferant eines direkten Konkurrenten sein kann. Je nach Vertrauen in das Verhalten des Lieferanten bzw. in bestehende Vertragswerke muss dann entschieden werden, mit welcher Intensität in welchen Bereichen zusammengearbeitet werden kann.[98] Es besteht immer die latente Gefahr, dass der Lieferant die durch verschiedene Aktivitäten erzielten Effizienzsteigerungen – evtl. auch entgegen der Absprachen – an seine anderen Kunden weitergibt und dass die Kooperation somit unfreiwillig zu einem Konkurrenzentwicklungsprogramm mutiert.[99]

---

[95] Dies lässt sich auch in der Literatur zu Beschaffungskontrakten innerhalb der SC festmachen. Die Literatur lässt sich in zwei Lager aufspalten. Auf der einen Seite befinden sich die Autoren, die sich in ihren Ausführungen hauptsächlich auf die Optimierung der Situation des Käufers fokussieren. Vgl. ANUPINDI/BASSOK (1999), BROWN/LEE (1997), WU/KLEINDORFER/ZHANG (2002). Auf der anderen Seite stehen die Autoren, die die Performance der gesamten SC als Zielfunktion heranziehen. Vgl. PASTERNACK (1985), BARNES-SCHUSTER/BASSOK/ANUPINDI (2002). Für eine detaillierte Übersicht und weitere Autoren zu den zwei Zielfunktionen vgl. MARTINEZ DE ALBENIZ/SIMCHI-LEVI (2005), S. 91 f.

[96] Vgl. SCHÖNSLEBEN (2004), S. 12 ff.

[97] Gerade in der Automobilindustrie ist zu beobachten, dass die Hersteller auf Grund der zu erzielenden Economies of Scale überall dort versuchen gleiche Teile einzusetzen, wo es der Kunde nicht direkt merkt. So kann es durchaus sein, dass sich ein Gaspedal nicht nur in vielen Modellserien eines Herstellers, sondern gar in den Fahrzeugen verschiedener Hersteller befindet. Vgl. KLESSE/ROTHER (2010), S. 54.

[98] Dieser Sachverhalt wird in der vorliegenden Arbeit vor allen Dingen in Kapitel 5.1.1 und 5.1.4 berücksichtigt.

[99] Vgl. WALLENTOWITZ/FREIALDENHOVEN/OLSCHEWSKI (2008), S. 151. Aus diesem Grund hat z.B. Martin Winterkorn, der Vorstandvorsitzende von VW, bereits angekündigt, dass – falls der Zulieferer Magna den VW-Konkurrenten Opel übernommen hätte – eine Überprüfung der Zulieferverträge durchgeführt werden müsste. VW glaubte nach einer Übernahme von Opel offensichtlich nicht mehr daran, dass Magna wichtige vertrauliche Informationen für sich behält. VW hatte allerdings bis zu diesem Zeitpunkt kein Problem damit, dass Magna gleichberechtigte vertragliche Beziehungen mit anderen großen Automobilbauern hatte. Vgl. BECKER et al. (2009), S. 22.

2.1.3 Erfolgsfaktoren des Supply Chain Managements

Im aktuellen Kapitel sollen auf Basis einer umfassenden Literaturanalyse die Erfolgsfaktoren der Unternehmen bzw. SC, die eine exzellente SC-Performance erreichen, herausgearbeitet werden. Exzellente SC-Performance wird für diesen Zweck analog zu der in Kapitel 2.1.2 entwickelten Definition des SCM festgelegt als „[...] improving the long-term performance of the individual companies and the supply chain as a whole. „Die Verbesserung der Performance bedeutet immer, dass sich eine gegebene SC im Vergleich zu den direkten Wettbewerbern verbessern muss. Eine absolute Verbesserung, die von den Wettbewerbern ebenfalls erzielt wurde, ist wertlos.

Neben den zahlreichen positiven Beispielen, die zeigen, wie Unternehmen durch die Umsetzung des SCM ihre Produktionsprozesse veschlankt, Wertschöpfungsprozesse konzentriert, Lager reduziert und insgesamt ihre Wettbewerbssituation optimiert haben, existieren auch Unternehmen, die trotz langjähriger, teilweise sehr kostenintensiver Bemühungen, die erhofften positiven Effekte des SCM nicht realisieren konnten.[100] Untersuchungen haben ergeben, dass dabei eine reine Fokussierung auf die Habenseite zu kurz greift. Vielmehr trennen „die Kosten, die für eine derartig gut abgestimmte SC anfallen [...], die Spreu vom Weizen. So muss das kosteneffizienteste Unternehmen für eine bestimmte Optimierung nur die Hälfte der Kosten aufwenden wie das kostenintensivste Unternehmen."[101] Im Rahmen einer ausführlichen Literaturanalyse konnten fünf typische Erfolgsfaktoren für das SCM abgeleitet werden.[102] Diese fünf Erfolgsfaktoren sollen im Folgenden kurz vorgestellt und beschrieben werden.

---

100 Vgl. MERKLE (1999), S. 3, BARRINGER/HARRISON (2000), S. 368, STEINAECKER VON/KÜHNER (2001), S. 39 ff., GUNASEKARAN/PATEL/MCGAUGHEY (2004), S. 345 f. Eine empirische Untersuchung unter 50 weltweit tätigen Unternehmen stellte fest, dass fast 70% der strategischen Kooperationen gescheitert sind. Vgl. LUCKS/MECKL (2002), S. 10.

101 GOULD (o.A.).

102 Basis der Literaturanalyse bildeten die Publikationen von DYER/SINGH (1998b), S. 662, CARTER et al. (2000), S. 18, CHOPRA/MEINDL (2007), S. 506, MENTZER et al. (2001), S. 8, WHIPPLE/FRANKEL (2000), S. 23 und ZOBOLSKI (2008), S. 372 ff.

Der erste Erfolgsfaktor für das SCM wird „Generierung zielgerichteter SC-Transparenz und Durchführung Partnerselektion" genannt.[103] In einem international angelegten Survey mit über 150 befragten Firmen zum Thema SCM wurde als eine der größten Schwachstellen der untersuchten SC die fehlende SC-Transparenz identifiziert.[104] Die SC-Transparenz beinhaltet i.e.S. den Überblick über die an der SC beteiligten Unternehmen, ihre Beziehungsstrukturen untereinander und auch ihre derzeitige Performance. Die weiter zu erhebenden Daten sind maßgeblich von dem spezifischen Ziel des SCM und den geplanten unternehmensübergreifenden Projekten abhängig. Es ist nicht zielführend, nur zum Selbstzweck der Transparenz bereits ex-ante eine unüberschaubar große Menge an Daten zu erheben. Daher wird in der Literatur empfohlen, die Erhebung immer auf nur einen bestimmten SC-Ausschnitt oder einen bestimmten Themenbereich zu reduzieren.[105] Nachdem die SC-Transparenz i.e.S. generiert wurde, muss sich das fokale oder projektinitiierende Unternehmen überlegen, inwiefern eine Einschränkung der in das Projekt zu integrierenden SC-Partner sinnvoll ist.[106] Hintergrund der Überlegungen zur Partnerselektion ist, dass die Einbindung jedes zusätzlichen Partners mit einem mehr oder weniger großen Aufwand verbunden ist und dementsprechend Transaktionskosten verursacht. Immer dann, wenn die Transaktionskosten die potenziellen Vorteile der Integration eines zusätzlichen Unternehmens übersteigen, macht der Ausschluss dieses Unternehmens mehr Sinn.[107] Der Partnerselektion, welche auf Grund der Nähe zu den Lieferanten bevorzugt in der Beschaffungsabteilung stattfinden sollte, geht somit eine Definition eines „Anforderungsprofils" der zu integrierenden Unternehmen voraus. Die benötigten Kriterien müssen daraufhin im Rahmen vorliegender Daten des Lieferantenmanagements bzw. der SC-Transparenz abgerufen oder neu erhoben werden. Wichtig ist, dass die Partnerselektion nicht nur einmal, sondern je nach Dynamik der SC in mehr oder weniger großen regelmäßigen Abständen durchgeführt wird. So wird einerseits garantiert, dass Unterneh-

[103] Vgl. WINKLER (2005), S. 23. Auch international spielt dieser Aspekt eine große Rolle. Vgl. z.B. für eine Untersuchung in Indien KPMG AG (2006), S. 2.

[104] Knapp 79% der befragten Unternehmen sehen die fehlende SC-Transparenz als ihre größte Schwachstelle an. Vgl. ABERDEEN GROUP (2006), S. 1.

[105] Vgl. STADTLER/KILGER (2000), S. 7.

[106] Der Prozess des Managements von Unternehmenskooperationen kann nach Fontanari (1995) in fünf Phasen eingeteilt werden. Die Partnerauswahl ist eine davon. Vgl. FONTANARI (1995), S. 165 ff. Eine vergleichbare Phaseneinteilung findet sich bei KALE/DYER/SINGH (2002), S. 763.

[107] Vgl. ähnlich CARTER et al. (2000), S. 18, WAGNER (2001), S. 92, MONTE (2001), S. 246.

men, die die Anforderungen erfüllen, evtl. integriert werden können. Auf der anderen Seite sollte bei mehrmaliger Nichterfüllung der Anforderungen auch an einen Austausch eines SC-Partners gedacht werden.[108]

Der zweite Erfolgsfaktor lautet „Generierung homogenes Zielsystem".[109] Mit einem homogenen Zielsystem ist gemeint, dass die beteiligten Unternehmen sich bereits im Vorfeld der Kooperation auf gemeinsame Ziele inkl. einheitlicher Taxonomie auf verschiedenen Ebenen der SC einigen sollten.[110] Dies hat den Vorteil, dass alle Beteiligten wissen, was von der Kooperation zu erwarten ist. Außerdem können alle Entscheidungen, Handlungen und Verhaltensweisen, die zur Realisierung der Zielvorstellungen beitragen, entsprechend ausgerichtet werden.[111] Fehlende homogene Zielvorstellungen erschweren die strategische Gestaltung der SC.[112] Grund sind stark individualistische Denkweisen, die Optimierungspotenzial nur schwer erkennbar und noch schwerer realisierbar machen.[113] Die harmonisierten Ziele sollten ein Spagat zwischen lang- und kurzfristig, zwischen ehrgeizig und realisierbar darstellen und auf Grund der besseren Messbarkeit möglichst auf Subziele auf Teilprojektbasis heruntergebrochen werden. Dies hat den Vorteil, dass die Ziele direkt einem Verantwortlichen zugeordnet werden können und dessen Performance an der Zielerreichung abgelesen werden kann. Wichtiger Bestandteil der Generierung eines ho-

[108] Kurzfristige Wechsel der Geschäftsbeziehungen wirken destabilisierend und sind zu vermeiden. Wertschöpfungsbeziehungen mit Geschäftspartnern, die ihre Leistungsfähigkeit und Vertrauenswürdigkeit bereits bewiesen haben, sind prädestiniert fortzuführen und kontinuierlich zu verbessern. Vgl. SCHONERT (2008), S. 231-236. Dies ist besonders wichtig vor dem Hintergrund der SC-Trägheit. Diese äußert sich darin, dass die SC-Unternehmen dazu tendieren, mühevoll aufgebaute Beziehungen möglichst unangetastet zu lassen. Dies hat zur Folge, dass Partner, die aus dem ein oder anderen – unter Umständen mittlerweile sehr wichtigen Aspekt – eigentlich ausgetauscht werden müssten, in der SC verbleiben, weiter in komplexe Projekte eingebunden werden und sich dort als Hemmschuh erweisen. Vgl. SEITER (2008), S. 243.

[109] Vgl. HEINZEL (2001), S. 45, WINKLER (2005), S. 23, CHOPRA/MEINDL (2007), S. 506.

[110] Vgl. MENTZER et al. (2001), S. 8, ANDERSON et al. (2003), S. 18. Dies bedeutet im Zweifelsfall, auch bei starker Inkompatibilität der Zielsysteme und Unternehmenskulturen die Kooperation nicht aufzunehmen. WHIPPLE/FRANKEL (2000), S. 23.

[111] Vgl. LAUX (1990), S. 1. Dabei ist es sehr hilfreich, bereits im Vorhinein eine klare Vorstellung der eigenen Rolle und der möglichen Rolle der SC-Partner zu entwickeln. Vgl. ZOBOLSKI (2008), S. 355.

[112] Vgl. PROFF/PROFF (2008), S. 172.

[113] Vgl. WINKLER (2006), S. 237. So haben auch Lee und Billington in einer empirischen Untersuchung festgestellt, dass keine Effizienzgewinne erzielt werden, wenn die Partner innerhalb der SC unabhängig voneinander versuchen, ihre Ziele zu erreichen. Vgl. LEE/BILLINGTON (1992).

mogenen Zielsystems spielt ein adäquates Anreizsystem.[114] Wie bereits in Kapitel 2.1.1 herausgestellt, zeichnet sich eine SC durch die Besonderheit aus, dass rechtlich unabhängige Unternehmen miteinander kooperieren. Selbstverständlich verfolgen diese auch individuelle Ziele und werden alle über kurz oder lang einen finanziellen Vorteil von ihrem Mitwirken in der SC erwarten (Win-Win Situation). Sollte ein Unternehmen trotz Kooperation seine individuellen Ziele nicht erreichen und damit keinen Mehrwert aus der SC schöpfen, wird es früher oder später die Motivation verlieren, an der SC aktiv mitzuwirken. Durch die enge Verknüpfung der Unternehmen untereinander ist diese destruktive Einstellung eines Partners nicht erstrebenswert.[115] Folglich ist es Voraussetzung, dass alle beteiligten Unternehmen einen mehr oder minder großen individuellen Vorteil aus der SC ziehen und damit einen Anreiz haben, möglichst langfristig an der SC zu partizipieren.[116]

Im Mittelpunkt des dritten Erfolgsfaktors „Etablierung eindeutiger Verantwortungs- und Organisationsstruktur" steht die Ex-ante-Definition der unternehmensübergreifenden Verantwortungsbereiche, Tätigkeitsfelder und Weisungsbefugnisse.[117] Dieser initiale Aufwand vereinfacht und beschleunigt die spätere Zusammenarbeit – insbesondere die Informationsweitergabe – und beugt Verzögerungen im Ablauf auf Grund von unklaren Machtverhältnissen vor.[118] Neben der Aufbauorganisation muss auch die Ablauforganisation der Prozesse definiert und organisatorisch verankert werden. Auch sollte darauf geachtet werden, dass den jeweiligen Verantwortungsbereichen klare Zielsetzungen kommuniziert werden. Auf diese Weise wird die Identifikation der Mitarbeiter mit dem Pro-

[114] Die Motivation zur Installierung von Anreizsystemen in Unternehmen basiert auf der Annahme, dass Anreize über die Aktivierung von Bedürfnissen ein bestimmtes Verhalten eines Partners auslösen können. Vgl. BEYER (1991), S. 16. Eine Klassifikation von Anreizen kann nach den Merkmalen extrinsisch bzw. intrinsisch und materiell sowie immateriell durchgeführt werden. Vgl. SCHANZ (1991), S. 13, BAUMANN (2002), S. 133. Intrinsische Anreize haben ihren Ursprung in dem konkreten Arbeitsinhalt, konkrete Anreize sind hier z.B. Macht, Leistung, Persönlichkeitsentfaltung. Vgl. FALKENSTEIN (2005), S. 27. Extrinsische Anreize stimulieren von außen – die Motivation erfolgt damit nicht unmittelbar, sondern mittelbar aus der Arbeit. Zu den extrinsischen Anreizen zählen z.B. Geld, Status und Sicherheit. Vgl. BEYER (1991), S. 127.

[115] Selbstverständlich sollte bei der Generierung der Anreizsysteme auch berücksichtigt werden, dass Unternehmen existieren, die wichtiger für eine SC sind als andere.

[116] Aus Unternehmenssicht bzw. SC-Sicht stellen Anreizsysteme somit eine Möglichkeit dar, das Leistungsverhalten und die Leistungsbereitschaft einzelner Unternehmen im Sinne der SC zu beeinflussen. Vgl. SCHANZ (1991), S. 8.

[117] Vgl. DYER/SINGH (1998b), S. 662.

[118] Vgl. WINKLER (2005), S. 23.

jekterfolg unterstützt. Ein weiterer unerlässlicher Aspekt im Rahmen der Vertrauensbildung – sowohl innerhalb des Unternehmens als auch zu den jeweiligen SC-Partnern – stellt die Unterstützung des Top-Managements von jedem beteiligten Unternehmen dar.[119] Diese Unterstützung ist notwendig, um benötigte Ressourcen freizugeben bzw. neue Prozesse anzuschieben und interne Barrieren/Vorbehalte zu überspringen.[120] Best-Practice-Unternehmen stellen die Top-Management-Unterstützung bereits sicher, in dem die strategischen Positionen der SCM-Governance mit Top-Managern besetzt wird.[121]

Das primäre Ziel der Bemühungen im Rahmen des vierten Erfolgsfaktors „Implementierung vertrauensförderndes Kooperationsmanagement" ist der Aufbau eines Vertrauensverhältnisses zwischen den SC-Partnern.[122] Zur effizienten Realisierung der Optimierungspotenziale im Rahmen des SCM müssen teilweise sehr sensible Informationen über Beschaffung, Produktion, Lagerung oder Entwicklungen geteilt und analysiert werden. Nur in einem Umfeld absoluten Vertrauens werden Unternehmen bereit sein, diese Informationen den SC-Partnern zur Verfügung zu stellen.[123] Dieses Vertrauen lässt sich allerdings nicht auf Knopfdruck aufbauen, doch führen einige Faktoren dazu, den Prozess der Vertrauensbildung zu unterstützen. Hierzu gehören unter anderem institutionalisierte Kommunikationswege und eindeutige Verträge. So ist zwischen den SC-Partnern eine offene und gezielte Informationspolitik zu betreiben.[124] Es sind so viele Daten wie nötig und so wenige wie möglich auszutauschen, um den Wertschöpfungsprozess optimal zu unterstützen. Dieser Datenaustausch sollte nach Möglichkeit automatisiert erfolgen. Neben den automatisierten Prozessen müssen die SC-Partner allerdings auch darauf achten, dass persönliche Kommunikation stattfindet (z.B. in Form institutionalisierter Meetings), da dies Beziehungen verfestigt und Vertrauen zwischen den SC-Partnern fördert.[125] Informations-

[119] WHIPPLE/FRANKEL (2000), S. 23.
[120] Vgl. ZOBOLSKI (2008), S. 372 f.
[121] Vgl. ANDERSON et al. (2003), S. 15.
[122] Selbstverständlich wird der Vertrauensaufbau auch durch andere Erfolgsfaktoren zusätzlich unterstützt. Eine enge Zusammenarbeit kann in der SC nur dann realisiert werden, wenn eine spezifische Kooperationskultur entwickelt wird. Vgl. FISCHER (2002), S. 267 ff.
[123] Vgl. WHIPPLE/FRANKEL (2000), S. 23, RAUTENSTRAUCH (2002), S. 356, CHOPRA/MEINDL (2007), S. 511.
[124] Vgl. DYER/SINGH (1998b), S. 662, MENTZER et al. (2001), S. 8, CHOPRA/MEINDL (2007), S. 507.
[125] Vgl. SCHONERT (2008), S. 231 ff.

asymmetrien und einseitige Abhängigkeiten von Informationen sind zu vermeiden bzw. zumindest weitgehend zu begrenzen.[126] Gelingt die Vermeidung der Informationsasymmetrien nicht, besteht die Gefahr, dass die gesamte Beziehung auf einem kurzfristig orientierten adversativen Ansatz[127] basiert und nicht, wie eigentlich notwendig, auf eine eher langfristige kooperative Basis gestellt wird.[128] Unterstützt wird der Vertrauensbildungsprozess durch ein zielgerichtetes Wissensmanagement. Das Ziel des Wissensmanagements ist die Weiterentwicklung, Dokumentation und Verbreitung des Wissens zu fördern sowie die Durchsetzung und Anwendung des Wissens sicherzustellen.[129] Neues Wissen und neue Prozesse können sich nur dann nachhaltig in Organisationen durchsetzen, wenn sie von den Organisationsmitgliedern verstanden und als nützlich wahrgenommen werden. Der Nutzen ergibt sich für die operative Ebene direkt aus einer Steigerung der Effizienz, der Verringerung des Einmalaufwands oder einer Zunahme der Transparenz.[130] Der Mehrwert der Neuerungen muss sofort ersichtlich oder durch Pilotprojekte bereits bewiesen sein. Mit anderen Worten: Wissen muss auch unternehmensintern bzw. SC-intern vermarktet werden, da die Mitarbeiter einer Organisation keine Zeit haben, die Neuerung nur aus Interesse einmal auszuprobieren.[131] Zu guter Letzt ist ein sog. Eskalationsmanagement zu etablieren. Dies ist notwendig, falls zwischen den SC-Partnern einmal Ungereimtheiten auftreten sollten. Unter der Voraussetzung, dass bereits ex-ante eine klare Vorgehensweise bei Uneinigkeiten vertraglich fixiert wurde, kann eine schnelle Klärung des Sachverhalts erfolgen und ein längerer – die SC lähmender – Streit vermieden werden.[132]

Der fünfte Erfolgsfaktor heißt „Entwicklung umfassende SC-Performancemessung". Nur wenn eine regelmäßige unternehmensübergreifende Performancemessung existiert, können gemeinsam vereinbarte Ziele und Subziele verfolgt und ggf. korrigierende Maßnahmen er-

---

126 Informationsasymmetrien ziehen hohe Transaktionskosten nach sich und wirken vertrauensmindernd. Zu den Grundlagen der Transaktionskostentheorie vgl. WILLIAMSON (1975).

127 In einem adversativen Ansatz versucht ein Unternehmen, kurzfristig seine eigene Performance – unter Umständen auch auf Kosten der Partner – zu optimieren. Dieser Sachverhalt kann mit dem typischen Gefangenendilemma verglichen werden. Vgl. AXELROD (1984), S. 216.

128 Vgl. WOLTERS (1995), S. 37, 43 ff., WHIPPLE/FRANKEL (2000), S. 22, REISS/PRÄUER (2003), S. 28 ff., SCHLÜCHTERMANN/VÖLKL (2004), S. 391.

129 Vgl. ZOBOLSKI (2008), S. 379.

130 Vgl. ZOBOLSKI (2008), S. 375.

131 Vgl. ZOBOLSKI (2008), S. 376.

132 Vgl. MÜLLER (2005), S. 159 ff.

Abbildung 2.3: Überblick Erfolgsfaktoren Supply Chain Management

griffen werden.[133] Die Performancemessung bildet darüber hinaus die Grundlage für eine langfristige Zusammenarbeit, da die Unternehmen nur dann an einer u.U. aufwändigen Kooperation interessiert sein werden, wenn ein Mehrwert generiert und dieser „fair" unter den beteiligten Unternehmen aufgeteilt wird.[134] Während die Messung der unternehmensindividuellen Performance auf ein breites theoretisches Fundament gestellt ist, wurde die Messung der SC-Performance allerdings lange Jahre von der Forschung vernachlässigt.[135]

Die herausgearbeiteten Erfolgsfaktoren im Rahmen des SCM sind in Abbildung 2.3 übersichtlich zusammengefasst.

[133] Vgl. Gunasekaran/Patel/McGaughey (2004), S. 335, Heinzel (2001), S. 45.

[134] Fair ist hier nicht gleichbedeutend mit „zu gleichen Teilen". Der Partner, der in die Kooperation die kritischeren Ressourcen eingebracht hat oder mehr Aufwand zu verbuchen hatte, kann auch einen prozentual höheren Anteil der Gewinne erwarten. Vgl. Dyer/Singh (1998b), S. 675.

[135] Vgl. Handfield/Nichols (1999), S. 61, Gunasekaran/Patel/Tirtiroglu (2001), S. 72, Stölzle (2007), S. 202. In einer Untersuchung aus dem Jahr 2006 gaben noch knapp 75% der befragten Firmen an, dass sie keine unternehmensweite Automatisierung der SC-Prozesse etabliert haben, was eine regelmäßige Performancemessung selbstverständlich erheblich erschwert. Vgl. Aberdeen Group (2006), S. 1.

2.2 Beschaffung im Zeitalter des Supply Chain Managements

2.2.1 Industrielle Beschaffung – Grundlagen, Ziele und Entwicklung

Beschaffung ist die erste Primärfunktion der innerbetrieblichen Wertschöpfungskette.[136] Arnold (1997) definiert Beschaffung im engeren Sinne als alle unternehmens- und marktbezogenen Tätigkeiten, die darauf ausgerichtet sind, einem Unternehmen die benötigten, nicht selbst erstellten Objekte (Anlagen, Materialien und Dienstleistungen) verfügbar zu machen.[137] Zur Verfeinerung des Beschaffungsbegriffs ist eine Orientierung an zwei Merkmalen möglich – dem Objekt- und dem Verrichtungsumfang.[138] Während der Objektumfang die Art der zu beschaffenden Güter beschreibt, betrifft der Verrichtungsumfang ausschließlich die Materialplanung und -disposition. Sie hat die Aufgabe, die benötigten Materialien in der richtigen Qualität und Menge, zur rechten Zeit und zu einem angemessenen Preis zur Verfügung zu stellen.[139] Bei der Diskussion, welche Objekte der Beschaffungsbereich genau umfasst, herrscht zwangsläufig ein breites Meinungsspektrum vor.[140] So reicht das Spektrum von weit gefassten Definitionen, die alle an Märkten vorhandenen Kostengüter, insbesondere auch Kapital und Arbeitskräfte, einbeziehen,[141] bis zu sehr engen Auffassungen, die lediglich das Material, zumeist unterteilt in Roh-, Hilfs- und Betriebsstoffe sowie Zulieferteile (Halb-, Fertigerzeugnisse) im Fokus sehen.[142] Zwischen diesen beiden polaren Meinungsausprägungen siedeln sich viele Autoren mit Mischdefinitionen an.[143]

[136] Die anderen meist genannten Primärfunktionen sind Produktion und Absatz/Vertrieb. Vgl. hierzu auch die Ausführungen in Kapitel 2.1.1.

[137] Vgl. Arnold (1997), S. 3. Sehr ähnlich sind die Definitionen von Nübling (1991), S. 109 f., Dobler/Burt (1996), S. 42, Hammann/Lohberg (1986), S. 5, Küpper (1993), S. 205, Theisen (1974), Sp.383, Theisen (1974b), Sp.494, Munz (1956), Sp.671.

[138] Vgl. Koppelmann (2000), S. 2.

[139] Vgl. Grochla/Schönbohm (1980), S. 18, Arnold (1997), S. 3. Die Logistik ist insofern von der Beschaffung zu trennen, dass neben den eingehenden Warenströmen sowohl die innerbetrieblichen Warenströme als auch die ausgehenden Warenströme kontrolliert werden. Der Einkauf wird letztendlich als die reine Umsetzung der Beschaffungspläne angesehen und damit als eine sehr operative Phase des Beschaffungsprozesses interpretiert. Vgl. Beissel (2003), S. 11.

[140] Vgl. Arnold (1997), S. 3 ff., Corsten (1999), S. 633 f., Large (2000), S. 6 ff.

[141] Vgl. Grochla/Schönbohm (1980), S. 16 ff., Sandig (1935), S. 176.

[142] Vgl. Berg (1981), S. 11 f., Hartmann (1993), S. 15 f., Oeldorf/Olfert (2000), S. 19 ff.

[143] Vgl. Bichler (1997), S. 2, Grochla/Kubicek (1976), S. 259, Roland (1993), S. 5.

Im Rahmen dieser Arbeit, die das Thema Rohstoffpreisrisiko in den Mittelpunkt stellt, soll der Objektumfang auf Materialien des Umlaufvermögens eingeschränkt werden und somit schwerpunktmäßig sämtliche für den Produktionsprozess wichtigen Roh-, Hilfs-, und Betriebsstoffe sowie Zulieferteile umfassen. Das Material macht in einem durchschnittlichen Industrieunternehmen – wobei die Automobilindustrie tendenziell als sehr materialintensiv gilt – über 50% der Herstellkosten aus und ist der mit Abstand größte Kostenblock.[144] Der Verrichtungsumfang hat, wie oben bereits kurz angedeutet, die Aufgabe, die benötigten Materialien in der richtigen Qualität und Menge, zur rechten Zeit und zu einem angemessenen Preis zur Verfügung zu stellen. Es existieren folglich drei wichtige Dimensionen (in der Literatur auch häufig Zieldreieck genannt), die den Verrichtungsumfang charakterisieren. Namentlich die Qualität, die Zeit (z.B. die Pünktlichkeit der Lieferung) und die Kosten (der Preis der beschafften Materialien).[145] Das Hauptaugenmerk der Beschaffung lag viele Jahre auf der Erzielung eines möglichst niedrigen Preises.[146] In den letzten Jahren haben allerdings die Qualitäts- und Zeitaspekte erheblich an Bedeutung gewonnen.[147] Die Evolution der primären Aufgaben des Zielsystems wird in Abbildung 2.4 verdeutlicht.

Die theoretische Gleichsetzung der Zieldimensionen über alle Unternehmen hinweg sollte allerdings nicht so interpretiert werden, dass dieses Zielsystem gleichermaßen für alle

144 Vgl. KINGSMAN (1985), S. 1, MONCZKA/TRENT/HANDFIELD (2001), S. 6, LYSONS/FARRINGTON (2006), S. 20, PROFF/PROFF (2008), S. 189. Der Rohstoffanteil an den Gesamtkosten beträgt im Automobilbau ca. 22%. Hier wurde die Automobilzulieferindustrie stellvertretend für die gesamte Industrie herangezogen. Im Vergleich dazu für den Maschinen- und Anlagenbau bei ca. 17% und für die Verpackungsindustrie bei ca. 35%. Vgl. O.V. (2009a), S. 12. Diese Werte schwanken selbstverständlich stark von Branche zu Branche sowie von Unternehmen zu Unternehmen. Die hier genannten Zahlen können immer nur einen groben Anhaltspunkt geben. Für weitere Angaben von Materialkostenanteilen vgl. z.B. WILDEMANN (2008), S. 16, BEISSEL (2003), S. 233, JAHNS (2005a), S. 2, MÖHRSTÄDT/BOGNER/PAXIAN (2001), S. 7.

145 Andere Autoren erweitern die Beschaffungsziele noch um zusätzliche Dimensionen. So nehmen z.B. Schubert und Meyer, C. als auch Meyer, R. explizit Risikoziele mit auf. Vgl. SCHUBERT (2004), S. 263. In Anlehnung an MEYER (1990), S. 94 ff., MEYER (2008), S. 94 ff. Hier werden zusätzlich noch Gemeinwohlziele wie z.B. ökologische Ziele berücksichtigt. Insgesamt scheinen die zusätzlichen Zieldimensionen keine Primärziele zu sein. So kann die Dimension Risiko ebenfalls mit Preisrisiko, Lieferrisiko oder auch Qualitätsrisiko umschrieben werden.

146 Vgl. WOLTERS (1995), S. 48.

147 Vgl. ADAM (1998), S. 28 f. Im Rahmen der Verschiebung der Ziele hat sich auch der Fokus der Lieferantenauswahl von einer starken Kostenausrichtung auf Kriterien wie Qualität und Zeit verschoben. Vgl. ähnlich GUNASEKARAN/PATEL/MCGAUGHEY (2004), S. 336.

Unternehmen Gültigkeit besitzt. Welche Dimension in der Realität die dominierende ist, sollte sich an den Zielen bzw. der Strategie des jeweiligen Unternehmens orientieren.[148] So sind z.B. nach Porter die Unternehmen gezwungen, sich entweder durch Qualitätsaspekte (Qualitätsführerschaft) oder durch Kostenaspekte (Kostenführerschaft) von den Konkurrenten abzuheben.[149] Es ist also davon auszugehen, dass ein Unternehmen, welches die Qualitätsführerschaft anstrebt, tendenziell mehr Wert auf Qualität und Zeit und ein Unternehmen, welches die Kostenführerschaft anstrebt, tendenziell mehr Wert auf die Kosten legen wird. Gerade Kosteneinsparungen in der Beschaffung haben durch den Hebeleffekt der Beschaffung einen erheblichen Einfluss auf finanzwirtschaftliche Kennzahlen und erhöhen auch sofort bilanzwirksam den Gewinn eines Unternehmens.[150] Die Materialkostenreduzierung, auch mit Hilfe des in der vorliegenden Arbeit im Fokus stehenden Rohstoffpreisrisikomanagements in der SC, bleibt folglich ein zentrales Ziel der Beschaffung.[151]

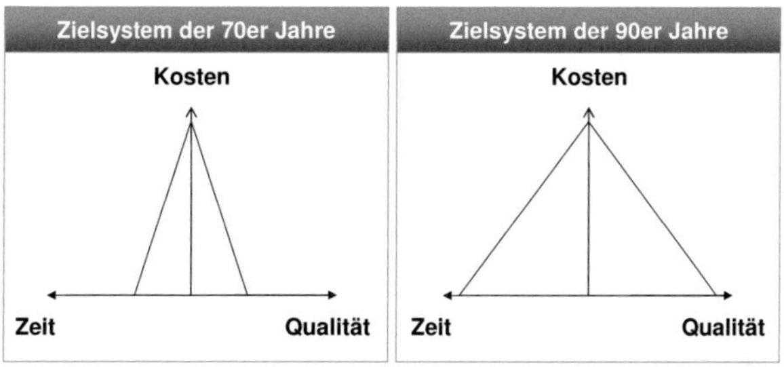

Abbildung 2.4: Evolution des Zielsystems der Beschaffung[152]

[148] Vgl. MÜLLER (2003), S. 12.

[149] Vgl. KIENZLE (2000), S. 52, PORTER (1985), S. 12. In der Automobilindustrie wird zusätzlich dazu oft noch eine dritte Strategie der kostenminimalen Differenzierung (Hybrid) angeführt. Vgl. PROFF/PROFF (2008), S. 22 f.

[150] Der Hebeleffekt der Beschaffung erklärt sich dadurch, dass bei einer gegebenen Umsatzrendite sowie einem gegebenen Materialkostenanteil eine Steigerung der Umsatzrendite entweder mit einer sehr hohen Umsatzsteigerung oder einer wesentlich geringeren Reduzierung der Beschaffungskosten zu erreichen ist. Vgl. WILDEMANN (2002), S. 2, DOBLER/BURT (1996), S. 28, ARNOLD (1997), S. 16, ARNOLDS/HEEGE/TUSSING (1996), S. 32.

[151] Diese Sichtweise wurde durch eine empirische Untersuchung im Jahr 2008 unterstützt. Hier wurden Beschaffungsmanager nach den wichtigsten Zielen der Beschaffung gefragt. Die von 82% der Befragten am häufigsten gegebene Antwort war „Managing supply costs" vgl. hierzu auch HOTWAGNER (2008), S. 30.

[152] Eigene Darstellung. In Anlehnung an ADAM (1998), S. 28 f.

Neben der Evolution der Ziele der Beschaffung und der primären Aufgaben des Verrichtungsumfangs hat sich auch die Rolle der Beschaffung insgesamt sowie die Zusammensetzung des Objektumfangs verändert. Wie bereits in Kapitel 2.1.1 dargestellt, haben sich die Unternehmen in den letzten Jahren zunehmend auf ihre Kernkompetenzen konzentriert und damit eine Verlagerung von Wertschöpfung auf die Zulieferer angestoßen sowie eine zunehmend komplizierter werdende SC mit vielfältigen meist kooperativen SCM-Ansätzen gebildet. Insbesondere die Automobilindustrie gehört in diesem Bereich zu den industriellen Vorreitern.[153] Wenn die Wertschöpfung sinkt, dann steigt ceteris paribus das Beschaffungsvolumen und damit die Bedeutung der Beschaffung für den Unternehmenserfolg. Die Beschaffung entwickelte sich daher zunehmend von einer unbeachteten, eher operativ durchgeführten Disziplin[154] zu einer strategischen, voll integrierten Funktion in der SC mit zahlreichen Schnittstellen zu anderen Funktionsbereichen und zu einem entscheidenden Wettbewerbsfaktor.[155] Heute stellt die Beschaffung daher eine der kritischsten Funktionen für die Zielerreichung und langfristige Existenzsicherung des Unternehmens dar.[156] Neben dem Effekt der steigenden Beschaffungsvolumina verschob sich auch die Zusammensetzung des Objektumfangs. Spielte noch vor einiger Zeit die Beschaffung von Rohstoffen eine dominierende Rolle, so hat sich durch die Reduzierung der Wertschöpfungstiefe ein Trend hin zu einem steigenden Beschaffungsvolumen von Zulieferteilen entwickelt.[157] Die steigende Bedeutung der Beschaffung von Zulieferteilen weiter downstream der SC ist allerdings nicht mit einem Rückgang der Wichtigkeit oder des Einsatzes von Rohstoffen

153 Vgl. Kapitel 2.1.2.

154 Die Beschaffung wurde innerhalb der Unternehmen lange Zeit als notwendige, aber unwichtige Basisfunktion angesehen, die eine reine Bereitstellungsaufgabe zu erfüllen hat. Vgl. GROCHLA/KUBICEK (1976), S. 257, GUTENBERG (1985), S. 171 f., BAILY et al. (1994), S. 5, DOBLER/BURT (1996), S. 5. Insbesondere in der Automobilzulieferindustrie war die operative Orientierung der Beschaffung besonders groß. Vgl. SCHULZ/ASENKERSCHBAUMER (2008), S. 25.

155 Vgl. BIERGANS (1992), S. 154 ff., DOBLER/BURT (1996), S. 9, STÖLZLE (1999), S. 2, MONCZKA/TRENT/HANDFIELD (2001), S. 100, LYSONS/FARRINGTON (2006), S. 4. Die große strategische Bedeutung der Beschaffung und damit auch der Rohstoffbeschaffung für die Unternehmen kann beispielhaft von einer empirischen Untersuchung in der Schweiz von Hieber belegt werden. Hier wurde Beschaffung als eine Funktion beschrieben, die bisher wenig durch Outsourcing betroffen war und auch in Zukunft nicht Objekt derartiger Bemühungen werden wird. Dies unterstreicht, dass Firmen die Beschaffung als Kerngebiet und als Quelle potenzieller Wettbewerbsvorteile einschätzen. Für die Details zu dieser Studie vgl. HIEBER (2002), S. 14 ff., STÖLZLE (2007), S. 200.

156 Vgl. MARTINEZ DE ALBENIZ/SIMCHI-LEVI (2005), S. 90, JAHNS (2005b), S. 26 ff., STÖLZLE (2007), S. 200.

157 Vgl. WOLTERS (1995), S. 81.

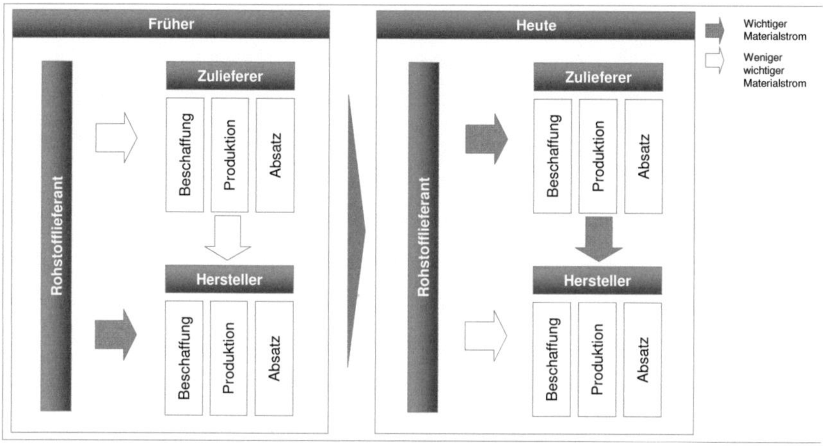

Abbildung 2.5: Materialfluss und Entstehung Rohstoffpreisrisiko

gleichzusetzen. Es gibt keine Anzeichen, dass sich die Menge der verarbeiteten Rohstoffe in den letzten Jahren verringert hätte.[158] Die Rohstoffbeschaffung wird vielmehr in vorgelagerten Stufen der SC durchgeführt. Ein Nachteil dieser Entwicklung ist oft, dass der Materialbedarf einer SC auf eine Vielzahl von unterschiedlichen, teilweise sehr spezialisierten, aber kleinen Lieferanten verteilt wurde. Hierbei werden einerseits Skaleneffekte in der Beschaffung reduziert[159] und die Rohstoffbeschaffung und das damit verbundene Rohstoffpreisrisikomanagement in die Hände von externen Partnern gegeben, die auf Grund ihrer Größe und Unerfahrenheit teilweise mit den Aufgaben überfordert sind.[160] Dieser Zusammenhang wird in Abbildung 2.5 zusammengefasst.

[158] Verschiedenen Quellen zur Folge bewegt sich der Anteil der Rohstoffe in Prozent des Einkaufsvolumens aus Endproduktsicht seit mehreren Jahren zwischen 30 und 70%. Für die Automobilbranche wird ein Wert von ca. 50% angegeben. Vgl. o.V. (2009a), S. 12.

[159] Vgl. Jahns (2005c), S. 4. Stahl kann nur direkt von den Stahlherstellern bezogen werden, wenn eine Mindestabnahmemenge eingehalten wird. Diese ist so hoch, dass eine Vielzahl von kleineren Unternehmen nicht direkt bei den Stahlproduzenten beschaffen kann. Die Stahlproduzenten sind somit gezwungen, ihren Stahlbedarf bei sog. Distributoren zu decken, die oftmals einen bis zu 30% höheren Preis verlangen. Die Distributoren bieten allerdings auch Vorteile wie One-hand-shopping, Kurzfristigkeit der Käufe oder geringfügige Weiterverarbeitung. Vgl. Woodside/Vyas (1987), S. 65.

[160] Vgl. Essig/Mohr (2007), S. 40.

Alles in allem ist die Materialbeschaffung durch die zahlreichen und bedeutenden Veränderungen ein Aufgabengebiet mit großer Vielfältigkeit und Wichtigkeit.[161] Um eine konstant hohe Performance der Beschaffung sicherzustellen, besteht somit die Forderung nach einem strategischen, objektivierten und transparenten Beschaffungsprozess.[162] In der einschlägigen Literatur finden sich einige unterschiedliche Beschaffungsprozesse, wobei sich in der deutschen Literatur der Prozess von Koppelmann als „State of the art" herausgebildet hat.[163] Koppelmann zieht einen sechsstufigen Prozessablauf heran, wobei jeder einzelne Prozessschritt ein in sich geschlossenes Beschaffungsteilproblem darstellt.[164] Im Einzelnen sind dies die Situationsanalyse, die Bedarfsanalyse, die Beschaffungsmarktanalyse und -auswahl, die Lieferantenanalyse und -auswahl,[165] die Lieferantenverhandlungen sowie die Beschaffungsabwicklung.

Durch den Beschaffungsprozess von Koppelmann wird deutlich, dass die Generierung, Analyse und Bereitstellung von Informationen zu der aktuellen Situation (z.B. Marktkonstellationen sowie Beschaffungsziele und -strategien), den zukünftigen Bedarfen, der Beschaffungsmärkte (z.B. über die angebotenen Qualitäten, Quantitäten, Angebotselastizitäten, der Konkurrenzsituation, der geografischen Verteilung des Angebots sowie über Risiken)[166] sowie der Lieferanten, zu den Kernaufgaben der Beschaffungsabteilung gehö-

---

161 Untersuchungen zeigen, dass insbesondere deutsche Unternehmen im internationalen Vergleich von Beschaffungsabteilungen tendenziell weniger gut abschneiden. Vgl. o.V. (2003), S. 19. Dies kann u.a. daran liegen, dass die Forschung im Bereich der Beschaffung in Deutschland recht stiefmütterlich behandelt wurde. So existieren zwar ca. 80 reine Absatzmarketingprofessuren, das Pendant in der Beschaffung ist aber nur von ca. einer Handvoll Professoren besetzt. Vgl. Jahns (2005a), S. 9.

162 Vgl. Schulz/Asenkerschbaumer (2008), S. 25.

163 Vgl. Koppelmann (2000), S. 36 ff. Für Beschaffungsprozesse anderer Autoren vgl. z.B. Soellner/Mackrodt (1999), S. 79, Leenders/Fearon (1997), S. 76 f., Hofbauer/Bauer (2004), S. 13. oder auch van Weele (2005), S. 47-63.

164 Vgl. Koppelmann (2000), S. 36 ff.

165 In der wissenschaftlichen Literatur werden für diesen Teilschritt – der teilweise dem Erfolgsfaktor „Selektion zielkonformer SC-Projektpartner" entspricht – wiederum Prozesse vorgeschlagen. So schlägt Lasch z.B. einen siebenstufigen Prozess mit den Phasen Lieferantenidentifikation, Lieferanteneingrenzung, Lieferantenanalyse, Lieferantenbewertung, Lieferantenauswahl, Lieferantencontrolling und Steuerung der Lieferantenbeziehung vor. Vgl. Lasch/Janker (2006), S. 116. Vgl. für einen alternativen Ansatz auch Fuchs/Kaufmann (2008), S. 192 ff.

166 Vgl. Stölzle (2007), S. 201, Arnolds/Heege/Tussing (1996), S. 122 f. Die nachfrageseitige Konkurrenzanalyse ist insofern anspruchsvoll, als dass die eigenen Absatzkonkurrenten nicht unbedingt die eigentlichen Konkurrenten im Einkauf sein müssen. Oft spielen hier Unternehmen aus komplett anderen Industriebereichen eine dominierende Rolle, die in ihrer Produktion auf den gleichen Rohstoff angewiesen sind. Vgl. Arnolds/Heege/Tussing (1996), S. 122 f.

ren. Gerade auch durch die Prozessschritte Lieferantenanalyse und -auswahl wird deutlich, dass die Beschaffung das natürliche Bindeglied eines Unternehmens zu den Lieferanten darstellt und insofern prädestiniert für den Aufbau partnerschaftlicher Beziehungen ist. Aus dem Aufgabenspektrum der Beschaffung ergibt sich dadurch eine Vielzahl von Interaktionen und Abstimmungsbedarf zu zahlreichen anderen Unternehmensfunktionen. Zu nennen wären hier vor allem die Bereiche Forschung und Entwicklung, Marketing und Vertrieb, Produktion, Logistik, Finanzen, Recht und IT.[167]

Die zentrale Aufgabe der Beschaffung ist dennoch die Bereitstellung des geforderten Guts (Lieferantenverhandlung und Beschaffungsabwicklung im Prozess von Koppelmann). Um diese Prozessschritte effizient durchführen zu können, stehen mehrere sogenannte Sourcingstrategien zur Auswahl.[168] In der wissenschaftlichen Literatur wird gemeinhin zwischen acht Sourcingstrategien differenziert, die sich entlang von drei Dimensionen unterscheiden lassen. Die erste Dimension betrifft die Anzahl der Lieferanten, die ein bestimmten Gut liefern. Hier wird zwischen Multiple Sourcing, Dual Sourcing, Single Sourcing und Sole Sourcing unterschieden.[169] Die zweite Dimension beschreibt die geografische Ausdehnung der Beschaffungsaktivitäten. Gemeinhin wird hier zwischen Global Sourcing und Local Sourcing unterschieden. Die dritte Dimension differenziert nach dem Beschaffungsobjekt. Hier kann nach Unit Sourcing, Modular Sourcing und System Sourcing unterschieden werden.[170]

Die letztendlich für ein bestimmtes Material gewählte Sourcingstrategie enthüllt – eine bewusste Wahl des Beschaffungsmanagers vorausgesetzt – eine Menge über das zu beschaffende Gut und die Beziehung zu dem jeweiligen Lieferanten. So können die Sourcingstrategien z.B. vereinfacht gesprochen als opportunistisch oder partnerschaftlich charakterisiert

167 Vgl. Jahns (2005d), S. 127.

168 Für einen Überblick zu den Archetypen der Sourcingstrategien vgl. Krystek (2002), S. 1048 ff.

169 Der Unterschied zwischen Single und Sole Sourcing ist, dass im Falle von Sole Sourcing nur ein Lieferant für ein bestimmtes Objekt zur Verfügung steht. Single Sourcing beschreibt den freiwilligen Rückgriff auf nur einen Lieferanten.

170 Vgl. Gabath (2010), S. 89.

werden.[171] Die partnerschaftlichen Strategien – wie sie auch das SCM tendenziell vorschlägt – sind langfristig orientiert und werden meist bei individualisierten, komplexen und äußerst wichtigen Gütern eingesetzt, die eine hohe Kooperation mit dem Zulieferer erfordern. Hier kommt meist Single oder Dual Sourcing, oft verbunden mit Local Sourcing und Modular oder System Sourcing zum Einsatz.[172] Ein kurzfristiger Wechsel des Lieferanten ist auf Grund des speziellen Know-hows nicht möglich und die Abhängigkeit der Unternehmen untereinander tendenziell hoch. Derartige Strategien zeichnen sich durch ein hohes Vertrauensniveau und gemeinsame Projekte zwischen Abnehmer und Lieferanten aus, um Kosteneinsparungen, Zeitersparnisse sowie Qualitätsverbesserungen zu erzielen.[173] Die opportunistischen Strategien sind eher kurzfristig orientiert und werden meist bei standardisierten, wenig komplexen und limitiert wichtigen Gütern eingesetzt, die keine weitgehende Kooperation mit den Zulieferern verlangen.[174] Hier wird meist Multiple Sourcing verbunden mit Global Sourcing und Unit Sourcing eingesetzt und auf eine Diversifikation des Beschaffungsvolumens zwischen vielen Lieferanten gesetzt, um den Wettbewerb unter den Zulieferern und damit die Verhandlungsmacht des beschaffenden Unternehmens zu erhöhen. Auf diese Weise entsteht keine Lieferantenabhängigkeit und das Vertrauensniveau zwischen Lieferant und Abnehmer ist nicht so stark ausgeprägt

---

171 Diese Dichotomie wird aus Vereinfachungsgründen verwendet. Viele Autoren unterteilen die Bandbreite der Lieferantenbeziehungen vielschichtiger. Für eine gute Übersicht vgl. WAGNER (2001), S. 141. oder auch Bothe, der zwischen Opportunismus, Arms-length-Beziehungen, Zielkongruenz und Partnerschaft unterscheidet. BOTHE (1989), S. 14, GROHER (2003), S. 14 ff.

172 Vgl. BOUTELLIER/LOCKER (1998), S. 4, WAGNER (2001), S. 102. Wie bereits im vorherigen Kapitel erwähnt, haben viele Firmen in den letzten Jahren ihre Lieferantenanzahl erheblich reduziert, was eine Tendenz zu eher partnerschaftlichen Sourcingstrategien aufzeigt. Vgl. SHETH/SHARMA (1997), S. 95, SCHUH/FRIEDLI (2003), S. 10.

173 Vgl. BOTHE (1989), S. 14. Die gemeinsam erzielten Einsparungen und Verbesserungen werden idealerweise fair unter den Partnern verteilt. Wie oben bereits angesprochen, machen Kooperationen auf lange Sicht nur dann Sinn, wenn sie eine „Win-Win-Situation" hervorrufen. Vgl. KRAMPF (2000), S. 114. Analog zu anderen Branchen ist die Automobilindustrie durch eine zweiteilige Vertragsstruktur gekennzeichnet. Typischerweise schließen die Vertragspartner eine für längere Zeit gültige Rahmenvereinbarung ab, die allgemeine rechtliche, nicht projektspezifische Spielregeln der Zusammenarbeit festschreibt. Ziel dieser Vereinbarung ist es, die vertragliche Gestaltung des individuellen Projekts auf wesentliche Aussagen zu Preisen, Mengen und anderen projektabhängigen Aspekte zu reduzieren. So können etwa Sachverhalte wie Sachmängelhaftungsfragen einmalig verhandelt werden, um den Projektalltag mit diesen Fragen nicht zu belasten und ständig wiederkehrende Verhandlungen zu vermeiden. Vgl. ARCACHE (2003), S. 192, KNISS/MÜLLER (2006), S. 26.

174 Der Aufbau einer kooperativen Beziehung mit Lieferanten, die nur Standardteile liefern, bringt keinen Mehrwert – eine reine marktorientierte Beziehung erscheint hier vorteilhafter. Vgl. KRAMPF (2000), S. 114.

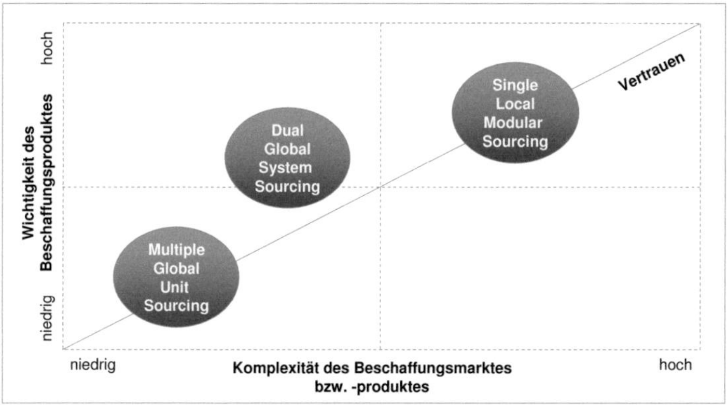

Abbildung 2.6: Zusammenhang Sourcingstrategie und Vertrauen

wie bei Einsatz der partnerschaftlichen Strategien. Der Fokus liegt fast ausschließlich auf niedrigen Preisen, während Qualität und zeitliche Aspekte zweitrangig sind.[175] Die opportunistischen Beziehungen bedingen meist relativ hohe Transaktionskosten durch die notwendigen Wareneingangskontrollen, darüber hinaus sind große Sicherheitsbestände und die wiederkehrende Suche nach einem geeigneten Lieferanten Kostentreiber.[176] Durch diese Effekte werden die Kosteneinsparungen auf Grund des Lieferantenwettbewerbs meist überkompensiert. Der Zusammenhang zwischen den Sourcingstrategien und dem Vertrauen zwischen Abnehmer und Lieferant wird in Abbildung 2.6 noch einmal für die Kombinationsmöglichkeiten „Single Local Unit Sourcing", „Dual Global System Sourcing" und „Multiple Global Modular Sourcing" zusammengefasst.[177]

Gerade in der Automobilindustrie besteht durch die fortgeschrittene Konzentration auf die Kernkompetenzen ein hoher Anteil bereits individualisierter Zukaufteile. Dies wurde von den Unternehmen auf breiter Basis erkannt. Auf Grund dessen ist eine starke Tendenz zu partnerschaftlichen Beschaffungsbeziehungen und den damit verbundenen Sour-

[175] Dies wurde in einer empirischen Studie von Janz nachgewiesen. Vgl. JANZ (2004), S. 334.
[176] Vgl. BOTHE (1989), S. 14, DYER/CHO/CHU (1998), S. 675, WILDEMANN (2004), S. 131.
[177] Vgl. dazu z.B. auch ZAWISLA (2008), S. 189.

cingstrategien zu beobachten.[178] Diese Entwicklung spiegelt sich z.B. auch in den Beschaffungsvisionen der Automobilindustrie wider. So textete z.B. BMW „[...] in enger Kooperation mit Weltklasse-Lieferanten wirtschaftlich zum besten, faszinierendsten Produkt [...]". Daimler Nutzfahrzeuge integrierten den Passus „[...] Gestalten der weltweit effektivsten Lieferantenbeziehungen [...]" in die Beschaffungsvision. Auch im Jahresabschlussbericht 2008 von Daimler finden sich Indizien für die partnerschaftliche Ausrichtung der Beschaffung. „Dabei arbeiten wir gerade auch in wirtschaftlich schwierigen Zeiten mit Nachdruck daran, weitere Einsparungen bei den Materialkosten umzusetzen. Darüber hinaus ist es unser Ziel, nachhaltiges Wirtschaften über die gesamte Wertschöpfungskette hinweg sicherzustellen. Auch im Jahr 2009 wird die enge Zusammenarbeit mit den Zulieferern einen Schwerpunkt unserer Arbeit bilden.„[179] Konsequenterweise wird die strategisch entscheidende Lieferantenauswahl bzw. die Lieferantenentwicklung – analog des von Koppelmann entwickelten theoretischen Beschaffungsprozesses – zunehmend in den Tätigkeitsbereich der Beschaffung integriert.[180] Bereits heute ist es gängige Praxis, dass die wichtigsten Tier 2 entweder durch Vorgaben oder Genehmigungsverfahren direkt vom OEM vorgeschrieben werden.[181]

2.2.2 Besonderheiten der Beschaffung von industriellen Rohstoffen

Im vorangegangenen Kapitel wurde herausgestellt, dass sich für das einzelne Unternehmen und insbesondere für die weiter SC-downstream angesiedelten Unternehmen der Materialbeschaffungsmix im Zuge der SCM-Bewegung insofern verändert hat, dass tendenziell

178 Vgl. Ostertag (2008), S. 30. „Den Kern des strategischen Beschaffungsmanagements bildet die Integration der Lieferanten im Rahmen des SCM. Die Generierung anhaltender Wettbewerbsvorteile wird nur dann möglich sein, wenn es den OEMs gelingt, die Lieferanten in ihre eigenen Kernprozesse einzubringen und die Beziehungen selbst als wesentliche Kompetenz zu erkennen." Vgl. Zobolski (2008), S. 67.

179 Daimler AG (2009), S. 64.

180 Vgl. Wagner (2001), S. 86 f., Stölzle (2007), S. 201, Stölzle (1999), S. 2, Monczka/Trent/Handfield (2001), S. 5. Jahns stellte z.B. in seiner empirischen Untersuchung bei ca. 180 Unternehmen aus Deutschland und der Schweiz heraus, dass Lieferantenmanagement bei 82% der befragten Unternehmen als Aufgabe der Beschaffung interpretiert wird. Jahns (2005d).

181 Nicht selten hat der Automobilhersteller dank seiner fokalen Stellung das Recht, direkt mit den Vorlieferanten zu verhandeln und Verträge dann auf den Tier 1 zu übertragen. Vgl. Freudenberg/Klenk (1999), S. 128.

mehr Halbfertig- und Fertigprodukte beschafft werden. Es wurde auch betont, dass dies nicht mit einer Reduzierung der Wichtigkeit von Rohstoffen gleichzusetzen ist. Rohstoffe bestimmen weiterhin zu großen Teilen die Kosten der Halbfertig- und Fertigerzeugnisse. Aus diesem Grund soll im aktuellen Kapitel der Rohstoffmarkt mit seinen Besonderheiten im Fokus stehen.

Bevor allerdings genauer auf diese Besonderheiten der Rohstoffmärkte eingegangen werden kann, soll geklärt werden, was ein industrieller Rohstoff eigentlich ist. In vielen Wörterbüchern werden Rohstoffe als „[...] Materialien bezeichnet, die noch keine Bearbeitung erfahren haben." Dies erscheint für eine gültige Definition für industrielle Rohstoffe im Sinne dieser Arbeit allerdings etwas zu eng.[182] Der Grund dafür liegt in der deutschen Sprache. Im Englischen existieren zwei Begriffe für die deutsche Bezeichnung „Rohstoff". Es wird zwischen „raw material" dessen Definition mit der eingangs aufgeführten Erklärung übereinstimmt und dem Begriff „Commodity" unterschieden. Für den Begriff Commodity wird gemeinhin folgende Definition gebraucht: „A physical substance, such as food, grains, and metals, which is interchangeable with another product of the same type." Diese Definition wird oft noch ergänzt durch den Zusatz, dass Commodities „can form the underlying asset of a futures contract."[183] Industrielle Rohstoffe im Sinne dieser Arbeit werden also im Englischen als Commodities bezeichnet und sind physische Substanzen, die praktisch keinerlei Differenzierungsmerkmale besitzen und dadurch austauschbar sind sowie rein theoretisch die Eigenschaft haben, als Underlying eines Commodity Futures zu dienen.[184]

Rohstoffe – wie oben definiert – werden gemeinhin in drei Kategorien eingeteilt. Zum Ersten werden die Agrarrohstoffe unterschieden, die wiederum in pflanzliche Produkte wie z.B. Weizen, Kakao oder auch Baumwolle und tierische Produkte wie Schweinebäuche,

[182] Nach dieser Definition wäre z.B. Stahl kein Rohstoff. Die Produktion von Stahl vollzieht sich in zwei Schritten. Zuerst wird Eisenerz zu Eisen verarbeitet, um dieses anschließend zu Stahl zu veredeln. Für die Produktion einer Tonne nicht legierten Stahls werden beispielsweise eine Tonne Eisenerz, 0,5 Tonnen Kokskohle, 0,6 Tonnen Eisenschrott sowie 0,2 Tonnen Zusätze wie Kalk und Flussspat benötigt. Vgl. MAULL (1988), S. 66.

[183] STEPHENS (2001), S. 120. Eine Definition des Future-Begriffs und eine Abgrenzung zu anderen Commodityderivaten folgt später in diesem Kapitel.

[184] Vgl. ähnlich STEPHENS (2001), S. 121.

lebende Schweine oder Mastrinder unterteilt werden. Zum Zweiten existiert die Kategorie der Metalle. Diese können wiederum in Edelmetalle, wie z.B. Gold oder Silber, eisenlose Metalle, wie z.B. Aluminium[185] und Kupfer sowie eisenhaltige Metalle, wie z.B. Eisenerz und Stahl, differenziert werden. Letztendlich gibt es noch die dritte Kategorie – die Energierohstoffe. Diese beinhaltet z.B. Rohstoffe wie Rohöl, Heizöl oder auch Gas.[186] Die Abbildung 2.7 stellt die drei Kategorien inkl. ihrer Unterteilungen übersichtlich dar.

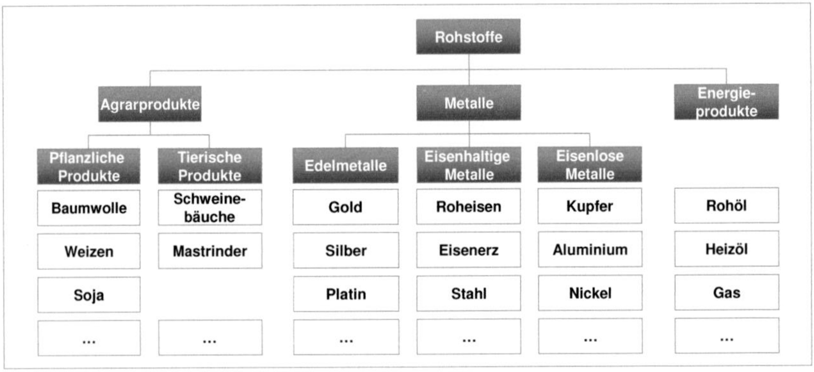

Abbildung 2.7: Rohstoffarten[187]

Selbstverständlich werden diese Rohstoffe auf ganz unterschiedliche Weise und in unterschiedlichen Mengen für die industrielle Produktion benötigt. Die Nahrungsmittelindustrie greift logischerweise verstärkt auf die sog. Agrarrohstoffe zurück, während die Automobilindustrie vorwiegend die Metalle und die Energierohstoffe in der Produktion einsetzt. Der mit Abstand wichtigste Rohstoff im Automobilbau – unabhängig, ob als Kriterium das Gewicht oder der Wert der Rohstoffe herangezogen wird – ist Stahl.[188] Die Stahlsor-

185 Aluminium stellt nach Stahl den wichtigsten metallischen Rohstoff dar. Aluminium besteht zumeist aus Bauxit und existiert in ca. 120 verschiedenen Ausführungen. Für die Produktion von einer Tonne Aluminium werden ca. vier bis sechs Tonnen Bauxit verwendet. Der Produktionsprozess ist insgesamt sehr energieaufwendig. Vgl. MAULL (1988), S. 129.

186 Vgl. PFENNIG/SCHÄFER (1999b), S. 571.

187 Eigene Darstellung. In Anlehnung an PFENNIG/SCHÄFER (1999b), S. 571.

188 Das Kriterium „Wert" ist selbstverständlich ständigen Veränderungen unterworfen und stellt immer nur eine Momentaufnahme dar. Stahl ist der wichtigste metallische Rohstoff überhaupt. So ist Stahl z.B. für die Bau-, die Automobil- und auch die Maschinenbauindustrie unverzichtbar. Vgl. MAULL (1988), S. 61.

ten, die für den Automobilbau die größte Rolle spielen, sind sog. Flachprodukte (ca. 86% des Gesamtstahlvolumens). Die Top-3-Flachprodukte im Rahmen der Automobilproduktion sind: Hot Rolled Coil ((HRC) ca. 25% des Gesamtstahlvolumens), Cold Rolled Coil ((CRC) ca. 25% des Gesamtstahlvolumens) sowie Coated Steel (insb. Hot Dip Galvanized (HDG) – 16% des Gesamtstahlvolumens).[189]

Weiter sind vor allen Dingen Aluminium, Kunststoffprodukte (Elastomere und Plastik) sowie Kupfer häufig im Automobil zu finden.[190] Die Abbildung 2.8 gibt einen Überblick über den Rohstoffverbrauch der Automobilindustrie.

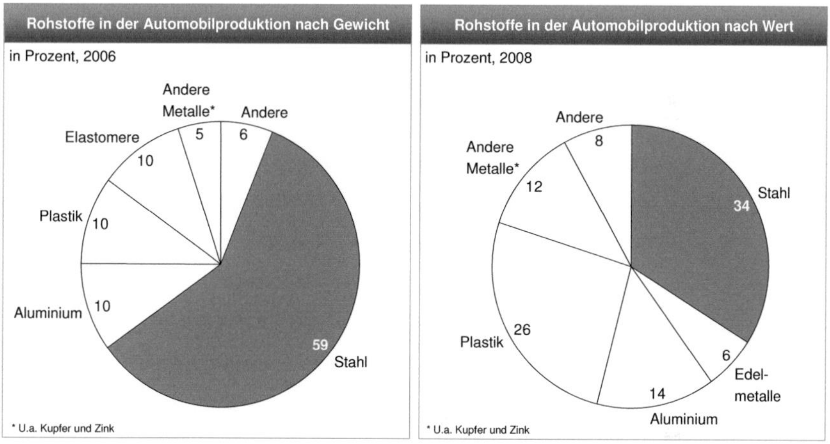

Abbildung 2.8: Rohstoffeinsatz in der Automobilproduktion[191]

[189] Eigene Berechnungen

[190] Vgl. auch HOFMANN/WESSELY (2008), S. 128. Der Anteil an Aluminium im Automobilbau wird zahlreichen Experten zur Folge in Zukunft steigen. Mit Aluminium ist es möglich, das Gewicht eines Automobils bis zu einem Drittel zu reduzieren und folglich auch große Mengen an Energie im späteren Betrieb zu sparen. Die Aluminiumindustrie behauptet, dass pro 100 gefahrener Kilometer der Benzinverbauch um 1,3 Liter reduziert werden kann, wenn in der Produktion des Autos überall dort Aluminium eingesetzt wurde, wo es theoretisch möglich wäre. Vgl. GESAMTVERBAND DER ALUMINIUMINDUSTRIE (GDA) (2009). Kupfer wird auf Grund seiner guten Leitfähigkeit und geringen Bruchanfälligkeit hauptsächlich für Stromkabel und Präzisionsteile verwendet.

[191] Vgl. MCKINSEY&COMPANY (2009), S. 3.

Im Laufe der Zeit haben sich für den Großteil der Rohstoffe globale Börsenhandelsplätze entwickelt, welche einen entpersonalisierten, teils standardisierten Handel ermöglichen.[192] Die Börsenhandelsplätze befinden sich meist in wirtschaftlichen Ballungszentren, wo die Finanzwirtschaft eine besonders große Rolle spielt. Die größten und weltweit wichtigsten Börsen für Rohstoffe sind die Commodity Exchange (COMEX) in New York und die London Metal Exchange (LME).[193] Auf diesen Marktplätzen können neben typischen Kassa- auch sog. Termingeschäfte über Rohstoffe abgeschlossen werden.[194] Auch in den sog. Emerging Markets entwickelten sich in den letzten Jahren große Rohstoffbörsen, die teilweise mit innovativen Produkten – insbesondere im Stahl-/Eisenbereich – auf sich aufmerksam machten.[195] Zu nennen wären hier die SGX, die indische National Commodity and Derivatives Exchange (NCDEX), die Dubai Gold and Commodities Exchange (DGCX) sowie die Shanghai Futures Exchange (SHFE).[196]

Während bei einem Rohstoff-Kassageschäft – vereinfacht gesagt – zu einem aktuellen Preis eine bestimmte Menge eines Rohstoffs sofort den Besitzer wechselt, wird bei Termingeschäften ein Vertrag mit einem heute festgelegten Preis über eine nach Menge, Qualität und Liefermodalitäten definierte Rohstofflieferung zu einem festen Datum in der Zukunft unterschrieben. Folglich bestehen an einem Börsenhandelsplatz für einen Rohstoff oft mehrere Terminkontrakte mit unterschiedlichen Mengen, Qualitäten, Liefermodalitäten und Laufzeiten. In der Regel werden auf den Rohstoffbörsen auch mehr Termingeschäfte als Kassageschäfte abgeschlossen.

Termingeschäfte lassen sich allgemein noch einmal in bedingte und in unbedingte Termingeschäfte unterscheiden. Während der Käufer bei den bedingten Termingeschäften das Recht, aber nicht die Pflicht hat, das Geschäft durchzuführen ist er bei den unbedingten Termingeschäften zur Durchführung des Geschäfts verpflichtet. Zu den unbedingten

[192] Die Börsen dienen allerdings auch als Treffpunkt von Parteien, die evtl. ein „over-the-counter" (OTC) – also ein nicht standardisiertes Geschäft abschließen.

[193] Die COMEX ist eine Division der New York Mercantile Exchange.

[194] Vgl. Singh (2004), S. 1.

[195] Z.B. begann die Singapore Exchange (SGX) am 27. April 2009 als weltweit bisher einzige Börse mit dem Handel eines Eisenerzswaps. Vgl. The Steelindex (2009).

[196] Weitere große Börsen sind die Chicago Mercantile Exchange (CME) oder die Multi Commodity Exchange of India (MCX). Vgl. The Steelindex (2009).

Termingeschäften werden Futures, Forwards oder Swaps gezählt, zu den bedingten Termingeschäften zählen vor allem die verschiedenen Arten der Optionen.[197] Insgesamt steigt der Einsatz von Termingeschäften seit mehr als 20 Jahren stetig.[198] Abbildung 2.9 bietet eine gute Übersicht über die verschiedenen Arten von Termingeschäften.

Rohstoffmärkte bringen Angebot und Nachfrage nach einem bestimmten Rohstoff über Preisanpassungen ins Gleichgewicht. Charakteristisch für Rohstoffmärkte insgesamt ist dabei ein hohes Maß an Transparenz – wenn auch geringer als an typischen Aktien- oder Devisenmärkten – da die Preise entweder offiziell gelistet (an Börsen), im Rahmen von wettbewerblichen Preisbildungsprozessen festgestellt (Auktionen) bzw. von Intermediären wie Brokern oder spezialisierten Nachrichtendiensten veröffentlicht werden.[199] Angebot und Nachfrage und damit auch der Preis unterliegen ständigen dynamischen Veränderungsprozessen, die durch z.B. konjunkturelle Entwicklungen, Recycling- oder Substitutionsmöglichkeiten auf der Nachfrage- und z.B. Wetter, Unruhen oder Kapazitätsbeschränkungen auf der Angebotsseite ausgelöst werden.[200] Die Veränderung der Nachfrage- oder der Angebotsstruktur von industriellen Commodities wie Stahl, Aluminium, Kupfer oder Öl führt allerdings nicht augenblicklich zu Preisanpassungen. Der Grund sind Verschiebungen im Lagerverhalten der nutzenden Unternehmen. Die Preisanpassung kann sich dadurch verzögern bzw. komplett abgemildert werden.[201] Dabei spielt es auf den heutigen globalisierten Märkten praktisch keine Rolle, wo diese Störung des aktuellen Gleichgewichts stattgefunden hat. Selbst eine Störung, die auf nur einen kleinen Teil des Globus

[197] Futures sind im Unterschied zu Forwards standardisiert. Swaps und Optionen existieren sowohl standardisiert als auch als individuell verhandelte OTC-Geschäfte. Vgl. für Optionen z.B. Beike/Köhler (1997), S. 10. Für Swaps Bloss/Ernst (2008), S. 153. Die Bank für Internationalen Zahlungsausgleich gab 1995 an, dass der Anteil der OTC-Derivate knapp doppelt so hoch wie der börsengehandelter Derivate lag. Vgl. Bank für internationalen Zahlungsausgleich (BIZ) (1996), S. 170.

[198] Vgl. z.B. für den Zeitraum 1988 - 1995. Bank für internationalen Zahlungsausgleich (BIZ) (1996), S. 170. Für 1998 - 2007 Hull (2009), S. 3. Derzeit werden von den Unternehmen häufig OTC-Termingeschäfte eingesetzt. Im Einzelnen OTC-Forwards 34%, OTC-Optionen 19%, OTC-Swaps 20% und Futures 22%. Die restlichen 5% sind sonstige finanzwirtschaftliche Instrumente. Vgl. KPMG AG (2007), S. 21.

[199] Vgl. Bünting (2008), S. 397.

[200] Vgl. Gosh/Gilbert/Hughes Hallet (1987), S. 7, Maull (1988), S. 37, Rogers (2005), S. 11.

[201] Vgl. Gosh/Gilbert/Hughes Hallet (1987), S. 8.

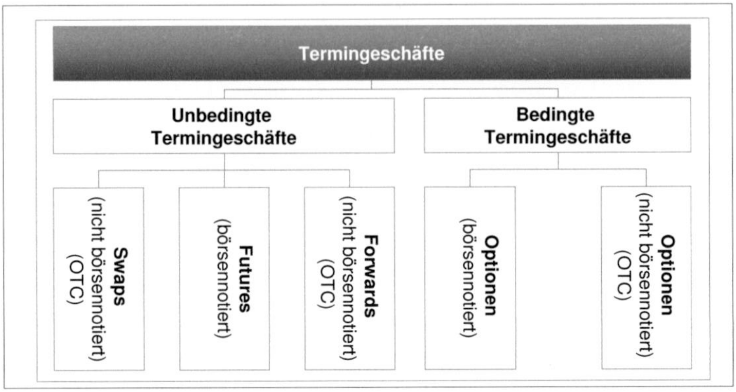

Abbildung 2.9: Systematisierung Termingeschäfte[203]

beschränkt bleibt, löst globale Anpassungsprozesse aus, die – zumeist über Preisänderungen – für ein neues globales Gleichgewicht sorgen.[202]

Die Preisanpassungen der hier im Mittelpunkt stehenden Metalle oder auch Energierohstoffe sind meist nachfrageinduziert, da hier die Angebotselastizität eher gering ist.[204] Der Grund für die niedrige Angebotselastizität bei Metallen oder Energierohstoffen ist ihre geophysikalische Begrenztheit, die enormen Investitionen, die notwendig sind, das Rohstoffangebot z.B. durch neue Minen zu erhöhen, die langen Vorlaufzeiten und das hohe Explorationsrisiko.[205] Insgesamt führen diese Sachverhalte zu einer Konzentration der Industrie auf wenige Spieler und damit zu einer oligopolistischen Marktstruktur.[206] Insbe-

202 Vgl. MAULL (1988), S. 35. Selbst lokale Totalausfälle von Rohstoffförderungen führen folglich nicht zu unendlich hohen Preisen in dieser Region. Die Importparität fungiert hier als natürliche Preisobergrenze. Vgl. STEPHENS (2001), S. 22 f.

203 Vgl. WIEDEMANN (2002), S. 20.

204 Vgl. GILBERT (1993), S. 30.

205 So betrug das Verhältnis von initialer Investition zu jährlichem Umsatz im Bergbau bereits Ende der 80er Jahre vier zu eins mit steigender Tendenz. Die Vorlaufzeiten von Beginn der Evaluation bis zur Förderung werden im Allgemeinen mit ca. sechs bis elf Jahren angegeben und trotz der vorsichtigen und gewissenhaften Vorbereitungen entfallen 70-80% der Gesamtkosten auf erfolglose Explorationen MAULL (1988), S. 37.

206 Platin wird z.B. zu 98,5% von den Ländern UDSSR, Südafrika und Kanada produziert, Molybdän – notwendig für die Herstellung von speziellen Edelstahlsorten – stammt zu über 90% aus USA, Kanada, Chile und der UDSSRR. Meist wird der nationale Markt von nur einem, maximal von zwei Unternehmen kontrolliert. Vgl. MAULL (1988), S. 37.

sondere das Eisenerz- und Kohleangebot ist hochkonzentriert. So kontrollieren Vale, BHP Billiton und Rio Tinto heute mehr als 70% des Überseehandels von Eisenerz.[207] Diese Marktstruktur begünstigt auf der einen Seite Preisabsprachen zwischen den Rohstoffproduzenten und lässt auf der anderen Seite durch die Größe und die geringe Zahl der potenziellen Lieferanten praktisch keine Verhandlungsmacht der Käufer aufkommen.[208] Zusätzlich zu den konzentrierten Marktstrukturen und der Größe der Rohstoffproduzenten erhöht die Komplexität eines Produktes, wie z.B. Stahl, mit seinen weit über 1.000 unterschiedlichen Sorten deren Verhandlungsmacht noch einmal. Viele Stahlproduzenten sind nicht in der Lage, spezifische Stähle kurzfristig zu liefern, was Lieferantenwechsel und einen Ausgleich der Machtverhältnisse noch schwieriger macht.[209] Die Konsequenz ist, dass die Beschaffung der eigentlich bereits qua definitionem sehr standardisierten und austauschbaren Rohstoffe nicht zwangsläufig als opportunistisch anzusehen ist,[210] sondern die Sourcingstrategie, je nach Marktsituation, sorgfältig ausgewählt werden sollte.

Eine weitere große Besonderheit der börslichen Rohstoffmärkte (Kassa- und Terminmärkte) ist ihre im Vergleich zu den Aktien- oder Anleihenmärkten geringere Liquidität.[211] Dies impliziert, dass u.U. bereits bei geringen Transaktionsvolumina starke Be-

---

207 Bei Kraftwerkskohle gestaltet sich die Angebotskonzentration ähnlich, aber nicht ganz so extrem. Hier haben die „Big Four" (Rio Tinto, BHP Billiton, XStratea/Glencore und AngloAmerican) einen Anteil am Welthandel von knapp 40%. Vgl. GREBE (2008), S. 6.

208 Vgl. MAULL (1988), S. 37, JAHNS (2005c), S. 3. Für die Stahlbeschaffung werden normalerweise drei verschiedene Kontraktarten verwendet. Vgl. JAHNS (2005c), S. 4. Zum einen eher seltene Mehrjahresverträge mit jährlichen Preisrevisionen, Einjahresverträge ohne Preisrevision und letztendlich Einjahresverträge mit dreimonatigen Preisrevisionen. Teilweise sind sogar noch sehr viel kürzere Vertragslaufzeiten von zum Teil nur drei bis vier Monaten zu beobachten. Vgl. SCHRÖDER (2008), S. 24.

209 Bereits normaler Stahl ist kaum durch finanzielle Instrumente abzusichern, noch schwieriger wird dies durch spezielle Sorten oder Dicken. Vgl. JAHNS (2005c), S. 3 ff. Insbesondere die Rohstoffe, die nur von einem oder einigen wenigen Zulieferern bezogen werden, bergen ein hohes Preisrisiko. So hatte z.B. Intercon, ein japanischer Kabel- und Steckverbindungshersteller, durch den Bezug des wichtigen Rohstoffs Bronze bei nur einem Lieferanten die Entwicklung des Materialpreises nicht unter Kontrolle. Vgl. TANG/TOMLIN (2008), S. 157.

210 Dieser opportunistische Ansatz wird in der Literatur immer noch gerne vertreten. Vgl. WAGNER (2001), S. 146, BACKHAUS/VOETH (2007), S. 242 oder auch 2.2.1.

211 Vgl. MCFALL LAMM (1996), S. 191. Der Rohölmarkt ist im Vergleich zu den anderen Rohstoffmärkten als sehr liquide einzuschätzen. Vgl. HUMPHREYS/SHIMKO (1997), S. 120. Es besteht keine eindeutige Definition des Liquiditätsbegriffs. Eine verbreitete Definition bezeichnet einen Markt dann als liquide, wenn Kauf- und Verkaufsaufträge beliebiger Größe schnell und mit minimalen Auswirkungen auf den Preis ausgeführt werden können. Als Voraussetzungen für einen in diesem Sinne liquiden Markt werden seine Tiefe, Breite und Erneuerungskraft genannt. Vgl. hierzu z.B. BERNSTEIN (1987).

	Aluminium (σ, in Prozent)		HRC-Stahl*** (σ, in Prozent)	
	1 Monat	12 Monate	1 Monat	12 Monate
2006*	2,6	2,9	4,2	8,0
2007	2,1	23,2	4,9	15,6
2008	10,0	14,1	8,0	31,0
2009	4,7	18,2	6,0	20,4
2010**	5,1	n/a	5,9	n/a
Ø	6,0	35,6	7,3	32,6

* Nur von 05-12/2006
** Nur von 01-07/2010
*** Preise für HRC-Stahl aus Nordeuropa

Tabelle 2.1: Historische Rohstoffpreisvolatilitäten[216]

einflussungen der Marktpreise zu beobachten sind.[212] Auf Grund der oben angedeuteten vielfältigen Anpassungsprozesse und der geringeren Liquidität sind Rohstoffpreise für ihre große Schwankungsbreite bzw. Volatilität bekannt.[213] Eine Untersuchung der Preisentwicklungen verschiedener Güterklassen von Clem in den Jahren 1975 bis 1984 brachte zu Tage, dass Rohstoffe die höchste Volatilität aufwiesen.[214] Clem fand auch heraus, dass ein Rohstoff, der bereits einmal mit starken Schwankungen aufgefallen war, mit einer sehr hohen Wahrscheinlichkeit in der nächsten Periode wieder sehr große Schwankungen aufwies.[215] Die Schwankungsbreite der in dieser Arbeit u.a. im Mittelpunkt stehenden Rohstoffe Aluminium und HRC-Stahl ist in Abbildung 2.1 dargestellt.

212 Als Daumenregel gilt hier, dass ein Investor das Marktvolumen um 10% verändern kann, ohne den Preis signifikant zu beeinflussen. Vgl. HUMPHREYS/SHIMKO (1997), S. 120.

213 Vgl. MCFALL LAMM (1996), S. 191. Das für finanzwirtschaftliche Risiken meist verwendete Maß, um die Schwankungsbreite einer Marktposition um ihren Mittelwert zu messen und vergleichbar zu machen, ist die auf dem spekulativen Risikobegriff aufsetzende Volatilität. Vgl. GILBERT (1996), S. 13, STEINER/BRUNS (2002), S. 59f. Als Volatilität wird die in Prozent ausgedrückte Standardabweichung von Renditen innerhalb eines bestimmten Zeitraums bezeichnet. Vgl. HAGER (2004), S. 9, HULL (2010), S. 175.

214 Vgl. CLEM (2005), S. 19. Mitte der 90er Jahre vertraten einige Wissenschaftler die Auffassung, dass sich die Volatilität der Rohstoffpreise erhöht hätte. Eindeutige und allseits anerkannte empirische Belege über alle Rohstoffe hinweg konnten bisher allerdings nicht gefunden werden. Vgl. DIGGELMANN (1999), S. 44.

215 Vgl. CLEM (2005), S. 20.

216 Eigene Darstellung. Daten stammen aus Thomson Reuters (Aluminium) und The Steel Index (Stahl). Abgerufen im August 2010.

Zusätzlich zu der hohen Schwankungsbreite weisen industrielle Rohstoffpreise seit einigen Jahren eine steigende Tendenz auf.[217] Dieser Trend ist zu großen Teilen auf die oben beschriebene Angebotsrigidität von metallischen und energetischen Rohstoffen bei gleichzeitiger Nachfragesteigerung zurückzuführen.[218] Die Nachfragesteigerung in den letzten Jahren (insbesondere 2001 - 2008) ist vor allem auf die sog. BRIC-Staaten,[219] allen voran auf die Volksrepublik China zurückzuführen.[220] Das starke Nachfragewachstum auf Grund des Wirtschaftsbooms in den Emerging Markets wird gerade in der letzten Zeit durch die große Zahl von institutionellen Anlegern noch verschärft. Diese wünschen sich eine Partizipation an den steigenden Preisen und schichten in Zeiten eines Rohstoffbooms ihr Kapital von Aktien- auf Rohstoffwerte um.[221] Dieser Sachverhalt ist in Abbildung 2.10 wiederum für die Rohstoffe Aluminium und HRC-Stahl illustriert.

Auffällig ist auch, dass die Schwankungen bestimmten Mustern folgen. Nach der Dow-Theorie gibt es drei Trends: Primary Trends, Secondary Trends sowie Minor Trends. Die Primary Trends sind die allgemeinen breiten Auf- und Abwärtsbewegungen, die gewöhnlich mehr als ein Jahr anhalten, aber auch mehrere Jahre dauern können. Die Secondary Trends sind jene bedeutsamen Reaktionen, die den Fortschritt der Kurse in Richtung Primary Trend unterbrechen. Sie sind zwischenzeitliche Korrekturen, die in der Regel drei

[217] Vgl. Matthies (2008), S. 6, A.T. Kearney (2006), S. 10. Oft sind diese Preissteigerungen kurzfristiger und heftiger Natur. Untersuchungen ergaben, dass positive Preisschocks bei Rohstoffpreisen weitaus häufiger zu beobachten sind als negative. Vgl. Deaton/Laroque (1992). Dies spiegelt sich auch in einer Untersuchung von Gorton und Rouwenhorst wider, die dies für einen Rohstoffindex über mehr als 45 Jahre empirisch belegen. Gorton/Rouwenhorst (2004), S. 13.

[218] Experten sind der Meinung, dass die strukturellen Probleme mit der Angebotsseite auch in den nächsten Jahren weiter aktuell sein werden und die Preise für Rohstoffe konsequenterweise wieder steigen, sobald die Nachfrage anzieht. Ein lokal besänftigender Effekt in Europa könnte die erwartete Inflation in den USA auf Grund der Wirtschaftskrise und ein damit verbundener günstiger Dollar im Vergleich zum Euro darstellen.

[219] BRIC ist ein von der Investmentbank Goldman Sachs geprägtes Akronym und steht für die Emerging Markets Brasilien, Russland, Indien und China.

[220] Matthies (2005), S. 364. Auch wenn der Stahlkonsum in China in den letzten Jahren ein enormes Wachstum zu verzeichnen hatte, lag der Stahlverbrauch pro Kopf im Jahr 2004 mit ca. 250 kg weit unter dem in Deutschland (500 kg). Im Vergleich dazu steckt der Stahlverbrauch in Indien noch in den Kinderschuhen (ca. 35 kg), was die Vermutung verstärkt, dass auch in Zukunft die Stahlnachfrage maßgeblich von den sog. BRIC-Staaten bestimmt wird. Vgl. Ameling (2004), S. 3.

[221] Vgl. Gabath (2010), S. 73.

[222] Eigene Darstellung. Daten stammen aus Thomson Reuters (Aluminium) und The Steel Index (Stahl). Abgerufen im August 2010.

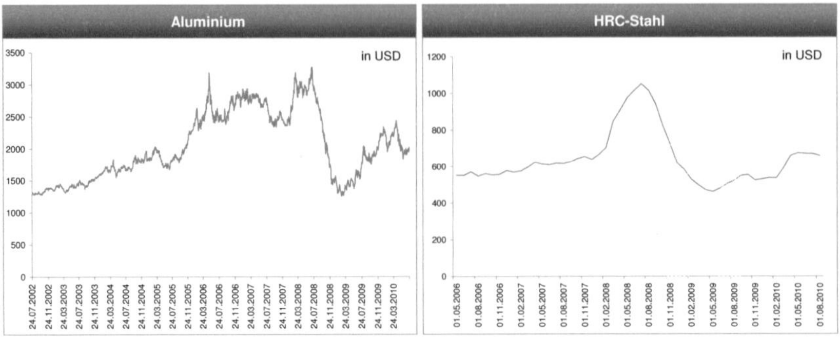

Abbildung 2.10: Rohstoffpreisentwicklung[222]

Wochen bis zu drei Monaten dauern. Die Minor Trends sind kurze Fluktuationen oder Tagesfluktuationen.[223]

Der Vollständigkeit halber soll noch erwähnt werden, dass die Preisnotierung der Rohstoffe oft in – im Vergleich zum Geschäftsbericht – abweichenden Währungen erfolgt. D.h., der finale Materialaufwand ist immer von dem Rohstoffpreis an sich und von dem gerade gültigen Währungskurs abhängig.[224] Dieser Zusammenhang hatte in den letzten Jahren auf Grund des starken Euro insbesondere für europäische Unternehmen den Effekt, dass der Bezug von Materialen aus anderen Währungsräumen zu günstigeren Konditionen möglich war.[225] Dieser Sachverhalt der Währungsrisiken soll allerdings in der vorliegenden Arbeit nicht thematisiert werden, da davon ausgegangen wird, dass Währungsrisiken mindestens in ebenso großer Form auf der Absatzseite existieren und die ausschließliche Betrachtung der Reduzierung der Beschaffungskosten nur eine Seite der Medaille widerspiegeln würde.

223 Vgl. EDWARDS/MAGEE (1988), S. 15 ff.. Diese drei Trends sind besonders bei HRC-Stahl durch die Nutzung von Monatsendpreisen und den relativ kurzen Betrachtungszeitraum kaum zu unterscheiden.

224 Vgl. DAS (2006), S. 640.

225 Im Zeitraum von 2002 bis 2004 manifestierte sich dieser Effekt in einem Anstieg des Rohölpreises in Dollar um 64% und in Euro um nur 16%. Vgl. hierzu auch ROGERS (2005), S. 56.

2.2.3 Entstehung von Rohstoffpreisrisiko als Konsequenz

Die erste Intention eines Unternehmens, wenn ein Kostenanstieg z.B. auf Grund erhöhter Rohstoffpreise verzeichnet wird, ist eine Umlegung dieser Mehrkosten, sofern vertraglich möglich, auf die direkten Kunden, um die eigene Ertragslage unberührt zu lassen. Dies ist allerdings in Zeiten, in denen die Konkurrenz zwischen einzelnen Unternehmen durch eine umfassendere Konkurrenz zwischen SC abgelöst wurde[226] nur dann zielführend, wenn dies allen partnerschaftlich organisierten Unternehmen der SC möglich ist und die Preiserhöhungen auf diese Weise ein zu eins auf die Endkunden, die per definitionem außerhalb des Netzwerks sind, überwälzt werden.[227] In diesem Fall sieht sich die SC keinem Rohstoffpreisrisiko ausgesetzt und es besteht konsequenterweise auch keine Notwendigkeit eines Rohstoffpreisrisikomanagements in der SC. Ist diese Überwälzung der Kosten auf einen Dritten nicht (oder nur in Teilen) möglich, müssen ein oder mehrere SC-Partner das (verbleibende) Rohstoffpreisrisiko akzeptieren und laufen Gefahr, einen finanziellen Schaden zu erleiden.

Das Risiko innerhalb einer SC entsteht somit erst dadurch, dass Preiserhöhungen auf dem Rohstoffmarkt nicht beliebig auf Kunden außerhalb der SC abgewälzt werden können. Ob allerdings diese Überwälzung der Preisbewegung überhaupt möglich ist und trotz der potenziellen Preiserhöhung die Wettbewerbsfähigkeit der SC unberührt bleibt, ist fraglich. Eine empirische Untersuchung zu Rohstoff- als auch Komponentenpreisen zeigt, dass die Volatilität der Preise mit der Bewegung zum Endkunden abnahm, um letztendlich bei Fertigerzeugnissen am niedrigsten auszufallen.[228] Selbst wenn der Rohstoff starken Preisschwankungen unterworfen war, veränderte sich folglich der Preis des daraus gefertigten Produkts nicht entsprechend. Dies macht deutlich, dass aus noch näher zu bestimmenden Gründen die Preisschwankungen der Rohstoffe nicht eins zu eins an die jeweiligen Kunden weitergegeben werden und der durch die Rohstoffpreisschwankungen ausgelöste finanzielle Schaden in der SC verbleibt.[229]

[226] Vgl. Kapitel 2.1.2.
[227] Vgl. hierzu die Definition der SC in Kapitel 2.1.1.
[228] Vgl. Clem (2005), S. 19, Gosh/Gilbert/Hughes Hallet (1987), S. 7.
[229] Vgl. hierzu auch Behnke (1986), S. 28.

Für den Sachverhalt, dass Preise gegenüber Kunden nicht beliebig verändert werden können, werden in der Wissenschaft mehrere Erklärungsansätze geliefert.[230] Zum einen können vertragliche Verpflichtungen die SC-Partner zu einer günstigeren Lieferung veranlassen.[231] Selbst wenn keine vertraglich fixierten Preise existieren, sind Preise nicht unendlich flexibel. Dies liegt einer Theorie zur Folge maßgeblich an den sogenannten Menükosten.[232] Diese Theorie besagt, dass Preisanpassungen eines Produkts auch immer mit Kosten verbunden sind und aus diesem Grund so lange wie möglich hinausgezögert bzw. nur in größeren Abständen durchgeführt werden. So fallen z.B. Kosten für den Druck von Broschüren und Listen oder Neuauszeichnungen im Verkaufsraum an.[233] In einer empirischen Studie durch Carlton aus dem Jahr 1986 konnte eine derartige Theorie allerdings für industrielle Unternehmen nicht bestätigt werden. Er fand heraus, dass Preise zwar nicht in Einklang mit z.B. Rohstoffpreisen verändert, aber dennoch öfter kleine Preisveränderungen durchgeführt wurden. Diese Politik der kleinen Preisveränderungen widerspricht der Theorie der Menükosten.[234] Ein weiterer Erklärungsversuch stellt auf die Fähigkeit der Unternehmen ab, Informationen über ihre Umwelt aufzunehmen und angemessen zu verarbeiten. Insofern vermuten Mankiw und Reis im Jahre 2002, dass Entscheidungsträger nicht immer die genauen Preise für z.B. Rohstoffe kennen oder die notwendigen Kalkulationen nur in bestimmten Zeitabständen und nicht permanent durchführen.[235] Eine dritte Erklärung für verzögerte Preisanpassungen ist die Furcht vor der Reaktion von Kunden und Wettbewerbern. Rotemberg z.B. meint, dass Kunden Unternehmen, die ihrer Meinung nach ungerechtfertigt hohe Preise verlangen, in Zukunft „bestrafen", d.h. meiden.[236] Die Vermutung liegt also nahe, dass es den meisten Unternehmen bei den weithin verbreiteten intensiven Wettbewerbsverhältnissen nicht offen steht, Preissteigerungen

230 In der internationalen Wissenschaft wird dieses Phänomen „sticky prices" genannt. Vgl. SHAFIR/DIAMOND/TVERSKY (1997), S. 343.

231 Es sei hier z.B. an den Anlagenbau verwiesen, der sich durch ein starkes Auseinanderfallen von Angebotserstellung und Lieferung von bis zu mehreren Jahren auszeichnet.

232 Für weitere Details zu der Theorie der Menükosten vgl. BARRO (1972), SHESHINSKI/WEISS (1977).

233 Illustratives Beispiel dieser Menükosten ist ein Restaurant, welches neue Speisekarten drucken lassen muss, wenn sich die Preise ändern. Vgl. DAVIS/HAMILTON (2003), S. 4.

234 Vgl. hierzu CARLTON (1986).

235 Vgl. MANKIW (2002) oder auch DAVIS/HAMILTON (2003), S. 6.

236 Vgl. ROTEMBERG (2005). Empirische Untersuchungen in den letzten Jahren bestätigen meist die dritte und letzte vorgeschlagene Erklärung für verzögerte Preisanpassungen. Vgl. DAVIS/HAMILTON (2003), S. 24.

an Kunden weiterzugeben.[237] Auch aus diesem Grund rechnen Experten damit, dass der Endpreis eines Automobils – insbesondere von Mittel- und Kompaktklassewagen – auch in zehn Jahren inflationsbereinigt noch immer auf heutigem Niveau liegen wird.[238]

Ob sich ein Unternehmen bzw. eine SC in einem Umfeld befindet, welches die Möglichkeit bietet, potenzielle Preissteigerungen bis zum Endkunden weiterzugeben, ist in allererster Linie von der aktuellen Wettbewerbssituation und der verfolgten Unternehmensstrategie abhängig. Weitere entscheidende Aspekt sind außerdem auch die Kundentreue, die Verhandlungsmacht der Kunden, die Anzahl der Substitutionsprodukte oder auch das Image der eigenen Firma. Eine erste grobe Tendenz, ob die Preiserhöhung möglich ist und die SC drohenden Rohstoffpreiserhöhungen neutral gegenübersteht, lässt sich mit Hilfe einer einfachen Matrix, basierend auf den Dimensionen Produktlebenszyklus (PLZ)[239] mit den Phasen Einführung, Wachstum, Reife, Sättigung und Degeneration, als Näherung an die Wettbewerbssituation und Unternehmensstrategie nach Porter ableiten.[240] Wie bereits in Kapitel 2.2.1 erwähnt, unterteilt Porter potenzielle Unternehmensstrategien in angestrebte Qualitätsführerschaft und in angestrebte Kostenführerschaft.

Nach einer Kombination der beiden Dimensionen in einer Matrix wird deutlich, dass nur im Falle einer Qualitätsführerschaft und eines Produktes, das sich noch am Anfang des PLZ – also in der weniger wettbewerbsintensiven Einführungs- bzw. Wachstumsphase befindet – eine Weitergabe der z.B. durch Rohstoffpreiserhöhungen angefallenen Kostensteigerungen ohne Marktanteilseinbußen möglich erscheint. Befindet sich das Produkt bereits in einer Phase, in der das Angebot anfängt die Nachfrage zu übersteigen und der Wettbewerb intensiver wird (dies geschieht meist in der Reifephase),[241] erscheint die Preis-

237 Vgl. Wildemann (2008), S. 16.

238 So hat sich beispielsweise in der Vergangenheit, entgegen dem Gefühl vieler Endkunden, das Basismodell des VW Golf seit 1990 inflationsbereinigt lediglich um 0,7% verteuert. Vgl. Radtke/Abele/Zielke (2004), S. 19.

239 Zum PLZ und seinen spezifischen Phänotypen vgl. Kotler/Bliemel (2001), S. 575 f. Der klassische PLZ ist in der Praxis einerseits zwar sehr verbreitet, andererseits aber auch von vielen Seiten Kritik ausgesetzt. So weisen Siegwart/Senti (1995) u. a. darauf hin, dass mehrere Autoren in empirischen Studien gezeigt hätten, dass der klassische Produktlebenszyklusverlauf nur einen von vielen existierenden Verläufen darstellt. Vgl. Siegwart/Senti (1995), S. 7 ff.

240 Die Phasen Einführung und Wachstum sind durch weniger intensiven Wettbewerb geprägt, während vor allem in den Phasen Sättigung und Degeneration ein sehr starker Wettbewerb herrscht.

241 Vgl. Meffert (2000), S. 341, Kotler/Bliemel (2001), S. 604.

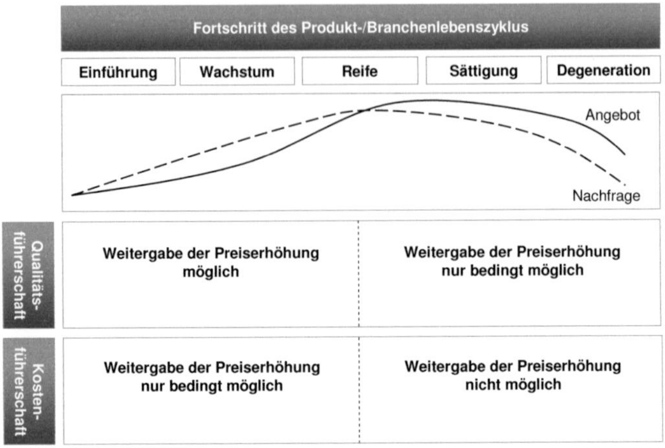

Abbildung 2.11: Möglichkeiten Preiserhöhungen

erhöhung bereits weniger angemessen.[242] In der Reife- oder Degenerationsphase wird in der Literatur auf Grund der intensiven Wettbewerbssituation bereits ein höchstens gleich hoher Preis wie der der Konkurrenz empfohlen. Eine Preiserhöhung wird in der Regel zu massiven Einbußen des Marktanteils führen.[243] Die aufgeführten Zusammenhänge sind in Abbildung 2.11 zusammengefasst.

Mit dem vorgeschlagenen Ansatz kann nur eine erste Tendenz der Entscheidungsfindung betreffend der Möglichkeiten und des Umfangs von Kostenweitergaben abgeleitet werden. Im Zweifelsfall ist eine tiefergehende Analyse bezüglich der anderen bereits genannten Aspekte durchzuführen. Trotzdem kann festgehalten werden, dass eine SC, die eine Strategie der Kostenführerschaft verfolgt, generell Schwierigkeiten hat, Kostenanstiege ohne Einbußen von Marktanteilen weiterzugeben. Eine SC, welche eine Strategie der Qualitätsführerschaft verfolgt, hat – von der Einführungs- bzw. Wachstumsphase mal abgesehen – ebenfalls nur eingeschränkte Möglichkeiten, Kosten eins zu eins an die Endkunden wei-

242 Es muss bei derartigen Entscheidungen immer beachtet werden, dass selbst ein konkurrenzloses Produkt ohne Substitutionsmöglichkeit wie Öl/Benzin auf Grund radikaler Preisanstiege weniger gekauft wird. Es sei hier an die Ölkrise in der frühen 70er Jahren erinnert. Vgl. STEPHENS (2001), S. 11.

243 Vgl. KOTLER/BLIEMEL (2001), S. 604.

terzugeben. Für die überwiegende Mehrheit der SC ist es folglich nicht möglich, ihre erhöhten Kosten auf Grund von Rohstoffpreiserhöhungen erfolgsneutral an ihre Endkunden weiterzugeben. Konsequenterweise entsteht dadurch – je nach Höhe des zukünftigen Rohstoffbedarfs (offene Rohstoffposition) – ein nicht zu unterschätzendes Rohstoffpreisrisiko, welches – abhängig von den letztendlich realisierten Schwankungen des Rohstoffpreises – zu einer erheblichen Verschlechterung der Finanz- und Ertragslage und damit auch der Wettbewerbsfähigkeit der gesamten SC führen kann.[244]

Gerade die Automobilindustrie ist nach der Weltwirtschaftskrise, die 2008 ihren Anfang nahm, gegenüber derartiger finanzieller Risiken besonders gefährdet. Dies liegt maßgeblich an der teilweise stark verringerten Eigenkapitalquoten der Unternehmen. Die Eigenkapitalquote deutscher Automobilzulieferer sank in Folge der Krise von 36% in 2007 auf nur noch 32% in 2008.[245] So können geringfügige Änderungen der Ertrags- bzw. Kostenstruktur bereits zu erheblichen finanziellen Schwierigkeiten führen.[246] Angesichts dieser Tatsachen verwundert es nicht, dass in einer aktuellen Umfrage in der Automobilindustrie 92% der befragten Lieferanten angaben, dass sie mit großer Wahrscheinlichkeit in den nächsten sechs Monaten eine Insolvenz von einem ihrer direkten Lieferanten zu beklagen haben werden und davon auf Grund der Abhängigkeiten mehr oder weniger stark betroffen sind.[247]

Aus diesen Überlegungen heraus ergeben sich drei unterschiedliche Möglichkeiten für die SC.

Zum Ersten – die SC trifft weder Vorsorge für die Rohstoffpreisrisiken, noch werden die Preise gegenüber den Endkunden angepasst. Das bedeutet, die einzelnen Unternehmen der SC akzeptieren das Risiko und auch die Gefahr, durch Rohstoffpreisanstiege finanzielle

244 Für das Zustandekommen von Rohstoffpreisrisiken sind folglich neben den marktbezogenen Komponenten (z.B. in Form flukturierender Preise) auch unternehmensbezogene Komponenten (in Form aktueller oder zukünftig offener Rohstoffpositionen) zwingende Voraussetzung. Vgl. Behnke (1986), S. 26.

245 Die Eigenkapitalquote in der USA sank im selber Zeitraum sogar von 29% auf 22%. Vgl. Bratzel/Moritz (2010), S. 138.

246 Vgl. Zawisla (2008), S. 3.

247 Vgl. Hofler (2009).

Verluste zu erleiden.[248] Wenn alle auf diesem Markt konkurrierenden SC diesen Ansatz wählen, wird sich die SC durchsetzen, die die größten finanziellen Reserven, d.h. die größte Risikodeckungsmasse hat.[249] Diese Strategie scheint allerdings in Anbetracht der geringen Eigenkapitalausstattung der deutschen Automobilindustrie relativ riskant.[250]

Zum Zweiten – die SC entschließt sich trotz des großen Wettbewerbs, die Mehrkosten durch Rohstoffpreisanstiege an die Endkunden weiterzugeben. Dies gelingt immer dann besonders gut, wenn sich diese Vorgehensweise als „Standard" in einem Markt etabliert hat (z.B. Kerosinpreisaufschlag in der Flugindustrie) und ein Preiswettbewerb verschiedener Anbieter nicht auf der Ebene der Rohstoffkomponente stattfindet.[251] Schlimmstenfalls würde sich der Gesamtmarkt auf Grund des erhöhten Preisniveaus etwas verkleinern, die Verteilung des Marktes bliebe allerdings vorerst unangetastet. Hierzu müssten aber alle auf diesem Markt konkurrierenden SC diese Entscheidung treffen, um Verluste von Marktanteilen zu verhindern. Das scheint allerdings aus spieltheoretischen Gesichtspunkten ein eher unwahrscheinlicher Fall zu sein.

Zum Dritten – die SC entscheidet sich, ein Konzept zum Management von Rohstoffpreisrisiken in der SC zu entwickeln und zu implementieren. Dies kann das Rohstoffpreisrisiko erheblich reduzieren und der Erfolg ist nicht von dem Verhalten der konkurrierenden SC abhängig. Diese Möglichkeit erscheint daher als der Königsweg.[252]

Im nun folgenden Kapitel soll grundsätzlich geklärt werden, was Risiko und auch Rohstoffpreisrisiko aus theoretischer Sicht überhaupt ist, was Risikomanagement bzw. Roh-

248 Wer letztendlich das Risiko der Preisanstiege trägt, hängt maßgeblich von den geltenden vertraglichen Regelungen innerhalb der SC ab.

249 Der finanzielle Effekt von Rohstoffpreisrisiken auf ein Unternehmen bzw. eine SC wird in Kapitel 2.3.3 thematisiert.

250 Ein Automobilzulieferer wurde vor einiger Zeit mit folgendem Satz zitiert: „Wir gehen mit vollen Auftragsbüchern in die Insolvenz". HANDELSBLATT (2004b).

251 Vgl. BÜNTING (2008), S. 407, CRAUL (2000).

252 Wenn man die Rohstoffpreisrisiken in den Griff bekommt und unternehmensübergreifend Einsparungen erzielen kann, ist, insbesondere auf Grund des Hebeleffekts der Beschaffung, ein Wettbewerbsvorteil der betreffenden SC möglich. Gerade in der Automobilindustrie mit ihren geringen Margen kann die Möglichkeit, die Preise minimal zu senken, einen signifikanten Wettbewerbsvorteil bedeuten. Falls alle Konkurrenten ihre Rohstoffpreisrisiken aktiv managen, entsteht daraus gar eine Notwendigkeit für die Konkurrenz, dies ebenfalls zu tun, da ansonsten Wettbewerbsnachteile drohen. Vgl. ähnlich NAIN (2004).

stoffpreisrisikomanagement bedeutet, was von den Unternehmen derzeit in Richtung Rohstoffpreisrisikomanagement in der SC gemacht wird und welche quantitativen Auswirkungen das Rohstoffpreisrisiko sowohl auf die Performance eines einzelnen Unternehmens als auch auf die gesamte SC haben kann.

2.3 Rohstoffpreisrisiken – Phänomen mit zunehmender Brisanz

2.3.1 Risiko und Rohstoffpreisrisiko in der Supply Chain – Eine theoretische Sichtweise

Risiko ist ein Begriff arabischen Ursprungs.[253] Er bedeutet soviel wie Lebensunterhalt, der von vielen Gefahren bedroht wird.[254] Da dieser Begriff in der wissenschaftlichen Literatur, abhängig von der Disziplin des jeweiligen Verfassers, teilweise sehr unterschiedlich definiert und verwendet wird,[255] scheint eine grobe Übersicht über mögliche Definitionen und Systematisierungen sowie eine anschließende Festlegung des Begriffsverständnisses dieser Arbeit sinnvoll.

Nach Braun wird häufig in eine ursachenbezogene und eine wirkungsbezogene Begriffsauffassung von Risiko unterschieden. Erstere sieht Risiko immer im Zusammenhang mit unvollständiger und unvollkommener Information über die Ausprägung des auslösenden – also verursachenden – Faktors,[256] während bei Letzterer die Wirkung des auslösenden Faktors (die sog. Ursache-Wirkungs-Beziehung) auf die gesteckten Ziele unklar bleibt.[257] Unabhängig von der Begriffsauffassung, besteht jeweils Unsicherheit über Eintrittszeit-

---

253 In anderen Literaturquellen wird auf die Verwandtschaft mit dem italienischen Wort für „herausfordern" oder „etwas wagen" – „riscare" hingewiesen. Andere Autoren nennen als Ursprung den lateinischen Begriff „risco" für das „Umschiffen einer Klippe". Vgl. KREMERS (2002), S. 60. Für einen umfassenden Überblick über die Entwicklung des Risikobegriffs vgl. BERNSTEIN (2000).

254 Vgl. AMEND (2000), S. 24.

255 Vgl. MANUJ/MENTZER (2008), S. 134.

256 Vgl. AMEND (2000), S. 25.

257 Für Oberparleitner beispielsweise ist Risiko „nicht das Gefahrenereignis an sich, vielmehr bloß die Möglichkeit seiner die betriebswirtschaftliche Leistung beeinträchtigenden Wirkung." OBERPARLEITNER (1955), S. 99.

punkt, Eintrittswahrscheinlichkeit und Ausprägung[258] und somit die Gefahr, falsche Entscheidungen zu treffen und Zielabweichungen auszulösen.[259] Die Zielabweichungen wiederum führen in einem unternehmerischen Kontext zu unmittelbaren und mittelbaren Vermögensbestandsverlusten oder -aufwendungen.[260]

Für die Eintrittswahrscheinlichkeiten dieser Zielabweichung liegen entweder objektive oder subjektive Wahrscheinlichkeitsschätzungen vor. Beide sollen in der vorliegenden Arbeit als Risiko interpretiert werden.[261] Eine in der Literatur häufig zu findende Unterscheidung von Unsicherheit in Ungewissheit (subjektive Wahrscheinlichkeitseinschätzungen) und Risiko (objektive Wahrscheinlichkeitseinschätzungen) unterbleibt auf Grund der mit Schwierigkeiten behafteten Abgrenzung.[262] Dem in dieser Arbeit fokussierten Risikobegriff liegt ein spekulatives, symmetrisches Risikoverständnis zu Grunde. Es schließt sowohl Gefahren (negative Zielabweichungen) als auch Chancen (positive Zielabweichungen) ein und beinhaltet statt rein versicherungstechnischer auch wertsteigerungstechnische Aspekte.[263] Ausdruck dessen ist die Verwendung der Volatilität als Risikomaß.[264]

Risiken können auf die unterschiedlichsten Weisen systematisiert werden. Meist wird hierzu allerdings die Dimension Ursache bzw. Ursprung herangezogen.[265] Diese Dimension kann angelehnt an die unternehmensinterne Wertschöpfungskette in Beschaffungs-,

258 Vgl. STROHMEIER (2007), S. 31.

259 Vgl. BRAUN (1984), S. 22 ff., HALLER (1986), S. 18, NEUBÜRGER (1989), S. 29, MIKUS/GÖTZE (1999), S. 1, KREY (2001), S. 34.

260 Vgl. LEITNER (1915), S. 7.

261 Vgl. PERRIDON/STEINER (1997), S. 98, BAMBERG/COENENBERG (2000), S. 19.

262 Zu einer Abgrenzung sowohl zwischen Sicherheit, Ungewissheit und Risiko als auch zwischen objektiven und subjektiven Wahrscheinlichkeiten vgl. KNIGHT (1921), GUTENBERG (1962), STREITFERDT (1973), S. 5 ff., GAMPER (1995), S. 15. Im Falle von Unternehmensrisiken ist die Unterteilung sowieso wenig nützlich, da fast alle Wahrscheinlichkeitsschätzungen eine subjektive Komponente haben. Vgl. ROGLER (2002), S. 8.

263 Vgl. DELOACH (2000), S. 24, ZECH (2002), S. 33 ff.

264 Dies ist ein wichtiger Aspekt, da viele empirische Untersuchungen zutage brachten, dass Risiko in der Unternehmenspraxis oft auf seine negative Komponente reduziert wird. Vgl. MARCH/SHAPIRA (1987), S. 1.407.

265 Weitere Dimensionen sind z.B. die Wirkung, Vgl. HARLAND/BRENCHLEY/WALKER (2003) oder auch die Messbarkeit, die Höhe bzw. Häufigkeit sowie die Beeinflussbarkeit der Risiken. Vgl. ROGLER (2002), S. 9, WATERS (2007), S. 14, BRINDLEY/RITCHIE (2004), S. 9. Eine Kombination verschiedener Ansätze findet sich in CHRISTOPHER/PECK (2004b), S. 5.

Produktions- und Absatzrisiken unterteilt werden.[266] Demnach sind die in der vorliegenden Arbeit im Fokus stehenden Rohstoffpreisrisiken eindeutig der Beschaffung zuzuordnen.[267] Das Beschaffungrisiko wiederum lässt sich in Lieferrisiken, bestehend aus Lieferausfallrisiken[268] und Lieferantenrisiken[269], betriebliche Risiken und Beschaffungsmarktrisiken unterteilen. Die Beschaffungsmarktrisiken lassen sich dann wiederum grob in sog. Lieferrisiken sowie Beschaffungspreisrisiken differenzieren. Die Beschaffungspreisrisiken, welche auch den Marktpreisrisiken zugeordnet werden können[270], besitzen zwei weitere Facetten. Zum einen existieren Materialpreisrisiken, welche bei industriellen Unternehmen hauptsächlich von den Rohstoffpreisen getrieben sind und im Rahmen dieser Arbeit im Fokus stehen. Zum anderen existieren sonstige Preisrisiken, wie z.B. Währungsrisiken, Zinsrisiken, Aktienkursrisiken oder auch je nach Objektumfang Mietpreisrisiken und Leiharbeiterlohnrisiken.[271] Diese Risiken sollen aber in der weiteren Betrachtung keine Rolle spielen.

Des Weiteren sind Rohstoffpreisrisiken externe und kollektive Risiken. Dies bedeutet, dass die Unternehmen die Risiken nicht direkt beeinflussen, sondern nur reaktiv Einfluss nehmen können,[272] und dass das Risiko alle Unternehmen, die einen Bedarf an einem bestimmten Rohstoff haben, gleichermaßen betrifft. Rohstoffpreisrisiko resultiert somit aus Marktpreisschwankungen von Rohstoffen um den in den Wirtschaftsplänen des Unternehmens festgesetzten Kalkulationspreis, wobei Eintrittszeitpunkt, Eintrittswahrscheinlichkeit und auch genaue Ausprägung der Schwankung unbekannt sind.[273] Rohstoffpreisrisiken

[266] Vgl. ROGLER (2002). Pfohl wiederum unterscheidet zwischen endogenen und exogenen Risiken. Vgl. PFOHL (2002), S. 11.

[267] „In general anything that adversely affects prices, quantity and timing can be regarded as a source of (supply) risk". ZSIDISIN et al. (2008), S. 409.

[268] Hierunter fallen z.B. Ausfälle auf Grund politischer Instabilitäten, Streiks oder Lieferantenkonkurse. SCHUBERT (2004), S. 113.

[269] Hierunter sind vor allen Dingen Quantitäts- oder Qualitätsrisiken zu verstehen. SCHUBERT (2004), S. 113.

[270] Weitere typische Marktpreisrisiken sind z.B. Zinsrisiken oder Aktienkursrisiken. Vgl. JORION (2000), S. 15 f., CHRISTOFFERSEN (2003), S. 4, MODER (2008), S. 110.

[271] Vgl. Kapitel 2.2.1, KIENZLE (2000), S. 75, STANGL (1988), S. 112 ff.

[272] Vgl. WOLF (2003), S. 42, TRKMAN/MCCORMACK (2009), S. 6.

[273] Im Rahmen einer empirischen Untersuchung an der Technischen Universität München zu Beschaffungsrisiken waren Preisrisiken von den 24 abgefragten Risiken jeweils als wichtigstes Risiko in Bezug auf ihre Auswirkungen und zweit bzw. zukünftig drittwichtigstes Risiko in Bezug auf ihre Eintrittswahrscheinlichkeit eingeordnet. Vgl. ZAWISLA (2008), S. 72.

verändern die Materialpreise und damit ceteris paribus auch die Beschaffungspreise bzw. -kosten eines Unternehmens oder einer SC. Die entwickelte Systematisierung der Risiken ist in Abbildung 2.12 übersichtlich dargestellt, wobei die zukünftig im Fokus stehenden Risiken grau hinterlegt sind.

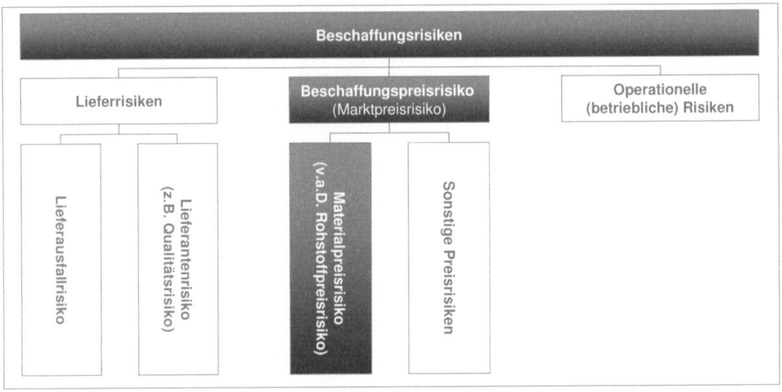

Abbildung 2.12: Risikokategorien

Grundvoraussetzung für die Existenz von Rohstoffpreisrisiken innerhalb einer SC ist ein sog. Rohstoffpreis-Exposure, also eine bestehende oder zukünftige Position, deren Wert von der Preisentwicklung eines Rohstoffs abhängig ist.[274] Eine industrielle SC bzw. ein industrielles Unternehmen hat im Regelfall zwei derartige Positionen, den zukünftigen Bedarf an bestimmten für die Produktion benötigten Rohstoffen und die mehr oder weniger umfangreiche Lagerposition des Rohstoffs bzw. von Erzeugnissen, die den Rohstoff beinhalten. Es wird auf den ersten Blick klar, dass sich die beiden Exposures genau gegenläufig verhalten. Steigt der Rohstoffpreis, muss das Unternehmen bei zukünftigen Rohstoffkäufen mit höheren Beschaffungsausgaben rechnen. Dieser Effekt wird durch auf Lager liegende Rohstoffe oder auch Halbfertig- und Fertigerzeugnisse abgemildert, da diese bei auftretenden Preiserhöhungen entgegengesetzt wirken. Fällt der Rohstoffpreis, verhält sich der

274 Die Sensitivität von betrieblichen Erfolgsvariablen in Bezug auf Risikofaktoren wie z.B. das Rohstoffpreisrisiko wird als Exposure bezeichnet. Vgl. ADLER/DUMAS (1984), S. 42, PFENNIG/SCHÄFER (1999b), S. 578.

geschilderte Zusammenhang umgekehrt. In Abbildung 2.13 sind die beiden resultierenden Exposures in Abhängigkeit der Preisentwicklung illustrativ dargestellt.

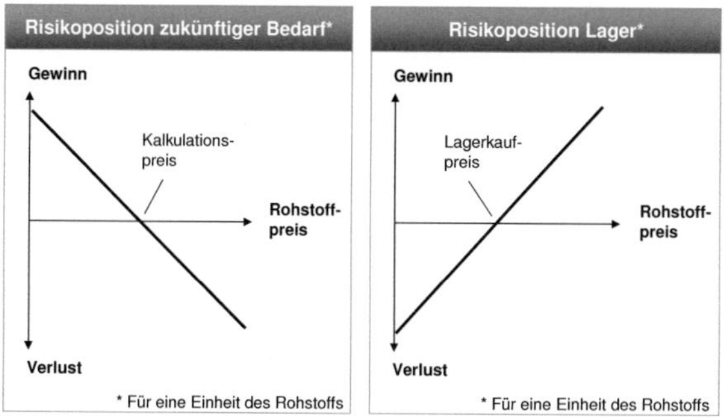

Abbildung 2.13: Überblick Rohstoffpreisrisikoposition von Industrieunternehmen

Dabei muss darauf hingewiesen werden, dass die Lagerposition einer SC, insbesondere in der Automobilindustrie, als relativ beschränkt einzuschätzen ist. Gerade in Zeiten des SCM und den damit verbundenen Anstrengungen, mit Ansätzen wie JIT oder JIS das Working Capital zu reduzieren, werden heute Lagerreichweiten von knapp drei Tagen, bei einigen Produkten gar nur von wenigen Stunden erreicht.[275] Konsequenterweise sind insbesondere automobile Wertschöpfungsketten – je nach Liefervereinbarung – den beschriebenen Preisschwankungen weitestgehend ungeschützt ausgeliefert.

Wie bereits in Kapitel 2.2.3 herausgestellt, werden diese Preisschwankungen in der heutigen Zeit von partnerschaftlich organisierten SC und den großen Abhängigkeiten der Hersteller von ihren Zulieferern nicht nur das rohstoffbeschaffende Unternehmen betreffen. Vielmehr wird sich das Rohstoffpreisrisiko in einer Art Dominoeffekt auf die gesamte SC ausbreiten.[276] Folglich existiert – neben typischen unternehmensindividuellen Risiken – auch eine Risikokategorie, die hauptsächlich aus den zunehmenden Verknüpfungen und Interdependenzen zwischen SC-Partnern resultiert. Diese Risikokategorie wird in der deutschsprachigen wissenschaftlichen Literatur meist „Supply-Chain-Risiko" ge-

[275] Vgl. Wannenwetsch (2010), S. 312 und Kapitel 2.1.2.
[276] Vgl. Specht/Mieke (2007), S. 18.

nannt. SC-Risiko bedeutet somit, dass ein Unternehmen nicht nur durch sein „eigenes" Risiko verwundbar ist, sondern auch durch das Risiko der vor- bzw. nachgelagerten SC-Partner.[277] Kersten definiert SC-Risiko analog zu der oben erarbeiteten Definition des allgemeinen Risikobegriffs als „einen mit seiner Ausfallwahrscheinlichkeit bewertenden Schaden (Zielabweichung), dessen Eintritt mehr als ein Unternehmen der SC betrifft und dessen Ursache entweder innerhalb der SC oder in ihrem Umfeld liegt."[278]

SC-Risiken bedürfen auf Grund ihrer zahlreichen Besonderheiten einer gesonderten Betrachtung.[279] So ist der erweiterte Handlungsrahmen von mehreren Unternehmen zu nennen, der sowohl das Erkennen von auslösenden Faktoren (Ursache), als auch das Verständnis von Ursache-Wirkungs-Zusammenhängen (Wirkung) verkompliziert und Risikopotenziale verstärkt.[280] Des Weiteren sind durch die Unternehmensgrenzen die Informationsasymmetrien zwischen den Unternehmen relativ hoch einzuschätzen, was u.U. zu opportunistischem Handeln einzelner Unternehmen führen kann.[281] Zu betonen ist noch, dass innerhalb einer SC die Summe der Einzelrisiken nicht unbedingt das Gesamtrisiko darstellt. Durch sich aufschaukelnde Effekte können sich Risiken in einer SC schnell multiplizieren.[282]

Die Definition von Risiko, Rohstoffpreisrisiko und SC-Risiko kennend, kann Rohstoffpreisrisiko in der SC als die Sensitivität von betrieblichen Erfolgsvariablen innerhalb der SC auf Grund von Marktpreisschwankungen der zur Produktion benötigten Rohstoffe definiert werden. Die Marktpreisschwankungen sowie die Sensitivität der Erfolgsvariablen (Zielabweichung) sind sowohl von ihrem Zeitpunkt, ihrer Wahrscheinlichkeit und auch ihrer Ausprägung her mit Unsicherheit behaftet und können Gefahr, als auch Chance für das Unternehmen bedeuten.[283]

---

277 Vgl. Waters (2007), S. 49.

278 Kersten et al. (2007), S. 1.171.

279 Vgl. Specht/Mieke (2007), S. 18.

280 Gestützt wird diese Aussage durch allgemeine Arbeiten im Bereich der Organisationsforschung, welche aufzeigen, dass mit steigender Komplexität und steigender gegenseitiger Abhängigkeit der Systemelemente die Fehlerhäufigkeit von soziotechnischen Systemem wächst. Vgl. Lin et al. (2006), S. 598.

281 Vgl. Kajüter (2006), S. 16. Vgl. dazu auch die Ausführungen in Kapitel 2.1.3.

282 Vgl. Manuj/Mentzer (2008), S. 134.

283 Vgl. ähnliche Definitionen in Pfennig/Schäfer (1999b), S. 578. und Bartram (2000), S. 1.268.

2.3.2 Risikomanagementprozess – Strategie, Analyse, Handhabung und Kontrolle

Nachdem im letzten Kapitel der allgemeine Risikobegriff sowie Rohstoffpreisrisiko in der SC untersucht wurden, sollen in diesem Kapitel der Begriff sowie die Ziele des allgemeinen Risikomanagements und der typische Verlauf eines Risikomanagementprozesses, wie sie dieser Arbeit zu Grunde liegen sollen, geklärt werden.

Strohmeier definiert das unternehmerische Risikomanagement und dessen Ziel als immanenten Bestandteil der Unternehmensführung. Dieser umfasst alle jene Entscheidungs- und Durchsetzungshandlungen sowie die diesen Handlungen vor-, nach- und parallelgelagerten Planungs-, Organisations-, Personalführungs-, Informations-, Koordinations- und Kontrollfunktionen, die auf eine systematische und kontinuierliche Analyse, Handhabung und Kontrolle der unternehmerischen Risikopotenziale abzielen, um damit auf Basis des zu Grunde gelegten Wertesystems des Unternehmens die Realisierung der Risikomanagementziele unter Berücksichtigung des Chancenaspektes zu ermöglichen.[284] Ein viel genanntes, allerdings recht unspezifisches Ziel des Risikomanagements ist die Existenzsicherung und auch die Sicherung des zukünftigen Unternehmenserfolges.[285] Dabei ist wichtig, dass das Risikomanagement bei der Realisierung der definierten Risikoziele darauf achtet, dass sich die ergriffenen Aktivitäten mit wirtschaftlich vertretbarem Aufwand durchführen lassen.[286] Ein positives Kosten-Nutzen-Verhältnis sollte folglich im Mittelpunkt der Bemühungen stehen.[287]

Die detaillierte Definition der Risikoziele kann von Unternehmen zu Unternehmen differieren und ist maßgeblich von der Risikoeinstellung der Entscheidungsträger bzw. der Unternehmenseigner abhängig. In der Theorie wird in der Regel zwischen drei Archetypen der Risikoeinstellung unterschieden. Dies sind die Risikoaffinität, die Risikoneutralität und die Risikoaversion.[288] In der Realität fällt eine eindeutige Bestimmung der vorherrschen-

[284] Vgl. Strohmeier (2007), S. 47. Ähnlich auch Harrant/Hemmrich (2004), S. 5. Diese Definition grenzt sich somit von der Meinung ab, dass jedes gewissenhafte Management bereits als Risikomanagement angesehen werden kann. Vgl. Strohmeier (2007), S. 45.

[285] Vgl. Weber/Schäffer (1999), S. 66.

[286] Vgl. Eberle (2005), S. 41.

[287] Vgl. Hoffmann (1985), S. 1.

[288] Vgl. Shin (2002), S. 16.

den Risikoeinstellung auf Grund der immer wieder zu beobachtenden Irrationalitäten in der Risikoeinschätzung und der Entscheidungsfindung sehr schwer.[289] Generell ist aber davon auszugehen, dass Unternehmen, je nach Risikoart, unterschiedliche Risikoeinstellungen aufweisen. Jedem Entscheidungsträger ist klar, dass unternehmerisches Handeln mit dem Ziel, Renditen zu erwirtschaften ohne gleichzeitiges Eingehen von Risiken nicht realisierbar ist.[290] Ein Unternehmen muss folglich bestimmte Risiken bewusst eingehen, um daraus in der Zukunft Gewinne schöpfen zu können.[291] Das Risikomanagement muss also festlegen, welche Risiken bzw. Restrisiken ein Unternehmen akzeptieren muss, um daraus resultierende Chancen zu nutzen und welche Risiken reduziert werden sollten, um potenzielle Gefahren abzuwenden.[292] Dabei liegt die Vermutung nahe, dass das Unternehmen primär versucht, die Risiken einzugehen, die in seinem Kerngeschäftsbereich liegen und die es selbst gut einzuschätzen weiß. Bei unbekannten Risiken sollte tendenziell eher Risikoneutralität bzw. -aversion vorherrschen, um in diesen Bereichen nicht unnötig Risikodeckungsmasse aufs Spiel zu setzen.[293] Der Hauptansatzpunkt des Risikomanagements ist ex ante, d.h. vor der Realisierung eines Risikos zu sehen. Das Risikomanagement unterscheidet sich insofern von dem älteren sog. Krisenmanagement, welches sich erst nach Eintreten der Gefahrensituation um Schadensbegrenzung bemüht.[294]

Angesichts der heutigen Popularität von unternehmerischem Risikomanagement wundert es, dass es von vielen Autoren vor nicht allzu langer Zeit noch als wertlos abgetan wurde. Argumente dafür lieferten die klassischen Kapitalmarkttheorien, wie z.B. das Capi-

[289] So hat z.B. Fritsche herausgestellt, dass eine bekannte Gefahr, die freiwillig eingegangen wird bzw. eine Gefahr, die zumindest teilweise vom Menschen beeinflusst werden kann, die Risikowahrnehmung vermindert. Des Weiteren wurde belegt, dass Risiken, die zeitlich verzögert eintreten, einer höheren Wahrnehmung und einer geringeren Akzeptanz unterliegen als aktuell existierende Risiken. Diese psychologisch begründeten Thesen verdeutlichen, dass die individuelle Risikowahrnehmung ein subjektives Phänomen ist. Vgl. Rogler (2002), S. 8.

[290] Vgl. Ernst and Young AG (2006), S. 9.

[291] Nach Erkenntnissen der Krisenursachenforschung ist eine zu risikoaverse Haltung sogar ein Grund für ca. 60% der Insolvenzen. Krystek/Müller (1999), S. 182 f.

[292] Vgl. Pfohl (2002), S. 4 f., Keitsch (2004), S. 1.

[293] Vgl. Mistry (1996), S. 573, McFall Lamm (1996), S. 193, Stulz (1996), S. 13.

[294] Vgl. Haller (1986), S. 17. In früheren Jahren wurde auch von manchen Autoren der etwas antiquierte Begriff „Verletzbarkeitsmanagement" verwendet. Auch dieser Begriff impliziert eine reine Gefahrenbetrachtung. Vgl. dazu z.B. Behnke (1986).

tel Asset Pricing Model (CAPM) von Sharpe und die Portfoliotheorie von Markowitz.[295] Die Anwendung dieser Theorien führte zu der Aussage, dass die Anleger privat die individuell gewünschte Risikostruktur – entsprechend ihrer Risikoeinstellung – durch Kombination unterschiedlicher Wertpapiere erreichen können und daher an einem kostenintensiven margenreduzierenden betrieblichen Risikomanagement nicht interessiert sind.[296] Diese klassischen Theorien gehen allerdings von einem in der Realität nicht beobachtbaren vollkommenen Kapitalmarkt aus, d.h. Informationssymmetrie und der Nicht-Existenz von Transaktionskosten. In der Realität ist aber davon auszugehen, dass ein Unternehmen wesentlich mehr Informationen über die eigene Risikostruktur und -lage besitzt und ein potenzielles Risiko schneller identifiziert, bewertet und gehandhabt hat als die weniger gut informierten Anteilseigner. Es herrscht folglich Informationsasymmetrie. Ferner ist – auf Grund real existierender Transaktionskosten – damit zu rechnen, dass ein einmaliges unternehmerisches Risikomanagement im Vergleich zur tausendfachen privaten Portfolioanpassung Transaktionskosten spart und damit ressourceneffizienter potenzielle Risiken absichern kann.[297] Marktunvollkommenheiten, vor allem Informationsasymmetrien und Transaktionskosten, als Abweichung vom theoretischen Rahmen der klassischen Theorien, sind folglich ein Grund für die Notwendigkeit von Risikomanagement innerhalb der Unternehmen. Darüber hinaus reduziert Risikomanagement die Wahrscheinlichkeit der vorübergehenden Illiquidität und die dadurch vermiedenen Folgeschäden, wie z.B. Abwicklungskosten und teurere Kredite.[298] Gleichzeitig wird durch ein effizientes Risikomanagement die Durchführung wichtiger zukunftsträchtiger Investitionen garantiert und damit eine reibungslose Weiterführung der Geschäfte sichergestellt.[299]

[295] Zu Details des CAPM und der Portfoliotheorie vgl. SHARPE (1964), S. 425 ff., MARKOWITZ (1952), MARKOWITZ (1959).

[296] Vgl. CHRISTOFFERSEN (2003), S. 2 f. Auch Modigliani/Miller argumentierten, dass ein Unternehmen durch eine veränderte Risikostruktur keine Unternehmenswertsteigerung bewirke. Vgl. hierzu die Irrelevenztheorie der Verschuldung von MODIGLIANI/MILLER (1958).

[297] Vgl. BÜHLMANN (1998), S. 251, SINGH (2004), S. 6.

[298] Vgl. SMITH/STULZ (1985), S. 395 ff., FROOT/SCHARFSTEIN/STEIN (1993), S. 1632, SINGH (2004), S. 5. Der Einsatz verringert auch die Schwankung der finanziellen Unternehmensgrößen und damit z.B. auch die Steuerlast. Vgl. WIEDEMANN/HAGER (2003), S. 16.

[299] Vgl. JORION (2000), S. 477 f. Für eine ausführliche Beschreibung der vielfältigen positiven Aspekte von Risikomanagement vgl. KAEN (2000), S. 250-257.

Den großen Bedeutungszuwachs, dem auch die vielfältigen wissenschaftlichen Veröffentlichungen zu verdanken sind, gewann das Risikomanagement in Deutschland mit dem am 1.Mai 1998 verabschiedeten Gesetz zur Kontrolle und Transparenz im Unternehmensbereich (KonTraG).[300] Die Anforderungen des KonTraG bzw. die Präzisierungen des Gesetzes durch das Institut der Wirtschaftsprüfer (IDW) soll Unternehmen hinsichtlich ihrer maßgeblichen Risiken sensibilisieren. Die Bemühungen sind heute, zumindest in Aktiengesellschaften, für die das Gesetz gedacht war, größtenteils umgesetzt.[301] Weiteren Auftrieb bekam das Risikomanagement durch den Sarbanes-Oxley-Act,[302] der Forderung nach einem Risikomanagement im Deutschen Corporate Governance Kodex und die ab 2007 für alle Kreditinstitute gültigen Baseler Eigenkapitalvereinbarungen (Basel II), welche die bisher einheitlich geregelte Eigenkapitalunterlegung von Krediten individualisieren sollen. Die Eigenkapitalunterlegung und damit die Kreditkonditionen für einzelne Unternehmen richten sich in Zukunft nach den Urteilen der Ratingagenturen, wie z.B. Moody's oder Standard and Poors, die sowohl die leistungswirtschaftlichen als auch die finanzwirtschaftlichen Risiken und das dazugehörige Risikomanagement in ihre Bonitätsbewertung einfließen lassen.[303] Es scheint ein Muster zu sein, dass der Gesetzgeber in Bezug auf ein angemessenes unternehmerisches Risikomanagement immer dann in hektische Betriebsamkeit fällt, wenn es zu spektakulären Pleiten kommt. Es liegt daher die Vermutung nahe, dass nach den Pleiten der Banken Bear Stearns Company, Inc. oder Lehman Brothers Holdings, Inc. im März bzw. September 2008 und der daraus resultierenden Weltwirtschaftskrise, wieder neue gesetzliche Vorgaben entstehen werden.

Aus diesem Grund hat die Mehrzahl der Unternehmen bereits heute ein Risikomanagement implementiert. Unternehmerisches Risikomanagement ist in Wissenschaft und Praxis übereinstimmend als Prozess in Form eines Regelkreises beschrieben, der sich durch zahlreiche Interdependenzen und Rückkopplungen zwischen den Phasen auszeichnet und in

300 Vgl. Gabath (2010), S. 33 Vgl. §91 Absatz II AktG, §317 Absatz IV HGB, §289 und §315 HGB sowie §43 Absatz I und II GmbHG.

301 Vgl. Gleissner (2001), S. 13.

302 Vgl. Lam (2006), S. 16. Der Sarbanes-Oxley-Act wurde im Jahr 2002 als Reaktion auf die spektakulären Pleiten von Firmen wie Enron, Worldcom oder Tyco International beschlossen. Der positive Effekt wird von immer mehr Akademikern in Zweifel gezogen. Vgl. Eichar (2009), S. 4, 27.

303 Vgl. Ernst and Young AG (2006), S. 10.

allen erforderlichen Unternehmensbereichen und Hierarchiestufen integriert werden muss. Obwohl sich die einschlägige Literatur über die Form des Prozesses einig ist, bestehen über die genaue Anzahl sowie die Bezeichnung der einzelnen Phasen unterschiedliche Auffassungen. Eine Analyse von neun unterschiedlichen Veröffentlichungen zum Thema Risikomanagement aus den letzten zehn Jahren – inklusive der freiwilligen Risikomanagementnorm ISO 31000[304] und COSO Enterprise Risk Management[305] – ergab, dass die Anzahl der Prozessphasen meist zwischen zwei und fünf schwankt.[306]

Alle Autoren sind sich einig, dass der Prozess eine Risikoanalysephase und eine Risikohandhabungsphase beinhalten sollte.[307] Die Mehrzahl der Autoren ist außerdem der Meinung, dass der Risikomanagementprozess eine Controlling- oder Überwachungsphase benötigt. Weit weniger der in der Literatur vorgeschlagenen Prozesse enthalten dagegen explizit die Festlegung einer Risikostrategie als eigenständige Prozessphase. Dies ist maßgeblich darauf zurückzuführen, dass insbesondere die Erarbeitung der Risikostrategie meist im Aufgabenbereich des Risikocontrollings gesehen wird. Da aber die Risikostrategie für den Ablauf des gesamten Prozesses eine wichtige Rolle spielt und relativ umfassend ist, soll der Risikomanagementprozess, der dieser Arbeit zu Grunde gelegt wird, vier Prozessphasen umfassen und damit die Risikostrategie als separate Prozessphase enthalten.[308] So werden die Risikostrategie, die Risikoanalyse, die Risikohandhabung und das Risiko-

304 Die ISO-31000-Norm stellt eine sehr allgemein gehaltene Basis dar, die versucht, alle Risiken in einer Organisation zu berücksichtigen. Vgl. hierzu insbesondere BRÜHWILER (2008) oder auch KUHLES/HORST (2009).

305 Vgl. COMMITTEE OF SPONSORING ORGANIZATIONS OF THE TREADWAY COMMISSION (COSO) (2004).

306 Der Vergleich der Risikomanagementprozesse soll Anhaltspunkte zu existierenden Prozessen liefern und die Heterogenität der Prozesslandschaft darstellen. Die Auswahl der Autoren erfolgte nach keinem besonderen Muster und ist daher statistisch nicht belastbar. Für weitere Vorschläge von sehr ähnlichen Risikomanagementprozessen vgl. KEITSCH (2004), S. 2, SCHUBERT (2004), S. 80, WYGODA (2005), S. 196, ZSIDISIN/RITCHIE (2008b), S. 4.

307 Die Risikoanalysephase wird von vielen Autoren in eine Risikoidentifikationsphase und eine Risikobewertungsphase unterteilt. Die Phase der Risikohandhabung wird in der einschlägigen Literatur oft als Risikobewältigung bezeichnet. Vgl. PRICE WATERHOUSE COOPERS AG (2000), S. 14, THIEMT (2003), S. 43, SCHUBERT (2004), S. 78. Dieser Begriff suggeriert nach Meinung vieler Autoren allerdings eine vollständige Vermeidbarkeit des Risikos, ein Zustand, der in einer dynamischen Unternehmensumwelt nicht erreichbar ist und zu Missverständnissen führen kann. Er wird daher auch im Rahmen dieser Arbeit durch Risikohandhabung ersetzt.

308 Als Konsequenz dieser Entscheidung verliert die Prozessphase des Risikocontrollings etwas an Bedeutung.

controlling unterschieden.[309] Die folgende Abbildung 2.2 stellt die durchgeführte Analyse und auch den daraus abgeleiteten Risikomanagementprozess, der als Grundstruktur dieser Arbeit dienen wird, dar.

Brühwiler (2008), S.26.*	Establishing the context	Risk Identification	Risk analysis / Risk evaluation	Risk treatment	Monitoring and review
COSO, (2004), S.5.**	Objective Setting	Event Identification	Risk Assessment	Risk Response	Control Activities (incl. Monitoring)
KPMG (1998), S.16.		Risiko-identifikation	Risiko-analyse	Risikosteuerung	Risikokontrolle und überwachung
Koppelmann (2000), S.405.	Zielbildung	Risikoanalyse und -bewertung		Planung der Risikobewältigung	Risikosteuerung
Lück (1999), S.23.	Risikostrategie, Maßnahmenfestlegung	Risiko-identifikation	Risiko-analyse	Risiko-steuerung	Risikosituation, Soll-Ist-Vergleich
Pfohl (2002a), S.9.		Risiko-identifikation	Risiko-analyse	Risiko-steuerung	
Rogler (2002), S.29.		Risikoanalyse		Auswahl und Durch-führung Maßnahmen	
Wolf (2003), S.51.	Risikomanagement-strategie	Risikoanalyse: Risikoerkennung	Risikoanalyse: Risikobewertung	Risikoplanung und -steuerung	Risikocontrolling
Wolf/Runzheimer (2000), S.32.		Risiko-identifikation	Risiko-bewertung	Risikohandhabung	Risikocontrolling
Wygoda (2005), S.44.		Risiko-identifikation	Risiko-analyse und -bewertung	Risikobewältigung	Risikoüberwachung
	Phase 1 - Risikostrategie	Phase 2 - Risikoanalyse		Phase 3 - Risikohandhabung	Phase 4 - Risikocontrolling

* Hierbei handelt es sich um die einheitliche Risikomanagementnorm ISO 31000. Alle Prozessphasen sind neben „Monitoring and review" noch von „Communication and Consultation" begleitet

** Hierbei handelt es sich um die aus den USA stammende Risikomanagementnorm Enterprise Risk Management Framework (ERM). Neben den genannten Prozessphasen existiert im Orginal noch „Information and Communication"

Tabelle 2.2: Risikomanagementprozesse und Definition Prozessphasen[310]

- **Phase 1 – Risikostrategie**

Die Einführung eines sinnvollen Risikomanagements bedarf zuerst einer Risikostrategie.[311] Die Risikostrategie gibt den verbindlichen Rahmen und Charakter inklusive der Ziele des gesamten Risikomanagementprozesses vor und bildet einen Teilbereich der Unternehmensstrategie. Im Einzelnen umfasst die Risikostrategie sowohl funktionale, institutionale als auch instrumentale Aspekte.[312] Während die funktionale

[309] Der Prozess ist in dieser Form stark angelehnt an Wolf (2003), S. 51.
[310] Eigene Darstellung. Angelehnt an Moder (2008), S. 19.
[311] Vgl. Lück (1998), S. 55.
[312] Vgl. Wolf (2003), S. 52 ff.

Strategie u.a. die Festlegung und Harmonisierung der Risikomanagementziele und auch die Definition der Risikowertegrenzen umfasst,[313] kümmert sich die institutionale Strategie besonders um die Definition der Kompetenz- und Verantwortungsbereiche sowie deren Kooperation. Der Fokus der instrumentalen Strategie liegt vor allen Dingen auf der risikospezifischen, aber dennoch homogenen Auswahl und Weiterentwicklung der für das Risikomanagement notwendigen Analyse-, Handhabungs- und Controllinginstrumente sowie auf der Wahl des IT-Systems.[314] Die Risikostrategie ist nach Durchlaufen des Regelkreises auf Basis der gewonnenen Erfahrungswerte anzupassen und ggf. neu zu formulieren.

- **Phase 2 – Risikoanalyse**

Die Risikoanalyse baut in großen Teilen auf die im Rahmen der Risikostrategie festgelegten Strukturen und Regeln auf und setzt diese um.[315] Die Risikoanalyse lässt sich in die Risikoidentifikation und die Risikobewertung unterteilen. Auf Grund zahlreicher Interdependenzen sind diese zwei Teilschritte allerdings nicht eindeutig voneinander zu trennen.[316] Die Risikoidentifikation hat die rechtzeitige, einheitliche und vollständige Erfassung aller Risiken und Risikobereiche des Unternehmens zum Ziel.[317] Da sie die Sammlung, Analyse und Verarbeitung komplexer und vielschichtiger Informationen umfasst, muss sichergestellt werden, dass die innerhalb eines Unternehmens und auch zwischen Unternehmen bestehenden Informationsdistanzen – räumlicher, organisatorischer sowie motivatorischer Art – überbrückt werden.[318] Oftmals wird in der einschlägigen Fachliteratur auch ein Früherkennungssystem als wichtiger Baustein der Risikoidentifikation genannt.[319] Dabei ist zu beachten, dass es nicht die Aufgabe der Risikoidentifikation ist, die Zukunft vorauszusagen, sondern auf sie gut vorzubereiten. Die Risikoidentifikation gilt gemeinhin als der kritischste

[313] Vgl. Mentzer et al. (2001), S. 16.
[314] Vgl. Wolf (2003), S. 51.
[315] Vgl. Thonemann et al. (2003), S. 38 f.
[316] Vgl. Rogler (2002), S. 29 f.
[317] Vgl. Kremers (2002), S. 78, Schubert (2004), S. 76, 105.
[318] Vgl. Schubert (2004), S. 106.
[319] Vgl. KPMG AG (1998), S. 17, Lück (1998), S. 14, 57, Wolf/Runzheimer (2000), S. 42 ff., Moder (2008), S. 61.

Schritt im Rahmen des Risikomanagementprozesses, da hier entstehende Mängel sich im gesamten Prozess fortpflanzen und nur unter erschwerten Bedingungen zu eliminieren sind. Traditionelle Techniken der Risikoidentifikation, wie z.B. Brainstorming, Delphi-Methode, Cognitive Maps, Expertenbefragungen, Risikochecklisten, Dokumentenanalyse, Befragungen und Beobachtungen, haben das Aufspüren von bisher unbekannten Risikoquellen zum Ziel.[320] In Anbetracht der Tatsache, dass die Konzentration in der vorliegenden Arbeit ausschließlich auf den Rohstoffpreisrisiken liegt, sind diese Kreativitätstechniken tendenziell nicht dafür geeignet, neue Risikoquellen zu entdecken, sondern vielmehr die Ursache-Wirkungs-Beziehungen zu analysieren.[321] Die Risikoidentifikation muss folglich auf einer detaillierteren Ebene ansetzen.

Die Risikobewertung zielt hingegen darauf ab, die identifizierten Risiken, je nach Risikokategorie, in qualitativer und in quantitativer Hinsicht zu bewerten, zu priorisieren und anschließend zu einer Gesamtrisikoposition zu aggregieren.[322] Die qualitative Bewertung ist auf die Isolierung einzelner Ursache-Wirkungs-Strukturen, die quantitative Bewertung auf die Darstellung von Zielverfehlungen, deren Eintrittswahrscheinlichkeiten und Wirkung auf die Finanz- und Ertragslage des Unternehmens fokussiert.[323] Da in der vorliegenden Arbeit Marktpreisrisiken – genauer Rohstoffpreisrisiken – im Mittelpunkt stehen, scheinen quantitative Bewertungsverfahren besser geeignet, eine Risikobewertung durchzuführen. Die Risikobewertung liefert die Grundlage für die informatorischen und steuerungspolitischen Risikolimits, die im Zuge der Risikostrategie festgelegt wurden. Die Qualität der Bewertung hängt maßgeblich von der Güte und dem Umfang des verfügbaren Datenmaterials und auch von der Wahl eines den Besonderheiten der zu bewertenden Risiken gerecht werdenden Modells ab.[324]

---

320 Vgl. Williams/Heins (1989), Vaughan (1997), S. 111 ff., Price Waterhouse Coopers AG (2000), S. 11.
321 Vgl. Price Waterhouse Coopers AG (2000), S. 11.
322 Vgl. Mott (2001), S. 216.
323 Vgl. KPMG AG (1998), S. 21, Keitsch (2004), S. 1, Schubert (2004), S. 78.
324 Vgl. Thiemt (2003), S. 35.

- **Phase 3 – Risikohandhabung**

Ziel der Risikohandhabung ist die Suche, Auswahl und Realisierung von risikobeeinflussenden Maßnahmen, unter Berücksichtigung der dadurch entstehenden Kosten und dem durch die Risikostrategie festgelegten optimalen Sicherheitsgrad. Insgesamt muss auch darauf geachtet werden, ein ausgewogenes Verhältnis zwischen Chancen und Gefahren zu erreichen. Traditionell lassen sich vier grundlegende Strategien zur Risikoreduktion unterscheiden, welche noch einmal in aktive und passive Risikohandhabungsmaßnahmen unterteilt werden können. Im Einzelnen sind dies die Risikovermeidung, die Risikoverminderung, die Risikoübertragung (aktive Maßnahmen) sowie die Risikoakzeptanz (passive Maßnahme).[325] Dabei bestehen die aktiven Strategien wiederum aus finanzwirtschaftlichen und operativen Handhabungsmaßnahmen. Beim Einsatz von finanzwirtschaftlichen Instrumenten werden Termingegengeschäfte mit einem im Vergleich zur bestehenden Position gegensätzlichen Risiko abgeschlossen.[326] Das Risikomanagement mit Hilfe von finanzwirtschaftlichen Maßnahmen wird in der wirtschaftswissenschaftlichen Literatur meist Hedging genannt.[327] Durch die Risikoakzeptanz, die die Übernahme von Risiken vorsieht, bleibt das jeweilige Unternehmen sowohl der dem Risiko inhärenten Gefahr als auch der Chance uneingeschränkt ausgesetzt. Dieses Vorgehen ist nur bei für die Unternehmensziele unbedeutenden, sehr gut einzuschätzenden oder anderweitig nicht handhabbaren Risiken empfehlenswert und erfordert eine entsprechend hohe Risikodeckungsmasse z.B. in Form von Rücklagen.[328] Die Wahl der konkreten Handhabungsmaßnahme zur Beeinflussung der jeweiligen Risiken hängt maßgeblich von dem zu steuernden Risiko und der jeweiligen Unternehmenssituation ab.[329]

325 Vgl. HALLER (1986), S. 31 f., HERMANN (1996), S. 44, THIEMT (2003), S. 43, SCHUBERT (2004), S. 79, EBERLE (2005), S. 48, ROMEIKE (2005), S. 30.

326 Vgl. SCHIERENBECK (1990), S. 325 f. Meist sind allerdings durch den Abschluss der Gegengeschäfte ebenfalls entgangene Chancen in Kauf zu nehmen. Vgl. SCHMIDT (1996), S. 53 ff. Zu Termingeschäften vgl. die Ausführungen in Kapitel 2.2.2.

327 Vgl. BARTRAM (2000), S. 1.270. Hedging ist ein aus dem angelsächsischen stammender Begriff und bedeutet so viel wie „einzäunen" oder „eingrenzen". Bezogen auf das Risikomanagement wird hierunter die Eingrenzung einer möglichen Zielabweichung verstanden. Vgl. GREBE (1993), S. 48.

328 Vgl. STULZ (1996), S. 13, PFOHL (2002), S. 7, SINGH (2004), S. 5.

329 Vgl. LÜCK (1998), S. 59.

- **Phase 4 – Risikocontrolling**

Das Risikocontrolling hat die Aufgabe, die Unternehmensleitung mit den für alle Entscheidungen notwendigen Informationen zu versorgen und die Planung, die Steuerung und die Kontrolle der Risiken zu unterstützen. Ferner übernimmt es eine nicht zu unterschätzende Koordinationsaufgabe der Einzelaktivitäten zu einem konsistenten Prozess. Das Risikocontrolling kann noch einmal in die drei Bereiche Risikokontrolle, Risikodokumentation und Risikoreporting unterteilt werden.[330]

Die Risikokontrolle beleuchtet und untersucht in regelmäßigen Abständen und mit fest definierten Methoden die Ergebnisse aus Risikoanalyse (Risikoidentifikation, Risikobewertung) und Risikohandhabung hinsichtlich verschiedener Parameter, wie z.B. Wirksamkeit, Rechtzeitigkeit, Vollständigkeit, Wirtschaftlichkeit oder Zweckmäßigkeit, zeigt Optimierungspotenziale auf und entwickelt ggf. Verbesserungsvorschläge.[331] Des Weiteren wird untersucht, ob alle durchführenden Einheiten die von der Risikostrategie fixierten Rahmenbedingungen beachtet haben und ob das letztendlich akzeptierte Risiko nicht die definierten Risikowertgrenzen übersteigt (Soll-Ist-Vergleiche).[332] Die Kernaufgabe der Risikodokumentation ist die Pflege und Archivierung der für die Risikoanalyse und Risikohandhabung benötigten Daten und die Erstellung einheitlicher Formulare sowie eines Risikohandbuches, welches die risikostrategischen Rahmenbedingungen aufgreift und für jedermann verständlich in Form einer Gebrauchsanleitung niederschreibt.[333] Die Risikodokumentation erfüllt die Rechenschaftspflicht des Risikomanagements. Im Zuge des Risikoreportings werden der Aufbau und die Aufrechterhaltung eines präzisen Berichtswesens verantwortet, welches vor allem eine zeitnahe empfängerorientierte Information des Managements über die aktuelle Risikostruktur und die eingeleiteten Maßnahmen zum Ziel hat.[334] Vielfach werden Risiken nicht auf Grund mangelnder Informationen nicht weiter berücksichtigt, sondern wegen einer schlechten Aufbereitung oder

330 Vgl. Wolf (2003), S. 51.
331 Vgl. Kremers (2002), S. 93, Wolf (2003), S. 51.
332 Vgl. Lück (1998), S. 44, Eberle (2005), S. 53.
333 Vgl. Lück (1998), S. 43, Mott (2001), S. 225 f.
334 Vgl. Kremers (2002), S. 94.

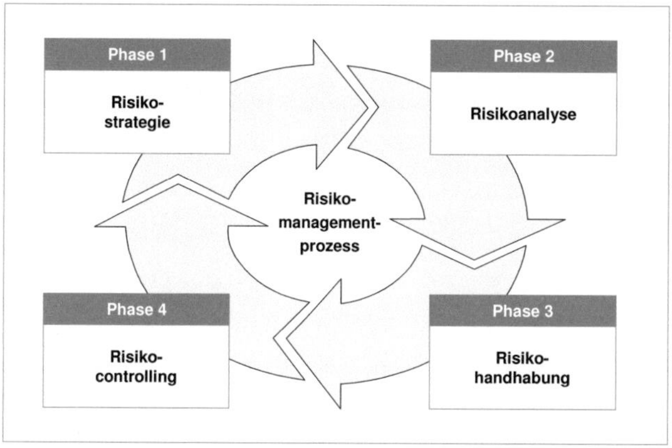

Abbildung 2.14: Risikomanagementprozess

unterlassener Weiterleitung an die Entscheidungsträger.[335] Bei der Umsetzung des Kommunikations- und Informationsmanagements müssen die in der Risikostrategie definierten Rahmenbedingungen zur Informations- und Verantwortungsweiterleitung beachtet werden. Durch eine umfangreiche Reportingstruktur – die eng mit den herkömmlichen Reportings verzahnt werden sollte – können die Integration des Risikomanagements und die Verankerung der Risikomanagementkultur innerhalb der Unternehmen verbessert und das Risikobewusstsein der angeschlossenen Organisationseinheiten sowie Mitarbeiter gefördert werden.[336]

Der im aktuellen Kapitel entwickelte vierphasige Risikomanagementprozess, wie er dieser Arbeit zu Grunde gelegt werden soll, ist in Abbildung 2.14 abschließend dargestellt.

2.3.3 Rohstoffpreisrisiko – Finanzielle Bedrohung und Status des Managements

In den vorhergegangenen Kapiteln wurde gezeigt, dass Rohstoffpreisrisiken durch die fortgeschrittene Umsetzung des SCM-Gedankens, insbesondere in automobilen Wertschöp-

[335] Vgl. Ertl (2000), S. 357.
[336] Vgl. Mott (2001), S. 215.

fungsketten und den großen Schwankungen der Preise auf den Rohstoffmärkten, von besonderer Relevanz ist. Des Weiteren wurde argumentiert, dass die wenigsten SC, die mit Rohstoffpreiserhöhungen konfrontiert sind, diese Mehrkosten erfolgsneutral an ihre Endkunden weitergeben können. Dies bedeutet, dass das Rohstoffpreisrisiko direkt die finanzielle Performance der gesamten SC beeinflusst. Bevor allerdings stichhaltig behauptet werden kann, dass eine Notwendigkeit für die betroffenen automobilen SC besteht, sich um ein aktives und unternehmensübergreifendes Management der Rohstoffpreisrisiken zu kümmern, muss im aktuellen Kapitel untersucht werden, wie stark die unternehmensübergreifenden Rohstoffpreisrisiken die Finanz- und Ertragslage eines individuellen Unternehmens bzw. der gesamten SC in Realität beeinflussen. Ist diese Belastung hoch, ist ohne Zweifel davon auszugehen, dass sich der Aufbau eines Rohstoffpreisrisikomanagements in der SC lohnt und notwendig ist. Im Anschluss daran soll kurz untersucht werden, wo das Management von Rohstoffpreisrisiken in der SC in der Theorie und der Praxis überhaupt steht und ob tatsächlich eine Forschungs- bzw. eine Implementierungslücke besteht.

Eine eindeutig und statistisch belastbare Antwort auf diese Frage ist wegen der von Netzwerk zu Netzwerk teilweise sehr stark schwankenden Wertschöpfungstiefen, Rohstoffanteile und verwendeter Rohstoffe kaum zu geben. Aus diesem Grund sollen eine kleine Fallstudie und mehrere Beispiele aus der Literatur herangezogen werden, um den Effekt von stark volatilen Rohstoffpreisen auf die Finanz- und Ertragslage von automobilen SC zu demonstrieren.

In Deutschland gehört die Automobilindustrie nach wie vor zu den wichtigsten Branchen und hat eine Schlüsselfunktion für Wachstum und Beschäftigung. Es gibt kaum eine andere Industrie, die so für den Innovationsstandort Deutschland steht und sich schon seit vielen Jahrzehnten im globalen Wettbewerb höchst erfolgreich behauptet. Ihr Anteil am Gesamtumsatz der deutschen Industrie stieg von gut 13% im Jahr 1996 auf nahezu 19% in 2006.[337] Die große Bedeutung der Automobilindustrie ist allerdings nicht auf

[337] Mit einem Umsatz von fast 290 Milliarden Euro leistet die Branche gut 20% des Gesamtumsatzes der deutschen Industrie. Die Automobilbranche ist einer der größten Arbeitgeber in Deutschland. Mit 750.000 Beschäftigten hat sie sogar 90.000 mehr als noch vor zwölf Jahren. Insgesamt sind in Deutschland 5,3 Millionen Arbeitsplätze direkt oder indirekt vom Auto abhängig. Vgl. VERBAND DER AUTOMOBILINDUSTRIE (VDA) (2009), S. 12.

Deutschland beschränkt. Die weltweite Automobilwirtschaft weist einen Gesamtumsatz von ca. 1.900 Milliarden Euro auf und wäre damit – als Volkswirtschaft betrachtet – die sechstgrößte Volkswirtschaft der Welt.[338] Aus diesem Grund existiert auch eine Vielzahl an wissenschaftlichen Publikationen und zugänglichen Daten, welche die Generierung der Fallstudie ermöglichten. Die im Rahmen der Fallstudie verwendeten Daten sind Sekundärdaten und stammen aus mehreren Experteninterviews der Unternehmensberatung McKinsey & Company aus dem Jahr 2009 sowie einschlägigen Fachpublikationen und Industrieportalen.

In Kapitel 2.2.2 wurden bereits die wichtigsten Rohstoffe, die in Form von Bauteilen in das Endprodukt der Automobilindustrie – das fertige Automobil – eingehen, identifiziert. Dies sind Stahl, Aluminium, Kunststoff und Kupfer. Anschließend soll nun, ausgehend vom Endprodukt Automobil, das Rohstoffpreisrisiko für Stahl in Form der möglichen Schwankung der Rohstoffkosten innerhalb eines Jahres für die automobile SC der Auto AG – eines fiktiven Automobilherstellers – berechnet werden. Das berechnete Risiko gilt für die gesamte SC, da – wie bereits in den vorangegangenen Kapiteln angeklungen – nicht nur die Auto AG den Stahl beschafft, der sich später im fertigen Auto befindet. Vielmehr ist die Rohstoffbeschaffung auf eine große Anzahl Zulieferer innerhalb der SC verteilt. Der jeweilige Rohstoff findet durch von der Auto AG beschaffte Komponenten wie Sitzkonstruktionen, Schiebedächer, Auspuffanlagen etc. seinen Weg ins fertige Auto.

Der erste Datenpunkt im Rahmen dieser Berechnung ist das Volatilitätsrisiko der einzelnen Rohstoffe. Das Volatilitätsrisiko beschreibt dabei die Schwankungsbreite der Beschaffungsausgaben für eine bestimmte Menge dieses Rohstoffs.[339] In 2008 betrug das durchschnittliche Volatilitätsrisiko für einen typischen OEM pro Tonne Auto für den Rohstoff Stahl 62,7 Euro.[340] Zum Vergleich belief sich das Volatilitätsrisiko pro Tonne Auto für

[338] Vgl. PROFF/PROFF (2008), S. 17, WALLENTOWITZ/FREIALDENHOVEN/OLSCHEWSKI (2008), S. 5.

[339] Es berechnet sich aus den durchschnittlichen Kosten des Rohmaterials für eine Tonne Auto multipliziert mit der relativen monatlichen Volatilität im Jahresverlauf. Die relative monatliche Volatilität wiederum setzt sich zusammen aus der Standardabweichung der monatlichen Preise dividiert durch den Durchschnittspreis.

[340] Vgl. MCKINSEY&COMPANY (2009), S. 25.

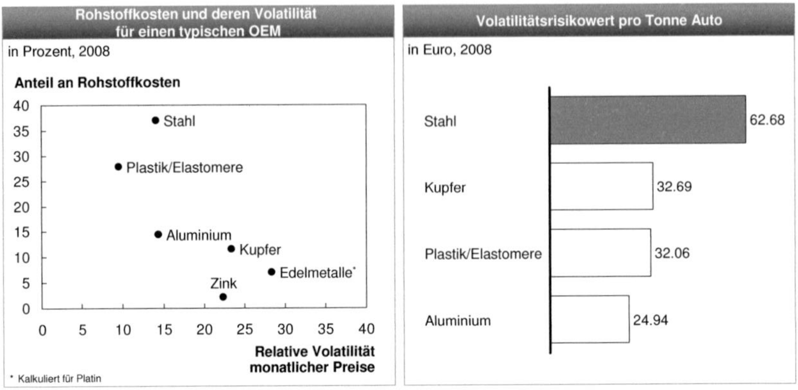

Abbildung 2.15: Preisvolatilität in der Automobilproduktion[342]

Aluminium auf 24,9 Euro, für Kunststoff auf 32,1 Euro und für Kupfer auf 32,7 Euro.[341] Eine Übersicht über die verschiedenen Volatiltäten pro Rohstoff findet sich in Abbildung 2.15.

Um die Kalkulation auf die SC der Auto AG anzupassen, werden als weitere Datenpunkte das durchschnittliche Gewicht pro Auto und die absolute Anzahl der produzierten Autos benötigt. Es soll angenommen werden, dass die Auto AG im Jahr 2008 ca. 1,3 Millionen PKWs produziert hat.[343] Das durchschnittliche Gewicht pro Auto soll sich für das Beispiel auf 1,5 Tonnen belaufen. Die potenzielle Schwankungsbreite der Rohstoffkosten der SC der Auto AG für den Rohstoff Stahl innerhalb des Jahres 2008 ergibt sich durch Multiplikation des Volatilitätsrisikos pro Tonne Auto, der Automobilproduktion im Jahr 2008 und des durchschnittlichen Gewichts pro Auto. Demnach betrug die Schwankungsbreite der Rohstoffkosten der SC der Auto AG alleine für den Rohstoff Stahl im Jahr 2008 knapp 125 Millonen Euro.

[341] Vgl. McKinsey&Company (2009), S. 25. Das Volatilitätsrisiko für Edelmetalle (Platin) betrug 24,0 Euro, von Zink 5,7 Euro. Weitere weniger bedeutende Rohstoffe wurden vernachlässigt Eine Addition dieser Volatilitäten zu einem Gesamtwert ist nicht möglich. Die Addition würde durch die Vernachlässigung der Korrelation eine Risikoüberschätzung bedeuten.

[342] Vgl. McKinsey&Company (2009), S. 25.

[343] Dies entspricht z.B. ziemlich genau der Anzahl an PKWs, die auch die Daimler AG im Jahr 2008 produziert hat.

Wer das Rohstoffpreisrisiko letztendlich trägt, hängt maßgeblich von den aktuell geltenden preislichen Vereinbarungen und Verträgen ab.[344] Es soll ausdrücklich darauf hingewiesen werden, dass die errechneten 125 Millionen Euro an Rohstoffpreisrisiko für Stahl im Jahr 2008 aus verschiedenen Gründen eine hypothetische Zahl darstellen. Einerseits basieren sie auf mehreren nicht verifizierbaren Annahmen, andererseits kann nicht gesagt werden, ob sich das Risiko überhaupt in dieser Höhe realisiert hätte. Die Realisierung des Risikos ist u.a. von der jeweiligen Lagerpolitik, dem Beschaffungszeitpunkt (Timing), der Verhandlungsmacht, den Verträgen mit den Rohstofflieferanten und den unter Umständen punktuell ergriffenen Handhabungsmaßnahmen abhängig. Allerdings finden sich in der betriebswirtschaftlichen Literatur einzelne Angaben über die realisierten zusätzlichen Materialkosten der Automobilindustrie für den Rohstoff Stahl auf Grund der starken Preiserhöhungen, die bis Mitte des Jahres 2008 anhielten. Die Daimler AG hat demnach im Jahr 2008 erhöhte Beschaffungsausgaben für den Rohstoff Stahl von 200 Millionen Euro ausweisen müssen.[345] Die erhöhten Beschaffungskosten der Daimler AG für den Rohstoff Stahl von 200 Millionen Euro entsprechen – unter Annahme nicht möglicher Kostenweitergabe an den Endkunden – einer Reduzierung des EBIT um ca. 7%.[346] Derartige Effekte können besonders bei kleineren Unternehmen bzw. SC die Wahrscheinlichkeit von kurzfristigen Finanzierungsproblemen erhöhen und die Validität von Ertragsprognosen erheblich verringern.[347] Vor allem für diese kleineren Unternehmen können Schwankungen bei großvolumigen Aufträgen die Gewinnmargen derartig schmälern, dass deren Existenz bedroht ist.[348] Diese Tatsachen können u.U. zu einer fundamentalen Verunsicherung von Investoren führen.[349]

---

344 Die Verträge innerhalb der SC sind meist längerfristig ausgelegte Modelllaufzeitverträge. Die spezifischen Preiskonditionen können allerdings je nach Preisentwicklung nachverhandelt werden (Preisgleitklauseln). Vgl. dazu WOLTERS (1995), S. 164, GERHARDT (2005), S. 4.

345 Vgl. ZABOTA (2008), S. 6. Ein weiteres Beispiel aus der Automobilindustrie stellen die Beschaffungsausgaben von BMW im Jahr 2004 dar. Hier wurde ebenfalls eine Erhöhung der Ausgaben um einen dreistelligen Millionenbetrag nur auf Grund der Stahlpreishausse verzeichnet. Vgl. RUCH (2005), S. 21.

346 Das EBIT betrug für die Daimler AG im Jahr 2008 2,73 Milliarden Euro. Vgl. DAIMLER AG (2009), S. 2.

347 Vgl. DEUTSCHE INDUSTRIEBANK AG (IKB) (2006), S. 1.

348 Zudem führen Preisschwankungen mitunter auch zu Lieferengpässen. Vgl. ROGERS (2005), S. 86 f.

349 Vgl. KPMG AG (2007), S. 1.

Andere Quellen nennen weitere Evidenzen des großen Effekts von Rohstoffpreisrisiken auf industrielle Unternehmen. Im Rahmen einer empirischen Untersuchung der Wirtschaftsprüfungsgesellschaft KPMG wurde konstatiert, dass Rohstoffpreise bei 89% der befragten Unternehmen einen mittleren bis hohen Einfluss auf die Kosten haben. Eine weitere Untersuchung in Österreich ergab, dass die beobachteten Rohstoffpreisanstiege Österreichs produzierende Industrie mit 3.700 Millionen Euro im Zeitraum von 2003 - 2005 belasteten.[350] Beim deutschen Zulieferer ZF Friedrichshafen reduzierte sich das Unternehmensergebnis im Jahr 2005 auf Grund der Entwicklungen am Stahlmarkt um einen dreistelligen Millionenbetrag.[351] Ein weiteres illustratives Beispiel für die Auswirkungen von Rohstoffpreiserhöhungen bei hoher Rigidität des Absatzpreises stellt die Pan American World Airways (PanAm) dar. Diese hatte sich bei Ausbruch des Kuwait-Irak-Krieges nicht gegen Kerosinpreiserhöhungen abgesichert. Die Kerosinpreise stiegen um 300%, die Absatzpreise konnten nicht entsprechend erhöht werden (da Konkurrenten wie z.B. British Airways sich abgesichert hatten und die Preise stabil ließen) und die PanAm ging Konkurs.[352]

Es bleibt festzuhalten, dass Rohstoffpreisrisiken einen großen Einfluss auf die Finanz- und Ertragslage einzelner Unternehmen und SC haben, insbesondere in der Automobilindustrie. War hohe Volatilität von Rohstoffpreisen in den vergangenen Jahrzehnten noch willkommener Anlass, ein schwächeres Geschäftsjahr zu entschuldigen, erwarten die Aktionäre heute, dass die Unternehmen gegen solche Risiken abgesichert sind.[353] Es sollte daher eine Selbstverständlichkeit sein, dass sich SC-Partner gemeinsam um den Aufbau eines effizienten Rohstoffpreisrisikomanagements innerhalb der SC kümmern. Diese Sachverhalte kennend, ist es verwunderlich, dass sich nur bedingt verwertbare Ansätze zu

[350] Vgl. A.T. Kearney (2006), S. 9.
[351] Der Werkstoff Stahl macht bei ZF Friedrichshafen rund 35-40% des Einkaufsvolumens aus.
[352] Vgl. McFall Lamm (1996), S. 192.
[353] Vgl. Bodnar/Gebhardt (1999), S. 1.

Rohstoffpreisrisikomanagement in der SC in der einschlägigen theoretischen oder auch empirischen wissenschaftlichen Literatur finden.[354]

Die Entwicklung von Risikomanagementsystemen in jüngerer Zeit wendet sich immer mehr von der isolierten Betrachtung einzelner Risiken ab, hin zu integrierten bzw. holistischen Risikomanagementansätzen über alle Risikoarten, als auch über Wertschöpfungsstufen hinweg.[355] Über diese pauschale Forderung wurde in der einschlägigen Fachliteratur allerdings versäumt, detaillierte und differenzierte Konzepte für die Zusammenführung von Einzelrisiken zu entwickeln. Nicht alle Einzelrisiken sind hochgradig interdependent und so können bestimmte Risiken (wie z.B. das Rohstoffpreisrisiko) bzw. Risikogruppen zu großen Teilen unabhängig von den anderen Risiken den Risikomanagementprozess durchlaufen. Zudem wurde auch versäumt, auf die Besonderheiten einzugehen, die das unternehmensübergreifende Management von Einzelrisiken (z.B. Rohstoffpreisrisiken) in den heute weit verbreiteten SC erfordert.

Der wissenschaftliche Beitrag zum Rohstoffpreisrisikomanagement in der SC beschränkt sich auf verwandte Themenbereiche wie „Allgemeines Risikomanagement im Unternehmen", „Risikomanagement in der SC" und rudimentäre Ansätze zu „Rohstoffpreisrisikomanagement im Unternehmen". Die Limitiertheit dieser Ansätze in Bezug auf das aktuelle Thema „Rohstoffpreisrisikomanagement in der SC" lässt sich mit Hilfe einer einfachen 2x2-Matrix und den zwei Dimensionen „Interorganisationale Spannweite" und „Thematische Spezifität" aufzeigen. Das „Allgemeine Risikomanagement im Unternehmen" hat eine begrenzte interorganisationale Spannweite und zusätzlich eine geringe thematische Spezifität. Das „Risikomanagement in der SC" weist eine hohe interorganisationale Spannweite bei begrenzter thematischer Spezifität auf. Die wenigen Konzepte zu Rohstoffpreisrisikomanagement im Unternehmen haben wiederum eine begrenzte interorganisationale

354 Ein Grund könnte die Tatsache sein, dass das Interesse für Rohstoffpreisrisikomanagement erst vor ca. 25 Jahren nach bedeutenden Preisschwankungen wichtiger Rohstoffe und damit im Vergleich zu den anderen Marktpreisrisiken relativ spät erwachte. Außerdem konzentrierten sich die Bemühungen vorerst ausschließlich auf das Rohstoffpreisrisiko, dem sich ganze Länder ausgesetzt sehen. Hier wurden einige Forschungsarbeiten, sowohl aus Sicht der kaufenden (meist Industriestaaten), als auch aus Sicht der verkaufenden Länder (oft Entwicklungsländer) veröffentlicht. Vgl. hierzu z.B. PRIOVOLOS/DUNCAN (1991).

355 Vgl. DENK/EXNER-MERKELT (2005), S. 34.

Spannweite, aber eine hohe thematische Spezifität hinsichtlich der Rohstoffpreisrisiken. Der in einer 2x2-Matrix logischerweise noch freie Quader, der eine hohe interorganisationale Spannweite und eine hohe thematische Spezifität voraussetzt, ist demnach aktuell unbesetzt. Die beschriebene Matrix, die in Abbildung 2.16 grafisch dargestellt ist, impliziert zwei Sachverhalte. Zum einen offenbart sie eine Forschungslücke. Das Konzept eines Rohstoffpreisrisikomanagements in SC ist – wie in den vorausgegangenen Kapiteln herausgearbeitet – als notwendig einzuschätzen, allerdings in der einschlägigen wissenschaftlichen Literatur bisher nicht existent. Zum anderen legt die Matrix nahe, dass die bestehenden Ansätze – die entweder hinsichtlich ihrer interorganisationalen Spannweite oder ihrer thematischen Spezifität zu kurz greifen – den neu zu entwickelnden Ansatz zum Management von Rohstoffpreisrisiken in der SC sowohl strukturell/methodisch als auch inhaltlich befruchten können.

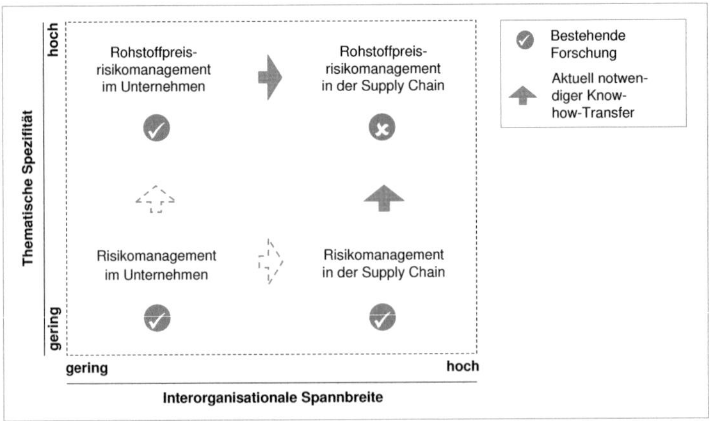

Abbildung 2.16: Identifikation der Forschungslücke und notwendiger Know-how-Transfer

2.4 Zwischenfazit und Ausblick auf Kapitel 3

Das primäre Ziel dieses Kapitels war die Beantwortung der ersten Hauptforschungsfrage dieser Arbeit. Diese lautet: Wie entstehen Rohstoffpreisrisiken und besteht eine Notwendigkeit, das Rohstoffpreisrisiko in der Supply Chain mit erhöhter Aufmerksamkeit zu betrachten? Existiert hier eine Forschungslücke?

Die Notwendigkeit des Managements von Rohstoffpreisrisiken in der SC ergibt sich hauptsächlich durch die Kombination von zwei Sachverhalten. Einerseits konzentrieren sich die Unternehmen auf Grund des gestiegenen Wettbewerbs verstärkt auf ihre Kernkompetenzen und erhöhen damit ihre Abhängigkeit von, und auch ihre Kooperationsintensität mit ihren Lieferanten. Ein einzelnes Unternehmen kann demzufolge nur dann erfolgreich sein, wenn auch seine SC-Partner erfolgreich agieren. Viele Akademiker sprechen wegen dieser gegenseitigen Abhängigkeit auch bereits davon, dass die ursprüngliche Konkurrenz zwischen Unternehmen durch einen Wettbewerb zwischen ganzen SC abgelöst wurde. Risiko pflanzt sich also, unabhängig davon, in welchem Unternehmen es ursprünglich auftrat, innerhalb der SC fort und betrifft letztlich alle Unternehmen der SC. Die Ausführungen in diesem Kapitel zeigen, dass dieser Sachverhalt für die im Rahmen dieser Arbeit im Fokus stehende Automobilindustrie in besonderem Maße gilt.

Andererseits stellen Rohstoffe (insbesondere die Hauptrohstoffe der Automobilindustrie) eine sehr volatile Güterklasse und weisen zudem seit einigen Jahren eine steigende Tendenz auf. Besonders für industrielle Unternehmen (wie die Automobilindustrie), die einen hohen Rohstoffbedarf haben und meist auf Grund der wettbewerblichen Situation und der PLZ-Phase des Produkts, die Rohstoffpreisschwankungen nicht auf die außerhalb der SC stehenden Endkunden abwälzen können, stellt dies eine Schwierigkeit dar. Die finanziellen Belastungen der Rohstoffpreisschwankungen kann – wie im Zuge des kurzen Fallbeispiels aus der Automobilindustrie gezeigt – erheblich sein.

Merkwürdigerweise werden aber die Rohstoffpreisrisiken in der Praxis – trotz aller Relevanz – nur sehr stiefmütterlich behandelt. Vor allem der unternehmensübergreifende Aspekt ist so gut wie nicht existent. Auch in der einschlägigen wissenschaftlichen Literatur sind kaum verwertbare Ansätze für ein umfassendes Management von Rohstoffpreisrisiken in der SC zu finden. Die identifizierten Konzepte – „Allgemeines Risikomanagement im Unternehmen", „Risikomanagement in der SC" und „Rohstoffpreisrisikomanagement im

Unternehmen" greifen entweder wegen ihrer fehlenden interorganisationalen Spannweite oder ihrer limitierten thematischen Spezifität zu kurz. Es besteht folglich eine Forschungslücke, die es im Laufe dieser Arbeit zu schließen gilt.

Im folgenden Kapitel soll nun – aufbauend auf den im aktuellen Kapitel erarbeiteten Erkenntnissen – die zweite Hauptforschungsfrage dieser Arbeit beantwortet werden. Diese lautet: Welche Ansätze in der theoretischen und empirischen Literatur gibt es bereits, auf die bei der Entwicklung eines Konzepts zum unternehmensübergreifenden Management von Rohstoffpreisrisiken zurückgegriffen werden kann? Welche Erfolgsfaktoren lassen sich daraus ableiten?

Im Einzelnen soll dabei eruiert werden, welche Schwachstellen diese heute bereits existierenden Ansätze aufweisen, was ihre Erfolgsfaktoren sind und welche Aspekte – in Form von Erfolgsfaktoren – sich auf das Rohstoffpreisrisikomanagement in der SC übertragen lassen.

Heute existiert keine einheitliche Definition des Begriffs Erfolgsfaktor,[356] die erste allgemeine Definition lässt sich allerdings auf Daniel (1961) zurückführen.[357] Ausgangspunkt der Erfolgsfaktorenforschung war folglich das Bedürfnis der Manager, die Datenvielfalt zu reduzieren und das Unternehmen anhand von Schlüsselinformationen zu führen. Mit Hilfe von Erfolgsfaktoren sollte der Informationsbedarf des Managements auf jene begrenzte Anzahl von Faktoren fokussiert werden, die einen maßgeblichen Erfolgsbeitrag leisten und insofern zielgerichtete Handlungen und Investments ermöglichen.[358]

Die Erfolgsfaktorenforschung kann bezüglich des Untersuchungsobjektes sehr breit (exogene und endogene Faktoren, mehrere Branchen, mehrere Unternehmen, gesamtes Unternehmen) oder auch sehr eng (nur endogene Faktoren, eine Branche, einzelne Unternehmen, nur bestimmte Unternehmesbereiche) ausgelegt sein. Im vorliegenden Fall sollen ausschließlich endogene und damit von den Unternehmen bzw. der SC beeinflussbare

---

356 Vgl. Riekeberg (2003), S. 10, Eine gute Übersicht über verschiedene Definitionen findet sich z.B. in Kalka (1996), S. 23

357 „These key jobs must be done exceedingly well for a company to be successfull". Daniel (1961), S. 116.

358 Vgl. Daschmann (1994), S. 12, Gruber (2000), S. 33

Faktoren im Vordergrund stehen. Die Analyse ist branchen- und damit auch unternehmensübergreifend angelegt, bezieht sich aber ausschließlich auf die drei spezifischen Funktionsbereiche innerhalb eines Unternehmens bzw. einer SC, die in mindestens einer Dimension die Anforderungen des Rohstoffpreisrisikomanagements in der SC nicht erfüllen: „Allgemeines Risikomanagement im Unternehmen", „Risikomanagement in der SC" und „Rohstoffpreisrisikomanagement im Unternehmen".[359] Es wird mit Bezug auf die Definition von Erfolgsfaktoren von Daniel (1961) und unter der Annahme, dass Erfolg durch wenige, allgemein gültige Faktoren determiniert wird, auf diese Weise versucht Gesetzmäßigkeiten für den Risikomanagementerfolg aufzuzeigen. Außerdem wird darauf geachtet, dass die potenziellen Erfolgsfaktoren das gesamte Spektrum des Risikomanagements entlang der vier definierten Phasen abdecken und sich insgesamt die Beschreibung eines sog. Best-Practice-Vorgehens ergibt. Dabei wird auf ein qualitatives Untersuchungsmodell zurückgegriffen. Bei der qualitativen Erfolgsfaktorenforschung werden Erfolgsfaktoren anhand explorativer Untersuchungen gewonnen. Die Bestimmung der Faktoren kann dabei durch Plausibilitätsüberlegungen, theoretische Erkenntnisse, Expertengespräche oder die Analyse von Sekundärdaten, wie z.B. Branchenuntersuchungen, erfolgen. Oft werden unterschiedliche Quellen in der Untersuchung berücksichtigt.[360]

Die Erfolgsfaktorenforschung ist trotz zahlreicher empirischer Studien und Projekte nicht unumstritten. Dies liegt im Wesentlichen in der großen Anzahl unterschiedlicher Vorgehensweisen und der Kausalitätsproblematik. So fehlt es nach Daschmann an einer einheitlichen Untersuchungsebene und einem betriebswirtschaftlichen Systematisierungsansatz.[361] Es lassen sich demnach keine separaten Faktoren finden, auf denen der Erfolg verschiedener Projekte beruht, da die einzelnen Besonderheiten des Unternehmens ignoriert werden. Dadurch seien die Ergebnisse teilweise widersprüchlich und vergänglich.[362] Eine weitere Problematik ist, dass meist nur Unternehmen analysiert werden, die in der Vergangenheit erfolgreich waren. Diese gefilterten Erfolgsfaktoren werden ohne Berück-

[359] Mit anderen Worten – wie in jeder Wissenschaft – es wird auf existierendes Wissen aufgebaut, um sich vorwärts zu bewegen. Vgl. Geman (2005), S. 49.

[360] Vgl. Reichling/Bietke/Henne (2007), S. 258 f.

[361] Vgl. Daschmann (1994), S. 1.

[362] Vgl. Fichter (1998), S. 186 f..

sichtigung der exogenen Einflüsse in die Zukunft projiziert. Dennoch wird von vielen Autoren die Meinung vertreten, dass die Ansätze aus der Erfolgsfaktorenforschung wichtige Hinweise auf erfolgsrelevante und daher einzubeziehende Faktoren liefern und sich dadurch ein direkter Nutzen für die Praxis ableiten lässt.[363] Daher sollen sie im Rahmen dieser Arbeit zur Anwendung kommen.

Dabei werden zunächst die Erfolgsfaktoren des Allgemeinen Risikomanagements im Unternehmen unter Rückgriff auf zahlreiche empirische als auch theoretische Forschungsarbeiten und Untersuchungen erarbeitet. Diese werden dann als Basis für die Herleitung der Erfolgsfaktoren für das Rohstoffpreisrisikomanagement im Unternehmen und dem Risikomanagement in der SC herangezogen und punktuell ergänzt. Als letzter Schritt werden die Erfolgsfaktoren des Rohstoffpreisrisikomanagements im Unternehmen und des Risikomanagements in der SC zusammengeführt. Die resultierenden Erfolgsfaktoren des Rohstoffpreisrisikomanagements in industriellen SC stellen die Grundstruktur der folgenden Kapitel dar.[364]

363 Vgl. Adamer (1994), S. 4, Reichling/Bietke/Henne (2007), S. 259

364 Dabei spielen die gesetzlichen Anforderungen an das Risikomanagement nur eine untergeordnete Rolle und werden aus diesem Grund auch nicht separat ausgewiesen. Das Rohstoffpreisrisikomanagement in der SC ist rein freiwilliger Natur und ist nicht vom Gesetzgeber gefordert. Aus diesem Grund werden auch die normalerweise vom Gesetzgeber geforderten „begleitenden" Institutionen, wie z.B. Corporate Governance oder ein internes Überwachungssystem, nicht thematisiert. Vgl. Kremers (2002), S. 60.

3 Literaturbasierte Analyse bestehender Risikomanagementansätze und Entwicklung von Erfolgsfaktoren

3.1 Allgemeines Risikomanagement im Unternehmen

3.1.1 Allgemeines Risikomanagement im Unternehmen – Einführung

Wie bereits in Kapitel 2.3.2 ausgeführt, hat das Allgemeine Risikomanagement seit Ende des letzten Jahrtausends einen starken Bedeutungszuwachs verzeichnet. Daraufhin sind die Unternehmen – praktisch unabhängig von der Unternehmensgröße – dazu übergegangen, Risikomanagementprozesse mit den Phasen Risikostrategie, Risikoanalyse, Risikohandhabung und Risikocontrolling zu installieren, um ein systematisches und strukturiertes Management der Risiken zu gewährleisten.[365] Eine empirische Studie in Großbritannien aus dem Jahr 2005 konstatierte, dass der Anteil der britischen Unternehmen mit einer dedizierten Risikomanagementabteilung seit 2003 um 30% auf 84% gestiegen ist.[366] Nichtsdestotrotz funktionieren zehn Jahre nach Einführung der gesetzlichen Vorschriften die Risikomanagementsysteme zahlreicher Unternehmen noch immer nicht ausreichend. Die Motivation, ein funktionierendes Risikomanagementsystem aufzubauen, erscheint dementsprechend mehr auf Grund externer Vorgaben, als aus der Erkenntnis interner Notwendig-

[365] Vgl. HOITSCH/WINTER/BAUMANN (2006), S. 72, BRÜHWILER (2008), S. 26.

[366] Im selben Zeitraum bauten die Unternehmen auch die Stärke ihrer Risikomanagementabteilungen aus. So haben mittlerweile 22% der Unternehmen mehr als zehn Personen in diesen Abteilungen eingesetzt (im Vergleich zu 2003 entspricht dies einer Steigerung von 11%). Vgl. SCHOLEY (2006), S. 1. Die Unternehmen scheinen damit die ihrer Meinung nach optimale Mitarbeiteranzahl erreicht zu haben. Nur 6% der Unternehmen wollen in den nächsten 24 Monaten ihre Risikomanagementabteilung signifikant aufstocken. Vgl. ERNST AND YOUNG AG (2009b), S. 8.

keit geschehen zu sein.[367] Viele Systeme dienen somit primär der formalen Pflichterfüllung und kommen über den Status eines „Papiertigers" nur selten hinaus.[368] Ein weiteres Indiz für diesen Sachverhalt ist, dass börsennotierte Unternehmen, die durch den Gesetzgeber, aber auch durch Investoren mehr unter Druck stehen, ein funktionierendes Risikomanagement zu implementieren, diesbezüglich weiter fortgeschritten sind.[369]

Gerade in jüngerer Vergangenheit ist einer Vielzahl der Unternehmen bewusst geworden, dass Risikomanagement mehr als eine Forderung der Gesetzgeber und damit ein zu akzeptierendes Übel ist. In einer Umfrage unter den Fortune-1000-Unternehmen wurde herausgefunden, dass 46% der Unternehmen der Meinung sind, dass eine Verbesserung des Risikomanagements einen signifikanten Wettbewerbsvorteil bedeutet.[370] Welche Verbesserungen das im Einzelnen sein können und welche Faktoren bei der erfolgreichen Implementierung eines Allgemeinen Risikomanagements im Unternehmen zu beachten sind, wird in den nachfolgenden Kapiteln – gegliedert nach den Phasen des Risikomanagementprozesses – untersucht. Dazu wird auf zahlreiche empirische und auch theoretische Arbeiten zum Thema des Allgemeinen Risikomanagements im Unternehmen zurückgegriffen.

3.1.2 Risikostrategie im Unternehmen

Ein entscheidendes Merkmal einer guten Risikostrategie ist die Definition eines klaren Ziels, welches durch das Management des Risikos erreicht werden soll.[371] Dieses Ziel sollte idealerweise mit dem Unternehmensziel konvergieren, mit allen Stakeholdern abgestimmt und direkt z.B. durch die Definition von qualitativen oder quantitativen Risikolimits mit der Unternehmenssteuerung verbunden sein.[372] So ergab eine Untersuchung, dass auch

[367] Vgl. Ernst and Young AG (2005), S. 7.

[368] Vgl. Eberle (2005), S. 218, Löffler (2008), S. 621. Aus diesem Grund war der Fokus der Unternehmen auch lange Jahre hauptsächlich auf das Krisenmanagement beschränkt – wie vom Gesetzgeber vorgegeben. Das inhärente Chancenmanagement wurde lange Jahre sträflich vernachlässigt. Vgl. Kremers (2002), S. 60, Henke (2009), S. 98.

[369] Vgl. Ernst and Young AG (2005), S. 8.

[370] Vgl. Ernst and Young AG (2009b), S. 8.

[371] Die Zieldefinition ist für jeden erfolgreichen Projektaufsatz innerhalb eines Unternehmens Grundvoraussetzung. Vgl. Gaudenzi (2008), S. 70.

[372] Vgl. Eberle (2005), S. 218.

große Investitionen in das Risikomanagement keine Wirkung entfalten, wenn die Unternehmen es nicht schaffen, das Risikomanagementziel in den Köpfen der Mitarbeiter und in der langfristigen Unternehmenssteuerung zu verankern.[373] Allerdings gilt genau dieser Sachverhalt bereits seit geraumer Zeit als eine der größten Schwächen der existierenden Risikomanagementsysteme. Nur in 35% der Fälle existierte eine direkte Verbindung zwischen Unternehmenssteuerung und Risikomanagement mittels Kennzahlen.[374] Damit das auf Unternehmensebene festgelegte Ziel in der tagtäglichen Arbeit von den betroffenen Mitarbeitern auch angemessen verfolgt werden kann, ist es notwendig, das Ziel und dessen Bedeutung auf die jeweiligen Geschäftsbereiche bzw. Abteilungen herunterzubrechen und den Mitarbeitern verständlich zu kommunizieren. Dies hat neben der reinen Information auch einen akzeptanzfördernden Aspekt und unterstützt die notwendige Risikosensibilisierung bzw. organisatorische Verankerung.[375] Weiter können hierfür – wie bereits in Kapitel 2.1.3 angesprochen – Anreizsysteme verwendet werden, die durch gezielte Belohnungen oder Bestrafungen bestimmte Verhaltensformen von Mitarbeitern fördern bzw. versuchen einzuschränken. Ziel muss es sein, die Anreizpolitik so zu gestalten, dass sie sowohl auf die Ziele des Rohstoffpreisrisikomanagements als auch die Ziele des Allgemeinen Risikomanagements und der gesamten Unternehmung „einzahlt".[376] Ein weiterer wichtiger Aspekt im Rahmen einer optimalen Risikostrategie sind die Schaffung eines einheitliches Begriffsverständnisses, um die Vergleichbarkeit und den Informationsaustausch über verschiedene

[373] Vgl. Ernst and Young AG (2009c), S. 1, Hoitsch/Winter/Baumann (2006), S. 76. Aktuellen Schätzungen zufolge geben die Unternehmen allerdings schon heute ca. 4% ihres Umsatzes für Risikomanagement oder verwandte Aktivitäten aus. Vgl. Ernst and Young AG (2009b), S. 1.

[374] Vgl. Henschel (2003), S. 334, Gleissner (2002), S. 1.

[375] Vgl. Secricon GmbH, Security & Risk Consulting (o.A.), S. 2, Henke (2008), S. 186. Die Akzeptanz der Ziele durch die Mitarbeiter stellt eine der wichtigsten Voraussetzungen für die effiziente Implementierung eines Risikomanagementsprozesses dar. Vgl. Burger/Buchhart (2002), S. 17-25 Ein gutes Beispiel für Risikowahrnehmung bzw. -sensibilisierung stellt z.B. eine Praktik des Vorstandsvorsitzenden der Lufthansa AG Wolfgang Mayrhuber dar. Dieser lässt jedes Jahr, unabhängig von der Höhe des Unternehmensergebnisses, ein Schaubild erstellen, auf dem gezeigt wird, welchen verheerenden Einfluss nur wenige Events (z.B. höherer Kerosinpreis, weniger Passagiere etc.) auf das Unternehmensergebnis haben können.

[376] Vgl. Ernst and Young AG (2009), S. 3, Secricon GmbH, Security & Risk Consulting (o.A.), S. 5 f.

Abteilungen oder Geschäftsbereiche hinweg zu vereinfachen.[377] Der aus diesen Aspekten abzuleitende Erfolgsfaktor wird „Definition konvergentes Zielsystem" genannt.

Schließlich muss das Unternehmen durch ein umfangreiches Wissensmanagement den Aufbau, die Weiterentwicklung und Multiplikation von Know-how und Erfahrung bei den Mitarbeitern und insbesondere den Nachwuchsführungskräften sicherstellen, um die Zukunft und die ständige Weiterentwicklung des Allgemeinen Risikomanagements im Unternehmen zu sichern.[378] Der hieraus abzuleitende Erfolgsfaktor soll „Implementierung umfassendes Wissensmanagement" genannt werden.

Des Weiteren spielt die Organisations- und Verantwortungsstruktur eine erfolgsentscheidende Rolle.[379] Die Verantwortungsstruktur hat die Festlegung der Aufgaben- und Kompetenzbereiche sowie insbesondere der Weisungsbefugnisse zur Aufgabe. Die Kompetenzen und Weisungsbefugnisse müssen selbstverständlich so ausgestaltet sein, dass die jeweiligen Verantwortlichen in der Lage sind, die definierten Aufgaben zu erfüllen.[380] Im Rahmen der Organisationsstruktur muss die sytematische Verankerung des Risikomanagements im Unternehmen erfolgen. In der Praxis existieren hier viele unterschiedliche Ausprägungen. Die Spannbreite reicht von rudimentären organisationalen Verankerungen mit einem einzelnen Risikosachbearbeiter bzw. einer Teilzeitstelle bis hin zu einer vollständigen organisationalen Verankerung mit einer ganzen Abteilung sowie einem Chief Risk Officer (CRO) im Vorstand.[381] Die Verankerung der Risikomanagementfunktion im Top-Management führt zu einer erhöhten Aufmerksamkeit für die Risikomanagementbemühungen, außerdem ist so die Verantwortung über alle Risikomanagementaktivitäten sowie

377 Vgl. SECRICON GMBH, SECURITY & RISK CONSULTING (o.A.), S. 2. Hier kann beispielsweise auf die Normen des ONR 49000 „Begriffe und Grundlagen" aufgebaut werden. Vgl. BRÜHWILER (2008), S. 27. Ohne ein gemeinsames Begriffsverständnis entstehen Missverständnisse sowie Inkonsistenzen, welche die Durchführung des Allgemeinen Risikomanagements erschweren. Vgl. EBERLE (2005), S. 219 ff.

378 Vgl. HENKE (2008), S. 186, ROMEIKE/HAGER (2009), S. 395.

379 Hier unterscheidet sich das Risikomanagement wiederum nicht von einem herkömmlichen Projekt. Vgl. GAUDENZI (2008), S. 70.

380 Vgl. SECRICON GMBH, SECURITY & RISK CONSULTING (o.A.), S. 2.

381 Vgl. WOODS/HUMPHREY (2008), S. 125. Insbesondere in Unternehmen der Finanzdienstleistungsbranche ist der CRO mittlerweile weit verbreitet. Im Gegensatz dazu haben viele industrielle Unternehmen die Idee eines Chief Risk Officers (CRO) nicht adaptiert. Vgl. THE ECONOMIST INTELLIGENCE UNIT (2007), S. 2.

deren Funktionalität eindeutig festgelegt und damit die dynamische Weiterentwicklung gesichert.[382] In der einschlägigen wissenschaftlichen Literatur wird immer wieder gefordert, dass das Allgemeine Risikomanagement idealerweise in die bestehende Organisation und die bestehenden Prozesse integriert und so schlank wie möglich gehalten werden sollte.[383] Die Schaffung einer aufgeblähten separaten Organisationsstruktur führt tendenziell zu limitierten Akzeptanzwerten und zu erhöhten Koordinations- und Kommunikationsaufwendungen.[384] In Realität ist die Organisationsstruktur empirischen Untersuchungen zur Folge bei vielen Unternehmen ein Bereich mit Optimierungspotenzial. So geben über 65% der Unternehmen an, dass sie Risikomanagementpositionen bzw. -funktionen doppelt besetzt haben. Parallel geben über 50% der Unternehmen an, dass trotzdem Lücken zwischen einzelnen Risikomanagementabteilungen bestehen.[385] Die Bezeichnung für den aus diesen Sachverhalten zu entwickelnden Erfolgsfaktor lautet „Etablierung schlanker Organisations- und Verantwortungsstruktur". Abbildung 3.1 fasst die drei entwickelten Erfolgsfaktoren der Risikostrategie im Unternehmen zusammen.

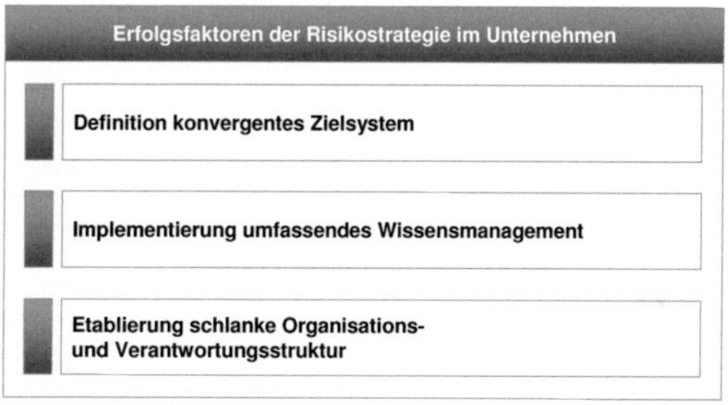

Abbildung 3.1: Erfolgsfaktoren Risikostrategie im Unternehmen

[382] Vgl. Secricon GmbH, Security & Risk Consulting (o.A.), S. 2, Romeike/Hager (2009), S. 395.
[383] Vgl. Brühwiler (2008), S. 26, Henke (2008), S. 186.
[384] Vgl. Diederichs/Reichmann (2003), S. 230.
[385] Vgl. Ernst and Young AG (2009b), S. 7.

3.1.3 Risikoanalyse im Unternehmen

Die Risikoanalyse besteht, wie bereits in Kapitel 2.3.2 herausgestellt, aus der Risikoidentifikation und der Risikobewertung. Die Risikoidentifikation hat zur Aufgabe, die Ursachen für Risiken möglichst lückenlos ausfindig sowie deren Wirkung auf das Unternehmen transparent zu machen. Dabei gilt, je detaillierter die Identifikation, desto präziser, aber auch umfangreicher und teurer, sind die nachfolgenden Schritte der Bewertung und Handhabung.[386] Es gilt im Umkehrschluss auch, dass Risiken, die nicht identifiziert wurden, logischerweise auch nicht bewertet und gehandhabt werden können. Die Aufgabe der Risikoidentifikation ist somit, unter Berücksichtigung der Risikostrategie, ein angemessenes Detaillevel für das Risikomanagement vorzugeben. Insbesondere bei der Festlegung von Gegenstand und Granularität der Risikoidentifikation sind allerdings in empirischen Untersuchungen Schwachstellen konstatiert worden.[387] Für die lückenlose Identifikation der Risiken stehen den Unternehmen zahlreiche Instrumente zur Verfügung.[388] Dabei sind sog. Kreativitätstechniken, wie z.B. Brainstorming, bevorzugt eingesetzte Instrumente, um die große Bandbreite der Risiken angemessen erfassen zu können. Diese eher intuitive und unsystematische Risikoidentifikation kann aber auch dazu führen, dass nur die Risiken identifiziert werden, die den Mitarbeitern gerade besonders relevant erscheinen oder sehr aktuell sind.[389] Zudem zeigen Untersuchungen, dass nur ca. 50% der Unternehmen bottom-up an die Risikoidentifikation herangehen. Bei den anderen erfolgt der Prozess top-down aus dem Vorstandsbüro oder der Controllingabteilung heraus.[390] Dies führt dazu, dass die jeweiligen Fachabteilungen und Experten nicht oder zumindest nur rudimentär einbezogen werden und eigentlich vorliegende wertvolle Informationen in den dezentralen Abteilungen nicht berücksichtigt und damit wichtige Risiken u.U. vergessen oder unterschätzt werden.[391] Der hiermit verbundene Erfolgsfaktor soll daher „Durchführung systematischer, lückenloser Risikoidentifikation" heißen.

---

[386] Vgl. Eberle (2005), S. 223.

[387] Vgl. Eberle (2005), S. 220.

[388] Für eine gute Übersicht über Instrumente der Risikoanalyse vgl. Moder (2008), S. 65.

[389] Vgl. Eberle (2005), S. 224.

[390] Vgl. Diederichs/Reichmann (2003), S. 230.

[391] Vgl. Secricon GmbH, Security & Risk Consulting (o.A.), S. 3, Eberle (2005), S. 217.

Veränderungen der Risikopositionen sollten idealerweise mittels Frühwarnsystemen strukturiert und frühzeitig identifiziert werden können.[392] Nach der Theorie kündigen sich von Menschen initiierte Ereignisse, wie z.B. Rohstoffpreisschwankungen, insbesondere Kursdiskontinuitäten und -trends,[393] die durch Analysen historischer Zeitreihen nicht abgebildet werden können, durch vorauseilende Umweltindikatoren oder auch sog. Schwache Signale an.[394] Umso früher solche Schwachen Signale von den Entscheidungsträgern der Unternehmen empfangen und vor allen Dingen richtig interpretiert werden, desto eher können gegensteuernde Maßnahmen (Risikohandhabung) eingeleitet werden.[395] Bei Best-Practice-Unternehmen ist das Frühwarnsystem sowohl an eine sofortige Risikobewertung, als auch die Prüfung der Notwendigkeit von Risikohandhabungsmaßnahmen gekoppelt. Diese Notwendigkeit besteht, falls das bewertete Risiko bestimmte Risikolimits übersteigt und somit die Erreichung der Risikomanagementziele in Gefahr ist.[396] Der diesen Aspekt widerspiegelnde Erfolgsfaktor heißt demzufolge „Entwicklung plausibles, integriertes Frühwarnsystem".

Die Risikobewertung hat die quantitative Bewertung, Priorisierung und anschließende Aggregation der identifizierten Risiken zur Aufgabe. Die Risikobewertung erfolgt meist auf Basis einer Matrix mit den Dimensionen Eintrittswahrscheinlichkeit und Schadenshöhe. Trotz der vielen Vorteile, wie der Einfachheit oder der intuitiven Visualisierung, wird dieser Ansatz in der Literatur teilweise stark kritisiert. Hauptkritikpunkte sind die Notwendigkeit einer festen Eintrittswahrscheinlichkeit, auch wenn darüber keine Klarheit besteht, und die Vernachlässigung der Wirkungsdauer der Risiken. Es macht selbstverständlich einen Unterschied, ob das Risiko nur einen einmaligen Schaden verursacht oder langfristig wirkt.[397] Einen weiteren Schwachpunkt stellt die Tatsache dar, dass Interde-

[392] Hierzu ist es wichtig, Frühwarnschwellen zu definieren, um Warnungen bei geringfügigen Veränderungen der Ausgangswerte zu vermeiden. Vgl. SECRICON GMBH, SECURITY & RISK CONSULTING (o.A.), S. 3.

[393] Vgl. ANSOFF (1975), S. 23.

[394] Schwache Signale können bspw. Häufungen von bestimmten strategisch bedeutsamen Ereignissen, Meinungen oder Ideen von wichtigen Institutionen oder Organisationen sein. Vgl. KRYSTEK/ MÜLLER-STEWENS (1993), S. 178 ff.

[395] Vgl. PFOHL (2002), S. 6 f. In der Praxis verzichten allerdings viele Unternehmen auf die Implementierung derartiger Frühwarnsysteme. Vgl. EBERLE (2005), S. 219 f.

[396] Vgl. SECRICON GMBH, SECURITY & RISK CONSULTING (o.A.), S. 7 f.

[397] Vgl. EBERLE (2005), S. 227, KAUFMANN (1999), S. 24.

pendenzen zwischen den Risiken nur sehr schwer zu berücksichtigen sind.[398] Bei der Ermittlung der Ausprägungen der beiden normalerweise verwendeten Dimensionen setzen die Unternehmen zahlreichen empirischen Untersuchungen zur Folge eher auf intuitivere und übersichtlichere Ansätze und vermeiden standardisierte und damit nachvollziehbarere Methoden.[399] Diese intuitiven Ansätze erfüllen allerdings oft nicht die grundlegenden Anforderungen. So ist zu beobachten, dass subjektive Einschätzungen von Eintrittswahrscheinlichkeiten und Schadenshöhen ohne nachvollziehbare Begründung in die Bewertung einfließen und dadurch die Transparenz der Risikobewertung erheblich reduzieren.[400] Insgesamt führt dies zu erheblichen Schwankungen der Einschätzungen im Zeitablauf und womöglich zu fehlgeleiteten Entscheidungen.[401] Ein Erfolgsfaktor im Rahmen der Risikobewertung ist aus diesem Grund „Implementierung standardisierter, objektivierter Risikobewertung".

Die Vermeidung von komplexeren Ansätzen im Rahmen der Risikobewertung geht oft sogar so weit, dass Schadenshöhen ohne Einschränkung auf ordinalen Skalen addiert werden, anstatt korrelative Zusammenhänge zwischen den Risikoereignissen zu beachten.[402] Diese Vorgehensweise ist nur in Ausnahmesituationen sinnvoll und hat den Effekt, dass die Risikoposition des Unternehmens nicht bestimmt (im Fall der Nicht-Berücksichtigung von Korrelationen tendenziell überschätzt) und damit auch keine angemessene Entscheidung über eine potenzielle Risikohandhabungsnotwendigkeit getroffen werden kann.[403] Die Notwendigkeit der Risikohandhabung wird idealerweise – unter Berücksichtigung des definierten Risikoschwellenwertes – durch die Risikobewertung gesteuert.[404] Ist die akzep-

398 Vgl. DENK/EXNER-MERKELT (2005), S. 93.

399 Vgl. HOITSCH/WINTER/BAUMANN (2006), S. 73. Manche Unternehmen verzichten sogar gänzlich auf quantitative Risikobewertung. Vgl. EBERLE (2005), S. 217.

400 Eine Möglichkeit im Kampf gegen die Subjektivität ist, vermehrt auf externe Daten oder Experten zurückzugreifen. Vgl. BURGER/BUCHHART (2002), S. 101 ff. Zudem besteht hier die Gefahr, dass Risiken, die von den Medien „aufgebauscht" werden, als wichtiger angesehen werden als sie eigentlich sind. Vgl. EBERLE (2005), S. 226 f.

401 Vgl. BURGER/BUCHHART (2002), S. 101 ff., EBERLE (2005), S. 227.

402 Nur die Hälfte der Unternehmen beachtet die Korrelationen zwischen den Einzelrisiken bei der Kalkulation der Unternehmensgesamtrisikoposition. Vgl. HOITSCH/WINTER/BAUMANN (2006), S. 73.

403 Vgl. EBERLE (2005), S. 226. Die Addition der Schadenshöhen impliziert den unwahrscheinlichen Fall, dass sich alle Risiken auf einmal materialisieren.

404 Vgl. SECRICON GMBH, SECURITY & RISK CONSULTING (o.A.), S. 3.

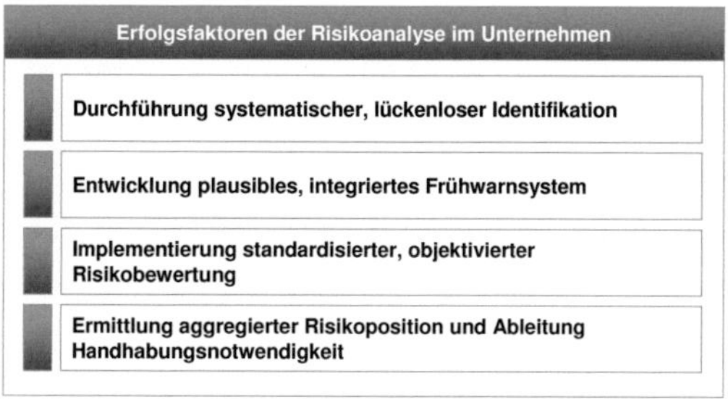

Abbildung 3.2: Erfolgsfaktoren Risikoanalyse im Unternehmen

tierbare Risikohöhe überschritten, werden Risikohandhabungsmaßnahmen ausgelöst. Ein weiterer Erfolgsfaktor der Risikoanalyse ist damit „Ermittlung aggregierter Risikoposition und Ableitung Handhabungsnotwendigkeit". Die vier entwickelten Erfolgsfaktoren der allgemeinen Risikoanalyse im Unternehmen werden durch Abbildung 3.2 zusammengefasst.

3.1.4 Risikohandhabung im Unternehmen

Die Aufgaben der Risikohandhabung im Unternehmen sind die Suche, Auswahl und Realisierung geeigneter Maßnahmen zur zielgerichteten Reduzierung der bestehenden Risikoposition. Empirische Untersuchungen haben ergeben, dass den Unternehmen gerade die zielgerichtete Gestaltung der Risikoposition durch Handhabungsmaßnahmen besonders schwer fällt.[405] Eine wichtige Voraussetzung des Risikomanagements insgesamt und damit auch jeder eingesetzten Handhabungsmaßnahme ist der wirtschaftliche Mehrwert.[406] Es ist nicht zielführend, Handhabungsmaßnahmen einzusetzen, die zwar das Risiko in angemessener Art und Weise reduzieren, aber einen unverhältnismäßig hohen finanziellen Aufwand bedeuten oder ein anderweitiges ebenso bedrohliches Risiko heraufbeschwören.[407] Ziel muss es folglich sein, bereits ex-ante zu wissen, welche Charaktereigenschaften be-

[405] Vgl. Denk/Exner-Merkelt (2005), S. 59.

[406] Vgl. Secricon GmbH, Security & Risk Consulting (o.A.), S. 3 oder auch die Definition und die Aufgaben von Risikomanagement in Kapitel 2.3.2.

[407] Viele Handhabungsmaßnahmen zeichnen sich durch ein Eigenrisiko aus bzw. erhöhen ein anderweitiges Risiko. Als Beispiel seien hier z.B. die Derivate genannt. Vgl. Kapitel 3.2.

stimmte Handhabungsmaßnahmen unter den jeweils gültigen Bedingungen aufweisen.[408] Der erste Erfolgsfaktor im Rahmen der Risikohandhabung im Unternehmen ist aus diesem Grund „Etablierung Modell zur Maßnahmencharakterisierung und -auswahl".

Die Bandbreite von potenziellen Handhabungsmaßnahmen ist so groß wie die Vielfalt der Risiken. Der Fantasie bei der Entwicklung von möglichen Handhabungsmaßnahmen ist somit vorerst keine Grenze gesetzt. Empirische Untersuchungen brachten allerdings zum Vorschein, dass die Unternehmen in der Regel keinen Ex-ante-Maßnahmenpool pflegen und aus diesem Grund auch oft die Breite der zur Verfügung stehenden Maßnahmen nicht in vollem Umfang nutzen können.[409] Folglich wird auch die Möglichkeit, Maßnahmen geschickt zu kombinieren, um eine höhere Wirksamkeit zu erzielen, nur in beschränktem Rahmen genutzt.[410] Die Effizienz des gesamten Prozessschrittes bleibt aus diesem Grund oft hinter den Erwartungen zurück. Um das Potenzial der Risikohandhabung besser zu nutzen, sollte daher der Erfolgsfaktor „Etablierung umfangreicher, innovativer Maßnahmenpool" berücksichtigt werden.

Ein weiterer viel zitierter Schwachpunkt der Risikohandhabung im Unternehmen ist die limitierte strukturierte Maßnahmenevaluation entlang bestimmter, objektiver Kriterien.[411] Folglich wird nicht anhand bestimmter Kriterien, sondern tendenziell intuitiv und spontan über den Einsatz bestimmter Handhabungsmaßnahmen entschieden.[412] Aus diesem Grund dominiert die kurzfristige, stark auf Zufall basierte Risikohandhabung und die Performance der Risikohandhabung ist wechselhaft.[413] Aus diesem Sachverhalt ergibt sich ein weiterer Erfolgsfaktor. Dieser soll „Auswahl adäquate Handhabungsmaßnahmen" genannt werden. Die drei entwickelten Erfolgsfaktoren der Risikohandhabung im Unternehmen werden in Abbildung 3.3 zusammengefasst.

---

408 Vgl. Weber/Weissenberger/Liekweg (1999b), S. 1.712, Price Waterhouse Coopers AG (o.A.), S. 1. Dies ermöglicht es den Mitarbeitern, auch bei sich schnell verändernden Umweltbedingungen Herr der Lage zu bleiben. Vgl. Gaudenzi (2008), S. 70.

409 Vgl. Zawisla (2008), S. 272 f.

410 Vgl. Secricon GmbH, Security & Risk Consulting (o.A.), S. 3.

411 Vgl. Erfolgsfaktor „Etablierung Modell zur Maßnahmencharakterisierung und -auswahl" in diesem Abschnitt.

412 Vgl. Eberle (2005), S. 217, 299. Unternehmen sehen die Fähigkeit der Auswahl der richtigen Maßnahmen je nach Situation aber als wichtigen Faktor in der Zukunft an. Vgl. Henke (2008), S. 186.

413 Vgl. Eberle (2005), S. 220.

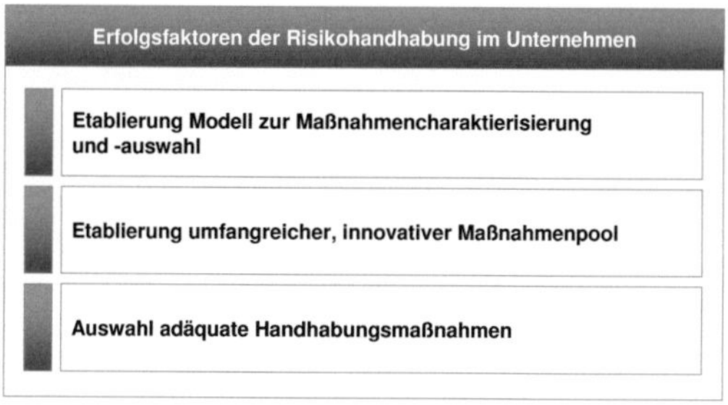

Abbildung 3.3: Erfolgsfaktoren Risikohandhabung im Unternehmen

3.1.5 Risikocontrolling im Unternehmen

Das Risikocontrolling, welches den Regelkreis des Risikomanagements beschließt, hat, wie bereits in Kapitel 2.3.2 herausgearbeitet, im Wesentlichen drei Aufgaben: die Risikokontrolle, die Risikodokumentation und das Risikoreporting. Im Rahmen der Risikokontrolle wird die Performance des Risikomanagements gemessen. Bei Abweichungen der Ist- von der Sollperformance gilt es, Optimierungsvorschläge für die Risikostrategie, die Risikoanalyse und die Risikohandhabung zu entwickeln, diese zügig umzusetzen und den Regelkreis des Risikomanagements erneut anzustoßen.[414] Dieser Grundsatz der Kontrolle und ständigen Optimierung der Performance im Rahmen des Risikomanagements wird von praktisch allen einschlägigen Autoren unterstützt und ist z.B. auch in den Normen des ISO 31000 und des ISO 27002 verankert.[415] Die Risikokontrolle und die damit verbundenen Soll-Ist-Abgleiche sollten idealerweise mit Hilfe eines EDV-gestützten Managementtools erfolgen, um die Fehleranfälligkeit und den notwendigen Zeitaufwand zu reduzieren.[416] In der gängigen Praxis scheint die Risikokontrolle und der damit verbundene Gedanke der kontinuierlichen Verbesserung des Risikomanagementprozesses bereits weitgehend umgesetzt. Waren noch im Jahr 2006 viele Unternehmen mit dem Beitrag des Risikoma-

[414] Vgl. KPMG AG (1998), S. 25 ff., WITTMANN (2000), S. 470, SECRICON GMBH, SECURITY & RISK CONSULTING (o.A.), S. 5 f.

[415] Vgl. SECRICON GMBH, SECURITY & RISK CONSULTING (o.A.), S. 3, BRÜHWILER (2008), S. 26, ROMEIKE/HAGER (2009), S. 395.

[416] Vgl. HENKE (2008), S. 186, ZAWISLA (2008), S. 297.

nagements zum Unternehmenserfolg nur mäßig zufrieden,[417] so sind heute – nur knapp vier Jahre später – schon ca. 80% der Unternehmen mindestens „zufrieden" mit ihrer Risikomanagementperformance.[418] Ein entscheidender Erfolgsfaktor ist somit „Etablierung regelmäßiger Performancemessungen und Prozessentwicklung".

Die Risikodokumentation wiederum ist in zwei Teilbereiche zu zerlegen. Sie hat einerseits die gesetzlichen Dokumentationspflichten des Risikomanagements zu erfüllen und andererseits die Datenqualität sicherzustellen. Die einschlägigen Gesetze schreiben zwar nicht explizit eine Dokumentation des Risikomanagements vor, kommt es jedoch zu einer Unternehmenskrise, so hat der Vorstand den Beweis zu erbringen, dass er sich sowohl objektiv als auch subjektiv pflichtgemäß verhalten hat. Aus diesem Grund ist es sinnvoll, eine umfassende Dokumentation des Risikomanagementprozesses zu veranlassen. In Best-Practice-Unternehmen wird der Risikomanagementprozess – von Risikostrategie bis Risikocontrolling – inkl. der einzusetzenden Methoden, darüber hinaus in sog. Risikomanagementhandbüchern oder Pflichtenheften zusammengefasst und den Mitarbeitern zur Verfügung gestellt.[419] Eine empirische Untersuchung aus dem Jahr 2006 ergab, dass eine derartige komprimierte Darstellung des Risikomanagements die wahrgenommene Qualität des Risikomanagements und damit auch dessen Akzeptanz im Unternehmen positiv beeinflussen.[420] Wie die Datenpflege sowie die Auswertung der laufenden Risikoaktivitäten und resultierenden Risikosituation durchgeführt werden, schwankt von Unternehmen zu Unternehmen erheblich. Es bleibt allerdings festzuhalten, dass trotz der steigenden Komplexität innerhalb der Unternehmen und des Risikomanagements noch immer die wenigsten Unternehmen eine dedizierte Risikomanagementsoftware einsetzen und sich auf herkömmliche Tabellenkalkulationsprogramme verlassen.[421] Dies ist sicherlich ein Grund, für die in empirischen Untersuchungen partiell festgestellte geringe Datenqualität in Bezug auf das Risikomanagement.[422] Bei mangelhafter Datenqualität, ist das gesamte Risikoma-

[417] Vgl. HOITSCH/WINTER/BAUMANN (2006), S. 73, SCHOLEY (2006), S. 1.
[418] Vgl. ERNST AND YOUNG AG (2009b), S. 4.
[419] Vgl. HOITSCH/WINTER/BAUMANN (2006), S. 72, SECRICON GMBH, SECURITY & RISK CONSULTING (o.A.), S. 2.
[420] Vgl. HOITSCH/WINTER/BAUMANN (2006), S. 76.
[421] Vgl. ERNST AND YOUNG AG (2006), S. 13.
[422] ERNST AND YOUNG AG (2009), S. 9.

nagement – unabhängig von den eingesetzten Methoden – zum Scheitern verurteilt.[423] Hieraus lässt sich ein weiterer Erfolgsfaktor ableiten: „Sicherstellung Prozessdokumentation und Garantierung Datenqualität".

Des Weiteren muss im Rahmen des Risikocontrollings ein angemessenes und aussagekräftiges Risikoreporting entwickelt werden. Best-Practice-Unternehmen weisen hier die Wirkung des Risikomanagements auf wichtige Unternehmenssteuerungskennzahlen, wie EBIT, EBITDA oder Cash Flow, aus und ermöglichen dadurch die Berücksichtigung von Risiko in wichtigen unternehmenspolitischen Entscheidungen.[424] Die Grundlagen für ein derartiges Risikoreporting werden allerdings nicht im Risikocontrolling, sondern bereits in den vorhergehenden Phasen des Risikomanagementprozesses gelegt. Dabei gilt, umso umfassender die Quantifizierung des Risikos und die Verknüpfung mit Kennzahlen der Unternehmenssteuerung, desto aussagekräftiger der Risikoreport.[425] Neben den inhaltlichen Aspekten sollte besonders darauf geachtet werden, dass die Risikoreports standardisiert und strukturiert sind, um den Ressourcenaufwand der Generierung zu limitieren und die Vergleichbarkeit über Standorte oder Geschäftsbereiche hinweg zu gewährleisten.[426] Es ist auch sicherzustellen, dass nicht nur die unmittelbar am Risikomanagement beteiligten Mitarbeiter bzw. die Geschäftsleitung über die Risikomanagementaktivitäten und deren Wirkung informiert werden, sondern dass alle Angestellten regelmäßig und zielgruppenorientiert, evtl. in größeren Abständen, Bericht erstattet bekommen.[427] Diese regelmäßigen Reportings mit dem Beweis, dass Risikomanagement eine positive Wirkung hat, bringt den Mitarbeitern den teilweise komplexen Prozess näher, beugt fehlender Motivation vor und unterstützt die Risikosensibilisierung.[428] Aus diesen Sachverhalten lässt sich der nächste Erfolgsfaktor ableiten. „Entwicklung standardisierter, aussagekräftiger, zielgruppenorientierter Reports". Die entwickelten Erfolgsfaktoren des Risikocontrollings im Unternehmen werden in Abbildung 3.4 zusammengefasst.

[423] Vgl. PRICE WATERHOUSE COOPERS AG (2008), S. 34.
[424] Vgl. EBERLE (2005), S. 231, DENK/EXNER-MERKELT (2005), S. 60, A.T. KEARNEY (2006), S. 17, SECRICON GMBH, SECURITY & RISK CONSULTING (o.A.), S. 3.
[425] Vgl. hierzu auch Kapitel 3.1.2 und 3.1.3.
[426] Vgl. SECRICON GMBH, SECURITY & RISK CONSULTING (o.A.), S. 2, 5 f., GANZ (2007), S. 340 f., HENKE (2008), S. 186.
[427] Vgl. MOTT (2001), S. 214, REH (2001), S. 42.
[428] Vgl. EBERLE (2005), S. 231 f., GAUDENZI (2008), S. 70 oder auch Kapitel 3.1.2.

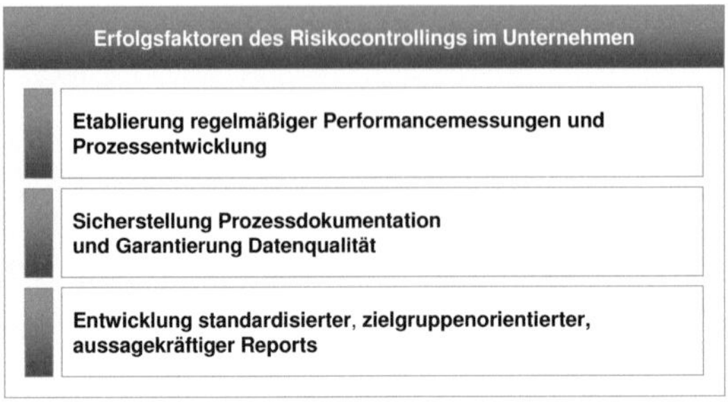

Abbildung 3.4: Erfolgsfaktoren Risikocontrolling im Unternehmen

3.2 Rohstoffpreisrisikomanagement im Unternehmen

3.2.1 Rohstoffpreisrisikomanagement im Unternehmen – Einführung

Das Rohstoffpreisrisiko wird in verschiedenen theoretischen und empirischen Publikationen immer wieder als ein sehr wichtiges Risiko herausgestellt.[429] Werden Rohstoffpreisrisiken in die in Kapitel 3.1.3 beschriebene Matrix entlang der Dimensionen Schadenspotenzial und Eintrittswahrscheinlichkeit eingeordnet, zeichnen sie sich durch potenziell katastrophale Konsequenzen für das Unternehmen und eine sehr hohe Eintrittswahrscheinlichkeit aus (Abbildung 3.5) .[430]

Umso unverständlicher ist daher, dass das Level und die Güte des Managements von Rohstoffpreisrisiken zwischen verschiedenen Industriebranchen höchst unterschiedlich ausfällt. Während z.B. bei Energieversorgern und Ölunternehmen ein ausgeprägtes Rohstoffpreisrisikomanagement vorhanden ist und teilweise sogar eigene Handelsabteilungen oder sogar die Gründung eigener Handelshäuser initiiert wurden, sind viele andere Industrieunternehmen auf diesem Gebiet noch unterentwickelt.[431] Während Zins- und auch

[429] Vgl. HENKE (2009), S. 82, 87 und 177. Diese Wichtigkeit von Rohstoffpreisrisiken schwankt im internationalen Vergleich etwas, wird aber überall als relativ hoch eingeschätzt. Vgl. ZSIDISIN et al. (2008), S. 409. Insbesondere die Marktrisiken – wozu die Rohstoffpreisrisiken gezählt werden – sind laut einer empirischen Analyse von Lageberichten die meist genannten Risiken überhaupt. Vgl. hierzu die Untersuchung von BERGER/GLEISSNER (2007), S. 67.

[430] Vgl. CARLTON/BENNETT (1999), S. 104, MARLINGHAUS/IMMERTHAL (2007), S. 29.

[431] Vgl. BÜNTING (2008), S. 411, PRICE WATERHOUSE COOPERS AG (2008), S. 124.

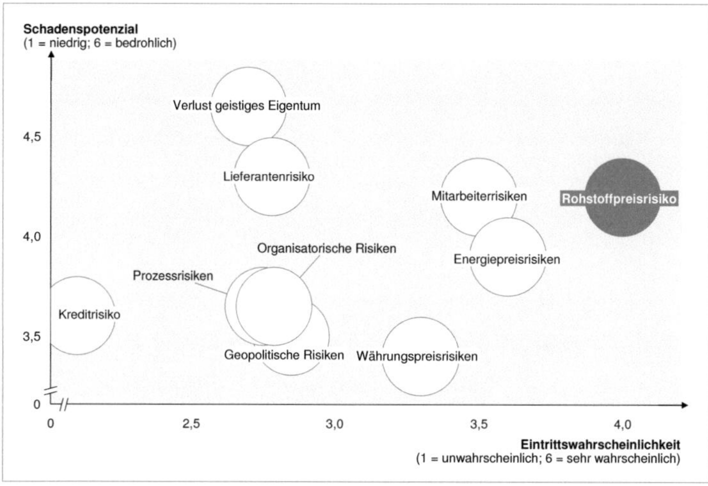

Abbildung 3.5: Wichtigkeit Rohstoffpreisrisikomanagement[436]

Währungsrisiken von einer großen Zahl von Unternehmen aller Branchen aktiv gemanagt werden, stehen Rohstoffpreisrisiken sehr viel seltener im Fokus des Interesses.[432] Laut einer empirischen Untersuchung aus dem Jahr 2007 wird nur von 62% der befragten industriellen Unternehmen ein aktives Rohstoffpreisrisikomanagement durchgeführt.[433] Im Gegensatz dazu sichern 78% der Unternehmen Zins- und Währungsrisiken ab, obwohl sich diese Märkte in der Vergangenheit als weniger volatil erwiesen haben.[434] Im Bereich der Rohstoffpreisrisiken bleiben – nach eigenen Angaben – selbst konservative Unternehmen im hochspekulativen Bereich.[435]

[432] Vgl. PRIERMEIER (2005), S. 209. Den meisten Unternehmen ist allerdings sowohl die positive Wirkung von Rohstoffpreisrisikomanagement als auch die große Schwachstelle im Rahmen des Rohstoffpreisrisikomanagements ohne geeignete Risikostrategie durchaus bewusst, so dass mehr als die Hälfte der Unternehmen Projekte zur Optimierung ihres Rohstoffpreisrisikomanagements lancieren wollen. Vgl. KPMG AG (2007), S. 26.

[433] Vgl. KPMG AG (2007).

[434] Vgl. KPMG AG (2007). Auch bei einem Blick auf die aktuell erhältliche Risikomanagementsoftware fällt auf, dass die Rohstoffpreisrisiken weniger Berücksichtigung finden als die Währungs-, Zins- und Aktienkursrisiken. Vgl. WEISS (2009), S. 503-532.

[435] Vgl. KPMG AG (2007), S. 1.

[436] Eigene Darstellung. Angelehnt an MARLINGHAUS/IMMERTHAL (2007), S. 29.

Wenn die Unternehmen ein dezidiertes Rohstoffpreisrisikomanagement etabliert haben, ist davon auszugehen, dass es, wie auch das Allgemeine Risikomanagement, in Form eines Regelkreises mit den vier Kernphasen Risikostrategie, Risikoanalyse, Risikohandhabung und Risikocontrolling ausgestaltet ist. Es scheint ebenso logisch, dass durch die begriffliche, prozesstechnische und die inhaltliche Nähe zum Allgemeinen Risikomanagement die im Kapitel 3.1 herausgearbeiteten grundlegenden Erfolgsfaktoren auch für das Rohstoffpreisrisikomanagement im Unternehmen relevant sind. In nachfolgendem Kapitel sollen nun die Erfolgsfaktoren zum allgemeinen Risikomanagement im Unternehmen um den thematischen Aspekt der Rohstoffe erweitert und in Erfolgsfaktoren des Rohstoffpreisrisikomanagements im Unternehmen – die so in der Literatur nicht existent sind – transformiert werden.

3.2.2 Rohstoffpreisrisikomanagement im Unternehmen – Status und Erfolgsfaktoren

Im Bereich der **Risikostrategie** wurden im vorherigen Kapitel drei unterschiedliche Erfolgsfaktoren für das Allgemeine Risikomanagement im Unternehmen entwickelt. Im einzelnen waren dies: „Definition konvergentes Zielsystem", „Etablierung schlanke Organisations- und Verantwortungsstruktur" sowie „Implementierung umfassendes Wissensmanagement".[437]

In der vorliegenden Arbeit wurde bereits an unterschiedlichen Stellen auf die Wichtigkeit eines Ziels im Rahmen des Risikomanagements hingewiesen. Insbesondere im vorherigen Kapitel wurde herausgearbeitet, dass die Zielsetzung und damit verbunden ein breit emergiertes Bewusstsein sowie Verständnis für Risiken im Unternehmen als Grundvoraussetzung für ein funktionierendes Risikomanagementsystem angesehen wird.[438] Vor diesem Hintergrund verwundert es sehr, dass zwar der Großteil der Unternehmen eine derartige Strategie für das Allgemeine Risikomanagement einsetzt, aber nur ca. 50% dieser Unternehmen mit einer expliziten Zielsetzung für die Rohstoffpreisrisiken (also eine Sub-

[437] Vgl. Kapitel 3.1.2.

[438] Vgl. Henke (2008), S. 208, Zawisla (2008), S. 89.

kategorie) aufwarten können.[439] Im Rahmen der Definition des konvergenten Zielsystems für das Rohstoffpreisrisikomanagement müssen zwei Sachverhalte besonders beachtet werden. Zum einen ist es essentiell, dass die Ziele des Rohstoffpreisrisikomanagements sowohl zu den Zielen des Unternehmens als auch zu den Zielen des Allgemeinen Risikomanagements konvergent sind. Zum anderen ist es auf Grund der relativ unmittelbaren und stark quantitativen Wirkung des Rohstoffpreisrisikos auf die Unternehmensperformance eher möglich und von noch größerer Bedeutung als im Allgemeinen Risikomanagement, dass die definierten Risikoziele möglichst exakt und anhand finanzieller Kennzahlen abbildbar sind (z.B. mit Hilfe von Risikolimits). Eine Integration in die Unternehmenssteuerung wird somit erheblich vereinfacht.[440] Demzufolge sollte der Erfolgsfaktor in „Definition konvergentes, quantifizierbares Zielsystem" umbenannt werden.

Was den Erfolgsfaktor „Etablierung schlanke Organisations- und Verantwortungsstruktur" angeht, sind zwei Sachverhalte im Rahmen des Rohstoffpreisrisikomanagements von besonderer Bedeutung. Einerseits kommt der Etablierung einer schlanken Risikomanagementorganisation im Rahmen des Rohstoffpreisrisikomanagements eine noch größere Bedeutung zu, als im Falle des Allgemeinen Risikomanagements im Unternehmen.[441] Rohstoffpreisrisikomanagement ist als Subsystem innerhalb des Allgemeinen Risikomanagements zu verstehen. Das Rohstoffpreisrisikomanagement muss also zwingend in das unternehmensweite Allgemeine Risikomanagement integriert werden, welches wiederum möglichst gut in die herkömmlichen Organisations- und Funktionsbereiche eingebunden sein sollte, um doppelt besetzte Funktionen vermeiden zu können.[442] Allerdings sind das Knowledge, die Erfahrung und die Informationen, die für das Management von Rohstoffpreisrisiken benötigt werden, nicht in ein oder zwei Mitarbeitern eines Funktionsbereiches zentriert, sondern in verschiedenen Abteilungen angesiedelt.[443] Das Management von Rohstoffpreisrisiken ist folglich von einer großen Interdisziplinarität und dem Zusam-

439 Vgl. KPMG AG (2007), S. 2.

440 Vgl. Chance/Brooks (2008), S. 583, Group of Thirty (1993), Capital Market Risk Advisors (CMRA) (1996), Hull (2009), S. 763-771.

441 Vgl. Chance/Brooks (2008), S. 581 oder auch Group of Thirty (1993).

442 Vgl. Heck (2003), S. 79. Das Risikomanagement ist in vielen Unternehmen in den Funktionsbereich Controlling eingebunden. Vgl. Gleissner (2010), S. 52.

443 Vgl. Stephens (2001), S. 213 oder auch eine analoge Ausführung zu Beschaffungsmanagement in Kapitel 2.2.1.

menspiel unterschiedlicher Funktionsbereiche geprägt. Die Etablierung der Organisations- und Verantwortungsstrukturen muss hierauf besondere Rücksicht nehmen und eine Förderung des interdisziplinären Austauschs durch angemessene Kommunikationsprozesse über die Schnittstellen hinweg anstreben.[444] Leider wird dieser Sachverhalt bis heute von vielen Unternehmen nur unzureichend umgesetzt.[445] Während die gesteigerte Bedeutung der schlanken Organisations- und Verantwortungsstruktur nur einen Aspekt betont, der sich bereits in der aktuellen Form des Erfolgsfaktors widerspiegelt, erfordert die Interdisziplinarität eine Anpassung. Der entsprechende Erfolgsfaktor für die Rohstoffpreisrisikostrategie soll aus diesem Grund „Etablierung schlanke, interdisziplinaritätsfördernde Organisations- und Verantwortungsstrukturen" heißen.

Was den Erfolgsfaktor des Allgemeinen Risikomanagements im Unternehmen „Implementierung umfassendes Wissensmanagement" betrifft, so ist anzumerken, dass das für das Management von Rohstoffpreisrisiken benötigte Wissen als sehr speziell einzuschätzen ist und Wissensmanagement folglich einen großen Stellenwert besitzt.[446] Dies liegt im Wesentlichen daran, dass der Handel von Rohstoffen in der Regel nicht die Kernkompetenz von Industrieunternehmen ist und wenn im Unternehmen existent, in verschiedenen Funktionsbereichen zu finden ist. Dies macht die Sammlung, den Aufbau, die Weiterentwicklung und die Multiplikation des Wissens zu einer komplexen Angelegenheit. Eine Anpassung des Erfolgsfaktors muss vor diesem Hintergrund nicht erfolgen. Eine Zusammenfassung der vorgenommenen Anpassungen der Erfolgsfaktoren der Risikostrategie findet sich in Abbildung 3.6.

444 Vgl. Henke (2008), S. 186, Chance/Brooks (2008), S. 583, Capital Market Risk Advisors (CMRA) (1996). Im Falle der Einbindung vieler verschiedener Abteilungen ist es wichtig, bereits im Rahmen der Verantwortungsstruktur festgelegt zu haben, wer welche Informationen zu welchem Zeitpunkt an wen weitergeben darf. Vgl. Secricon GmbH, Security & Risk Consulting (o.A.), S. 5 f.

445 Vgl. KPMG AG (2007), S. 2, Strohmeier (2007), S. 60. Wie eine Studie des Beratungsunternehmens Brainnet zeigt, sehen rund 40% der befragten Top-Manager z.B. noch erhebliche Optimierungspotenziale in der Zusammenarbeit zwischen z.B. SCM- und Finanzexperten. Vgl. o.V. (2008), S. 22.

446 Vgl. Chance/Brooks (2008), S. 581, 583, Group of Thirty (1993), Capital Market Risk Advisors (CMRA) (1996).

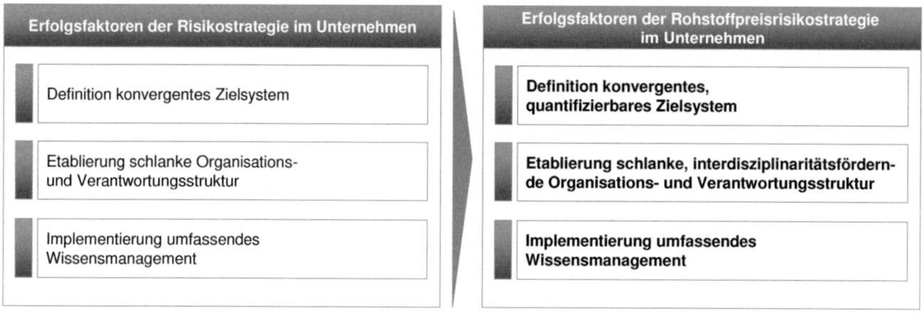

Abbildung 3.6: Anpassung Erfolgsfaktoren Rohstoffpreisrisikostrategie im Unternehmen

In Kapitel 3.1.3 wurden vier Erfolgsfaktoren für die **Risikoanalyse** im Allgemeinen Risikomanagement entwickelt. Im Detail sind dies: „Durchführung systematischer, lückenloser Identifikation", „Entwicklung plausibles integriertes Frühwarnsystem", „Etablierung standardisierter, objektivierter Risikobewertung" sowie „Ermittlung aggregierter Risikoposition und Ableitung Handhabungsmaßnahmen".

Die Bedeutung des Erfolgsfaktors „Durchführung systematischer, lückenloser Identifikation" ist im Rahmen des Rohstoffpreisrisikomanagements sehr limitiert. Die eigentliche Aufgabe – die Identifikation der verschiedenen auf ein Unternehmen wirkenden Risikoarten – ist durch die Beschränkung der Betrachtung auf Rohstoffpreisrisiken obsolet. Durch die Einschränkung des Betrachtungsgegenstands auf Rohstoffpreisrisiken ist zudem die kreative Risikoidentifikation weniger wichtig und daher auch die oft im Fokus stehenden Kreativitätstechniken weniger geeignet.[447] Viel wichtiger erscheint in diesem Zusammenhang allerdings eine detaillierte Analyse der Ursache-Wirkungs-Zusammenhänge im Rahmen des Rohstoffpreisrisikomanagements sowie die Identifikation der einzelnen Rohstoffpreisrisikotreiber und Risikobestandteile.[448] Dieser Tatsache Rechnung tragend, sollte der Erfolgsfaktor des Allgemeinen Risikomanagements im Rahmen des Rohstoffpreisrisikomanagements im Unternehmen ersetzt und „Identifikation und Beleuchtung der Risikobestandteile" genannt werden.

[447] Vgl. Zawisla (2008), S. 178.
[448] Vgl. Chance/Brooks (2008), S. 583 oder auch für mehr Details Capital Market Risk Advisors (CMRA) (1996).

Der Erfolgsfaktor „Entwicklung plausibles, integriertes Frühwarnsystem" ist im Rahmen des Rohstoffpreisrisikomanagements ebenfalls in einem anderen Licht zu betrachten. Wie aus Kapitel 2.3.1 bekannt, entstehen Rohstoffpreisrisiken – bei Absatzpreisrigidität – aus Marktpreisschwankungen von Rohstoffen um den in den Wirtschaftsplänen des Unternehmens festgesetzten Kalkulationspreis. Diese Marktpreisschwankungen sind immer auf die Veränderung der Angebots- oder Nachfragestruktur zurückzuführen und können u.U. relativ unvermittelt und plötzlich auftreten.[449] Aktuell ist die Qualität der Rohstoffpreisinformationen und Preisforecasts vieler industrieller Unternehmen meist unbefriedigend.[450] Bei Rohstoffpreisrisiken scheint es demnach angebracht, die Angebots- und Nachfragestruktur inkl. der beeinflussenden Faktoren sowie alle anderen verfügbaren Informationen zur zukünftigen Entwicklung der Rohstoffpreise intensiv zu analysieren. Diese Analyse inkl. der damit verbundenen Risikobewertung sollte auf Grund der potenziell hohen Geschwindigkeit der Marktveränderungen permanent, zumindest aber in sehr kleinen Abständen durchgeführt werden.[451] Es geht also im Bereich des Rohstoffpreisrisikomanagements weniger um ein Frühwarnsystem, als um die ständige Analyse der Risikobestandteile und der Generierung einer robusten Marktpreiserwartung für die im Fokus stehenden Rohstoffe.[452] Diese Aspekte sollen wegen der großen inhaltlichen Überschneidung in den oben entwickelten Erfolgsfaktor „Identifikation und Beleuchtung Risikobestandteile" integriert werden.

Was die Risikobewertung des Allgemeinen Risikomanagements und den zugehörigen Erfolgsfaktor „Entwicklung standardisierter, objektivierter Risikobewertung„betrifft, so stand dort die auf Durchschnittswerten basierte Bewertung mit Hilfe einer Risikoma-

[449] Vgl. Kapitel 2.2.2.

[450] Vgl. HESS (2008), S. 164.

[451] Auch in anderen einschlägigen Quellen wird gefordert, die Analysezyklen risikoorientiert festzulegen. D.h. Bereiche mit hoher Risikodynamik und hohen Risiken – wie z.B. die Rohstoffpreisrisiken sollten kürzere Analysezyklen aufweisen. Vgl. SECRICON GMBH, SECURITY & RISK CONSULTING (o.A.), S. 5 f., CHANCE/BROOKS (2008), S. 580. Derzeit werden diese Zyklen allerdings praktisch unabhängig von der Dynamik bestenfalls vierteljährlich durchgeführt. Vgl. DIEDERICHS/REICHMANN (2003), S. 231, ERNST AND YOUNG AG (2006), S. 14, A.T. KEARNEY (2006), S. 16.

[452] In einer empirischen Untersuchung schwerpunktmäßig industrieller Unternehmen von Zawisla aus dem Jahr 2008 zum Thema Preisrisiken wurde die geringe Bedeutung von Frühwarnsystemem ebenfalls festgestellt. Vgl. ZAWISLA (2008), S. 124, 178. Es wird auch die Meinung vertreten, dass sehr kleine Analysezyklen ein angemessener Ersatz von Frühwarnsystemen sein können. Vgl. DENK/EXNER-MERKELT (2005), S. 124.

trix mit den Achsen „Eintrittswahrscheinlichkeit" und „Schadenshöhe" im Mittelpunkt.[453] Diese Vorgehensweise ist im Rahmen des Rohstoffpreisrisikomanagements auf Grund der großen Unsicherheit bezüglich der zukünftigen Rohstoffpreise und der damit verbundenen Wahrscheinlichkeiten nicht empfehlenswert. Es erscheint vielmehr ein Konzept wünschenswert, welches sowohl die Auswirkungen von steigenden als auch von fallenden Rohstoffpreisen quantifiziert und die Ergebniswirkung auf Basis von Wahrscheinlichkeitsverteilungen in einem bestimmten Zeitraum belegen kann.[454] Die einfachste Form dieser Verteilungen stellt eine Szenarioanalyse dar, welche meist als sog. Drei-Werte-Verfahren angewendet wird.[455] Das Problem dieser Verfahren sind die Einzelpunktschätzungen, die sehr subjektiv und wiederum mit einer großen Unsicherheit behaftet sind. Insbesondere wenn mehrere Variablen kombiniert werden müssen, wird die Beschränktheit des Drei-Werte-Verfahrens sehr deutlich.[456] In der Literatur werden aus diesem Grund zur Bewertung von finanzwirtschaftlichen Risiken, wie den Rohstoffpreisrisiken, analysemodellbasierte bzw. statistische Verfahren, wie die „at Risk-Modelle", empfohlen.[457] Diese Modelle haben neben der Generierung robuster Ergebnisse auch den Vorteil, dass die Risikobewertung – wie schon in Kapitel 3.1 gefordert – in enger Verknüpfung mit wichtigen finanzwirtschaftlichen Kennzahlen der Unternehmenssteuerung (z.B. Cash Flow – Cash Flow at Risk, Earnings – EaR, Value – VaR etc.) erfolgen kann.

In der Realität ist es allerdings so, dass die Implementierung von „at Risk-Modellen" und der damit verbundenen statistischen Methoden generell hinter ihrer Bedeutung zurückbleiben.[458] Die schwach ausgeprägte Intensität des Einsatzes lässt auch vermuten, dass das Know-how bezüglich dieser Methoden limitiert ist. Diese sinnvolle Begrenzung der Risikobewertung im Rahmen des Rohstoffpreisrisikomanagements auf statistische Me-

---

453 Für die Risikoanalyse und -bewertung sind selbstverständlich noch weitere vielfältige Methoden und Instrumente einsetzbar. Vgl. hierzu z.B. Heck (2003), S. 155, Zawisla (2008), S. 222 f.

454 Vgl. Secricon GmbH, Security & Risk Consulting (o.A.), S. 3, Diederichs/Reichmann (2003), S. 231, Hager (2004), S. 171, Eberle (2005), S. 227 f., Löffler/Lienhard (2009), S. 14 ff.

455 Vgl. Hager (2004), S. 28, Strohmeier (2007), S. 61 ff., Brühwiler (2008), S. 27.

456 Vgl. Hager (2004), S. 31.

457 Vgl. Zawisla (2008), S. 236. Vgl. hierzu auch Strohmeier (2007), S. 71.

458 Vgl. Rautenstrauch (2002), S. 17, Wiedemann/Hager (2003), S. 5 ff., KPMG AG (2007), S. 19, Zawisla (2008), S. 224.

thoden sollte sich auch im korrespondierenden Erfolgsfaktor widerspiegeln. Aus diesem Grund wird der Erfolgsfaktor in „Etablierung statistisches Modell zur Risikobewertung" umbenannt.[459]

Der im Rahmen des Allgemeinen Risikomanagements herausgearbeitete Erfolgsfaktor „Ermittlung Risikoposition und Ableitung Handhabungsnotwendigkeit" gilt ähnlich für das Rohstoffpreisrisikomanagement. Es ist allerdings zu beachten, dass in einem ersten Schritt die Risikopositionen mehrerer Rohstoffe zu einer Gesamtrohstoffposition zusammengefasst werden müssen, bevor eine Gesamtrisikoposition für das Unternehmen berechnet werden kann. Die Gesamtrohstoffposition sollte die entscheidende Steuergröße zur Auslösung von Handhabungsmaßnahmen sein und die Wirkung der Maßnahmen sollte immer auch in Bezug auf diese Gesamtposition berechnet werden. Die Gesamtrisikoposition des Unternehmens spielt im Rahmen des Rohstoffpreisrisikomanagements insofern lediglich eine untergeordnete Rolle und wird nur bei Festlegung der Risikomanagementziele und -limits implizit berücksichtigt. Zusätzlich zu der Ermittlung der Risikoposition und der Ableitung der Handhabungsnotwendigkeit sollten – ähnlich wie in den Unternehmen aus der Finanzbranche – sog. Stress- oder Crash-Szenarioanalysen durchgeführt werden.[460] Hierzu werden Extremalausprägungen des Marktes bzw. der Preisbewegungen simuliert und deren Wirkung auf die Risikoposition bzw. die Finanz- und Ertragslage des Unternehmens errechnet. Diese Analyse trägt erheblich zur Risikosensibilisierung der Mitarbeiter im gesamten Unternehmen bei. Der existierende Erfolgsfaktor soll dementsprechend leicht angepasst und „Implementierung Stresstests und Ableitung Handhabungsnotwendigkeit" genannt werden. In Abbildung 3.7 sind die vorgenommenen Anpassungen der Erfolgsfaktoren für die Rohstoffpreisrisikoanalyse übersichtlich zusammengefasst.

---

459 Dabei wird davon ausgegangen, dass der Begriff „statistisch" die im Erfolgsfaktor des Allgemeinen Risikomanagements enthaltenen Begriffe „standardisiert", „objektiviert" sowie „quantitativ" umfasst, da diese Eigenschaften auch im Rahmen des Rohstoffpreisrisikomanagements eine große Rolle spielen. Vgl. CHANCE/BROOKS (2008), S. 583. oder auch CAPITAL MARKET RISK ADVISORS (CMRA) (1996).

460 Vgl. PRICE WATERHOUSE COOPERS AG (2008), S. 55, 64, CHANCE/BROOKS (2008), S. 580, 584, GROUP OF THIRTY (1993), CAPITAL MARKET RISK ADVISORS (CMRA) (1996), HULL (2009), S. 763-771.

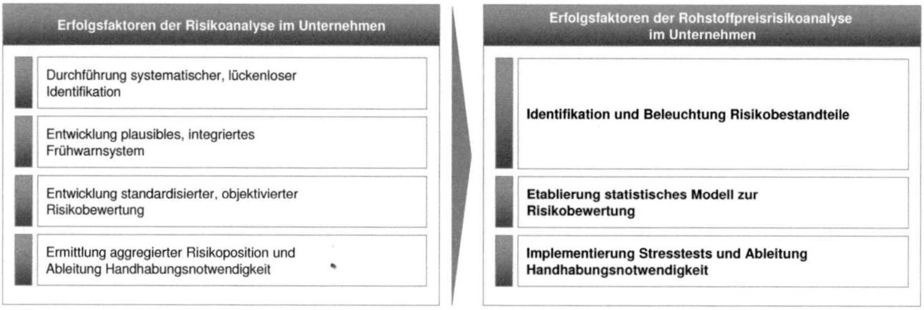

Abbildung 3.7: Anpassung Erfolgsfaktoren Rohstoffpreisrisikoanalyse im Unternehmen

Für die **Risikohandhabung** im Rahmen des Allgemeinen Risikomanagements im Unternehmen wurden im vorherigen Kapitel 3.1.4 folgende drei Erfolgsfaktoren abgeleitet: „Etablierung Modell zur Maßnahmencharakterisierung und -auswahl", „Etablierung umfangreicher, innovativer Maßnahmenpool" und „Auswahl adäquate Handhabungsmaßnahmen". Wie bereits in der Einführung zu Rohstoffpreisrisikomanagement in Kapitel 3.2 herausgestellt, sind die Ansätze zum Management von Rohstoffpreisrisiken in industriellen Unternehmen recht limitiert. Aus diesem Grund zählt auch vor allem die Rohstoffpreisrisikohandhabung zu den am wenigsten entwickelten Phasen innerhalb des Rohstoffpreisrisikomanagement-Prozesses. Empirische Untersuchungen zeigen allerdings, dass die Performance im Bereich der Rohstoffpreisrisikohandhabung je nach Größe oder Branche des Unternehmens differenziert betrachtet werden muss.[461] Insbesondere KMUs sind sich zwar der Rohstoffpreisrisiken bewusst, ihre Rohstoffpreisrisikohandhabung ist aber meist noch relativ unausgereift.[462] Ein Grund für diese Tatsache ist sicherlich, dass den Unternehmen nicht klar ist, welche Handhabungsmaßnahmen generell zur Verfügung stehen, um die Rohstoffpreisrisiken zu handhaben. Zudem ist das Know-how bezüglich der Implikationen dieser Maßnahmen stark limitiert. Der Erfolgsfaktor „Etablierung Modell zur Maßnahmencharakterisierung und -auswahl" ist vor diesem Hintergrund auch für das Rohstoffpreisrisikomanagement außerordentlich wichtig.[463]

461 Vgl. Aberdeen Group (2006), S. 17 f.
462 Vgl. Elmers (2009), S. 1.
463 Vgl. Chance/Brooks (2008), S. 580, Group of Thirty (1993).

Wie bereits angeklungen, ist den Unternehmen – über die verschiedenen Größenklassen und Branchen hinweg – das Spektrum der potenziellen Handhabungsmaßnahmen von Rohstoffpreisrisiken nicht bewusst. Die Mehrzahl der Unternehmen versucht in allererster Linie, die erhöhten Rohstoffpreise relativ unkoordiniert an die direkten Kunden weiterzugeben.[464] Wenn dies ad hoc nicht gelingt,[465] wird das Risiko akzeptiert und die Risikodeckungsmasse des Unternehmens wird verringert.[466]

Dies bedeutet, dass viele industrielle Unternehmen nicht einmal operative Maßnahmen, wie eine kurzfristige Anpassung der Fristigkeiten und Mengen ihrer Rohstoffeinkäufe, einsetzen, um von z.B. günstigen Preisentwicklungen zu profitieren.[467] Untersuchungen ergaben auch, dass nur ca. ein Drittel der industriellen Unternehmen finanzwirtschaftliche Instrumente (Derivate) als Risikohandhabungsmaßnahme bei Rohstoffpreisen einsetzen.[468] Dieser Anteil war vor wenigen Jahren noch sehr viel niedriger.[469] Dies ist gerade bei den großen Erfolgen, die manche industrielle Unternehmen mit dem Einsatz von Derivaten für Rohstoffe, wie z.B. Öl, erzielt haben, nur schwer nachvollziehbar.[470] Die Gründe, warum die Unternehmen trotz hoher Rohstoffpreisrisiken keine Derivate einsetzen, sind vielfältiger Natur. Viele schätzen ihr Exposure nicht hoch genug ein, dass sich ein – teilweise recht kostenintensiver – Derivateeinsatz lohnen könnte. Außerdem zeichnen sich Rohstoffderivate meist durch eine relativ hohe Komplexität und ein gewisses Eigenrisiko aus. Dies kann durch falsche Einschätzungen der Wirkungsweise oder der Preisbewegungen u.U. dazu führen, dass ein Unternehmen auf Grund der Risikohandhabung in eine finanzielle

[464] KPMG stellte in einer empirischen Untersuchung fest, dass 66% der befragten Unternehmen hauptsächlich auf diese Weise vorgehen. Vgl. KPMG AG (2007), S. 14.

[465] Das Nichtgelingen der Überwälzung ist kein Einzelfall. Vgl. hierzu die Argumentation in Kapitel 2.2.3.

[466] Vgl. ähnlich A.T. Kearney (2006), S. 18, Waters (2007), S. 196.

[467] Vgl. auch A.T. Kearney (2006), S. 15, KPMG AG (2007), S. 2. Diese kurzfristige Anpassung der operativen Beschaffung hat selbstverständlich nur einen geringen Einfluss auf die Gesamtrisikosituation, ist aber eine relativ einfach umzusetzende Maßnahme und zeigt, ob Unternehmen bereit sind potenziell verfügbare Maßnahmen auszuschöpfen. Vgl. Wildemann (2007), S. 16.

[468] Analog zu den Ausführungen am Anfang dieses Kapitels verzichten insbesondere kleinere Unternehmen überdurchschnittlich oft auf den Einsatz von Derivaten. Vgl. A.T. Kearney (2006), S. 19, Grebe (1993), S. 249.

[469] Vgl. Kropp/Gillenkirch (2004), S. 88.

[470] Vgl. KPMG AG (2007), S. 22. So sparte z.B. Southwest Airlines durch die derivative Absicherung des Kerosinpreises 32% der Kosten, Jet blue und US airways immerhin noch 13%. Vgl. A.T. Kearney (2006), S. 20.

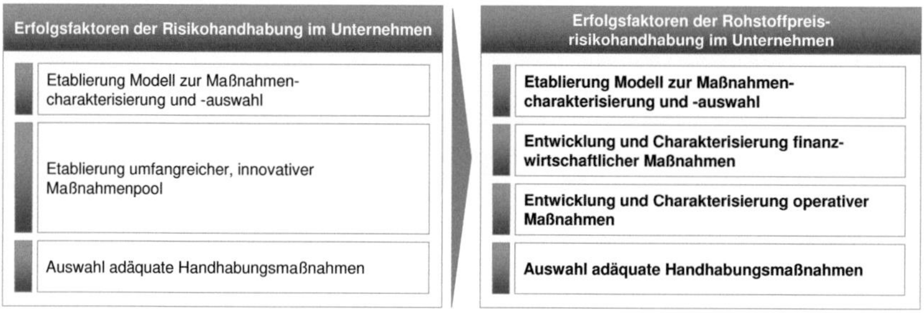

Abbildung 3.8: Anpassung Erfolgsfaktoren Rohstoffpreisrisikohandhabung im Unternehmen

Schieflage gerät.[471] Festzuhalten bleibt, dass eine Vielzahl operativer und auch finanzwirtschaftlicher Handhabungsmaßnahmen erfolgreich für das Management von Rohstoffpreisrisiken eingesetzt werden kann und soll.[472] Die Unternehmen müssen sich diese nur erschließen und deren Wirkungsweise sorgfältig studieren, bevor sie eingesetzt werden. Der Erfolgsfaktor „Etablierung umfangreicher, innovativer Maßnahmenpool" soll aus diesem Grund etwas spezifiziert und in „Entwicklung und Charakterisierung finanzwirtschaftlicher Maßnahmen" und „Entwicklung und Charakterisierung operativer Maßnahmen" aufgeteilt werden.

Auch wenn mit einigen Handhabungsmaßnahmen oftmals gute Ergebnisse bezüglich des Managements von Rohstoffpreisrisiken erzielt wurden, können keine allgemein gültigen Erfolgsfaktoren für den Einsatzes einer spezifischen Handhabungsmaßnahme abgeleitet werden. Der Einsatz und damit auch der Erfolg einer Maßnahme ist zu sehr von den jeweiligen Begleitumständen bzw. der Unternehmenssituation abhängig.[473] Insofern ist der in Kapitel 3.1.4 entwickelte Erfolgsfaktor „Auswahl adäquate Handhabungsmaßnahmen" auch für das Rohstoffpreisrisikomanagement von großer Bedeutung und wird unverändert übernommen. Abbildung 3.8 fasst die Anpassungen der Erfolgsfaktoren für die Rohstoffpreisrisikohandhabung zusammen.

---

471 Vgl. hierzu insbesondere die Ausführungen in Kapitel 5.3.1, BODNAR/GEBHARDT (1999), S. 8, BEHNKE (1986), S. 9, STEFFIN (2002), S. 1.

472 Vgl. FISHER/KUMAR (2010), S. 5.

473 Vgl. z.B. PRICE WATERHOUSE COOPERS AG (2008b), S. 27.

Auch das **Risikocontrolling** im Rahmen des Rohstoffpreisrisikomanagements beinhaltet im Großen und Ganzen die inhaltlichen Schwerpunkte Kontrolle (Performancemessung), Dokumentation und Reporting. Insofern sind keine Anpassungen der drei in Kapitel 3.1.5 abgeleiteten Erfolgsfaktoren notwendig. Es bleibt somit bei den Erfolgsfaktoren „Etablierung regelmäßiger Performancemessungen und Prozessentwicklung", „Sicherstellung Prozessdokumentation und Garantierung Datenqualität" sowie „Entwicklung standardisierter, aussagekräftiger, zielgruppenorientierter Reports". Trotzdem bedarf es unter Berücksichtigung der Spezifitäten des Rohstoffpreisrisikomanagements zu allen drei Erfolgsfaktoren noch einer kurzen Anmerkung. Bezüglich des Erfolgsfaktors „Etablierung regelmäßiger Performancemessungen und Prozessentwicklung" müssen insbesondere die statistischen Modelle, die bei der Rohstoffpreisrisikobewertung zum Einsatz kommen, ex-post – mit realen Daten – auf ihre Güte hin getestet werden (sog. Backtesting).[474] Dies hat den Vorteil, dass Fehler der Modelle ex-post erkannt und für die Zukunft vermieden werden können. Bezüglich des Erfolgsfaktors „Sicherstellung Prozessdokumentation und Garantierung Datenqualität" ist anzumerken, dass die Wichtigkeit der Dokumentation und Beschreibung der verschiedenen Phasen selbstverständlich mit der Komplexität der Materie ansteigt und auch die Datenqualität vor allem für die Phasen der Rohstoffpreisrisikoanalyse und der Rohstoffpreisrisikohandhabung eine sehr hohe Bedeutung besitzt.[475] Bezüglich des Erfolgsfaktors Entwicklung standardisierter, aussagekräftiger, zielgruppenorientierter Reports" wurden in empirischen Untersuchungen zum Reporting von Preisrisiken große Schwächen diagnostiziert. Während die Bedeutung der Reports als sehr hoch eingeschätzt wurde, war die Qualität und die Verbreitung der Reports sehr niedrig.[476] Vor diesem Hintergrund liegt die Vermutung nahe, dass in diesem Bereich noch Aufklärungsarbeit geleistet werden muss.[477] Da im Bereich des Risikocontrollings keine Anpassungen der Erfolgsfaktoren im Vergleich zu Kapitel 3.1.5 notwendig waren, werden in Abbildung

[474] Vgl. Chance/Brooks (2008), S. 580, 583. Für mehr Details vgl. auch Group of Thirty (1993), Capital Market Risk Advisors (CMRA) (1996).

[475] Vgl. Chance/Brooks (2008), S. 581, Group of Thirty (1993).

[476] Vgl. Zawisla (2008), S. 282.

[477] Dem Reporting kommt insbesondere bei den finanzwirtschaftlichen Risiken ein hoher Stellenwert zu. Vgl. Chance/Brooks (2008), S. 583, Capital Market Risk Advisors (CMRA) (1996).

Abbildung 3.9: Erfolgsfaktoren Rohstoffpreisrisikomanagement im Unternehmen

3.9 direkt alle Erfolgsfaktoren des Rohstoffpreisrisikomanagements im Unternehmen dargestellt.

3.3 Risikomanagement in der Supply Chain

3.3.1 Risikomanagement in der Supply Chain – Einführung

Wie in den Abschnitten 2.1.1 und 2.1.2 bereits herausgearbeitet, gewinnen SC und SCM in der Praxis immer mehr an Bedeutung. Spektakuläre Schadensfälle in globalen SC in der letzten Zeit haben bewiesen,[478] dass konventionelle Risikomanagementansätze mit dem Fokus auf das einzelne Unternehmen nicht mehr zeitgemäß sind, da sich Risiken in der SC fortpflanzen und alle verbundenen Unternehmen in Mitleidenschaft ziehen.[479] Unternehmensübergreifende Risiken bedürfen, wie auch die unternehmensübergreifenden funktionalen Tätigkeiten im SCM, eines unternehmensübergreifenden Managements über die gesamte SC hinweg.[480] Teague sagt dazu: „Analyzing primary suppliers is only part of effective risk management, it's critical to extend that analysis to tier 2 and tier 3 suppliers."[481]

Das konsequenterweise aus diesen Überlegungen entstandene Risikomanagement in der SC ist für jedes moderne Unternehmen von Interesse. Brindley und Ritchie schreiben 2004 hierzu: „Risk management within supply chains is one of the most significant challenges facing every organization by virtue of the fact that all organizations are a member of at least one and more probably, multiple supply chains."[482] Risikomanagement in der SC hat in den letzten Jahren viel Zuspruch in der Theorie erhalten und das wissenschaftliche Interesse an der Entwicklung geeigneter Modelle und Ansätze stieg erheblich an.[483] Eine umfassende Literaturrecherche aus dem Jahr 2007 verdeutlicht diesen Sachverhalt. 1988 erschien die erste Publikation, die das Management von Risiken für ganze Lieferketten als wichtig erachtete. Die Anzahl der danach erschienenen Beiträge stieg stark an, bis im Jahr 2004 der höchste Wert mit ca. 60 Publikationen erreicht war. In den Folgejahren blieb es

[478] Sog. „SC-Disruptions" – Unterbrechungen der Lieferkette – haben einen erheblichen Einfluss auf z.B. den Aktienkurs oder auch die operative Performance. Vgl. für Details die Untersuchung von Hendricks von über 800 Unternehmen im Zeitraum von 1989 bis 2000. HENDRICKS/SINGHAL (2005), HENDRICKS/SINGHAL (2005b). Hauptgründe für derartige „SC-Disruptions" sind schlechte Qualität, verspätete Lieferungen und unerwartete Erhöhungen der Beschaffungskosten. Vgl. WATERS (2007), S. 49. Für Details zu der durchgeführten Untersuchung vgl. MINAHAN (2005).

[479] In einer Untersuchung wurde herausgestellt, dass große tendenziell gut geschützte Unternehmen ihr Risikoexposure erhöhen, wenn sie mit weniger gut geschützten SMEs in einer SC kooperieren. Vgl. FINCH (2004), S. 194.

[480] Das größte Risiko sehen Beschaffungsabteilungen nicht in den eigenen Risiken oder den Risiken der direkten Lieferanten, sondern in den Risiken weiter upstream. Vgl. PROCUREMENT STRATEGY COUNCIL (2008), S. 4, GÖTZE/MIKUS (2006), S. 29, JÜTTNER/ZIEGENBEIN (2008), S. 199.

[481] TEAGUE (2009), S. 2.

[482] BRINDLEY/RITCHIE (2004), S. 4.

[483] Dies ist umso bemerkenswerter, da die gesamte Bewegung des Risikomanagements in SC freiwilliger Natur ist. Vgl. KAJÜTER (2006), S. 21.

bei einer hohen Anzahl von Publikationen zu diesem Thema. Abbildung 3.10 verdeutlicht diesen Sachverhalt.

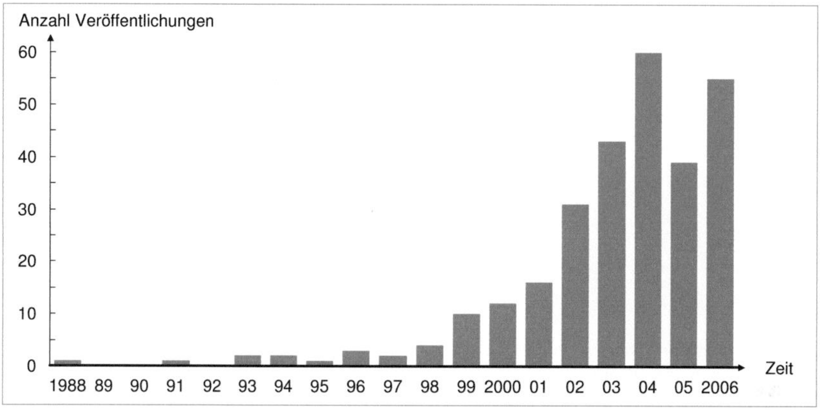

Abbildung 3.10: Entwicklung Veröffentlichungen Supply Chain Risikomanagement[484]

Ein großer Kritikpunkt an den zahlreichen Veröffentlichungen ist, dass nur wenige theoretische oder auch empirische Ansätze existieren, die eine Ableitung von Erfolgsfaktoren des Risikomanagements in der SC für die industrielle Praxis erlauben würden.[485] Der Detailgrad der Ausführungen ist zumeist zu Gunsten der Breite der Betrachtungsweise stark limitiert worden.[486] Der Grund dafür ist allerdings nicht alleine auf die Wissenschaft zurückzuführen. Vielmehr liegt dies auch maßgeblich in der Tatsache begründet, dass es kaum Unternehmen bzw. SC gibt, die den Ansatz des Risikomanagements in SC bereits weitläufig verinnerlicht haben und insofern durch empirische Untersuchungen kein großer Erkenntnisgewinn zu erwarten wäre.[487] So notierten Harland et al. im Jahr 2003 auf Grund von Fallstudien im Elektroniksektor, dass die jeweiligen Fokalunternehmen nur

[484] Eigene Darstellung. Angelehnt an BUSCHER/WELS/WINTER (2007), S. 349 f.

[485] Vgl. ZIEGENBEIN (2007), S. 63, JÜTTNER (2005), S. 121.

[486] Vgl. HAYWOOD/PECK (2003) oder die Ausführungen in Kapitel 2.3.3.

[487] Vgl. WATERS (2007), S. 178, KERSTEN/HOHRATH/WINTER (2008), S. 15. Zu diesem Schluss kommt auch Henke in seiner Untersuchung. Er verortet die Implementierungslücke besonders im Bereich Risikoanalyse und Risikohandhabung. Vgl. HENKE (2009), S. 183.

ca. 50% der Risiken in der SC kannten.[488] Auch noch 2006 wurde konstatiert, dass die modernen Risikomanagementmodelle bisher hinter der Entwicklung der Unternehmensnetzwerke zurückgeblieben sind.[489] In der Regel wird also das Risikomanagement von den in der SC mitwirkenden Unternehmen unabhängig voneinander durchgeführt und der unternehmensübergreifende Gedanke findet wenig Berücksichtigung.[490]

Die zahlreichen Veröffentlichungen beschreiben die Hauptaufgaben des Risikomanagements in SC sehr homogen und haben damit zu großen Teilen das gleiche Begriffsverständnis. Die Aufgaben bestehen darin, alle Strategien und Maßnahmen, alles Wissen, alle Institutionen, alle Prozesse sowie alle Technologien zu identifizieren, die auf technischer, personeller und organisatorischer Ebene dazu geeignet sind, die Risiken innerhalb einer SC zu erkennen, zu bewerten und zu helfen, bewusste Risikoentscheidungen zu treffen.[491] SC Risk Management ist also eine Aktivität, die darauf abzielt, „gemeinsam mit den SC-Partnern, Techniken des Risikomanagements anzuwenden, um Risiken und Unsicherheiten zu beherrschen, die von den die Logistik betreffenden Aktivitäten oder Ressourcen verursacht werden oder sich auf diese auswirken"[492] und hat die Aufgabe, die Koordination und Kollaboration zwischen den Netzwerkpartnern so zu optimieren und auftretende Risiken dahingehend zu managen, dass die Profitabilität der SC erhalten bleibt.[493]

Da die Veröffentlichungen zu Risikomanagement in der SC – wie oben beschrieben – nur limitierte Ansatzpunkte zur Herleitung belastbarer Erfolgsfaktoren enthalten, wird die explizite Herleitung der Erfolgsfaktoren – abweichend von der Vorgehensweise im Bereich des Rohstoffpreisrisikomanagements – nicht auf Basis der Erfolgsfaktoren des Allgemeinen Risikomanagements aus Kapitel 3.1 und Anregungen aus der einschlägigen

488 Vgl. JÜTTNER (2005), S. 3. Für Details zur Originalstudie vgl. HARLAND/BRENCHLEY/WALKER (2003).

489 Vgl. WATERS (2007), S. 181.

490 Vgl. BODE et al. (2007), S. 14. In zahlreichen Interviews mit Risikomanagement-Verantwortlichen fand Juettner (2005) Evidenzen für die fehlende Abstimmung und Transparenz, was die Risikomanagementsysteme in einer SC angeht. Die Unternehmen schätzten, dass nur ca. 30% ihrer Lieferanten bzw. Kunden einen Risikonotfallplan besäßen – der reale Anteil belief sich allerdings auf mehr als 50%. Vgl. JÜTTNER (2005), S. 9 f.

491 Vgl. HOTWAGNER (2008), S. 26.

492 Vgl. NORRMAN/JANSSON (2004), S. 436.

493 Vgl. TRKMAN/MCCORMACK (2009), S. 5. Dies bedeutet, dass ein Weg gefunden werden muss, der SC-Kosten, -Sicherheit und -Performance miteinander vereint. Vgl. TEUTENBERG (2007), S. 100.

Literatur erfolgen.[494] Vielmehr werden die bereits in Kapitel 2.1.3 erarbeiteten Erfolgsfaktoren des SCM mit den Erfolgsfaktoren des Allgemeinen Risikomanagements aus Kapitel 3.1 verknüpft. Hiermit soll insbesondere der unternehmensübergreifende Aspekt – also der Hauptunterschied des Risikomanagements in der SC im Vergleich zum Allgemeinen Risikomanagement – angemessen berücksichtigt werden. Im folgenden Kapitel werden die für das Risikomanagement in der SC notwendigen Anpassungen der Erfolgsfaktoren des Allgemeinen Risikomanagements aus Kapitel 3.1 entlang der vier Phasen des Risikomanagementprozesses erläutert.

3.3.2 Risikomanagement in der Supply Chain – Status und Erfolgsfaktoren

Wie bereits im vorangegangenen Kapitel erwähnt, sollen die unternehmensübergreifenden Aspekte des Risikomanagements in der SC im Wesentlichen durch die Integration der fünf in Kapitel 2.1.3 abgeleiteten Erfolgsfaktoren des SCM erfolgen. Im Einzelnen sind dies:

- „Generierung zielgerichteter SC-Transparenz und Durchführung Partnerselektion"
- „Generierung homogenes Zielsystem"
- „Etablierung eindeutiger Verantwortungs- und Organisationsstrukturen"
- „Implementierung vertrauensförderndes Kooperationsmanagement"
- „Entwicklung umfassende SC-Performancemessung und Ergebnisverteilung"

Die vier erst genannten Faktoren sollen im Rahmen der ersten Phase des Risikomanagementprozesses – der Risikostrategie – berücksichtigt werden, während der letzte Faktor – „Entwicklung umfassende SC-Performancemessung und Ergebnisverteilung" – dem Risikocontrolling und damit Phase 4 des Risikomanagementprozesses zugeordnet wird.

[494] Analog der Argumentation zur Nähe des Allgemeinen Risikomanagements und des Rohstoffpreisrisikomanagements wird davon ausgegangen, dass die im Rahmen des Kapitels 3.1 hergeleiteten Erfolgsfaktoren für das Allgemeine Risikomanagement zu großen Teilen auch für das Risikomanagement in der SC Gültigkeit besitzen.

Der erste zu behandelnde Erfolgsfaktor im Rahmen der **Risikostrategie** ist damit „Generierung zielgerichteter SC-Transparenz und Durchführung Partnerselektion". Durch die Erweiterung des Handlungsrahmens des Risikomanagements von einem individuellen Unternehmen auf die SC erhöht sich die Komplexität der Prozesse, was eine reduzierte Transparenz zur Folge hat.[495] Ein Logistikverantwortlicher der Daimler AG äußerte sich dazu folgendermaßen: „Wir kennen die Prozesse und Fähigkeiten unserer Lieferanten sehr gut. Wir wissen jedoch nichts über deren Lieferantenstruktur."[496] So bestehen besonders in umfassenden SC starke Abhängigkeiten unter den einzelnen Unternehmen über verschiedene Stufen der SC hinweg, die auf den ersten Blick nur schwer ersichtlich sind. Das Erkennen dieser Abhängigkeiten setzt eine genaue Kenntnis der Lieferstrukturen inkl. der Beziehungsstrukturen voraus und ist für ein effizientes Risikomanagement in der SC exorbitant wichtig.[497] Es macht insofern auch für das Risikomanagement in der SC Sinn, zielgerichtet ausgewählte Informationen zu erheben, um eine angemessene Transparenz über die SC zu generieren. Darüber hinaus bedeutet auch die Integration verschiedener Unternehmen in das unternehmensübergreifende Risikomanagement Transaktionskosten. Dabei gilt, je heterogener die Unternehmen bezüglich ihrer Risikokultur, -bereitschaft und -tragfähigkeit sowie ihrer Zielvorstellungen, desto höher die Transaktionskosten.[498] Analog zu den Überlegungen in Kapitel 2.1.3 ist es aus diesem Grund sinnvoll, eine Selektion geeigneter Partner durchzuführen, um die Anzahl der Unternehmen, die in das Risikomanagement in der SC integriert werden müssen, so klein wie möglich, aber so umfassend wie nötig zu halten. Der Erfolgsfaktor des SCM „Generierung zielgerichteter SC-Transparenz und Durchführung Partnerselektion", der inhaltlich nicht in einem der Erfolgsfaktoren des Risikomanagements im Unternehmen abgedeckt ist, soll insofern auch für das Risikomanagement in der SC gleichermaßen gelten.

Sowohl im Rahmen des SCM als auch im Rahmen des Risikomanagements im Unternehmen ist die Definition eines Zielsystems sowie die Etablierung einer Organisations-

[495] Vgl. Procurement Strategy Council (2008), S. 5.

[496] Dodel (2004), S. 3. Vgl. auch die Ausführungen in Kapitel 2.1.3.

[497] Vgl. Hallikas/Varis (2008), S. 37. Bzw. Iansity/Levien (2004), Elkins et al. (2008b), S. 60 ff., Gabath (2010), S. 31.

[498] Vgl. Waters (2007), S. 183. Es wird deutlich, dass vor allem bei umfassenden SC mit bis zu 10.000 Partnern die Integration aller Unternehmen den Rahmen sprengen würde.

und Verantwortungsstruktur als Erfolgsfaktor verankert. Während das SCM besonderen Wert darauf legt, dass sich die SC-Partner auf ein gemeinsames Zielsystem einigen – also Homogenität zwischen den Zielsystemen herrscht – steht im Risikomanagement im Unternehmen die Konvergenz des Zielsystems mit den Unternehmenszielen im Fokus.[499] Im Rahmen des Risikomanagements in der SC muss der entsprechende Erfolgsfaktor folglich „Definition konvergentes, homogenes Zielsystem" heißen. Was die Organisations- und Verantwortungsstruktur angeht, unterscheiden sich die Erfolgsfaktoren im SCM und im Risikomanagement im Unternehmen wieder nur im Detail. Während das SCM insbesondere die Eindeutigkeit der Strukturen über die Unternehmensgrenzen hinweg in den Mittelpunkt stellt, ist das Risikomanagement im Unternehmen darauf bedacht, seine Organisations- und Verantwortungsstruktur so stark wie möglich in die bereits bestehenden Strukturen zu integrieren, damit schlank zu halten und insgesamt einer Entfremdung des Risikomanagements vom operativen Tagesgeschäft vorzubeugen.[500] Die Schwierigkeit, dass oft beim Aufbau eines Risikomanagements nicht ausreichend Managementkapazitäten zur Verfügung gestellt werden, wird von beiden Erfolgsfaktoren adressiert.[501] Wieder sollen die Erfolgsfaktoren sowohl inhaltlich als auch sprachlich kombiniert werden und der Erfolgsfaktor im Rahmen des Risikomanagements in der SC „Etablierung schlanke, eindeutige Organisations- und Verantwortungsstruktur" genannt werden.

Der vierte und damit letzte Erfolgsfaktor des SCM, der in der Risikostrategie der SC eine Rolle spielen soll, lautet: „Implementierung vertrauensförderndes Kooperationsmanagement". Er hat maßgeblich den Aufbau eines Vertrauensverhältnisses unter den Partnerunternehmen zum Ziel und beinhaltet vor allem den Abbau von Informationsasymmetrien, die Institutionalisierung der Kommunikationswege, die Implementierung eines Wissensmanagements sowie die Etablierung eines Eskalationsmanagements.[502] Da der Vertrau-

499 Vgl. 2.1.3 und 3.1.2.

500 Eine reibungslose unternehmensübergreifende Integration der Organisations- und Verantwortungsstruktur ist allerdings relativ unwahrscheinlich. Vielmehr sollten die Unternehmen damit rechnen, Änderungen an – teilweise bereits als gut empfundenen – Systemem vorzunehmen. Vgl. hierzu auch Waters (2007), S. 181.

501 Dies wird empirischen Untersuchungen zur Folge auch beim Aufbau eines Risikomanagements in der SC als Herausforderung gesehen. Vgl. Gabath (2010), S. 31.

502 Vgl. hierzu auch die Ausführungen in Kapitel 2.1.3.

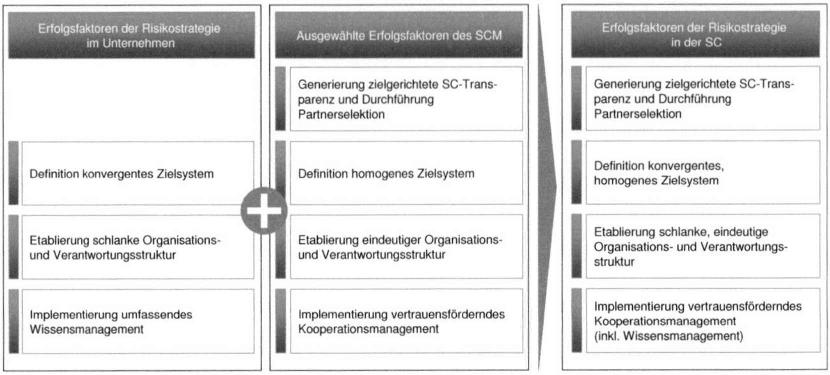

Abbildung 3.11: Anpassung Erfolgsfaktoren Risikostrategie in der SC

ensaufbau auch für das Risikomanagement in der SC von großer Bedeutung ist[503] und der Erfolgsfaktor des SCM die Implementierung eines Wissensmanagements – wie im Rahmen des Risikomanagements im Unternehmen als Erfolgsfaktor herausgearbeitet – beinhaltet, soll der Erfolgsfaktor „Implementierung vertrauensförderndes Kooperationsmanagement" unverändert für das Risikomanagement in der SC gelten. Abbildung 3.11 fasst die erläuterten Anpassungen der Erfolgsfaktoren für die Risikostrategie in der SC, ausgehend von den Erfolgsfaktoren des SCM und des Risikomanagements im Unternehmen übersichtlich zusammen.

Betreffend die **Risikoanalyse** im Unternehmen, wurden in Kapitel 3.1.3 sowohl für die Risikoidentifikation als auch für die Risikobewertung jeweils zwei Erfolgsfaktoren herausgearbeitet. In Anbetracht der Tatsache, dass es sich auch im Rahmen des Risikomanagements in der SC um die Identifikation und Bewertung von allgemeinen Risiken handelt, können diese unverändert auch für das Risikomanagement in der SC gelten. Im Einzelnen sind dies „Durchführung systematischer, lückenloser Identifikation", „Entwicklung plausibles, integriertes Frühwarnsystem", „Entwicklung standardisierter, objektivierter Risikobewertung" sowie „Ermittlung aggregierte Risikoposition und Ableitung Handhabungsnotwendigkeit". Es ist allerdings darauf hinzuweisen, dass durch die Auswei-

[503] Vgl. Waters (2007), S. 183.

tung des Handlungsrahmens auf die SC unbedingt auch die Ansätze zur Risikoanalyse unternehmensübergreifend und kooperativ durchgeführt werden müssen und die Realisierung der Erfolgsfaktoren komplexer wird.[504] So eröffnen sich z.B. neue Möglichkeiten der Informationsgewinnung durch die Integration von vor- bzw. nachgelagerten Wertschöpfungspartnern.[505]

Die drei in Kapitel 3.1.4 abgeleiteten Erfolgsfaktoren bezüglich der **Risikohandhabung** im Unternehmen müssen im Rahmen des Risikomanagements in der SC ebenfalls nicht angepasst werden. Es bleibt folglich bei den Erfolgsfaktoren „Etablierung einheitliches Modell zur Maßnahmencharakterisierung", Entwicklung umfangreicher, innovativer Maßnahmenpool" sowie „Auswahl adäquate Handhabungsmaßnahmen". Der Vollständigkeit halber soll dennoch erwähnt werden, dass die Risikohandhabung in der SC als wesentlich flexibler und schlagkräftiger einzuschätzen ist. Dies liegt an der verbesserten Ausstattung vor allem in finanzieller und personeller Hinsicht und auch an der Multiplikation der potenziellen Hebel durch den erweiterten Handlungsrahmen. Voraussetzung hierfür ist selbstverständlich, dass die Unternehmen das Know-how besitzen, um die erweiterte Klaviatur der Risikohandhabungsmaßnahmen innerhalb der SC auch zu bedienen. Dies scheint allerdings – wie auch schon für das einzelne Unternehmen – nicht der Regelfall zu sein, da insbesondere die Risikohandhabung im Bereich des Risikomanagements in der SC als besonders schwach beurteilt wird.[506] Über 65% der Unternehmen integrieren ihre direkten Lieferanten und Kunden nur unzureichend bei der Entwicklung geeigneter Handhabungsmaßnahmen.[507] Viele Unternehmen führen zwar klassische Lieferantenbewertungen und zunehmend auch Best-Practice-Checks und Benchmarking durch, um bei zu großen Risiken Lieferanten zielgerichtet zu entwickeln oder auch auszuphasen,[508] doch

[504] So muss z.B. bei der Ermittlung der Risikoposition damit gerechnet werden, dass durch den unternehmensübergreifenden Aspekt zusätzliche Aggregationsstufen berechnet werden müssen.

[505] Vgl. ähnlich ELKINS et al. (2008b), S. 60 ff.

[506] Vgl. HENKE (2009), S. 183.

[507] Vgl. PROCUREMENT STRATEGY COUNCIL (2008), S. 19. Ein Grund dafür könnte die Einstellung der direkten Partner sein, falls Handhabungsmaßnahmen vorgeschlagen werden. Hier weisen über 80% der direkten Partner die Vorschläge wegen anfallender Kosten oder Zeitaufwands zurück. Vgl. PROCUREMENT STRATEGY COUNCIL (2008), S. 20.

[508] Vgl. ZAWISLA (2008), S. 230.

sind diese Bemühungen meist auf die Tier-1-Lieferanten beschränkt.[509] Folge dieser Entwicklung ist die Tatsache, dass laut einer Umfrage aus dem Jahr 2004 38% der befragten CFOs der Meinung waren „we're sitting on too much unmanaged supplier risk."[510] Weiterer Optimierungsbedarf steckt in der Festlegung der Unternehmen, die im Endeffekt am besten dazu geeignet sind, die Risiken zu handhaben – also auch in der Auswahl der geeigneten Handhabungsmaßnahmen.[511]

Wie bereits eingangs dieses Kapitels erwähnt, ist der fünfte Erfolgsfaktor des SCM „Entwicklung umfassende SC-Performancemessung und Ergebnisverteilung" dem **Risikocontrolling** zuzuordnen. Dies bedeutet, dass wieder sowohl im SCM als auch im Risikomanagement im Unternehmen ein Erfolgsfaktor den Aspekt Performancemessung berücksichtigt.[512] Beide Erfolgsfaktoren unterstreichen damit die Wichtigkeit der Tatsache, dass die Performance jederzeit bekannt ist und die Mitarbeiter in den unternehmensübergreifenden Teams über die gleichen Kennzahlen zur Erfolgsmessung reden.[513] In der Praxis scheint dies derzeit keine Selbstverständlichkeit zu sein. „An astounding 90% of all enterprises report that their global supply chain technology is inadequate to provide the organization with the timely information it requires for budget, cash flow planning and management."[514] Während der Erfolgsfaktor des SCM nur die Performancemessung hervorhebt, fokussiert sich der Erfolgsfaktor des Risikomanagements im Unternehmen auch auf die Weiterentwicklung des Prozesses und ist somit umfassender. Der Erfolgsfaktor des Allgemeinen Risikomanagements soll aus diesem Grund nicht angepasst werden und weiterhin „Etablierung regelmäßige Performancemessung und Prozessentwicklung" heißen.

509 In der Praxis ist es oft auch ein Problem, die je nach Situation richtigen Kriterien für die Lieferantenbewertung zu identifizieren und die richtigen Daten zu erheben bzw. die Kriterien bei sich ändernden Umweltbedingungen auch mal anzupassen. Vgl. Zawisla (2008), S. 200. Selbst wenn diese Aspekte ausreichend gut durchgeführt werden und alles auf eine notwendige Ausphasung hindeutet, sind die Unternehmen meist zu zögerlich. Der von vielen Autoren geforderte „real time supply chain reconfiguration support" bleibt somit Wunschdenken. Vgl. Elkins et al. (2008b), S. 60 ff.

510 Katz (2004), S. 1.

511 Vgl. Procurement Strategy Council (2008), S. 16.

512 Im Risikomanagement im Unternehmen lautete die Bezeichnung des Erfolgsfaktors „Etablierung regelmäßiger Performancemessung und Weiterentwicklung Prozess".

513 In diesem Zusammenhang wird oft vom Aufbau einer Balanced Scorecard als Arbeitsvoraussetzung gesprochen. Vgl. Hahn (1999), S. 854. Oder eine ähnliche Argumentation in Heusler (2004), S. 391.

514 Aberdeen Group (2006), S. 16.

Die weiteren im Rahmen des Kapitels 3.1.5 abgeleiteten Erfolgsfaktoren für das Risikocontrolling im Unternehmen bedürfen im Kontext des Risikomanagements in der SC ebenfalls keiner weiteren inhaltlichen Erweiterungen. Es bleibt somit bei den Erfolgsfaktoren „Sicherstellung Prozessdokumentation und Garantierung Datenqualität" sowie „Entwicklung standardisierter, aussagekräftiger, zielgruppenorientierter Reports". Analog zu den Bemerkungen zur Risikoanalyse ist zu erwähnen, dass es darauf ankommt, sowohl die Dokumentation und Datensammlung als auch die Reports möglichst über die beteiligten Unternehmen hinweg zu standardisieren. Dies vereinfacht die spätere Verarbeitung sowie Aggregation der Informationen auf jeder Managementebene erheblich.[515]

Alle im aktuellen Kapitel erarbeiteten Erfolgsfaktoren des Risikomanagements in der SC werden in Abbildung 3.12 übersichtlich zusammengefasst.

Abbildung 3.12: Erfolgsfaktoren Risikomanagement in der SC

515 Vgl. KENT/GERAGHT (2004), S. 3 f.

3.4 Entwicklung Erfolgsfaktoren Rohstoffpreisrisikomanagement in der Supply Chain

Wie bereits in den Kapiteln 2.3.3 und 2.4 gezeigt, ist das Rohstoffpreisrisikomanagement in der SC als Forschungslücke zu bezeichnen. Es wurden drei existierende Risikomanagementansätze identifiziert, die zur Ableitung von Erfolgsfaktoren für die Entwicklung eines Rohstoffpreisrisikomanagements in der SC genutzt werden können. Diese sind das Allgemeine Risikomanagement im Unternehmen, das Rohstoffpreisrisikomanagement im Unternehmen und das Risikomanagement in der SC. Im Rahmen des aktuellen Kapitels wurden ausgehend von 13 aus der Literatur abgeleiteten Erfolgsfaktoren des Risikomanagements im Unternehmen 13 Erfolgsfaktoren für das Rohstoffpreisrisikomanagement im Unternehmen und 14 für das Risikomanagement in der SC herausgearbeitet.

Wie in Abbildung 2.16 gezeigt, setzt sich das Rohstoffpreisrisikomanagement in der SC inhaltlich und auch strukturell/methodisch aus Aspekten des Rohstoffpreisrisikomanagements im Unternehmen und dem Risikomanagement in der SC zusammen. Aus diesem Grund sollen die 13 bzw. 14 Erfolgsfaktoren dieser beiden Konzepte zusammengeführt und daraus eine Liste von Erfolgsfaktoren für das Rohstoffpreisrisikomanagement in der SC entwickelt werden. Da die Zusammenführung ohne zusätzlichen inhaltlichen Input durchgeführt werden kann, wird im Anschluss nicht die Entstehung jedes einzelnen Erfolgsfaktors, sondern nur die konzeptionelle Vorgehensweise beschrieben.

Im Rahmen der Zusammenführung kann zwischen drei Situationen unterschieden werden. Zum Ersten gibt es den Fall, dass die Erfolgsfaktoren des Rohstoffpreisrisikomanagements im Unternehmen und des Risikomanagements in der SC begrifflich und damit auch inhaltlich identisch sind. Dies ist immer dann gegeben, wenn keine Anpassungen der Erfolgsfaktoren des Risikomanagements im Unternehmen aus Kapitel 3.1 durchgeführt wurden. Folglich taucht der Erfolgsfaktor auch unverändert als Erfolgsfaktor des Rohstoffpreisrisikomanagements in der SC auf. Zum Zweiten gibt es den Fall, dass ein Erfolgsfaktor entweder im Rahmen der Anpassungen für das Rohstoffpreisrisikomanagement im Unternehmen oder für das Risikomanagement in der SC verändert wurde. In diesem Fall wird immer der veränderte Erfolgsfaktor für das Rohstoffpreisrisikomanagement in der SC herangezogen. Zum Dritten gibt es den Fall, dass ein Erfolgsfaktor sowohl im Rahmen der Anpassung für das Rohstoffpreisrisikomanagement im Unternehmen als auch für das Risikomanagement in der SC verändert wurde. Im Falle dieser Konstellation wird eine begriffliche und inhaltliche Kombination der Erfolgsfaktoren durchgeführt.[516]

Insgesamt resultieren aus der beschriebenen Zusammenführung 14 Erfolgsfaktoren für das Rohstoffpreisrisikomanagement in der SC, die sich wie folgt auf die einzelnen Phasen des Risikomanagementprozesses aufteilen: Risikostrategie – vier, Risikoanalyse – drei, Risikohandhabung – vier und Risikocontrolling – drei. Diese sind in Abbildung 3.13 übersichtlich dargestellt.

3.5 Zwischenfazit und Ausblick auf Kapitel 4

Ziel dieses Kapitels war die Beantwortung der zweiten Hauptforschungsfrage wie in Kapitel 1.1 formuliert. Diese lautet: Welche Ansätze in der theoretischen und empirischen Literatur gibt es bereits, auf die bei der Entwicklung eines Konzepts zum unternehmensübergreifenden Management von Rohstoffpreisrisiken zurückgegriffen werden kann? Welche Erfolgsfaktoren lassen sich daraus ableiten?

Hierzu wurden zuerst in Kapitel 2.4 verwandte Risikomanagementansätze identifiziert. Im Einzelnen handelte es sich hier um das Allgemeine Risikomanagement im Unternehmen, dem Rohstoffpreisrisikomanagement im Unternehmen und dem Risikomanagement in der SC. Diese Ansätze wurden unter Berücksichtigung der einschlägigen theoretischen und empirischen Literatur im aktuellen Kapitel eingehend auf Erfolgsfaktoren entlang der vier Phasen des in Kapitel 2.3.2 abgeleiteten Risikomanagementprozesses untersucht. Schlussendlich konnten in mehreren aufeinander aufbauenden Schritten eine Liste von 14

[516] Z.B. resultiert der Erfolgsfaktor „Definition konvergentes, homogenes quantifizierbares Zielsystem" aus den Erfolgsfaktoren „Definition konvergentes, homogenes Zielsystem" (Risikomanagement in der SC) und „Definition konvergentes quantifizierbares Zielsystem" (Rohstoffpreisrisikomanagement im Unternehmen).

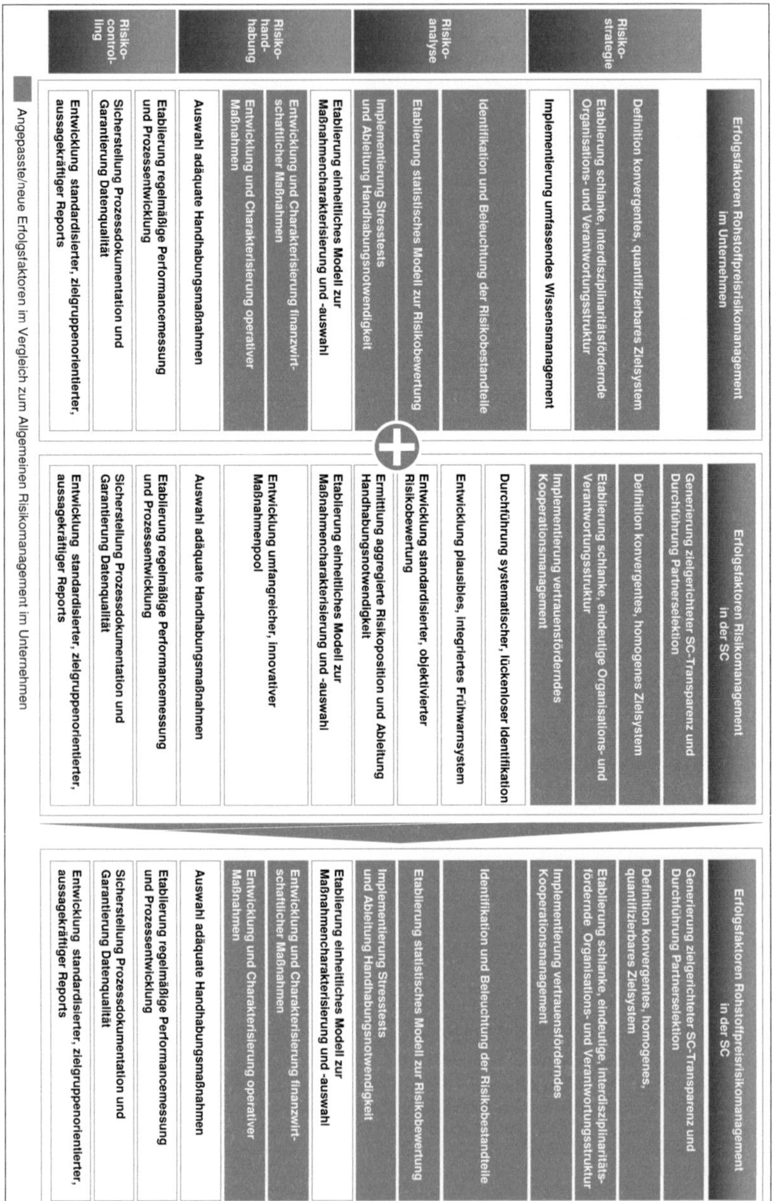

Abbildung 3.13: Erfolgsfaktoren Rohstoffpreisrisikomanagement in der SC

Erfolgsfaktoren für das Rohstoffpreisrisikomanagement in der SC entwickelt werden. Diese Erfolgsfaktoren bilden die inhaltliche und strukturelle Basis für die weiteren Schritte auf dem Weg zur Entwicklung eines Konzeptes zum Management von Rohstoffpreisrisiken in der SC mit Fokus auf die Automobilindustrie.

Das folgende Kapitel 4 ist der Beantwortung der dritten Hauptforschungsfrage gewidmet. Diese lautet: Wie ist der aktuelle Status quo der abgeleiteten Erfolgsfaktoren in der SC der Automobilindustrie zu beurteilen? Lassen sich inhaltliche Schwerpunkte für das Konzept zum Rohstoffpreisrisikomanagement in der SC ableiten? Dies ist notwendig, um den Aufsatzpunkt und die inhaltlichen Schwerpunkte des in Kapitel 5 zu entwickelnden Konzepts zum Management von Rohstoffpreisrisiken in automobilen SC zu bestimmen. Zur Beantwortung dieser Fragestellung wird eine empirische Untersuchung in Zusammenarbeit mit der Unternehmensberatung McKinsey&Company durchgeführt. Insgesamt gliedert sich der Ablauf und damit auch die Struktur des vierten Kapitels in drei Abschnitte. Im ersten Schritt stehen die Entwicklung des empirischen Untersuchungsmodells und die Charakterisierung der Befragten im Vordergrund. Der zweite Schritt ist auf die Auswertung der Untersuchungsergebnisse fokussiert. Im Einzelnen werden die SC-Stufen Stahlproduzent, Automobilzulieferer und Automobilhersteller in der Betrachtung berücksichtigt und der Status quo der im aktuellen Kapitel abgeleiteten Erfolgsfaktoren für das Rohstoffpreisrisikomanagement in der SC erhoben. Der dritte und letzte Schritt fasst die Untersuchungsergebnisse strukturiert zusammen und gibt einen kurzen Ausblick auf Struktur und Inhalte des nachfolgenden Kapitels.

4 Empirische Erhebung des Status quo der Erfolgsfaktoren für die Automobilindustrie mittels Fallstudien

4.1 Empirisches Untersuchungsmodell und Charakterisierung der Befragten

4.1.1 Erhebungs- und Analysemethodik

Die häufigsten empirischen Erhebungs- bzw. Untersuchungsmethoden in den Wirtschafts- und Sozialwissenschaften sind gemeinhin die Beobachtung und die Befragung.[517] Die Beobachtung zeichnet sich dadurch aus, dass kein künstliches Untersuchungsumfeld geschaffen wird, sondern die benötigten Daten aus der reinen Beobachtung der Realität gewonnen werden. Diese Vorgehensweise setzt voraus, dass der zu untersuchende Sachverhalt tatsächlich beobachtbar ist. Für das in der aktuellen Arbeit im Fokus stehende Rohstoffpreisrisikomanagement in der SC ist dies nicht der Fall. Damit scheidet die Beobachtung als grundsätzlich anwendbare Untersuchungsmethode aus.

Die Befragung wiederum lässt sich in vielfältiger Art und Weise unterteilen und kategorisieren. Die geläufigste Unterteilung ist die Gegenüberstellung von quantitativen und qualitativen Befragungen.[518] Die Unterschiede zwischen diesen beiden Formen der Befragung kann wiederum anhand mehrerer Kriterien illustriert werden. Die wichtigsten Unterscheidungsmerkmale sind Kommunikationsform, Auswahl und Anzahl der Befragten,

[517] Vgl. ROGGE (1995), S. 103.
[518] Vgl. LAMNEK (1993), S. 8.

Standardisierungsgrad, Art der Fragen sowie Auswertungsmethode und Vergleichbarkeit der Ergebnisse.[519]

Das erste Unterscheidungsmerkmal – die Kommunikationsform mit den Ausprägungen mündlich und schriftlich – stellt noch kein eindeutiges Differenzierungsmerkmal zwischen der qualitativen und der quantitativen Befragung dar. Während die quantitative Befragung sowohl mündlich als auch schriftlich durchgeführt werden kann, wird die qualitative Befragung in der Regel nur mündlich durchgeführt.[520] Was das zweite Unterscheidungsmerkmal – die Auswahl und Anzahl der Befragungen – angeht, unterscheiden sich qualitative und quantitative Befragung in der Regel erheblich voneinander. Quantitative Befragungen nehmen eine große repräsentative Zufallsauswahl der zu untersuchenden Stichprobe aus der Grundgesamtheit vor. Im Gegensatz dazu gilt für die qualitative Befragung das Prinzip des tendenziell geringzahligen „theoretical sampling".[521] Damit erfolgt die Selektion der Untersuchungspopulation gezielt unter für die Theoriebildung wesentlichen Gesichtspunkten. Bei der Auswahl des zu Befragenden kommt es bei den qualitativen Interviews nicht so sehr auf die Repräsentativität der Stichprobe an, da das Ziel auch nicht die Ableitung allgemeingültiger Aussagen, sondern eher die Identifikation erster Anhaltspunkte ist.[522] Ein weiteres Unterscheidungsmerkmal ist der Standardisierungsgrad. Quantitative Befragungen zeichnen sich durch eine hochstandardisierte Befragungsmethode aus. Von einer standardisierten Befragung wird gesprochen, wenn Form, Reaktionsform, Inhalt und Durchführung der einzelnen Befragungen immer identisch sind.[523] Die standardisierte Befragung sieht vor, dass entweder kein Interviewer bei der Beantwortung der Fragen zugegen ist (schriftliche Befragung) oder der Interviewer, unabhängig von der Antwort, die der Befragte auf die letzten Fragen gegeben hat, mit der nächsten vorgesehenen Frage fortfährt. Der Interviewer darf hier keine erklärenden Worte oder eigene Meinung in die Fragestellung integrieren, um eine suggestive Beeinflussung des In-

[519] Vgl. hierzu z.B. LAMNEK (1993), S. 8, 37.
[520] Vgl. LAMNEK (1993), S. 35 f.
[521] Im Extremfall wird nur eine Unternehmung oder Abteilung untersucht (Einzelfallstudie).
[522] Vgl. LAMNEK (1993), S. 92 f. Die Studie mit nur wenigen Fällen gilt bei den Vertretern des quantitativen Ansatzes als unkontrollierbares Verfahren, das für verzerrende Einflüsse aller Art (biases) offen ist. Vgl. LAMNEK (1993), S. 9.
[523] Vgl. ROGGE (1995), S. 103.

terviewees zu vermeiden.[524] Im Rahmen einer qualitativen Befragung ist der Interviewer an weniger Vorschriften gebunden und es wird von einem halbstandardisierten oder einem freien Interview gesprochen.[525] Weitere Unterscheidungsmerkmale sind die Art der gestellten Fragen sowie die damit eng verbundene Auswertungsmethode und die Vergleichbarkeit der Ergebnisse. Die qualitative Befragung stellt tendenziell mehr offene Fragen als die quantitative Befragung und kann folglich ein Thema in einer größeren Tiefe und Ganzheitlichkeit beleuchten. Die Auswertung einer quantitativen Befragung erfolgt demzufolge auch in der Regel mit Hilfe statistischer Methoden, kann relativ zügig abgeschlossen werden und führt zu vergleichbaren Ergebnissen. Die Auswertung qualitativer Befragungen ist oft auf Interpretation und Bedeutungszuweisung angewiesen, sie benötigt meist größere Sorgfalt und Zeit und die Vergleichbarkeit der Ergebnisse ist eingeschränkt.[526] Dabei gilt, je freier ein Interview und je mehr offene Fragen gestellt werden, desto aufwendiger die Auswertung und desto schwieriger auch die Vergleichbarkeit der Ergebnisse.[527]

Eine generelle Aussage, ob die qualitative oder die quantitative Befragungsmethode überlegen ist, lässt sich pauschal nicht treffen. Vielmehr ist diese Entscheidung von der Spezifität des jeweiligen Untersuchungsgegenstandes, des Erkenntnisziels und der Untersuchungssituation abhängig.[528] Die Unterschiede von quantitativer und qualitativer Befragung – wie gerade erläutert – sind in Tabelle 4.1 übersichtlich zusammengefasst.

Die quantitative Befragung setzt auf Grund der benötigten großzahligen Erhebung und des Fehlens individueller Erklärungen im Laufe des Interviews eine relativ große Verbreitung sowie ein gutes Verständnis des Untersuchungsgegenstandes voraus. Viele Autoren sehen demzufolge, gerade bei Themen mit noch limitiertem wissenschaftlichen Reifegrad und geringer Verbreitung – wie es bei Rohstoffpreisrisikomanagement in der SC der Fall ist

[524] Vgl. LAMNEK (1993), S. 40.
[525] Die einzige Struktur gibt hier u.U. ein Interviewguide vor. Vgl. ROGGE (1995), S. 103.
[526] Vgl. LAMNEK (1993), S. 51 f.
[527] Vgl. ähnlich HENKE (2009), S. 160.
[528] Vgl. LAMNEK (1993), S. 56.

Kriterien	Qualitative Befragung	Quantitative Befragung
Kommunikationsform	Mündliche Befragung	Mündliche und schriftliche Befragung
Auswahl und Anzahl Befragungen	Inhaltliche Auswahl/ wenige Befragungen	Repräsentative Auswahl/ viele Befragungen
Standardisierungsgrad	Halbstandardisiert bis frei	Hochstandardisiert
Art der Fragen	Geschlossene und offene Fragen	Eher geschlossene Fragen
Auswertungsmethode	Interpretation und Bedeutungszuweisung	Statistische Auswertungsmethoden
Vergleichbarkeit Ergebnisse	Eingeschränkte Vergleichbarkeit	Hohe Vergleichbarkeit

Tabelle 4.1: Unterschiede qualitative und quantitative Befragung

– [529] eine qualitative eher einzelfallbezogene Forschung als geeigneter an.[530] Konsequenterweise soll in der vorliegenden Arbeit eine mündliche qualitative Befragung (Interview) zum Einsatz kommen. Um aber gleichzeitig die größtmögliche Vergleichbarkeit der Untersuchungsergebnisse sicherzustellen, wird auf einen halbstandardisierten, größtenteils aus geschlossenen Fragen bestehenden Fragebogen zurückgegriffen.

Der Fragebogen wurde federführend von der Unternehmensberatung McKinsey&Company entwickelt und konnte bereits in der Konzeptionsphase strukturell und inhaltlich weitestgehend an die Anforderungen der vorliegenden Arbeit angepasst werden. Der letztendlich in den Interviews eingesetzte Fragebogen umfasst 133 Fragen und setzt sich aus vier verschiedenen, voneinander größtenteils unabhängigen Blöcken zusammen.[531] Der erste Block beinhaltet eher grundsätzliche Fragen zur SC, in der sich das Unternehmen bewegt und zum Unternehmen an sich (20 Fragen). Der zweite Block beschäftigt sich mit dem Aufbau und der Ausgestaltung des Allgemeinen Risikomanagements (28 Fragen). Block 3 beinhaltet insbesondere Fragen zu den Themen Rohstoffpreis- und Währungspreisrisiko-

[529] Vgl. Kapitel 2, insbesondere Kapitel 2.4.

[530] Vgl. BERNECKER (2005), S. 18. Vgl. eine ähnliche Argumentation in HAHN (1999), S. 854. Auch aus diesem Grund hat gerade die qualitative Forschungsmethodik in den letzten 20 Jahren erheblich an Bedeutung gewonnen. Vgl. FLICK (1999), S. 9, HÜBLER (2005), S. 1.

[531] Der Vollständigkeit halber soll erwähnt werden, dass der original Fragebogen ca. 160 Fragen umfasste. Die ca. 27 Fragen, die in der vorliegenden Arbeit nicht weiter thematisiert werden sind in aller erster Linie allgemeine Fragen zu den einzelnen Unternehmen (Block 1), die im Rahmen des Rohstoffpreisrisikomanagements in der SC keine Rolle spielen.

management sowie strategischen Geschäftsrisiken (51 Fragen). Der vierte und letzte Block beschäftigt sich mit Fragen zu Liquiditäts- und Geschäftspartnerrisiken (Adressenausfallrisiken, 24 Fragen). Von besonderer inhaltlicher Relevanz für die vorliegende Arbeit waren die Blöcke 2 und 3 sowie selektiv Informationen aus dem Block 1.

Die Interviews wurden mit Beschaffungs- sowie Risikomanagementexperten der jeweiligen Unternehmen im Zeitraum von Februar bis Juli 2010 von der Unternehmensberatung McKinsey&Company durchgeführt. Die Ergebnisse wurden mit dem Einverständnis der befragten Unternehmen zur anonymisierten Analyse und Aufbereitung im Rahmen von Fallstudien für die vorliegende Arbeit zur Verfügung gestellt.

Das primäre Ziel dieses Kapitels ist – wie bereits anfänglich erwähnt – die Erhebung des Status quo der in Kapitel 3 für das Rohstoffpreisrisikomanagement in der SC abgeleiteten Erfolgsfaktoren für die Automobilindustrie. Dazu wird für jedes beleuchtete Unternehmen jeder der 14 Erfolgsfaktoren mit Hilfe der Interviewergebnisse entlang einer 5er-Skala bewertet. Die 5er-Skala, die durch Monde visualisiert wird, erstreckt sich von den Statusausprägungen „sehr schwach" (Neumond) und „schwach" (Viertelmond) über „mittel" (Halbmond) bis hin zu „stark" (Dreiviertelmond) und „sehr stark" (Vollmond). Die Festlegung des Status quo entlang der beschriebenen 5er-Skala erfolgte auf Basis einer standardisierten und damit möglichst objektiven Vorgehensweise. So wurden bereits ex-ante jedem Erfolgsfaktor die inhaltlich entsprechenden Fragen aus dem Fragebogen zugeordnet.[532] Die jeweilige Einschätzung des Status quo setzt sich hauptsächlich aus den Antworten dieser Fragen zusammen. Trotzdem muss der Vollständigkeit halber gesagt werden, dass trotz aller Bemühungen ein vollständiger Ausschluss subjektiver Eindrücke bei der Auswertung der Fragebögen und damit auch eine Beeinflussung der Bewertung nicht gewährleistet werden kann. Hier spielt insbesondere ein Sachverhalt eine große Rolle. Die einzelnen Erfolgsfaktoren, wie auch die übergeordneten Phasen des Rohstoffpreisrisikomanagement-Prozesses, sind nicht unabhängig voneinander. D.h. der Status eines Erfolgsfaktors beeinflusst/determiniert ansatzweise den Status eines anderen Erfolgsfaktors, so dass die zu Grunde liegende Frage indirekt mehrere Erfolgsfaktoren

[532] Diese Zuordnung findet sich im Anhang B dieser Arbeit.

betrifft. Dies führt u.U. zu einer leicht eingeschränkten Transparenz im Bewertungsvorgang.[533]

4.1.2 Überblick Fallstudien sowie Auswahl und Charakterisierung der Befragten

Die Ausgabe der Interviewergebnisse im Rahmen dieser Arbeit erfolgt in drei einzelnen Fallstudien. Neben der Tatsache, dass die Anzahl der vorliegenden Interviewergebnisse auf Grund der Vorauswahl der Interviewpartner durch die Unternehmensberatung McKinsey&Company bereits eingeschränkt war, orientierte sich die Auswahl der Interviewergebnisse, die letztendlich im Rahmen dieser Arbeit Verwendung finden, an vier Kriterien. Zum Ersten wurde auf Grund der Beschränkung des Betrachtungshorizonts auf die Automobilindustrie darauf geachtet, dass die Unternehmen aus der Automobilindustrie stammen. Zum Zweiten sollte auf Grund des unternehmensübergreifenden Aspekts dieser Arbeit auch ein möglichst großer Ausschnitt der automobilen SC durch die Fallstudien widergespiegelt werden. Es war demzufolge wichtig, dass die beleuchteten Unternehmen aus unterschiedlichen SC-Stufen stammen. Zum Dritten war wichtig, dass jedes der Unternehmen einen hohen Materialbedarf und damit auch ein erhöhtes Rohstoffpreisrisiko aufweisen. Mit diesem Kriterium wurde z.B. die Beleuchtung von Automobilhändlern ausgeschlossen. Zu guter Letzt wurde darauf geachtet, dass die in den Fallstudien beleuchteten Unternehmen eine möglichst wichtige Rolle in ihrem jeweiligen Markt einnehmen und eine kritische Größe überschreiten. Dieses Auswahlkriterium soll dem Vorwurf vorbeugen, dass nur Ergebnisse von sehr kleinen und eher unterdurchschnittlich einzuschätzenden Unternehmen in den Fallstudien Berücksichtigung finden. Die vier Kriterien sind in Tabelle 4.2 zusammengefasst.

533 So kann z.B. keine Risikokontrolle durchgeführt werden, wenn bereits im Rahmen der Risikostrategie keine quantitativen Ziele eingeführt wurden.

1	**Unternehmen aus Automobilindustrie**
2	**Unternehmen unterschiedlicher SC-Stufen**
3	**Unternehmen mit hohem Materialbedarf**
4	**Unternehmen mit starker Marktstellung**

Tabelle 4.2: Auswahlkriterien für Fallstudien

Unter Berücksichtigung der vier Kriterien wurden drei Unternehmen aus unterschiedlichen SC-Stufen der Automobilindustrie ausgewählt. Jedes dieser Unternehmen wurde nach der im vorangegangenen Kapitel beschriebenen Methode in einer separaten Fallstudie beleuchtet Im Einzelnen handelt es sich bei den Unternehmen um einen Rohstoffproduzenten (Fallstudie 1), einen Automobilzulieferer (Fallstudie 2) sowie einen Automobilhersteller (Fallstudie 3).

Der Rohstoffproduzent ist das kleinste der im Rahmen der vorliegenden Arbeit betrachteten Unternehmen und produziert, verarbeitet und distribuiert Stahl. Mit einem durchschnittlichen Umsatz im Bereich zwischen 3.001 und 10.000 Millionen Euro (davon über 70% innerhalb Europas) sowie 10.001 - 30.000 Mitarbeitern zwischen 2007 und 2009 ist aber auch dieses Unternehmen nicht mehr in die Kategorie der Mittelständler, sondern in die der Großunternehmen einzuordnen.[534] Das Unternehmen hat seinen Hauptsitz in Westeuropa, ist eine börsennotierte Aktiengesellschaft (AG) und wird von externen Managern geführt.

Der Automobilzulieferer wies in den Jahren 2007 - 2009 ebenfalls einen durchschnittlichen Umsatz in der Kategorie 3.001 - 10.000 Millionen Euro aus – davon einen großen Teil außerhalb der EU (inkl. UK) – und beschäftigte dabei zwischen 10.001 - 30.000 Mit-

[534] So definiert die Unternehmensberatung McKinsey & Company den Mittelstand anhand eines Umsatzes von 50 - 3.000 Millionen Euro. Vgl. MEFFERT/KLEIN (2007), S. 12. Die Prüfungsgesellschaft Deloitte sieht den Mittelstand in der Umsatzkategorie von 60 - 600 Millionen Euro. Vgl. BECKER/ STAFFEL/ULRICH (2008), S. 21. Nach der offiziellen Definition der EU Kommission wird sogar bereits ab einem Umsatz von mehr als 50 Millionen Euro und einer Mitarbeiteranzahl von mehr als 250 von einem Großunternehmen gesprochen. Vgl. EU KOMMISSION: GENERALDIREKTION UNTERNEHMEN UND INDUSTRIE (2006), S. 13, SCHINDLBECK/DIRINGER (2007), S. 7.

arbeiter. Der Hauptsitz des Unternehmens ist ebenfalls Westeuropa und es handelt sich um eine nicht börsennotierte AG, die inhabergeführt ist.

Der Automobilhersteller ist das größte der in den Fallstudien berücksichtigten Unternehmen. Er erwirtschaftete in den letzten drei Jahren (2007 - 2009) im Durchschnitt einen Umsatz von > 30.001 Millionen Euro – davon über 40% außerhalb der EU (inkl. UK). Für diesen Umsatz waren weit über 50.000 Mitarbeiter verantwortlich. Der Hauptsitz des Unternehmens ist Westeuropa, das Unternehmen ist eine börsennotierte AG und wird von externen Managern geführt. Tabelle 4.3 fasst die kurze Charakterisierung der drei Unternehmen übersichtlich zusammen.

	Fallstudie 1	Fallstudie 2	Fallstudie 3
Rolle in der SC	Stahlproduzent, -verarbeiter, -distribuent	Automobilzulieferer	Automobilhersteller
Ø Umsatz 2007 - 09 in Mio. EUR	3.001 - 10.000	3.001 - 10.000	> 30.001
Ø Mitarbeiter 2007 - 09	5.000 - 10.000	10.001 - 30.000	> 50.001
Hauptsitz	Westeuropa	Westeuropa	Westeuropa
Rechtsform	Aktiengesellschaft	Aktiengesellschaft	Aktiengesellschaft
Führungsstruktur	Externe Manager	Inhaber	Externe Manager

Tabelle 4.3: Charakterisierung der Befragten

4.1.3 Beurteilung der Datenqualität und der Untersuchungsergebnisse

Im aktuellen Kapitel soll eine kurze Beurteilung sowohl der Datenqualität als auch der Robustheit der Untersuchungsergebnisse erfolgen. Die Qualität der Daten, die in die Erstellung der drei Fallstudien eingeflossen sind, ist insgesamt als gut zu beurteilen. Hauptgrund dafür ist die gewählte Forschungsmethode des halbstandardisierten Interviews. Diese stellte durch die fortwährende Präsenz des Interviewers sicher, dass die Fragen von einer inhaltlich kompetenten Person mit angemessener Konzentration beantwortet wurden. Zudem steht der Interviewer während des Interviews immer für Rückfragen zur

Verfügung und kann damit dafür sorgen, dass alle Befragten ein gutes – möglichst homogenes – Verständnis von Frage und Antwortmöglichkeiten haben. Zudem wird durch die Teilstandardisierung und die Vorgabe der Antwortmöglichkeiten die Vergleichbarkeit der Interviewergebnisse zwischen den Unternehmen erhöht, ohne die Möglichkeit der Detaillierung aufzugeben. So wurden zahlreiche interessante Aspekte durch gezielte Diskussion zwischen Interviewer und Interviewee beleuchtet und auf diese Weise noch zusätzliche Informationen gewonnen. Insgesamt lassen die große Vollständigkeit der Beantwortung der im Rahmen dieser Arbeit relevanten Fragen und die zahlreichen zusätzlich enthaltenen Erläuterungen auf eine sehr sorgfältige und detaillierte Interviewführung schließen.

Der Sachverhalt, dass der Survey ursprünglich nicht nur zur Verwendung in der vorliegenden Arbeit konzipiert wurde, hat keinen entscheidenden Einfluss auf die Datenqualität. Zum einen war die inhaltliche Überschneidung der Fragebögen mit dem inhaltlichen Fokus der vorliegenden Arbeit von Beginn an sehr groß. Zum anderen konnten existierende inhaltliche Lücken durch die Integration von zusätzlichen Fragen zum Ende der Konzeptionsphase des Fragebogens im November 2009 noch zielgerichtet geschlossen werden.

Die Hauptnachteile des halbstandardisierten Interviews bezüglich der Datenqualität sind, dass durch einen fehlenden detaillierten Interviewleitfaden die Wahrscheinlichkeit steigt, dass eine unbewusste Beeinflussung des Befragten durch den Interviewer stattfindet und die für qualitative Forschungsmethoden und vor allen Dingen Fallstudienanalysen typische limitierte statistische Belastbarkeit. Die vorliegende empirische Datenbasis lässt auf Grund des sehr geringen Stichprobenumfangs keine repräsentativen oder allgemein gültigen Schlüsse zu. Die Auswertung erfolgt demzufolge nicht durch statistische Analysen, sondern durch Interpretation und Bedeutungszuweisung.[535] Dies kann – wenn sich Forscher und Leser der Gefahren der angewandten Forschungsmethode nicht bewusst sind – zu Fehlinterpretationen führen. Da aber in Kapitel 4.1.1 ausführlich argumentiert wurde, dass die Nutzung einer quantitativen Erhebungsmethode vor dem Hintergrund der geringen Verbreitung des Rohstoffpreisrisikomanagements in SC sowie des limitierten

535 Vgl. WITZEL (1989), S. 227 ff., LAMNEK (2005), S. 3 f., 20 ff., 242 ff., BORTZ/DÖRING (2006), S. 297.

Wissensstandes nicht möglich war, mussten diese Nachteile akzeptiert werden. Durch die in Kapitel 4.1.1 beschriebene strukturierte und transparente Vorgehensweise der Erhebung des Status quo entlang der Prozessphasen und Erfolgsfaktoren des Rohstoffpreisrisikomanagements in SC mit Hilfe einer 5er-Skala wurde allerdings versucht, die Interpretation auf ein Minimum zu beschränken und damit dem Schwachpunkt gezielt entgegenzuwirken.

Die gebotene Vorsicht bei der Interpretation der Untersuchungsergebnisse sowohl bei Verfasser als auch bei Lesern der vorliegenden Arbeit vorausgesetzt, erscheint die Datengrundlage allerdings ausreichend, um die Ziele der empirischen Untersuchung (Erhebung Status quo der Erfolgsfaktoren sowie Identifikation inhaltlicher Schwerpunkte) zu erreichen.[536]

4.2 Auswertung der Untersuchungsergebnisse entlang der automobilen Supply Chain

4.2.1 Fallstudie 1 – Stahlproduzent

Der westeuropäische Stahlproduzent, der, wie bereits erwähnt, auch in den Geschäftsfeldern Stahlverarbeitung und -distribution tätig ist, kann auf Umsatz und Mitarbeiteranzahl bezogen, als ein großes, sehr global agierendes Unternehmen mit einer sehr starken Marktstellung angesehen werden. Er steht relativ am Anfang der automobilen SC. Die Lieferanten des Unternehmens sind in der Regel große Bergbauunternehmen, die die Grundstoffe für Stahl, wie z.B. Eisenerz, Kokskohle sowie Legierungsmetalle, liefern. Aber auch Schrottlieferanten sowie andere Stahlproduzenten – wenn z.B. der vom Kunden gewünschte Stahl nicht in den konzerneigenen Werken produziert bzw. entsprechend weiterverarbeitet werden kann – gehören zu den direkten Lieferanten. Die direkten

[536] Der Vollständigkeit halber soll an dieser Stelle erwähnt werden, dass auch statistisch ausgereifte Methoden keinen perfekten Schutz vor der Ableitung von kausalen Zusammenhängen bieten, wo offensichtlich keine Kausalität vorherrscht. Beispiel für einen derartigen Sachverhalt ist ein Ausspruch von Larry Lorenzoni, einem Pastor aus San Francisco: „Birthdays are good for you. Statistics show that people who have the most birthdays live the longest." HÜBLER (2005), S. 14.

Kunden des Unternehmens kommen aus unterschiedlichen stahlintensiven Industrien und umfassen sowohl Unternehmen aus der Bau- und Maschinenbauindustrie als auch aus der Automobilindustrie. Im Rahmen der Automobilindustrie zählen sowohl Automobilzulieferer (Fallstudie 2) als auch Automobilhersteller (Fallstudie 3) zu den direkten Kunden.

In der Regel agiert ein Stahlproduzent auf der Beschaffungsseite als Preisnehmer und auf der Absatzseite als Preissetzer. Dies bedeutet, die Vertragskonditionen – insbesondere der Preis, der für die einzelnen Inputfaktoren gezahlt werden muss – werden von den Lieferanten diktiert, die Absatzpreise können aber zu großen Teilen von dem Unternehmen selbst bestimmt werden.[537] In der ersten Jahreshälfte 2010 sind z.B. die großen Bergbauunternehmen dazu übergegangen, die Preise für Eisenerz[538] nicht mehr jährlich zu verhandeln, wie es jahrzehntelang der Fall war, sondern alle drei Monate den Preis an den aktuellen Spotpreis anzupassen.[539] Dies setzt die Stahlproduzenten einer erhöhten Rohstoffpreisvolatilität aus. Demzufolge besteht derzeit die Tendenz, dass auch die Stahlproduzenten ab sofort alle drei Monate die Preise mit ihren Kunden neu verhandeln wollen, um das Rohstoffpreisrisiko an nachgelagerte Stufen der SC weiterzureichen und das eigene Unternehmen zu schützen.[540]

Das Rohstoffpreisrisiko wird, trotz der Möglichkeit des Unternehmens Rohstoffpreisveränderungen zu großen Teilen weiterzugeben, zusammen mit dem Risiko, dass sich die Nachfragemengen der Kunden plötzlich verändern und dem Risiko von externen Extremevents, wie z.B. Naturkatastrophen, als das bedeutendste Unternehmensrisiko angesehen.[541] Auch auf die Frage nach dem größten Risiko für die gesamte SC wird primär das Rohstoffpreisrisiko genannt.

537 Dies ist in erster Linie auf die polypolistische Marktstruktur und die daraus resultierende geringe Nachfragemacht der Stahlproduzenten zurückzuführen.

538 Eisenerz ist einer der wichtigsten Rohstoffe zur Stahlproduktion. Vgl. Kapitel 2.2.2.

539 Vgl. DOHMEN (2010), S. 78, 79.

540 Der weltweit größte Stahlhersteller ArcelorMittal hat dies bereits teilweise umgesetzt. Vgl. o.V. (2010e).

541 Insgesamt wurden elf Risikoquellen zur Wahl gestellt und die Möglichkeit gegeben, weitere selber zu definieren. Unter den vordefinierten Risikoquellen fanden sich Währungspreisschwankungen, Verhalten des Wettbewerbs oder auch regulatorische Veränderungen.

Anschließend soll die Erhebung des Status quo entlang der Phasen des Rohstoffpreisrisikomanagement-Prozesses und der in Kapitel 3 erarbeiteten Erfolgsfaktoren erfolgen und untersucht werden, ob sich die Erkenntnis der Wichtigkeit der Rohstoffpreisrisiken für das Unternehmen und auch für die SC in einem fortgeschrittenen Risikomanagement widerspiegelt.

Der Status des ersten Erfolgsfaktors – „Generierung zielgerichteter SC-Transparenz und Durchführung Partnerselektion" – im Rahmen der ersten Prozessphase – **Risikostrategie** – ist als sehr schwach zu beurteilen. Der Stahlproduzent weist ein stark begrenztes Wissen über Rohstoffpreisrisiken in seiner SC auf. Offensichtlich sind weder die Rohstoffpreisrisiken von direkten Lieferanten oder Kunden, noch von weiter entfernten SC-Partnern bekannt. Dieser Sachverhalt ist maßgeblich auf die Meinung zurückzuführen, dass für das derzeitig existierende Rohstoffpreisrisikoexposure keine Kooperation mit SC-Partnern notwendig ist. Dies wiederum ist der Tatsache geschuldet, dass die derzeitige Preissetzung bzw. Kontraktgestaltung den Verkaufspreis des Stahls unter Berücksichtigung eines flexiblen, indexierten Inputpreises und einer Prämie festsetzt. Das bedeutet, dass selbst in langfristigen Verträgen mit den Kunden nur die Volumen fixiert sind, nicht aber die Preise. Das Rohstoffpreisrisiko wird auf diese Weise an nachgelagerte SC-Stufen weitergegeben.[542] Selbst kurzfristige Aufträge mit einem Fixpreis stellen nach Angabe des Unternehmens kein großes Risiko dar, da der Produktionszyklus – also die Zeit von Angebotsabgabe bis Auslieferung – sehr kurz ist. Diese Sichtweise ignoriert den Sachverhalt, dass insbesondere in der Automobilindustrie die Abhängigkeit der SC-Partner untereinander als sehr hoch einzuschätzen ist und eine reine Weitergabe des Risikos an die Kunden u.U. negative Auswirkungen auf das eigene Unternehmen haben kann (z.B. Verringerung des Marktanteils auf Grund sinkender Nachfrage).[543] Demnach ist auch bei der Betrachtung des Rohstoffpreisrisikomanagements nicht damit zu rechnen, dass unternehmensübergreifende Aspekte Berücksichtigung gefunden haben.

542 Vgl. hierzu auch die Ausführungen in Kapitel 2 oder weiter oben in diesem Kapitel.
543 Vgl. die Argumentation in Kapitel 2.2.3.

Was den Status quo des zweiten Erfolgsfaktors im Rahmen der Risikostrategie „Definition konvergentes, homogenes, quantifizierbares Zielsystem" angeht, so ist dieser als „mittel" einzuschätzen. Auf der einen Seite existiert ein klares übergeordnetes Ziel des Allgemeinen Risikomanagements – die Identifikation und Vermeidung von Gefahren sowie die Optimierung des Risk Exposures mit Hinblick auf das Kosten-Nutzen-Verhältnis – welches auch mit allen Stakeholdern abgestimmt und schriftlich fixiert ist. Es besteht auch ein homogenes Verständnis darüber, welche Risiken übernommen und welche aktiv gehandhabt werden sollten. Auf der anderen Seite existieren aber keine quantifizierten Zielgrößen bzw. Risikolimits und damit keine explizite Zielsetzung für das Rohstoffpreisrisikomanagement. Zudem existiert auch keine einheitliche Risikotaxonomie auf Unternehmensebene.[544] Die Verankerung der Risikokultur in den Köpfen der Mitarbeiter ist weitgehend erfolgt, allerdings spiegelt sich das gemeinsame Verständnis nicht zwangsläufig in den Handlungen der Mitarbeiter wider.

Der Erfolgsfaktor „Etablierung schlanke, eindeutige, interdisziplinaritätsfördernde Organisations- und Verantwortungsstrukturen" ist als „mittel" ausgeprägt zu beurteilen. Die Gesamtverantwortung für das Risikomanagement liegt offiziell zentral beim CFO, der diesbezüglich nur von einem weiteren Mitarbeiter unterstützt wird. Das operative Risikomanagement ist dezentralistisch ausgestaltet und wird hauptsächlich in den BUs durchgeführt, aber zentral gesteuert. Die Verantwortlichkeiten bezüglich der verschiedenen Risiken sind fixiert und werden auch entsprechend in der Organisation kommuniziert. Allerdings ist die Qualität der gesamten Verantwortungsstruktur durch die Tatsache in Frage zu stellen, dass die Interdisziplinarität von Risiken nicht erkannt ist und dementsprechend auch nicht organisationsseitig unterstützt wird. Außerdem spielt das Risiko bei der Mehrzahl der unternehmerischen Entscheidungen nur eine rudimentäre Rolle.

Der Status quo des Erfolgsfaktors „Implementierung vertrauensförderndes Kooperationsmanagement" ist als „sehr schwach" zu beurteilen. Wie bereits weiter oben in diesem Kapitel erläutert, wird keinerlei Notwendigkeit für einen unternehmensübergreifenden Ansatz im Rahmen des Rohstoffpreisrisikomanagements gesehen. Dementsprechend existiert

544 Eine Risikotaxonomie existiert allerdings in ausgereifter Form für die einzelnen Business Units.

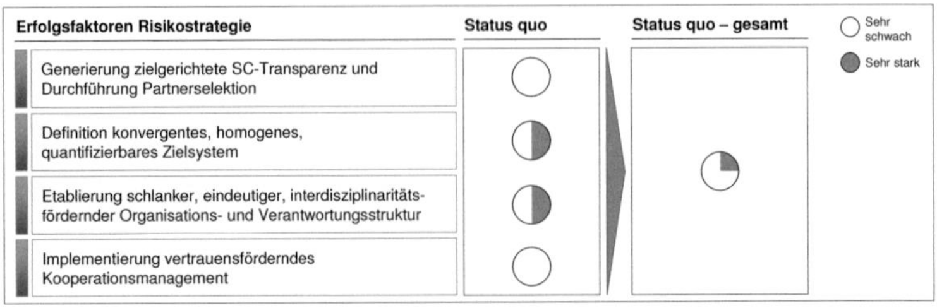

Abbildung 4.1: Status quo Erfolgsfaktoren Risikostrategie des Stahlproduzenten

diesbezüglich auch kein Kooperationsmanagement. Über die vier in Kapitel 3 abgeleiteten Erfolgsfaktoren der Rohstoffpreisrisikostrategie in SC hinweg ist der Status quo insgesamt als „schwach" zu beurteilen (vgl. Abbildung 4.1).

Der Status quo des ersten zu beurteilenden Erfolgsfaktors im Rahmen der **Risikoanalyse** – „Identifikation und Beleuchtung der Risikobestandteile" – ist als „schwach" zu bezeichnen. Die Preisvolatilität der benötigten Rohstoffe – insbesondere Eisenerz, Kokskohle und Stahlschrott – ist nach Aussage des Unternehmens sehr schwierig zu quantifizieren. Der Grund ist das Fehlen einer breiten Palette von allgemein zugänglichen Expertenmeinungen und Marktdaten. Das Unternehmen versucht allerdings auch in keiner Weise, diese Informationslücke durch eigene Prognosen zumindest teilweise zu füllen und ist sich im Endeffekt der Risikobestandteile und deren zukünftigen Entwicklung nicht ausreichend bewusst.

Der Erfolgsfaktor „Etablierung statistisches Modell zur Risikobewertung" ist „sehr schwach" ausgeprägt. Wie bereits ausgeführt, existiert keine belastbare Analyse der Rohstoffpreisrisikobestandteile. Darüber hinaus besteht keine explizite Risikomesszahl, mit der das Rohstoffpreisrisiko zu quantifizieren wäre – z.B. auf Basis eines typischen statistischen „at Risk-Modells". Während das Währungspreisrisiko wenigstens grob quantifiziert wird,[545] fehlt eine Quantifizierung der Rohstoffpreisrisiken vollständig.

545 Hier kommen Szenarioanalysen (Best Case, Worst Case) zum Einsatz.

Unter diesen Voraussetzungen kann selbstverständlich auch kein sinnvolles Stresstesting und keine Ermittlung einer Rohstoffpreisrisikoposition auf Unternehmensebene durchgeführt werden – z.B. unter Verwendung von Korrelationen zur Berücksichtigung der interdependenten Wirkungen verschiedener Rohstoffpreisbewegungen. Die Ableitung einer Handhabungsnotwendigkeit bezüglich der Rohstoffpreisrisiken auf Unternehmensebene ist damit unmöglich. Der Erfolgsfaktor „Implementierung Stresstests und Ableitung Handhabungsnotwendigkeit" ist unter diesen Umständen ebenfalls als „sehr schwach" zu beurteilen.

Gemessen an den drei Erfolgsfaktoren der Risikoanalyse muss für den hier im Fokus stehenden Stahlproduzenten damit ein „sehr schwacher" Entwicklungsstand konstatiert werden (Vgl. Abbildung 4.2).

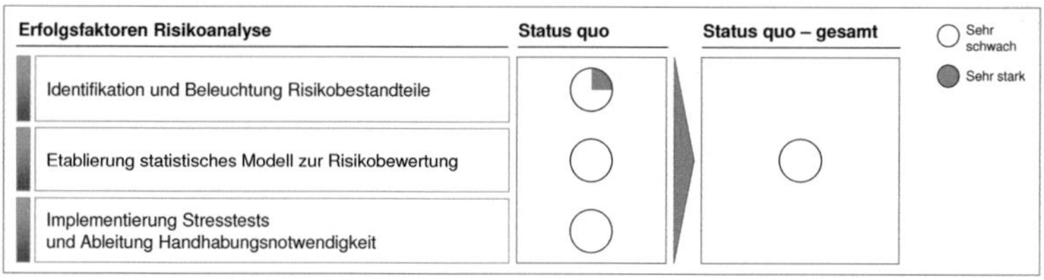

Abbildung 4.2: Status quo Erfolgsfaktoren Risikoanalyse des Stahlproduzenten

Zum ersten Erfolgsfaktor der **Risikohandhabung** „Etablierung einheitliches Modell zur Maßnahmencharakterisierung und -auswahl" kann auf Grund der Interviewergebnisse keine belegbare Aussage getroffen werden.

Der Status quo der Erfolgsfaktoren „Entwicklung und Charakterisierung finanzwirtschaftlicher Maßnahmen" sowie „Entwicklung und Charakterisierung operativer Maßnahmen" ist recht unterschiedlich. Auf der einen Seite findet kein Einsatz von finanzwirtschaftlichen Handhabungsmaßnahmen statt. Dies ist sicher in erster Linie darauf zurückzuführen, dass nur eine sehr begrenzte Auswahl an entsprechenden Instrumenten für die typischen Inputfaktoren eines Stahlproduzenten existiert. Trotzdem muss der Status quo des Erfolgsfaktors mit „sehr schwach" bewertet werden. Was den Einsatz von operativen Handhabungsmaßnahmen angeht, wird die Vermutung bestätigt, dass ausschließlich eine

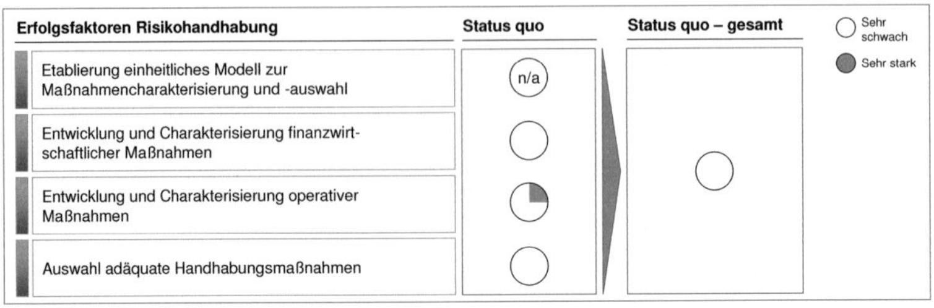

Abbildung 4.3: Status quo Erfolgsfaktoren Risikohandhabung des Stahlproduzenten

Weitergabe des Rohstoffpreisrisikos an die Kunden in Form von indexbasierten Preisen praktiziert wird. Das bedeutet, dass keine weiteren operativen Maßnahmen eingesetzt werden, wie z.B. systematische und kurzfristige Arbitrage von Spotpreisen oder Kooperation mit SC-Partnern, um beispielsweise Nachfrage zu bündeln und damit Preise zu beeinflussen. Obwohl die Risikoweitergabe eine sehr effektive Maßnahme ist, hat sie zwei große Schwachstellen. Zum einen ignoriert sie völlig den dieser Arbeit zugrunde liegenden unternehmensübergreifenden Ansatz und die Tatsache, dass die Weitergabe der Risiken an wichtige Kunden u.U. zu einem späteren Zeitpunkt wieder auf das Unternehmen zurückfallen kann. Zum anderen impliziert dies, dass jede Rohstoffpreisbewegung, welche nicht von den indexierten Preisen erfasst wird, z.B. durch zeitliche Verschiebungen oder fehlerhafte Indexierung von dem Unternehmen akzeptiert werden muss. Der Status quo dieses Erfolgsfaktors wird dementsprechend mit „schwach" bewertet.

Der Status quo des Erfolgsfaktors „Auswahl adäquate Handhabungsmaßnahmen" muss in Anbetracht der Tatsache, dass im Großen und Ganzen nur eine einzige (operative) Handhabungsmaßnahme zum Einsatz kommt, als „sehr schwach" beurteilt werden. Damit ist der Gesamt-Entwicklungsstand der Risikohandhabung des Stahlproduzenten als „sehr schwach" einzuschätzen (vgl. Abbildung 4.3).

Was den ersten Erfolgsfaktor des **Risikocontrollings** – „Etablierung regelmäßige Performancemessung und Prozessentwicklung" – angeht, ist der Status quo als „sehr schwach" zu beurteilen. Es finden keine regelmäßigen Performancemessungen oder Backtests des Rohstoffpreisrisikomanagements bzw. der verwendeten Modelle und Maßnahmen statt.

Hauptgrund dafür ist sicherlich die fehlende initiale Quantifizierung des Risikos, die in der Regel als Referenz dient. Das Unternehmen ist damit nicht in der Lage, die Wirksamkeit der indexbasierten Verkaufspreise als einzige Handhabungsmaßnahme zu überprüfen. Ein signifikanter Einfluss des Rohstoffpreisrisikos auf die Finanz- und Ertragslage des Unternehmens kann unter diesen Umständen nicht zweifelsfrei ausgeschlossen werden.

Betreffend den Erfolgsfaktor „Sicherstellung Prozessdokumentation und Garantierung Datenqualität" ist auf Basis der vorliegenden Informationen keine explizite Aussage zu treffen. Wiederum liegt hier aber die Vermutung nahe, dass auf Grund des insgesamt schwach entwickelten Rohstoffpreisrisikomanagements keine umfangreiche Dokumentation in einer entsprechenden Datenqualität durchgeführt wird.

Der Status des letzten Erfolgsfaktors des Risikocontrollings „Entwicklung standardisierter, zielgruppenorientierter, aussagekräftiger Reports" ist in Anbetracht der Rahmenbedingungen ebenfalls als „sehr schwach" zu beurteilen. Es existiert zwar ein standardisiertes Risikoreportingschema mit einer sog. „Traffic light-Logik". Dies bedeutet, dass nur als sehr wichtig erachtete Risiken in das Reporting aufgenommen werden und damit der Reportingumfang reduziert sowie die Konzentration geschickt kanalisiert wird. Allerdings wird das Reporting aber nur zwei mal im Jahr durchgeführt, was für Rohstoffpreisrisiken, die sich täglich verändern können, unzureichend ist. Des Weiteren ist die Qualität des Reportings auf Grund der fehlenden Datenbasis zweifelhaft und erfüllt nur selten die Anforderung, dass es konkrete zukunftsorientierte Handlungsempfehlungen zur Optimierung der bestehenden Risikoposition enthält.

Damit muss das Risikocontrolling insgesamt wie auch schon die Risikoanalyse als „sehr schwach" bewertet werden (vgl. Abbildung 4.4).

4.2.2 Fallstudie 2 – Automobilzulieferer

Der Automobilzulieferer, der in der folgenden Fallstudie im Mittelpunkt steht, gehört sowohl vom Umsatz als auch von der Mitarbeiteranzahl her zu den größeren seiner Art in

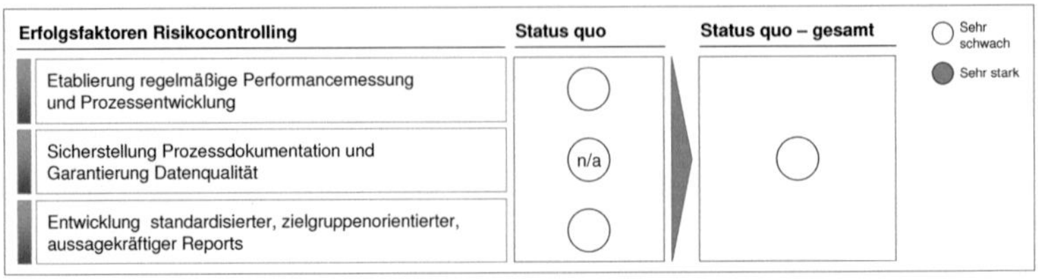

Abbildung 4.4: Status quo Erfolgsfaktoren Risikocontrolling des Stahlproduzenten

Deutschland und ist auf fünf Kontinenten in über 20 Ländern präsent. Auch wenn das Unternehmen neben der Automobilindustrie noch weitere Industrien beliefert, ist der Fokus klar auf die Entwicklung und Lieferung von hauptsächlich stahl- und nicht stahlbezogenen Komponenten, Modulen für Fahrwerke sowie Motor- und Abgassystemen für die Automobilindustrie gerichtet.[546] Der Automobilzulieferer ist somit ein typischer Tier 1 und in einer vereinfachten, linear dargestellten SC tendenziell zwischen den beiden weiteren – im Rahmen dieser Arbeit beleuchteten Unternehmen – dem Automobilhersteller und dem Stahlproduzenten einzuordnen.[547]

Ein Automobilzulieferer agiert in der Regel auf der Beschaffungs- und der Absatzseite sowohl als Preisnehmer als auch als Preissetzer. Die konkrete Ausprägung hängt maßgeblich von den geltenden Machtverhältnissen zwischen dem Unternehmen und dem jeweiligen Lieferanten ab. Wie aus der vorhergehenden Fallstudie über den Stahlproduzenten bekannt, bezieht der Automobilhersteller seinen Stahl in der Regel zu variablen indexbasierten Preisen, die sich unter Umständen alle drei Monate verändern. Auf der Absatzseite besteht das Kontraktportfolio meist aus langfristigen Verträgen, die sich in der Dauer nach dem Produktlebenszyklus des jeweiligen Fahrzeugmodells richten.[548] Preisverhandlungen finden aber in der Regel mehrmals während der Vertragslaufzeit statt (z.B. jedes Jahr).

[546] Das Geschäftsfeld der Automobilindustrie macht ca. 80% des Gesamtumsatzes aus. Neben dem Hauptgeschäftsfeld gehört z.B. sogar die Stahldistribution zu den Geschäftsfeldern des Unternehmens. Der Stahlproduzent, -verarbeiter und -distribuent und der Automobilzulieferer sind auf diesem Feld folglich Konkurrenten. Dieser Sachverhalt illustriert noch einmal, wie schnell eine SC an Komplexität gewinnt.

[547] Wie schon im vorangegangenen Abschnitt betont, ist der Stahlproduzent allerdings nicht als reiner Tier 2 zu sehen, da er auch den Automobilhersteller direkt beliefert.

[548] Vgl. ähnlich ZOBOLSKI (2008), S. 353.

Generell steht auch für den Automobilzulieferer u.a. Rohstoffpreisvolatilität an der Spitze der wichtigsten Quellen für Unternehmensrisiken. Die anderen für das Unternehmen wichtigen Risikoquellen sind Währungspreisschwankungen, Veränderungen des Nachfragevolumens und Entwicklung von Technologien, die eine Substitution der Hauptprodukte des Unternehmens erlauben. Bezogen auf die gesamte SC, stellen für den Automobilhersteller, wie auch schon für den Stahlproduzenten, die Rohstoffpreisrisiken die bedeutendsten Risiken dar.

Wie bereits im Rahmen der Fallstudie 1 soll anschließend der Status quo der in Kapitel 3 erarbeiteten Erfolgsfaktoren entlang der vier Phasen des Rohstoffpreisrisikomanagement-Prozesses in der SC untersucht werden.

Bereits eine Untersuchung des ersten Erfolgsfaktors im Rahmen der **Risikostrategie** – „Generierung zielgerichteter SC-Transparenz und Durchführung Partnerselektion" – zeigt, dass das Unternehmen, ähnlich dem Stahlproduzenten in Fallstudie 1, keinerlei Kenntnisse über Rohstoffpreisrisiken in der SC besitzt und der Prozess des Rohstoffpreisrisikomanagements heute keine Lieferanten oder Kunden integriert.[549] Der Grund für die fehlende Integration der SC-Partner im Rahmen des Rohstoffpreisrisikomanagements ist allerdings nicht – wie im Falle des Stahlproduzenten – die Meinung, dass ein unternehmensübergreifender Ansatz nicht notwendig wäre. Vielmehr werden als Gründe limitierte personelle Ressourcen und vor allen Dingen das begrenzte Interesse der SC-Partner an diesem Thema angegeben.[550] Der Status quo ist auf Grund der Erkenntnis, dass ein unternehmensübergreifender Ansatz zum Management von Rohstoffpreisrisiken sinnvoll ist, etwas besser zu bewerten als im Falle des Stahlproduzenten. Der Status quo wird demzufolge mit „schwach" beurteilt.

Was den Erfolgsfaktor „Definition konvergentes, homogenes, quantifizierbares Zielsystem" betrifft, so ist der Status quo des Automobilzulieferers als „mittel" anzusehen. Es existiert zwar ein klares Ziel für das Allgemeine Risikomanagement (Identifizierung und

549 In anderen Bereichen des Risikomanagements – z.B. bei Produktrückrufaktionen – sind SC-Partner einbezogen.

550 Demzufolge zeigen insbesondere kleine Unternehmen kein Interesse an einem Rohstoffpreisrisikomanagement in der SC.

Vermeidung von Risiken) sowie für das Rohstoffpreisrisikomanagement (Generierung eines Risikoexposures etwa in Höhe der Konkurrenz), allerdings wird keine Angabe über die Kosten der Zielerreichung gemacht. Es besteht auch ein klares Verständnis darüber, welche Risiken wie zu behandeln sind. Dementsprechend sind auch die Risikohandhabungsmaßnahmen ausgerichtet. Rohstoffpreisrisiken sollen z.B. nicht im Unternehmen verbleiben und möglichst weitergegeben werden. Dabei spielt aber für das Unternehmen keine Rolle, ob die Weitergabe an direkte Kunden (z.B. den Automobilhersteller) oder an außerhalb der SC stehende Dritte erfolgt. Die Ziele sind auch grob mit den wichtigen Stakeholdern abgestimmt und in den Köpfen der Mitarbeiter ist eine gemeinsame Risikoeinstellung verankert. Trotz der gemeinsamen Risikoeinstellung wurde angegeben, dass Risiko nicht bei allen operativen Entscheidungen „top of mind" ist und des Öfteren erst im Nachhinein in die Entscheidung einbezogen wird. Für die elf wichtigsten Risikoarten existiert eine abgestimmte Risikotaxonomie auf Unternehmensebene. Allerdings sind weder die Ziele noch die Taxonomie schriftlich fixiert und damit den Mitarbeitern zugänglich. Es existieren auch quantifizierte Risikolimits, allerdings erfolgt keine einheitliche Übersetzung der Risikoziele in die entsprechenden Risikolimits. Vielmehr können die verschiedenen BUs autonom über die Schwellenwerte entscheiden. Dies lässt vermuten, dass es kein unternehmensweites Gesamtrisikolimit und damit auch kein Gesamtrohstoffpreisrisikolimit gibt.

Der Status quo des Erfolgsfaktors „Etablierung schlanke, eindeutige, interdisziplinaritätsfördernde Organisations- und Verantwortungsstruktur" ist ebenfalls mit „mittel" zu bewerten. Auf Unternehmensebene existiert keine explizite Risikomanagementabteilung. Die Gesamtverantwortung für das Risikomanagement liegt beim CFO und ist darüber hinaus auf die Schultern der Abteilungen Finanzen und Compliance verteilt. Dies lässt auf eine weitgehende schlanke Organisation des Risikomanagements schließen. Auf diese Weise haben auch die elf durch die Risikotaxonomie festgelegten Hauptrisiken und damit auch das Rohstoffpreisrisiko einen klaren Verantwortlichen auf Unternehmensebene. Da allerdings das Risikomanagement insgesamt sehr dezentral in den BUs durchgeführt wird, besteht auf Detailebene oft keine eindeutige zentral veranlasste Zuweisung der Verant-

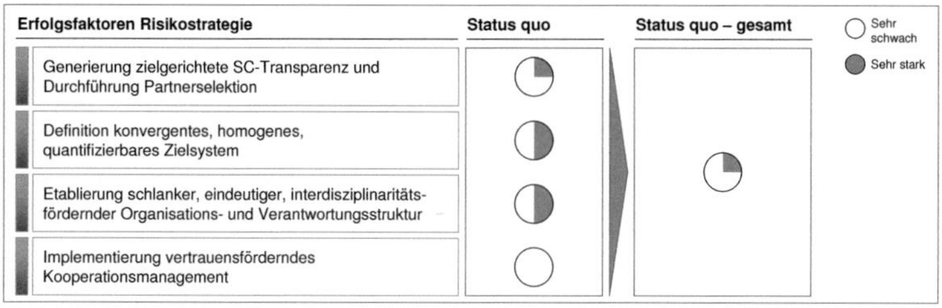

Abbildung 4.5: Status quo Erfolgsfaktoren Risikostrategie des Automobilzulieferers

wortlichkeiten. So kann es durchaus sein, dass einige Risiken in einer bestimmten BU nicht einem operativ Verantwortlichen zugeteilt sind. Die große Interdisziplinarität von verschiedenen Risikoarten – wie z.B. dem Rohstoffpreisrisiko – ist erkannt und wird durch die Bildung von Ad-hoc-Teams berücksichtigt.

Der Erfolgsfaktor „Implementierung vertrauensförderndes Kooperationsmanagement" ist „sehr schwach" ausgeprägt. Wie bereits weiter oben erläutert, sind keine Lieferanten oder Kunden in den Prozess des Risikomanagements integriert.[551]

Über die vier beleuchteten Erfolgsfaktoren hinweg ist die Risikostrategie im Rahmen des Rohstoffpreisrisikomanagements in der SC des Automobilzulieferers als „schwach" zu beurteilen (vgl. Abbildung 4.5).

Derzeit ist der erste Erfolgsfaktor der **Risikoanalyse** – „Identifikation und Beleuchtung der Risikobestandteile" – „schwach" entwickelt. Es besteht zwar die Faustregel, dass ausschließlich Risiken, die ein bestimmtes minimales Schadenspotenzial aufweisen, im Detail analysiert werden. Diese Analyse wird aber nur alle sechs Monate durchgeführt und basiert auf eher groben Schätzungen im Rahmen einer typischen Risikomatrix mit den Dimensionen „Eintrittswahrscheinlichkeit" und „Schadenshöhe".[552] Gerade was das Rohstoffpreisrisiko angeht (welches sich für den Automobilzulieferer hauptsächlich aus Stahl zusammensetzt) , sind die derzeitigen Analysen zu grobkörnig. So werden z.B. zur Bestim-

551 Es bestehen allerdings sowohl einige formale Mechanismen, wie z.B. Trainings, und auch einige eher informale Mechanismen, wie z.B. Coaching, im Bereich des Risikomanagements und damit Grundlagen für ein unternehmensübergreifendes Wissensmanagement.

552 Aus dieser Analyse entstanden auch die elf bereits erwähnten Hauptrisiken des Automobilzulieferers.

mung der zukünftigen Rohstoffpreise als Grundlage der Kalkulationen weder existierende, transparente, robuste Marktpreise (z.B. Futurepreise) noch weniger robuste Expertenmeinungen oder eigene Forecasts genutzt. Das Unternehmen gewinnt die Informationen ausschließlich aus Gesprächen mit Lieferanten und Kunden. Es gab allerdings an, dass es gerade im Begriff sei, eine detaillierte Identifikation, Beleuchtung und Analyse der Risikobestandteile – wie sie z.B. für die Währungspreisrisiken bereits existiert – auch für andere nicht stahlbezogene Rohstoffe aufzubauen. Ziel ist, die Risikoanalyse monatlich für den Zeitraum der kommenden 24 Monate zu aktualisieren und dafür auch öffentlich zugängliche Preise wie z.B. Futurepreise zu nutzen.[553]

Der Status quo des Erfolgsfaktors „Etablierung statistisches Modell zur Risikobewertung" ist ebenfalls als „schwach" zu beurteilen. Es wird zwar immer wieder von Cash-Flow-Risiken gesprochen, die sich aus den Rohstoffpreisrisiken ergeben, jedoch liegt den durchgeführten Kalkulationen kein CFaR-Konzept auf der Basis von statistischen Verteilungen zu Grunde, sondern Szenarioanalysen. Insgesamt lässt die Kombination dieses Sachverhalts mit der stark limitierten Analyse der Risikobestandteile (insb. der zukünftigen Preise) auf eine tendenziell wenig ausgereifte Risikobewertung schließen.

Der Erfolgsfaktor „Implementierung Stresstests und Ableitung Handhabungsnotwendigkeit" ist „schwach" entwickelt. Auf der einen Seite werden zwar Stresstests für verschiedene Risikoarten regelmäßig einmal pro Jahr durchgeführt, um die Auswirkung von extremen Ereignissen, wie z.B. extreme Rohstoffpreisschwankungen, auf die Finanz- und Ertragslage des Unternehmens einschätzen zu können. Auf der anderen Seite werden die in den BUs durchgeführten Risikobewertungen nicht für alle Risikoarten auf Unternehmensebene aggregiert. Demzufolge kann auch keine Aggregation zu einer Gesamtrisikoposition des Unternehmens über verschiedene Risikoarten hinweg mit Hilfe von Korrelationen durchgeführt werden.

553 Hiermit wird auch die Erkenntnis früherer Untersuchungen bestätigt, dass Währungspreisrisiken zwar nicht als wichtiger erachtet, allerdings häufig sehr viel systematischer gehandhabt werden.

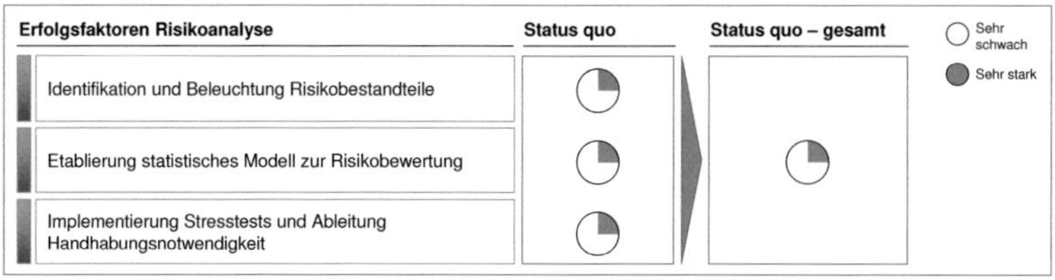

Abbildung 4.6: Status quo Erfolgsfaktoren Risikoanalyse des Automobilzulieferers

Zusammenfassend ist auf Grund des Status quo der drei Erfolgsfaktoren der Risikoanalyse die gesamte Prozessphase des Rohstoffpreisrisikomanagements in der SC für den Automobilzulieferer als „schwach" zu beurteilen (vgl. Abbildung 4.6).

Bezüglich des Status quo des ersten Erfolgsfaktors der **Risikohandhabung** – „Etablierung einheitliches Modell zur Maßnahmencharakterisierung und -auswahl" – kann auf Basis der vorliegenden Informationen wiederum keine explizite Aussage getroffen werden.

Was den Erfolgsfaktor „Entwicklung und Charakterisierung finanzwirtschaftlicher Maßnahmen" angeht, ist der Entwicklungsstand als „mittel" einzuschätzen. Derivative Finanzinstrumente werden im Rahmen des Rohstoffpreisrisikomanagements für nicht stahlbezogene Rohstoffe eingesetzt.[554] Dabei wird nach einfachen Regeln in Abhängigkeit der Dauer bis zum Bedarfszeitpunkt ein bestimmter Prozentsatz des Bedarfs abgesichert.[555] Für diese Absicherungen kommen in der Regel Standard-OTC-Kontrakte wie Forwards oder Swaps zum Einsatz. Kontraktpartner ist meist eine Bank. Andere – weniger übliche – finanzwirtschaftliche Derivate, wie z.B. Optionsstrategien (Floors, Caps oder Collars) sowie derivative Finanzinstrumente für weitere im Produktionsprozess eingesetzte Rohstoffe, wie z.B. Stahl, werden als zu risikoreich angesehen und kommen nicht zum Einsatz.

Der Erfolgsfaktor „Entwicklung und Charakterisierung operativer Maßnahmen" ist nach den vorliegenden Informationen ebenfalls „mittel" ausgeprägt. So wird versucht, eine ganze Reihe von operativen Handhabungsmaßnahmen einzusetzen. Zu den bereits eingesetz-

[554] Zusätzlich werden auch Währungspreisrisiken mit finanzwirtschaftlichen Maßnahmen gehandhabt.

[555] Z.B. bei einem 24-Monats-Horizont Absicherung von 50% des Volumens, bei einem Zwölfmonatshorizont Absicherung von 75% des Volumens.

ten operativen Handhabungsmaßnahmen auf der Beschaffungsseite gehören insbesondere langfristige Verträge mit fixierten Preisen und fixierte Volumen mit einem definierten maximalen Abweichungsgrad.[556] Auf der Vertriebsseite wird versucht, eingegangene Mehrbelastungen durch die Rohstoffbeschaffung durch indexierte Preissetzungsmechanismen (vor allem auch bei nicht stahlbezogenen Rohstoffen) auf die Kunden abzuwälzen.[557] Die gezielte Weitergabe von Rohstoffpreisrisiken ist den Informationen zur Folge allerdings durch fehlende Kommunikation zwischen der Beschaffungs- und Vertriebsseite, durch die Lieferantenstruktur (viele kleine Lieferanten) und die teilweise große Verhandlungsmacht der Kunden erschwert. Erstaunlich ist, dass der Automobilzulieferer wie auch der Stahlproduzent die kurzfristigen Unterschiede von Spot- und vertraglich fixierten Preisen nicht gezielt ausnutzen.

Obwohl die Auswertung der Interviewergebnisse keine explizite Aussage bezüglich des Status quo des Erfolgsfaktors „Auswahl adäquate Handhabungsmaßnahmen" zulässt, soll dieser als „schwach" ausgeprägt beurteilt werden. Grund dafür ist die Vermutung, dass bei der Existenz von verschiedenen Handhabungsmaßnahmen für das Rohstoffpreisrisiko zumindest ein impliziter Vergleich sowie eine situationsgerechte Auswahl der Handhabungsmaßnahmen stattfinden muss. Der schwache Zentralisierungsgrad des Risikomanagements im Allgemeinen lässt allerdings die Existenz eines institutionalisierten und einheitlichen Prozesses unwahrscheinlich erscheinen.

Insgesamt ist der Status quo der Prozessphase Risikohandhabung auf Grund der Beleuchtung der vier Erfolgsfaktoren als „mittel" zu bewerten (vgl. Abbildung 4.7).

Der Status quo des ersten Erfolgsfaktors des **Risikocontrollings** – „Etablierung regelmäßige Performancemessung und Prozessentwicklung" – ist als „mittel" zu bezeichnen. Es findet eine regelmäßige Risikokontrolle statt, die auch meist mit klaren Empfehlungen zur Optimierung der Performance einhergeht. Allerdings ist die anschließende Implementierung der Empfehlungen nicht mehr Bestandteil der Risikokontrolle. Follow-ups geraten

556 Vertraglich fixierte Volumen sind oft mit einem erlaubten Abweichungsgrad (z.B. +/- 10%) versehen.

557 Wie auch schon im Falle des Stahlproduzenten, erscheint dies unter Berücksichtigung der großen Abhängigkeiten innerhalb einer SC unverständlich.

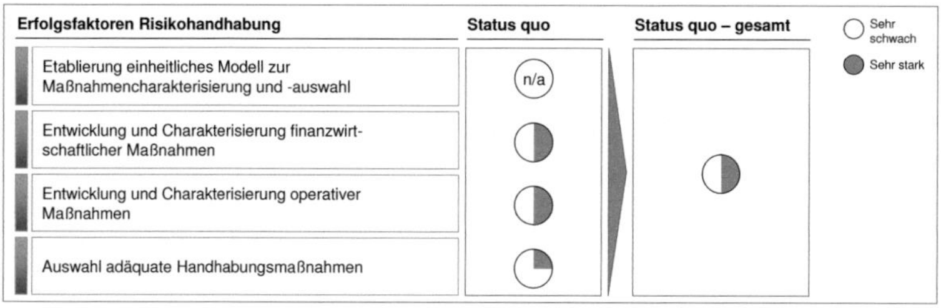

Abbildung 4.7: Status quo Erfolgsfaktoren Risikohandhabung des Automobilzulieferers

dadurch in Vergessenheit. Die Qualität der Risikokontrolle ist auf Grund der vorliegenden Informationen nicht zu beurteilen. Allerdings sprechen zwei Sachverhalte dafür, dass die Qualität begrenzt ist. Zum einen finden in der Regel keine Backtests zur zielgerichteten Optimierung der im Risikoprozess verwendeten Modelle (z.B. Szenarioanalyse zur Kalkulation des Cash-Flow-Risikos) und Handhabungsmaßnahmen statt. Zum anderen wird Risiko als reine Gefahr, nicht aber als Chance gesehen. Dies hat zur Konsequenz, dass z.B. die Opportunitätskosten, die mit dem „Verbauen" von Chancen durch lineare Handhabungsmaßnahmen einhergehen, in potenziellen Kosten-Nutzen-Kalkulationen nicht berücksichtigt werden können.

Betreffend den Erfolgsfaktor „Sicherstellung Prozessdokumentation und Garantierung Datenqualität" kann, wie auch schon in der vorhergehenden Fallstudie, auf Grund der vorliegenden Informationen keine qualifizierte Aussage getroffen werden.

Was den Erfolgsfaktor „Entwicklung standardisierter, zielgruppenorientierter, aussagekräftiger Reports" angeht, ist ein „mittlerer" Entwicklungsstand anzunehmen. Das Reporting basiert auf einer sog. „traffic light-Logik". Nur Risiken, die als besonders relevant eingeschätzt werden, werden gesondert und detailliert reportet. Das Reporting beinhaltet in diesem Fall immer Empfehlungen zur Handhabung und Optimierung inklusive der dazugehörigen Verantwortlichkeiten. Das Risikoreporting wird allerdings nur zwei mal im Jahr in dieser Breite und separat durchgeführt. Eine vollständige Integration des Risikoreportings in das normale Reporting ist demnach nicht gegeben. Das halbjährliche Reporting von sehr dynamischen Risiken – wie z.B. den Rohstoffpreisrisiken – erscheint

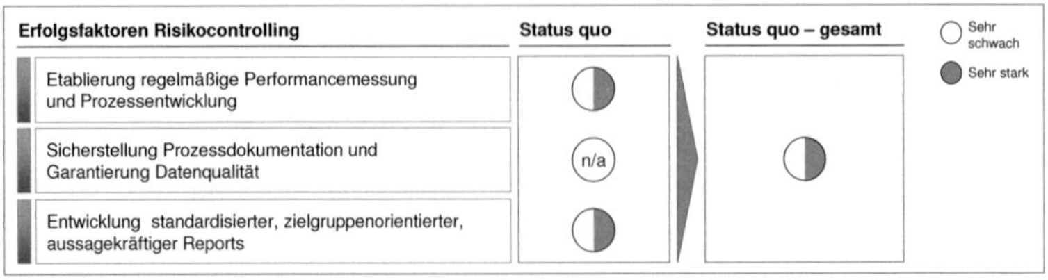

Abbildung 4.8: Status quo Erfolgsfaktoren Risikocontrolling des Automobilzulieferers

auch zu wenig.[558] Zudem liegt die Vermutung nahe, dass in Anbetracht der rudimentären Risikoanalyse auch das Risikoreporting hinter den Erwartungen zurückbleiben muss.

Der Status quo des Risikocontrollings ist auf Basis der beleuchteten drei Erfolgsfaktoren insgesamt als „mittel" zu beurteilen (vgl. Abbildung 4.8).

Im Rahmen einer Selbsteinschätzung zu Optimierungspotenzialen im Bereich des Rohstoffpreisrisikomanagements wurden insbesondere die Weiterentwicklung der Risikostrategie, der Aufbau eines Rohstoffmanagements inklusive der dazugehörigen Risikohandhabungsmaßnahmen, die Implementierung von Follow-ups zur Maßnahmenumsetzung sowie der Ausbau des internen finanziellen Risikocontrollings genannt.

4.2.3 Fallstudie 3 – Automobilhersteller

Der deutsche Automobilhersteller, der zur Generierung der folgenden Fallstudie interviewt wurde, ist nach Umsatz, Mitarbeitern und Image einer der weltweit führenden. Er ist das letzte produzierende Glied der automobilen SC. Seine direkten Kunden sind Automobilhändler bzw. direkt der Konsument des Endprodukts. Die Lieferanten des Automobilherstellers sind typische Tier 1, wie der in Fallstudie 2 vorgestellte Automobilzulieferer, oder auch rohstoffproduzierende Unternehmen, wie z.B. der in Fallstudie 1 im Fokus stehende Stahlproduzent. In der Regel werden ca. 50% des benötigten Materials in einem bereits verarbeiteten Zustand (in Form von Zulieferteilen) bei vorgelagerten SC-

[558] Den Angaben des Unternehmens zur Folge existiert ein monatliches Reporting, in das regelmäßig ein Reporting über bedeutende operative Risiken integriert wird. Eine derartige Vorgehensweise wäre auch für das Rohstoffpreisrisiko wünschenswert.

Partnerunternehmen (z.B. vom Automobilzulieferer) bezogen und ca. 50% vom Automobilhersteller selbst als Rohmaterial beschafft (z.B. von Stahlproduzenten). Die strategische Bedeutung der Lieferanten scheint in Analogie der Argumentation in Kapitel 2.2.1 sehr hoch zu sein, da über 90% der Teile mit einer Single-Sourcing-Strategie beschafft werden. Demzufolge ist auch die Konzentration der Lieferanten relativ hoch einzuschätzen. Die Top-5-Lieferanten zeichnen für ca. 20% des gesamten Beschaffungsvolumens verantwortlich. Das durch diese Lieferbeziehungen entstehende Abhängigkeitsverhältnis ist stark interdependent, wie die Preissetzung bei Beschaffungsverträgen zeigt. Hier agiert der OEM sowohl als Preissetzer, aber auch als Preisnehmer – je nach aktuellem Machtverhältnis.[559] Analog zu den Ausführungen in Kapitel 4.2.1 und 4.2.2 könnte der Automobilhersteller z.B. mit dem Stahlproduzenten Verträge mit variabler indexbasierter Preissetzung und mit dem Autozulieferer Verträge mit fixen, aber jährlich verhandelbaren Preisen abgeschlossen haben.

Für den Automobilhersteller sind die größten unternehmensindividuellen Risiken Rohstoffpreisrisiken, Währungspreisrisiken, Adressenausfallrisiken und Projektrisiken. In Bezug auf die gesamte SC stellen – wie auch bereits für die beiden Unternehmen der vorangegangenen Fallstudien – Rohstoffpreisrisiken die größte Gefahr dar. Des Weiteren wird dem Risiko, welches aus dem Verhalten der Wettbewerber resultiert, am meisten Bedeutung beigemessen. Die Rohstoffpreisrisiken haben besondere Bedeutung für den Automobilhersteller, da nach eigener Einschätzung die damit u.U. verbundenen Kostensteigerungen auf Grund des harten Wettbewerbs nicht an die Endkunden weitergegeben werden können, der Beschaffungspreis der Rohstoffe aber je nach vertraglicher Ausgestaltung und Verhandlungsmacht sogar kurzfristig schwanken kann. Diese Erkenntnis stützt die in Kapitel 2.2.3 allgemein hergeleitete Hypothese für vermindertes Weitergabepotenzial von Preisrisiken in wettbewerbsintensiven Märkten auch für die Automobilindustrie.

Analog zu der Vorgehensweise in den vorangegangenen Fallstudien, soll nun eine Beleuchtung des Status quo der Erfolgsfaktoren entlang der vier Phasen des Rohstoffpreisrisikomanagements in SC mit Hilfe der vorliegenden Interviewergebnisse erfolgen.

[559] Vgl. hierzu auch die Ausführungen in Kapitel 4.2.2.

Was den Status quo des ersten Erfolgsfaktors der **Risikostrategie** – „Generierung zielgerichteter SC-Transparenz und Durchführung Partnerselektion" – angeht, so ist dieser als „mittel" und damit im Vergleich zu den vorhergegangenen Fallstudien als wesentlich weiter entwickelt zu bezeichnen. Dem Automobilhersteller ist bewusst, dass sich die Rohstoffpreisrisiken nicht nur auf das eigene Unternehmen beziehen, sondern die gesamte SC betreffen. Dementsprechend wurden auch bereits ausgewählte Stahlproduzenten bezüglich eines unternehmensübergreifenden Rohstoffpreisrisikomanagements angesprochen.[560] So sind dem Automobilhersteller nach eigenen Angaben zumindest die Rohstoffpreisrisiken seiner direkten Zulieferer bekannt.

Der Status quo des Erfolgsfaktors „Definition konvergentes, homogenes, quantifizierbares Zielsystem" ist als „schwach" zu beurteilen. Mit der Identifizierung und Handhabung von Risiken, der Minimierung des Risikoexposures und der Unterstützung strategischer Entscheidungen unter Unsicherheit wurden zwar Ziele für das Allgemeine Risikomanagement angegeben, allerdings sind diese Ziele nicht mit den verschiedenen Stakeholdern abgestimmt und auch nicht schriftlich fixiert. Des Weiteren ist die Minimierung des Risikoexposures ohne Berücksichtigung der dadurch verursachten Kosten kein ökonomisch sinnvolles Ziel und damit nicht ansatzweise konvergent mit den übergeordneten Unternehmenszielen. Insbesondere für das Management des Hedging-Programms wurden weitere Sub-Ziele definiert. Diese sind im Einzelnen die Garantierung eines EBIT-Ziels und die Glättung der Cash Flows. Obwohl diesbezüglich angegeben wurde, dass der CFaR als unternehmensweites Risikomaß und Steuerungseinheit genutzt wird, existieren keine quantifizierten Ziel- bzw. Risikoschwellenwerte – weder auf Unternehmens- noch auf Risikoartebene. Über den CFaR hinaus existiert keine weitere Risikotaxonomie, so dass davon auszugehen ist, dass die Bewertung von nicht im Rahmen des CFaR quantifizierten Risiken ausbleibt. Nach eigener Einschätzung existiert trotz fehlender Abstimmung der Ziele eine Risikokultur, die von den Mitarbeitern gelebt wird und weitgehend homogen zur Risikozielsetzung ist. Allerdings ist diese Risikokultur nicht so stark verankert, dass sie sich automatisch im Verhalten der Mitarbeiter widerspiegelt.

[560] Die angesprochenen Stahlproduzenten zeigten allerdings aus unbekannten Gründen kein gesteigertes Interesse.

Der Erfolgsfaktor „Etablierung schlanke, eindeutige, interdisziplinaritätsfördernde Organisations- und Verantwortungsstruktur" weist einen „mittleren" Entwicklungsstand auf. Es existiert eine starke zentrale Risikomanagementabteilung auf Unternehmensebene für die Analyse des Gesamtrisikos. Diese Abteilung ist mit fünf FTEs im Vergleich zu den zentralen Abteilungen des Stahlproduzenten und des Automobilzulieferers relativ stark besetzt. Der für die zentrale Abteilung verantwortliche CRO ist auf Abteilungsleiterebene angesiedelt und disziplinarisch dem CFO unterstellt. Darüber hinaus befinden sich in den verschiedenen BUs dezentrale Verantwortliche, die an die zentrale Abteilung berichten. Die direkte Beteiligung des Top-Managements am Risikomanagement ist gering. Allerdings sind die unterschiedlichen Risiken nicht immer klar einem bestimmten Verantwortlichkeitsbereich zugeordnet. So wird z.B. das Rohstoffpreisrisikomanagement in erster Linie von der Beschaffungs- und der Treasury-Abteilung durchgeführt und scheint dadurch nicht optimal in das Risikomanagement integriert. Dieser Eindruck wird durch die Tatsache gestützt, dass keine speziellen Ansätze zur Institutionalisierung interdisziplinärer Zusammenarbeit bei der Steuerung von Rohstoffpreisrisiken existieren.

Der Status quo des Erfolgsfaktors „Implementierung vertrauensförderndes Kooperationsmanagement" ist ebenfalls als „mittel" zu beurteilen. So wurde einerseits – leider ohne Erfolg – der Versuch unternommen, einige SC-Partner (vor allen Dingen Stahlproduzenten) zur Mitarbeit an einem unternehmensübergreifenden Rohstoffpreisrisikomanagement zu bewegen. Andererseits wird insbesondere im Bereich Wissens- und Informationsmanagement mit anderen Unternehmen (z.B. Lieferanten, aber auch anderen Automobilherstellern) oder Forschungseinrichtungen kooperiert, um Gedankenaustausch anzuregen und Ansätze zum Rohstoffpreisrisikomanagement zu optimieren.

Die Risikostrategie des Automobilherstellers ist entlang der vier beleuchteten Erfolgsfaktoren als „mittel" zu bewerten (vgl. Abbildung 4.9).

Was den ersten Erfolgsfaktor der **Risikoanalyse** – „Identifikation und Beleuchtung Risikobestandteile" – angeht, so ist von einem „mittleren" Entwicklungsstand auszugehen. Die wichtigen Bestandteile des Rohstoffpreisrisikomanagements sind vor allem die zur

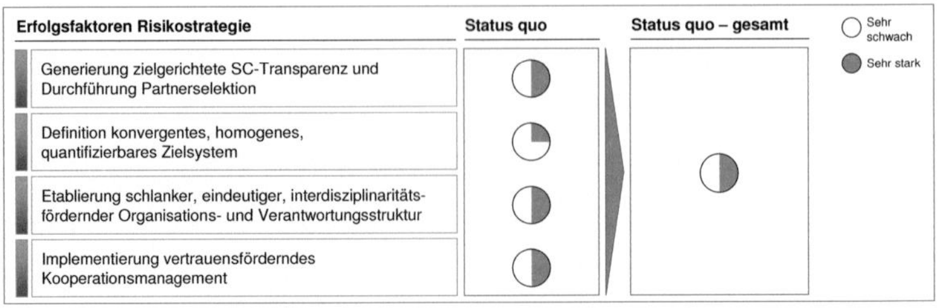

Abbildung 4.9: Status quo Erfolgsfaktoren Risikostrategie des Automobilherstellers

Produktion benötigten Volumen sowie die Preise von Edelmetallen (PGM), „Non-ferrous-Metallen" (z.B. Kupfer und Aluminium) und Stahl. Die Volumen der zukünftig in der Produktion benötigten Rohstoffe wird aus dem erwarteten Automobilabsatz abgeleitet, der alle drei Monate mit einem Horizont von drei bis sechs Jahren und mit einer Genauigkeit von ca. +/- 10-15% bestimmt wird. Die erwarteten zukünftigen Preise für PGM und „Non-ferrous-Metalle" werden in Kooperation mit einem anderen großen Automobilhersteller unter Nutzung von Preisindizes und eigener Markterfahrung festgelegt. Die Qualität und Transparenz dieser Preise wird von dem Unternehmen selbst als hoch eingeschätzt. Die Bestimmung eines zukünftigen Preises von Stahlprodukten gestaltet sich im Vergleich dazu wesentlich komplizierter. Für die Komplexität sind im wesentlichen zwei Gründe zu nennen. Zum Ersten werden nur ca. 50% des beschafften Stahls letztendlich in der Produktion verwendet. Der Rest wird in Form von Stahlschrott an den Stahlproduzenten zurückgegeben und verrechnet. Zum Zweiten ist die Transparenz des Stahlmarktes sehr beschränkt. Nach Aussagen des Automobilherstellers existieren keine robusten Preisinformationen für automobiltypische Stahlsorten oder die Hauptbestandteile von Stahl wie Eisenerz, Kokskohle und Stahlschrott.[561] Dementsprechend existiert auch kein einheitlicher Mechanismus zur Bestimmung der zukünftigen Preiserwartung. Das Unternehmen setzt dieser fehlenden Transparenz allerdings auch nicht ein eigenes Tool zur Bildung der Preiserwartung entgegen, sondern baut auf die verfügbaren, aber

561 Aus diesem Grund wird für die Zukunft ein Stahlpreisindex, der automobiltypische Qualitäten beinhaltet bzw. alternativ ein Preisindex für Eisenerz und Kohle (also die Hauptinhaltsstoffe von Stahl) gefordert.

für verlässliche Prognosen viel zu kurzen, historischen Stahlpreisreihen und Volatilitäten auf.

Bezüglich des Erfolgsfaktors „Etablierung statistisches Modell zur Risikobewertung" ist der Status quo mit „mittel" zu beurteilen. Der Automobilhersteller verwendet als einziges durch die Fallstudien vorgestelltes Unternehmen mit dem CFaR ein einheitliches statistisches Risikomaß und damit auch ein statistisches Modell zur Berechnung.[562] Der Zeithorizont, für den der CFaR berechnet wird, beträgt 36 Monate. Die Qualität und auch die Spannweite des CFaR in Bezug auf die Rohstoffpreisrisiken können auf Basis der vorliegenden Informationen nicht bewertet werden. Die Probleme bei den Prognosen der zukünftigen Stahlpreise lässt allerdings keine qualitativ hochwertige Berücksichtigung aller wichtigen Rohstoffe vermuten.[563]

Der Status quo des Erfolgsfaktors „Implementierung Stresstests und Ableitung Handhabungsnotwendigkeit" muss allerdings als „schwach" beurteilt werden. Grund dafür ist einerseits die Tatsache, dass keine Stresstests durchgeführt werden, um z.B. extreme Rohstoffpreisbewegungen und deren Wirkung auf den CFaR des Unternehmens zu simulieren. Andererseits werden die in den BUs bewerteten Risiken weder auf Unternehmensebene für einen einzelnen Rohstoff noch unter Nutzung von Korrelationen über verschiedene Rohstoffe hinweg zu einem Gesamtrohstoffpreisexposure aggregiert. Dies macht die Auswahl und den effizienten Einsatz von Handhabungsmaßnahmen praktisch unmöglich.

Der Status quo der Risikoanalyse ist auf Basis der drei beleuchteten Erfolgsfaktoren als „mittel" zu beurteilen (vgl. Abbildung 4.10).

562 Welches statistische Modell bei der Berechnung des CFaR verwendet wird, ist aus den Interviewergebnissen nicht ersichtlich.

563 Trotz des per definitionem zweiseitigen Risikomaß – CFaR – wird das Risiko ausschließlich als Gefahr und nicht als Chance für den Automobilhersteller gesehen.

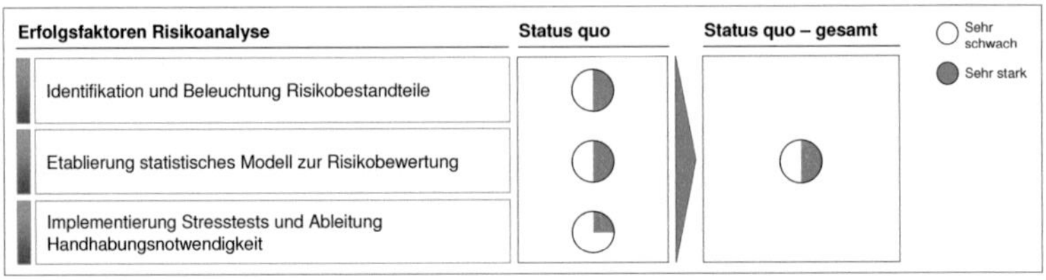

Abbildung 4.10: Status quo Erfolgsfaktoren Risikoanalyse des Automobilherstellers

In Bezug auf den Status quo des ersten Erfolgsfaktors der **Risikohandhabung** „Etablierung einheitliches Modell zur Maßnahmencharakterisierung und -auswahl" kann analog zu den vorhergehenden Fallstudien auf Grund der vorliegenden Informationen keine Aussage gemacht werden.

Der Status quo des Erfolgsfaktors „Entwicklung und Charakterisierung finanzwirtschaftlicher Maßnahmen" ist als „mittel" anzusehen. Im Rahmen des Rohstoffpreisrisikomanagements mit finanzwirtschaftlichen Handhabungsmaßnahmen kommen meist lineare OTC-Instrumente wie Forwards oder Swaps zur Anwendung.[564] Es werden ausschließlich Rohstoffpreisrisiken, die aus dem Bezug von PGM und „Non-ferrous-Metallen" resultieren, durch Derivate abgesichert. Der Absicherungshorizont kann dabei analog zum Zeithorizont des CFaR bis zu 36 Monate betragen. Obwohl der Absicherungsgrad betreffend der gehandhabten Exposures mit 10-50% angegeben wird, beträgt der Anteil der durch finanzwirtschaftliche Handhabungsmaßnahmen abgesicherten Beschaffung nur knapp 5%.[565] Als Grund für diesen relativ niedrigen Anteil wird die sehr beschränkte Auswahl an finanzwirtschaftlichen Instrumenten zur Absicherung des wichtigen Stahlpreisrisikos angeführt.

Der Erfolgsfaktor „Entwicklung und Charakterisierung operativer Maßnahmen" ist „gut" entwickelt und es kommt – je nach Rohstoff – eine ganze Reihe operativer Maßnahmen zum Einsatz. So wird z.B. physisches Hedging bzw. zielgerichtetes Lagermanagement bei PGM angewendet. Auch wird teilweise, insbesondere bei hoch standardisierten Gütern,

[564] Meist wird eine „linear hedging-Strategie" bzw. eine „stop-loss-Strategie" eingesetzt. Die Maßnahmen werden hauptsächlich mit Banken und Zulieferern besprochen und umgesetzt. Börsenhandelsplätze sind in der Regel nicht beteiligt.

[565] Im Vergleich dazu wird angegeben, dass das Währungspreisexposure komplett durch operative und finanzwirtschaftliche Maßnahmen abgesichert wird.

versucht, durch die horizontale Bündelung von Volumen die eigene Verhandlungsmacht zu stärken und daraufhin günstigere Preiskonditionen durchzusetzen. Gerade bei dem bei finanzwirtschaftlichen Handhabungsmaßnahmen außen vor gelassenen Rohstoff Stahl wird versucht, die Kontrakte in Abhängigkeit des aktuellen Spotpreises und der erwarteten zukünftigen Preise zu gestalten. So werden in der Situation Preiserwartung > Spotpreis bevorzugt langfristige Verträge abgeschlossen und bei Preiserwartung < Spotpreis entsprechend kurzfristige Kontrakte eingegangen. Erstaunlicherweise wird diese Maßnahme aber nicht spontan eingesetzt und ggf. mit Lagerung kombiniert. Es findet also keine systematische und spontane Arbitrage zwischen Spotpreis und vertraglich fixierten Preisen statt. Die Sourcing-Strategie ist ebenfalls bewusst gewählt und zielt bei tendenziell standardisierten Beschaffungsgütern – wie auch den meisten Stahlsorten – darauf ab, mehrere Bezugsquellen in Wettbewerb zueinander zu setzen (Multiple Sourcing). Nur bei einigen wenigen Stahlsorten dominiert Single Sourcing. Auch Rohstoffsubstitution ist als potenzielle Handhabungsmaßnahme bekannt, allerdings wird darauf hingewiesen, dass der Einsatz dieser Maßnahme nur zu sehr geringem Maß möglich ist.

Bezüglich des Status quo des Erfolgsfaktors „Auswahl adäquate Handhabungsmaßnahmen" kann wieder einmal keine robuste Einschätzung getroffen werden. Auf Grund der Vielzahl potenzieller finanzwirtschaftlicher als auch operativer Handhabungsmaßnahmen und dem sehr überlegt wirkenden Einsatz ist aber ein zumindest implizit existierender Auswahlmechanismus zu vermuten. Demzufolge wird der Status quo mit „mittel" bewertet. Dies führt über die vier beleuchteten Erfolgsfaktoren hinweg, insgesamt zu einem „mittleren" Status quo der Risikohandhabung des Automobilherstellers (vgl. Abbildung 4.11).

Der ersten Erfolgsfaktor des **Risikocontrollings** – „Etablierung regelmäßige Performancemessung und Prozessentwicklung" – ist als „schwach" einzuschätzen. Der Grund für diese Einschätzung liegt in der Tatsache begründet, dass weder im Zielsystem für das Risikomanagement noch für das Rohstoffpreisrisikomanagement eine Kosten-Nutzen-Abwägung integriert ist.

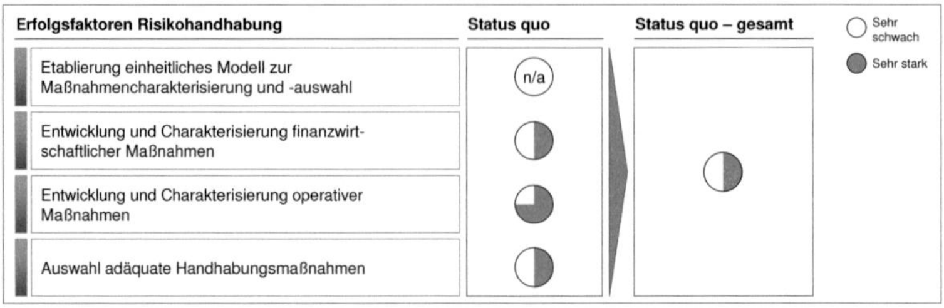

Abbildung 4.11: Status quo Erfolgsfaktoren Risikohandhabung des Automobilherstellers

Des Weiteren kann der erfahrungsgemäß größte Kostenblock eines Rohstoffpreisrisikomanagements – die Opportunitätskosten entgangener Chancen – bei einer rein auf Gefahr ausgerichteten Risikodefinition nicht berücksichtigt werden. Eine effiziente Performancemessung ist insofern nicht denkbar. Außerdem wird auch keine kontinuierliche Weiterentwicklung des Rohstoffpreisrisikomanagements bzw. der dort eingesetzten Modelle z.B. mit Hilfe von Backtest betrieben.

Zum Erfolgsfaktor „Sicherstellung Prozessdokumentation und Garantierung Datenqualität" kann auf Basis der vorliegenden Informationen keine qualifizierte Aussage getroffen werden.

Der Status quo des Erfolgsfaktors „Entwicklung standardisierter, zielgruppenorientierter, aussagekräftiger Reports" ist „schwach". Die interne Risikoberichterstattung, die vierteljährlich dem Top-Management vorgelegt wird, basiert auf dem CFaR. Dadurch werden nur die wichtigsten Risiken integriert und die Aufmerksamkeit ideal kanalisiert. Auch verbindet diese Art von Reporting elegant die Themenbereiche Risiko und Unternehmenssteuerung. Das Reporting bleibt allerdings reine Dokumentation von Risiken und enthält keinerlei Empfehlungen für zukünftige Entwicklungen. Die Aussagekraft ist insofern beschränkt und das Reporting ist nur in begrenztem Umfang die erforderliche Entscheidungshilfe für das Management.

Insgesamt ist die Risikokontrolle auf Basis der drei beleuchteten Erfolgsfaktoren damit als „schwach" zu beurteilen (vgl. Abbildung 4.12).

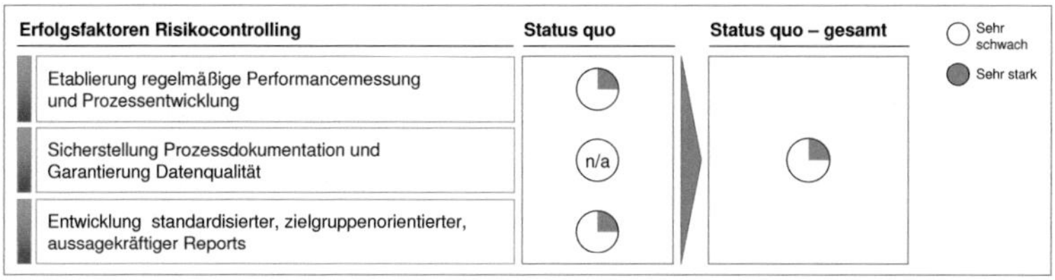

Abbildung 4.12: Status quo Erfolgsfaktoren Risikocontrolling des Automobilherstellers

Im Rahmen einer Selbsteinschätzung werden von dem Automobilhersteller im Bereich des Risikomanagements und des Rohstoffpreisrisikomanagements drei große Hebel zur Optimierung gesehen. Zum Ersten die Implementierung einer schlagkräftigen Risikomanagementorganisation, zum Zweiten eine Integration der Risikoanalyse (insbesondere Risikobewertung) über verschiedene Risiken hinweg und zum Dritten die Entwicklung angemessener Handhabungsmaßnahmen.

4.3 Zwischenfazit und Ausblick auf Kapitel 5

Ziel dieses Kapitels war die Beantwortung der dritte Forschungsfrage. Diese lautet: Wie ist der aktuelle Status quo der abgeleiteten Erfolgsfaktoren in der SC der Automobilindustrie zu beurteilen? Lassen sich inhaltliche Schwerpunkte für das Konzept zum Rohstoffpreisrisikomanagement in der SC ableiten?

Zur Beantwortung dieser mehrteiligen Forschungsfrage wurden die in Kapitel 3 abgeleiteten Erfolgsfaktoren des Rohstoffpreisrisikomanagements in der SC im Rahmen von drei Fallstudien zu Unternehmen aus unterschiedlichen SC-Stufen der Automobilindustrie auf ihren aktuellen Status quo untersucht. Die Ergebnisse dieser empirischen Untersuchung sind in Abbildung 4.13 zusammengefasst.

Eine erste allgemeine Erkenntnis der Untersuchung bestätigte die Hypothese, dass für alle befragten Unternehmen Rohstoffpreisrisiken sowohl für die gesamte SC als auch für das individuelle Unternehmen als sehr wichtig erachtet wurden. Es ist davon auszugehen, dass diese Meinung von der Mehrzahl der produzierenden Unternehmen in automobilen

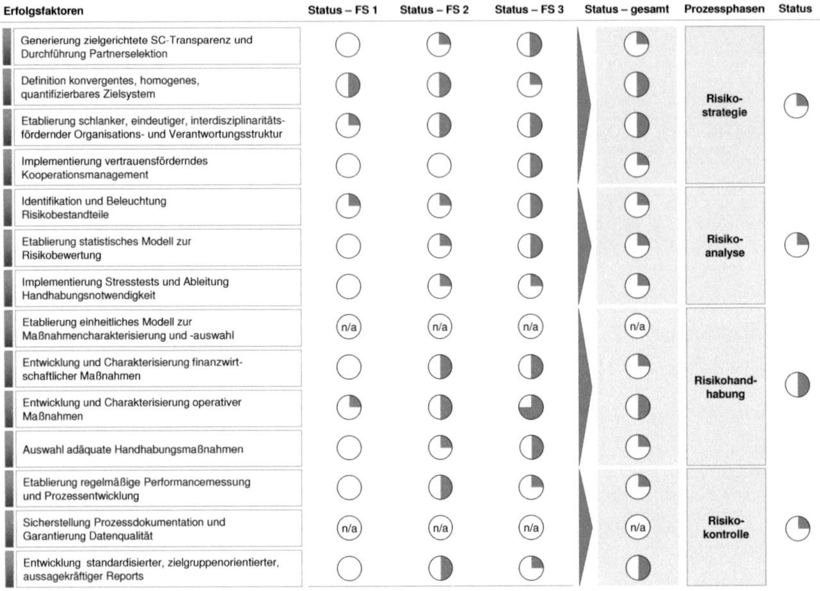

Abbildung 4.13: Gesamtübersicht Status quo der Erfolgsfaktoren

SC geteilt wird. Des Weiteren folgen alle untersuchten Unternehmen bei der Durchführung des unternehmensindividuellen Risikomanagements einem strukturierten Prozess.

Bezüglich des „Status gesamt" der Erfolgsfaktoren der ersten Phase des Rohstoffpreisrisikomanagement-Prozesses fällt eine Zweiteilung ins Auge. Auf der einen Seite stehen die „schwach" beurteilten Erfolgsfaktoren, die besonderen Bezug auf den unternehmensübergreifenden Aspekt nehmen („Generierung zielgerichteter SC-Transparenz und Durchführung Partnerselektion" und „Implementierung vertrauensförderndes Kooperationsmanagement"). Auf der anderen Seite sind die „mittel" bewerteten Erfolgsfaktoren „Definition konvergentes, homogenes, quantifizierbares Zielsystem" und „Etablierung schlanke, eindeutige, interdisziplinaritätsfördernde Organisations- und Verantwortungsstruktur" auszumachen.

Es besteht keine Transparenz und keine Kooperation im Rahmen des Rohstoffpreisrisikomanagements entlang der SC. Den Unternehmen ist meist nicht bekannt, welche Rohstoffpreisrisiken in der SC schlummern. Auch bezüglich des Einsatzes von potenziellen Handhabungsmaßnahmen wird kein Informationsaustausch betrieben. Diese Beobachtung unterstreicht die Tatsache, dass sich der SCM-Gedanke bisher nicht im Rohstoffpreisrisikomanagement der Automobilindustrie widerspiegelt, obwohl die Automobilindustrie dafür bekannt ist, ein Vorreiter im Bereich des SCM zu sein.[566] Die einzelnen Unternehmen erkennen nicht die große Abhängigkeit ihrer eigenen Performance von den rohstoffpreisrisikopolitischen Entscheidungen verbundener Unternehmen. Rohstoffpreisrisiken werden insofern nicht als gemeinsame Risiken angesehen. Die schwache Ausprägung der unternehmensübergreifenden Aktivitäten ist damit hauptsächlich auf die mangelnde Erkenntnis der Notwendigkeit eines Rohstoffpreisrisikomanagements in der SC zurückzuführen. So treffen selbst kooperative Initiativen, wie z.B. vom vorgestellten Automobilhersteller, bei den anderen SC-Partnern auf wenig Gegenliebe. Es ist aber davon auszugehen, dass die Initiative des Automobilherstellers nicht mit der gebotenen Vehemenz und argumentativen Unterstützung an die jeweiligen SC-Partner herangetragen wurde.[567]

Zur Illustration des SC-Integrationsstandes des Rohstoffpreisrisikomanagements der in den Fallstudien beleuchteten Unternehmen der Automobilindustrie soll eine Unterteilung von Waters (2007) herangezogen werden. Dieser unterscheidet fünf mögliche Ausprägungen der SC-Integration des Risikomanagements, welche zum Zwecke dieser Arbeit unverändert auf das Rohstoffpreisrisikomanagement übertragen werden sollen. Diese sind:

- „Überhaupt kein Risikomanagement"
- „Unternehmensindividuelles isoliertes Risikomanagement"

[566] Der Premiumhersteller Daimler gilt z.B. als Innovationsführer im Bereich des SCM. So zeigte Daimler bereits im Jahre 1999, dass sich die Beschaffungsprozesse durch innovative SCM-Tools bis zur letzten Ebene einer SC transparent machen und koordinieren lassen. Vgl. Alicke/Graf/Putzlocher (2004), S. 493 ff., Graf/Putzlocher (2000), S. 44 ff., Graf/Putzlocher (2004), S. 66 ff.

[567] Dieses Verständnis wird z.B. von der Angabe des Stahlproduzenten unterstützt, der durchaus die Bereitschaft zeigte, seinen Kunden durch den Abschluss von „non-standard-Kontrakten" bei ihrer Rohstoffpreisrisikohandhabung behilflich zu sein.

- „Gemeinsames Risikomanagement mit wenigen direkten Partnern"
- „Unternehmensübergreifendes Risikomanagement entlang größerer Teile des SC"
- „Unternehmensübergreifendes Risikomanagement entlang der gesamten SC"

Da es nicht Ziel des Rohstoffpreisrisikomanagements in der SC sein kann, alle SC-Partner zu integrieren, stellt die vierte Ausprägung „Unternehmensübergreifendes Risikomanagement entlang größerer Teile des SC" die Zielausprägung dar. Werden die Status quo der Erfolgsfaktoren „Generierung zielgerichteter SC-Transparenz und Durchführung Partnerselektion" und „Implementierung vertrauensförderndes Kooperationsmanagement" für die Bewertung herangezogen, so zeigt sich, dass der SC-Integrationsstand umso höher ist, desto weiter SC-downstream sich das jeweilige Unternehmen befindet. Der Stahlproduzent zeigt demnach die schwächste Ausprägung dieser beiden Erfolgsfaktoren und der Automobilhersteller die stärkste. Übersetzt in die gerade vorgestellte Logik von Waters (2007) ist das Rohstoffpreisrisikomanagement des Stahlproduzenten und des Automobilzulieferers ausschließlich unternehmensindividuell. Das Risikomanagement des Automobilherstellers integriert zumindest wenige direkte Partner. Tabelle 4.4 zeigt diese Einschätzung des SC-Integrationsgrads für jedes Unternehmen der Fallstudien und insgesamt grafisch.

Ausprägungen SC-Integration des Risikomanagements	FS 1 – Stahlproduzent	FS 2 – Automobilzulieferer	FS 1 – Automobilhersteller	SC gesamt
Überhaupt kein Risikomanagement				
Unternehmensindividuelles isoliertes Risikomanagement	✓	✓		✓
Gemeinsames Risikomanagement mit wenigen direkten Partnern			✓	
Unternehmensübergreifendes Risikomanagement entlang größerer Teile der SC	■	■	■	■
Unternehmensübergreifendes Risikomanagement entlang der gesamten SC				

■ Zielausprägung

Tabelle 4.4: Status quo der SC-Integration des Rohstoffpreisrisikomanagements[568]

Die stärkere Ausprägung des SC-Integrationsgrads des Automobilherstellers ist vermutlich auf die Tatsache zurückzuführen, dass vor allen Dingen der Automobilhersteller die Rohstoffpreisrisiken schlecht an seine Kunden weitergeben kann. Das Unternehmen hat damit verstärktes Interesse, dieses Risiko in angemessener Form zu managen. Dieser Sachverhalt kann auch als ein erster Hinweis auf das SC-Unternehmen, welches idealerweise die Initiative für den Aufbau eines Rohstoffpreisrisikomanagements in der SC übernehmen sollte, interpretiert werden.

Was die Status quo der beiden Erfolgsfaktoren 'Definition konvergentes, homogenes, quantifizierbares Zielsystem", „Etablierung schlanke, eindeutige, interdisziplinaritätsfördernde Organisations- und Verantwortungsstruktur" angeht, so ist kein Muster entlang der verschiedenen SC-Stufen zu erkennen. Diese Tatsache stellt für den Aufbau eines Rohstoffpreisrisikomanagements in der SC einen großen Vorteil dar. So können alle Unternehmen noch etwas voneinander lernen, und viele Dinge, wie Quantifizierung und schriftliche Fixierung der Ziele, Optimierung der Organisations- und Verantwortungsstruktur, weitestgehend gemeinsam erarbeitet werden, ohne dass ein Unternehmen bereits implementierte Vorgehensweisen und Strukturen aufgeben muss.

Die zweite Phase des Rohstoffpreisrisikomanagement-Prozesses – die Risikoanalyse – weist über alle Erfolgsfaktoren hinweg einen erschreckend schwachen Status auf. Oft werden Rohstoffpreisrisiken überhaupt nicht quantifiziert und wenn, mit Hilfe relativ einfacher Methoden und in zu großen zeitlichen Intervallen. Generell gilt, dass die Unternehmen nur einen sehr rudimentären Überblick über ihr Rohstoffpreisrisikoexposure und damit selbstverständlich auch über die Wirkung potenzieller Rohstoffpreisrisikohandhabungen generieren können. Auch hier ist das Phänomen zu beobachten, dass der Status quo besser beurteilt werden konnte, umso weiter sich das Unternehmen SC-downstream befindet. Das bedeutet, der Stahlproduzent weist den schwächsten und der Automobilhersteller den stärksten Status quo auf.[569] Allerdings ist der aktuelle Status quo des Automobilher-

[568] Eigene Darstellung. Vgl. hierzu auch WATERS (2007), S. 191.

[569] Dies ist insofern bemerkenswert, als das die Vermutung nahe lag, dass Unternehmen, die sich weiter SC-upstream befinden, zumindest mehr Know-how über zukünftige Preise besitzen. Dies konnte allerdings nicht bestätigt werden.

stellers selbst für das unternehmensindividuelle Rohstoffpreisrisikomangement als äußerst limitiert zu beurteilen.[570]

Die dritte Phase des Rohstoffpreisrisikomanagement-Prozesses – die Risikohandhabung – stellt sich ebenfalls so dar, dass die Beurteilung des Status quo vom Stahlproduzenten über den Automobilzulieferer bis zum Automobilhersteller besser wird. Neben der Tatsache, dass in fast allen Handhabungsmaßnahmen der unternehmensübergreifende Aspekt fehlt, sind diese Maßnahmen noch immer nicht ausreichend stark entwickelt. Dies gilt vor allen Dingen in Anbetracht der Tatsache, dass Rohstoffpreisrisiken für die Unternehmen in der Automobilindustrie eine so wichtige Rolle spielen. Die Unternehmen verlassen sich bis auf den Automobilhersteller meist auf ein bis zwei eher traditionelle und leicht zu implementierende Maßnahmen und ziehen sich insbesondere bei der Handhabung von weniger transparenten Rohstoffpreisrisiken – z.B. den Stahlpreisrisiken – zu schnell auf Grund unzureichender Instrumente zurück. Die Risikohandhabung stellt trotz des im Vergleich zu den anderen Prozessphasen besseren Status quo eine Schwachstelle dar, die auch von den Unternehmen im Rahmen der Selbsteinschätzung erkannt wird.

Die vierte Phase des Rohstoffpreisrisikomanagement-Prozesses – das Risikocontrolling – macht ebenfalls einen schwachen Eindruck und weist keinerlei Muster in Bezug auf die SC-Stufe der Unternehmen aus. Dieser schwache Eindruck ist allerdings nicht alleine auf das Risikocontrolling zurückzuführen, sondern auch vor allen Dingen auf die Wechselbeziehungen zu der beschränkt entwickelten Risikoanalyse und Risikohandhabung. Die größtenteils fehlende quantitative Vorgehensweise in diesen beiden Prozessphasen macht sowohl eine Performancemessung und Prozessentwicklung als auch ein aussagekräftiges Reporting fast unmöglich. Es ist davon auszugehen, dass sich das Risikocontrolling signifikant verbessern wird, sobald die vorhergehenden Prozessphasen einen stärkeren Status quo aufweisen.

[570] Diese Tatsache ist insofern überraschend, als in anderen sehr aktuellen Untersuchungen auf Fallstudienbasis konstatiert wurde, dass die Automobilindustrie, was das Risikomanagement und auch das Rohstoffpreisrisikomanagement betrifft, im Vergleich zu vielen anderen Industrien – z.B. Anlagen- oder Maschinenbau – relativ weit entwickelt ist. Vgl. z.B. ZAWISLA (2008), S. 154 ff.

Festzuhalten bleibt, dass das Rohstoffpreisrisikomanagement in der automobilen SC insgesamt nicht sonderlich weit entwickelt ist. Insbesondere die Risikostrategie mit den Erfolgsfaktoren „Generierung zielgerichteter SC-Transparenz und Durchführung Partnerselektion" und „Implementierung vertrauensförderndes Kooperationsmanagement", große Teile der Risikoanalyse und die Risikohandhabung weisen erhebliche Mängel auf. Auch die Risikokontrolle erscheint nicht sonderlich stark entwickelt, jedoch wird die Auffassung vertreten, dass die Optimierung der vorhergehenden Prozessphasen bereits einen starken positiven Effekt auf den aktuellen Status quo ausüben.

Das Ziel des folgenden Kapitels 5 ist die Beantwortung der vierten und letzten Forschungsfrage: Wie sollte ein Konzept zum Management von Rohstoffpreisrisiken in der SC mit Fokus auf die Automobilindustrie gestaltet werden?[571] Das fünfte Kapitel ist entlang der vier in Kapitel 2.3.2 entwickelten Prozessphasen des Risikomanagements strukturiert. Diese vier Prozessphasen – Risikostrategie, Risikoanalyse, Risikohandhabung und Risikocontrolling – setzen sich wiederum aus den in Kapitel 3 hergeleiteten Erfolgsfaktoren des Rohstoffpreisrisikomanagements in SC zusammen. Besonderes Augenmerk soll dabei auf den im aktuellen Kapitel identifizierten, weniger stark entwickelten Prozessphasen Risikostrategie, Risikoanalyse sowie Risikohandhabung liegen.[572]

[571] Damit kommt diese Arbeit auch einer Forderung von Zsidisin nach, der in 2008 unter anderem anmahnte, den Ausbau und die Entwicklung der unternehmensübergreifenden Risikomanagement-Forschung in sogenannten „specialist sub-fields" voranzutreiben. Vgl. ZSIDISIN/RITCHIE (2008b), S. 12.

[572] Einschränkend muss darauf hingewiesen werden, dass das Konzept des Rohstoffpreisrisikomanagements in SC, auch wenn bereits von hoher thematischer Spezifität, noch immer einen großen inhaltlichen Spagat bewältigen muss. Auf der einen Seite wird versucht, das Konzept ganzheitlich zu gestalten und alle Phasen des Risikomanagementprozesses zu beleuchten, auf der anderen Seite sollen auch die Details in den einzelnen Phasen nicht zu kurz kommen, was aber nicht immer gleichermaßen gelingen kann.

5 Entwicklung eines Konzepts zum Management von Rohstoffpreisrisiken in der SC mit Fokus auf die Automobilindustrie

5.1 Phase 1 – Rohstoffpreisrisikostrategie in der Supply Chain

5.1.1 Generierung zielgerichteter Supply-Chain-Transparenz und Durchführung Partnerselektion

Durch die Empirie in Kapitel 4 wurde die Hypothese aus Kapitel 2 bezüglich der Wichtigkeit von Rohstoffpreisrisikomanagement in der SC bestätigt. Es wurde allerdings auch konstatiert, dass der Gedanke des SCM in der Automobilindustrie das Rohstoffpreisrisikomanagement bis zum aktuellen Zeitpunkt nicht einschließt und aus diesem Grund der Erfolgsfaktor „Generierung zielgerichtete SC-Transparenz und Durchführung Partnerselektion" schwach ausgeprägt ist. Das einzige Unternehmen, welches die Notwendigkeit eines unternehmensübergreifenden Ansatzes zumindest teilweise verinnerlicht hat, ist der Automobilhersteller. Es erscheint somit aus erkenntnistechnischen, aber auch aus organisatorischen Gründen sinnvoll zu sein, wenn der Automobilhersteller als Fokalunternehmen die Verantwortung für die Implementierung eines Rohstoffpreisrisikomanagements in der SC übernimmt.

Hat sich diese Erkenntnis beim Automobilhersteller durchgesetzt, sollte er in allerererster Linie dafür Sorge tragen, dass die notwendige Transparenz innerhalb der SC geschaffen

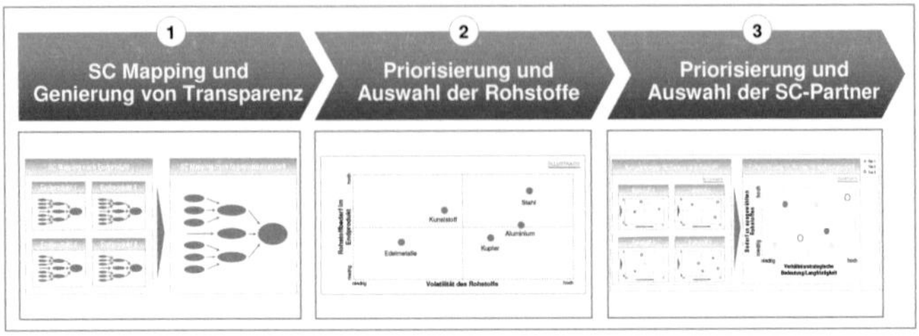

Abbildung 5.1: Prozess der SC-Transparenz und Partnerselektion

wird.[573] Mit der Generierung umfassender SC-Transparenz ist allerdings nicht gemeint, dass durch intensiven Zeit- und Ressourceneinsatz Unmengen von willkürlichen Informationen zusammengetragen werden. Es ist vielmehr darauf zu achten, dass nur die Informationen erhoben werden, die notwendig sind, um die drei einzelnen Arbeitsschritte, in die dieser Erfolgsfaktor unterteilt werden kann, angemessen durchzuführen. Dies ist erstens die Generierung einer groben Transparenz über die existierenden Lieferantenstrukturen (Lieferumfänge, Lieferwege, Lieferbeziehungen) und den Umfang als auch den Phänotyp der SC (SC-Mapping und Generierung Transparenz).[574] Der zweite Schritt zielt darauf ab, eine grobe Priorisierung und Auswahl der Rohstoffe für das Rohstoffpreisrisikomanagement in der SC vorzunehmen (Priorisierung und Auswahl der Rohstoffe). Der dritte Schritt umfasst die Selektion der Projektpartner, die für das Rohstoffpreisrisikomanagement in der SC am geeignetsten erscheinen (Priorisierung und Auswahl der SC-Partner).[575] Das aktuelle Kapitel ist entlang dieser drei Schritte – die in Abbildung 5.1 übersichtlich zusammengefasst wurden – gegliedert.

[573] Vgl. hierzu Kapitel 3 oder auch KERSTEN/HOHRATH/WINTER (2008), S. 14, SVENSSON (2004), S. 743.

[574] Mit SC Mapping soll in der vorliegenden Arbeit in erster Linie die visuelle Darstellung der SC bezeichnet werden. In der Literatur wird SC Mapping abweichend dazu allerdings oft mit der Durchführung eines breit angelegten Ansatzes zur Homogenisierung eines unternehmensübergreifenden Prozessverständnisses z.B. mit dem „SCOR-Modell" gleichgesetzt. Vgl. HANDFIELD et al. (2008b), S. 32, OSTERTAG (2008), S. 51.

[575] Vgl. ZIEGENBEIN (2007), S. 71. Ähnlich zu finden auch bei ASBJORNSLETT (2008), S. 25. Im Rahmen der drei Schritte des Erfolgsfaktors „Generierung SC-Transparenz und Durchführung Partnerselektion" kann meist auch auf datenbasierte Schätzungen zurückgegriffen werden, wenn die detaillierten Informationen gar nicht oder nur mit einem erheblichen Aufwand zu erheben sind. Notwendige weiterführende Details können dann zu einem späteren Zeitpunkt eingeholt werden.

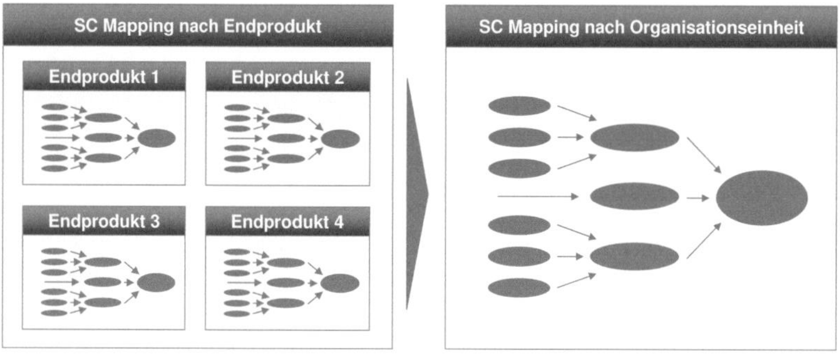

Abbildung 5.2: Prozessphase 1 – SC Mapping und Generierung Transparenz

Der Aufwand des ersten Schrittes „SC Mappings und Generierung Transparenz" hängt stark von der bereits vorherrschenden Transparenz in der jeweiligen SC ab und wird darüber hinaus auch von der Komplexität sowie der Anzahl der SC beeinflusst, an denen der Automobilhersteller beteiligt ist.[576] Es macht Sinn, diese verschiedenen SC zuerst separat zu analysieren und anschließend zusammenzuführen. Erst durch die Zusammenführung sind die Gesamtlieferumfänge und Lieferantenstrukturen ersichtlich und eine sinnvolle Priorisierung und Auswahl von Rohstoffen und SC-Partnern möglich.[577] Diese Vorgehensweise wird in Abbildung 5.2 illustriert.

Fehlende Informationen zur Vervollständigung der Lieferstruktur können durch Selbstauskünfte entlang der gesamten SC erhoben werden.[578] Das initiierende Unternehmen sollte beginnen, die benötigten Informationen (z.B. Lieferumfänge, Lieferwege) bei sich und bei seinen direkten Lieferanten zu erheben und diese wiederum auffordern, die identischen

[576] Nach den Ausführungen in Kapitel 2.1.1 wird eine SC vom Endprodukt her definiert. Aus diesem Grund ist ein Unternehmen, welches mehrere Endprodukte fertigt, automatisch auch Teil mehrerer SC.

[577] Es ist im Rahmen des Rohstoffpreisrisikomanagements nicht zielführend, bereits in diesem Stadium einzelne SC herauszufiltern und damit andere SC von dem Ansatz auszuschließen, wie es in vielen Konzepten zum Risikomanagement in SC vorgeschlagen wird. Vgl. hierzu z.B. JÜTTNER/ZIEGENBEIN (2008), S. 212.

[578] Vgl. SCHULZ/ASENKERSCHBAUMER (2008), S. 29.

Informationen auch für ihre Lieferanten an den OEM zu liefern.[579] In der Praxis durchgeführte SC-Mapping-Projekte haben gezeigt, dass eine vollständige Analyse von Lieferantenstrukturen maßgeblich von der Kooperationsbereitschaft der Zulieferer abhängt. Da aber ab Stufe Tier 2 i.d.R. kein direktes Vertragsverhältnis zwischen dem Automobilhersteller und den Lieferanten besteht, sind nicht alle Lieferanten bereit, die relevanten Informationen im Rahmen der Selbstauskünfte zur Verfügung zu stellen. Demzufolge besteht die Gefahr, dass Mapping-Ergebnisse unvollständig sind und damit an Aussagekraft verlieren. Um trotzdem eine hohe Rückmeldequote der Zulieferer auf „niedrigeren" SC-Stufen zu erzielen, ist ein hoher Informations-, Kommunikations- und Überzeugungsaufwand seitens des Automobilherstellers erforderlich.[580] Wenn sich jedes Unternehmen auf jeder SC-Stufe an der Datenerhebung beteiligt, können alle notwendigen Informationen erhoben werden und auch die Arbeitsbelastung der einzelnen Unternehmen bewegt sich in einem zumutbaren Bereich.[581]

Der zweite Schritt „Priorisierung und Auswahl der Rohstoffe" dient dazu festzustellen, welche Rohstoffe nach ersten Schätzungen die größten Rohstoffpreisrisiken für die SC bergen.[582] Dabei gilt, dass das Rohstoffpreisrisiko bei gegebener Volatilität der Preise umso höher einzuschätzen ist, desto größer der Bedarf eines zur Produktion des Endprodukts benötigten Rohstoffs ist. Des Weiteren gilt, dass das Rohstoffpreisrisiko bei gegebenem

[579] Vgl. Alicke/Graf/Putzlocher (2004), S. 494 f., Graf/Putzlocher (2004), S. 66 f. Das Fokalunternehmen bzw. der für eine bestimmte Commodity Group zuständige Lead Buyer sollte diese Information über seine Lieferanten besitzen. Dem Großteil dieser Unternehmen waren bereits vor ungefähr zehn Jahren die Kostenblöcke ihrer direkten Lieferanten bekannt. Vgl. Wolters (1995), S. 153. Viele Unternehmen, wie HP oder Microsoft, schufen den Posten eines „Director of Strategic Alliances", der für die Identifikation und die Evaluierung sowie die Entwicklung von Lieferanten zuständig ist und so über ausreichend Informationen über die Lieferanten verfügt. Vgl. Dyer/Cho/Chu (1998), S. 664.

[580] Vgl. Ostertag (2008), S. 51.

[581] Der Vollständigkeit halber soll erwähnt werden, dass einige Unternehmen im Rahmen ihres Lieferantenmanagements bereits elektronische Plattformen implementiert haben, die den Informationsaustausch über die Unternehmensgrenzen hinweg unterstützen. Insbesondere die Vertragsanbahnungs-, Einkaufs- und Bestellabwicklungsprozesse sind hier elektronisch abgebildet. Eine elektronische Plattform hat den Vorteil, dass viele Nutzer aus den unterschiedlichen Unternehmen ihre Daten autonom einsehen und aktualisieren können. Vgl. Zobolski (2008), S. 335.

[582] Die Einschränkung des Betrachtungsrahmens auf bestimmte Rohstoffe orientiert sich an der in der Betriebswirtschaft häufig eingesetzten Technik der ABC-Analyse. Es wird davon ausgegangen, dass nur wenige Rohstoffe den Großteil der Rohstoffkosten bzw. des Rohstoffpreisrisikos ausmachen. Vgl. Denk/Exner-Merkelt (2005), S. 103. Vgl. auch den Ansatz von Jüttner/Ziegenbein (2008), S. 207.

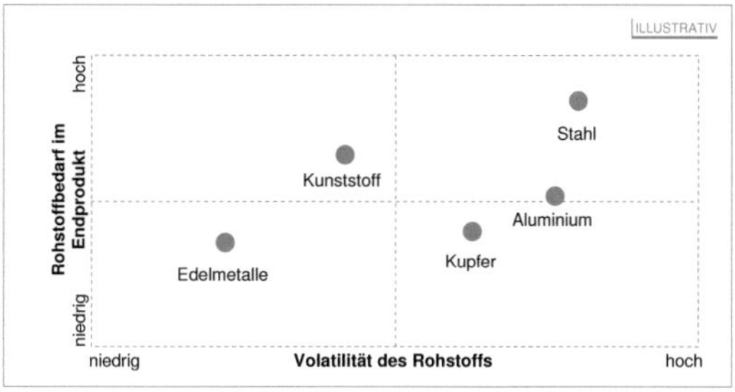

Abbildung 5.3: Prozessphase 2 – Priorisierung und Auswahl der Rohstoffe

Bedarf mit ansteigender Volatilität der Rohstoffpreise größer wird. Demzufolge scheint es naheliegend, eine 2x2-Matrix mit den Dimensionen „Rohstoffbedarf im Endprodukt" und „Volatilität des Rohstoffs" zu entwickeln. Die Rohstoffe, die sowohl eine hohe Volatilität als auch einen hohen Bedarf zur Produktion des Endprodukts aufweisen, bergen ein hohes Rohstoffpreisrisiko und sollten bei den Bemühungen des Aufbaus eines Rohstoffpreisrisikomanagements in der SC im Fokus stehen.[583] Der grobe Bedarf der unterschiedlichen Rohstoffe pro Endprodukt kann durch eine einfache Stücklistenanalyse abgeschätzt werden. Ein grober Überblick über die Volatilität der Rohstoffpreise kann durch eine einfache historische Betrachtung generiert werden. Beide Informationen sind dementsprechend leicht vom Automobilhersteller zu beschaffen. Der Aufwand hält sich durch die meist relativ überschaubare Anzahl der im Produktionsprozess benötigten Rohstoffe in Grenzen. Abbildung 5.3 fasst die beschriebene Vorgehensweise zusammen.

Der dritte und letzte Schritt ist die „Priorisierung und Auswahl der SC-Partner". Ob überhaupt eine Selektion von Projektpartnern und damit eine Einschränkung der Unternehmen, die in das Rohstoffpreisrisikomanagement in der SC integriert werden, durchgeführt werden soll, ist eine Frage, die kontrovers diskutiert werden kann. Auf der einen Seite bedeutet die Einschränkung der Unternehmen, dass das Rohstoffpreisrisiko dieser

[583] Bei der Festlegung der Grenzen, die über Berücksichtigung und Ausschluss eines Rohstoffs entscheiden, sollte vorsichtig agiert werden. Ausgeschlossene Rohstoffe werden später nicht mehr berücksichtigt und damit deren Preisrisiko implizit akzeptiert. Es bringt keinen Vorteil, einen Rohstoff voreilig auszuschließen, der im Endeffekt doch einen relativ großen Einfluss auf die Finanz- und Ertragslage der Unternehmen innerhalb der SC aufweist.

Unternehmen nicht aktiv gemanagt und damit akzeptiert wird. Auch wird durch den Ausschluss bestimmter SC-Partner die Gesamtmenge der einzelnen aktiv zu handhabenden Rohstoffe reduziert, was bei einigen Handhabungsmaßnahmen negative Effekte haben kann.[584] Auf der anderen Seite spricht für eine Selektion der SC-Partner, dass die optimale Durchführung des unternehmensübergreifenden Rohstoffpreisrisikomanagement-Prozesses eine enge Kooperation der verschiedenen Unternehmen erfordert. Dies ist ohne ein hohes Maß an Vertrauen und Zielkonvergenz unter den SC-Partnern nicht denkbar. Des Weiteren erweist sich die Durchführung des Rohstoffpreisrisikomanagements in der SC als zeit- und kostenintensiv. Die Einbindung von Unternehmen, die nur geringe Mengen der hochpriorisierten Rohstoffe für ihre Produktion benötigen – und demnach auch nur geringe Vorteile vom gemeinsamen Rohstoffpreisrisikomanagement hätten – ist nicht zielführend. In diesem Fall besteht die Gefahr, dass die Unternehmen nicht ausreichend profitieren und kein langfristiges Interesse am Rohstoffpreisrisikomanagement in der SC zeigen. Insgesamt wird deutlich, dass eine Begrenzung der Anzahl der beteiligten Unternehmen am Rohstoffpreisrisikomanagement in der SC sinnvoll ist.[585]

Aus den beschriebenen Anforderungen an einen potenziellen SC-Partner kann die Herleitung von zwei Dimensionen erfolgen. Die erste Dimension anhand derer die potenziellen SC-Partner eingeordnet werden, ist das gegenseitige Vertrauen bzw. die gegenseitige strategische Bedeutung. Die strategische Bedeutung des jeweiligen Lieferanten lässt sich z.B. aus den gegenseitigen spezifischen Investitionen[586], der Abhängigkeit von spezifischem Wissen, der Anzahl der möglichen Ausweichlieferanten bzw. Kunden, der Exklusivität des Zulieferteils, der Höhe der Wechselkosten, der Wichtigkeit des Zulieferteils für den Kunden oder der Intensität der bisherigen Zusammenarbeit bestimmen.[587] Das Vertrauensniveau

---

584 Vgl. hierzu insbesondere die Ausführungen zur Volumenbündelung in Kapitel 5.3.

585 Vgl. CARTER et al. (2000), S. 18, WAGNER (2001), S. 92, MONTE (2001), S. 246.

586 Spezifische Investitionen sind Investitionen, die nur in der Kooperation mit einem bestimmten Unternehmen von Wert sind. Als Beispiel wäre eine auf die Bedürfnisse des Zulieferers zugeschnittene Anlage zu nennen. Spezifische Investitionen sind außer Anschaffungen von materiellen Anlagen auch immaterielle Investments wie Zeit, Personal oder Wissen. Vgl. KRUSE (1998), S. 25, BENSAOU (1999), S. 36 ff. Spezifische Investitionen haben reziproken Charakter. Egal, wer die spezifischen Investitionen durchgeführt hat, der Partner ist auf diese angewiesen und hat im Allgemeinen kein Interesse, sich einen anderen Partner zu suchen, der wiederum überzeugt werden müsste, diese Investitionen zu realisieren. Vgl. WILLIAMSON (1979), S. 251.

587 Vgl. BOUTELLIER/WAGNER (2001), S. 48.

ist von der vorherrschenden Sourcingstrategie abzuleiten.[588] Die zweite Dimension ist der primäre Bedarf des Unternehmens[589] an den hochpriorisierten Rohstoffen. Werden diese zwei Dimensionen wiederum in einer 2x2-Matrix miteinander kombiniert, ergeben sich vier Quadranten, in die die Unternehmen eingeordnet werden können. Nur die Unternehmen, die sowohl ein hohes Maß an gegenseitigem Vertrauen und strategischer Bedeutung als auch einen hohen Bedarf an den hochpriorisierten Rohstoffen aufweisen (Quadrant 4), sollten langfristig in das Rohstoffpreisrisikomanagement in der SC integriert werden. Die Priorisierung und Auswahl der SC-Partner ist in Abbildung 5.4 illustriert.

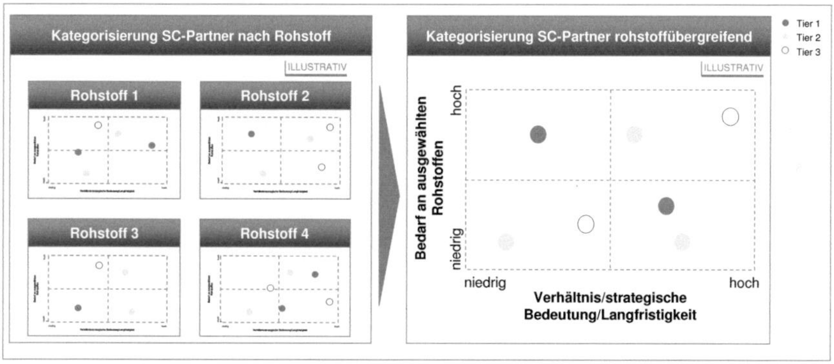

Abbildung 5.4: Prozessphase 3 – Priorisierung und Auswahl der SC-Partner

Wegen der Durchführung der beschriebenen Schritte 2 und 3 – Priorisierung und Auswahl der Rohstoffe und SC-Partner – wird der Fokus des Rohstoffpreisrisikomanagements in der SC eingeschränkt.[590] Ausgehend von den gesamten Rohstoffkosten bzw. der Rohstoffmenge eines Endprodukts einer SC, werden im Rahmen der Priorisierung und Auswahl der Rohstoffe unkritische Rohstoffe (niedrige Volatilität und niedriger Bedarf) aus der Betrachtung ausgeschlossen. Im Rahmen der Priorisierung und Auswahl der SC-Partner werden die resultierenden hochpriorisierten Rohstoffkosten noch um den Teil der

[588] Vgl. Kapitel 2.2.1.

[589] Dabei spielt es erst einmal keine Rolle, ob das Unternehmen den Rohstoff direkt oder bereits verarbeitet als Zwischenprodukt beschafft.

[590] Vgl. z.B. die Diskussion zur Sinnhaftigkeit der Einschränkung der SC-Partner im Rahmen des Rohstoffpreisrisikomanagements weiter oben im aktuellen Kapitel.

Kosten reduziert, der aus den Lieferbeziehungen mit strategisch weniger wichtigen oder wenig rohstoffintensiven Lieferanten stammt. Das Rohstoffpreisrisikomanagement in der SC und damit auch die folgenden Ausführungen dieser Arbeit konzentrieren sich somit in erster Linie nur auf die Rohstoffkosten von hochpriorisierten Rohstoffen, resultierend aus Lieferbeziehungen mit strategisch wichtigen und rohstoffintensiven Lieferanten. Der Anteil der Rohstoffkosten, der entweder durch die Priorisierung und Auswahl der Rohstoffe oder durch die Priorisierung und Auswahl der SC-Partner aus der Betrachtung ausgeschlossen wurde, kann selbstverständlich von jedem Unternehmen in Eigenregie risikomanagementtechnisch berücksichtigt werden. Ein illustrativer Überblick über den geschilderten Sachverhalt findet sich in Abbildung 5.5.

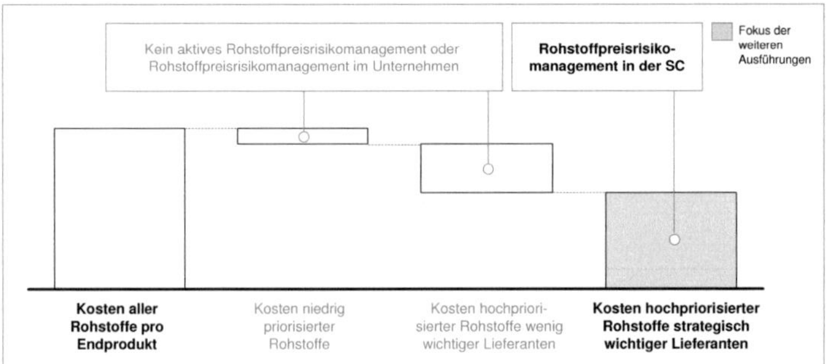

Abbildung 5.5: Effekt Priorisierung Rohstoffe und SC-Partner

5.1.2 Definition homogenes, konvergentes, quantifizierbares Zielsystem

Im Rahmen der Herleitung des Erfolgsfaktors betreffend das Zielsystem des Rohstoffpreisrisikomanagements in SC wurden drei wichtige Eigenschaften identifiziert. Im Einzelnen sind dies: Homogenität, Quantifizierbarkeit und Konvergenz. Im aktuellen Kapitel sollen diese drei Eigenschaften inhaltlich detailliert werden.

Die unternehmensübergreifende Homogenisierung der Zielsysteme bildet die Basis der kooperativen Zusammenarbeit im Rahmen des Rohstoffpreisrisikomanagements in der SC. Generell gilt, umso homogener die verfolgten Rohstoffpreisrisikomanagementziele ausfallen, desto einfacher die Abstimmungen während des Prozesses, desto größer die Wahrscheinlichkeit einer positiven Performance und desto größer der Anreiz für die SC-Partner, am unternehmensübergreifenden Prozess langfristig teilzunehmen.[591] Im Gegensatz dazu erschweren heterogene Zielsetzungen die unternehmensübergreifenden Abstimmungen und damit auch die Generierung einer positiven Performance. Zudem besteht in diesem Fall eine erhöhte Gefahr des Moral Hazard.[592]

Da das Rohstoffpreisrisikomanagement in der SC eine Kooperation mehrerer rechtlich eigenständiger Unternehmen darstellt, muss in der Ausgangssituation damit gerechnet werden, dass bereits mehr oder weniger ausgereifte Definitionen für das unternehmensindividuelle Rohstoffpreisrisikomanagement existieren. Diese Hypothese wird durch die Ergebnisse der empirischen Untersuchung in Kapitel 4 bestätigt. Hier wird die Minimierung der Risiken unter Berücksichtigung des Kosten-Nutzen-Verhältnisses als auch ein „Match" der Risiken mit denen der Wettbewerber als Ziel ausgegeben.[593] Damit sind sich die Unternehmen einig darüber, dass das Rohstoffpreisrisikomanagement in erster Linie ein Prozess zum Gefahrenmanagement darstellt und gegenüber Rohstoffpreisrisiken eher eine risikoaverse Grundeinstellung eingenommen werden sollte.[594] Im Rahmen der Homogenisierung der Zielsysteme sollten die bestehenden Definitionen der Rohstoffpreisrisikoziele analysiert und von allen selektierten SC-Partnern gemeinsam diskutiert werden. Im Anschluss müssen sich die Unternehmen auf eine gemeinsame unternehmensübergreifende und kooperative Zielsetzung einigen.[595] Auf Grund der Tatsache, dass laut der empirischen Untersuchung in Kapitel 4 viele Unternehmen in der Automobilindustrie die Risikomanagementziele nicht explizit mit den Stakeholdern abgestimmt bzw. nicht schriftlich fixiert

[591] Vgl. ESSIG (2002), S. 275, ZSIDISIN (2004b), S. 119.

[592] Vgl. SALANIE (2005), S. 120. Moral Hazard entspricht einer Ausprägung der Hidden Action im Rahmen der Prinzipal-Agenten-Theorie und bezeichnet die Wahl einer für das Gesamtsystem nicht pareto optimalen und vom Vertragspartner nicht beobachtbaren Aktion zur eigenen Zielerfüllung im Rahmen einer bereits bestehenden Vertragsbeziehung. Vgl. BOLTON/DEWATRIPONT (2005), S. 20.

[593] Auf die Schwächen der Zieldefinition ohne Kostenberücksichtigung und reiner Orientierung am Wettbewerb wurde bereits in Kapitel 4 eingegangen.

[594] Vgl. hierzu auch Kapitel 2.3.2.

[595] Ein großer Vorteil der gemeinschaftlichen Entwicklung der Zielvorgaben ist die Vermeidung des „not-invented-here-Syndroms". Das „not-invented-here-Syndrom" bezeichnet die Nicht-Akzeptanz von Entscheidungen und Regelungen, die nicht im direkten persönlichen Umfeld entstanden sind. Vgl. GROLIK (o.A.), S. 5.

haben, lässt eine unkomplizierte Einigung auf eine gemeinsame Zielsetzung im Rahmen des Rohstoffpreisrisikomanagements in der SC vermuten. Dieser Einigungsprozess kann durch eine zielgerichtete Anreizpolitik noch beschleunigt werden.[596] Denkbar sind hier Belohnungen, wie z.B. Transferzahlungen, erhöhte zukünftige Auftragsvergaben[597] oder auch – je nach Machtverhältnis – Androhung von Sanktionen.[598]

Für den weiteren Verlauf dieser Arbeit soll ein mögliches Rohstoffpreisrisikoziel definiert werden, dabei wird auf die Erkenntnisse aus Kapitel 2.3.1[599] und Kapitel 4 zurückgegriffen. Das Rohstoffpreisrisikomanagementziel in der SC ist somit die unternehmensübergreifende und kooperative Minimierung der Wahrscheinlichkeit von negativen Abweichungen der geplanten betrieblichen Erfolgsvariablen auf Grund von Rohstoffpreisschwankungen (der hochpriorisierten Rohstoffe) unter punktueller Wahrnehmung von Chancen. Darüber hinaus kann es von großer Wichtigkeit sein, in die gemeinsame Zieldefinition eine detaillierte Beschreibung des Ablaufs des Rohstoffpreisrisikomanagement-Prozesses in der SC aufzunehmen und die SC-Partner somit detailliert zur Einhaltung bestimmter Rahmenbedingungen zu verpflichten. Dazu gehört z.B. die Detaillierung, dass Kooperation im Rahmen des Rohstoffpreisrisikomanagements bedeutet, dass die einzelnen SC-Partner die gesamte Beschaffung der hochpriorisierten Rohstoffe kooperativ gestalten. Die bisher übliche Vorgehensweise, die Rohstoffpreisrisiken durch Verträge auf SC-Partner zu überwälzen, ist aus unternehmensübergreifendem Blickwinkel nicht mehr zielführend und muss von einer sog. „Open Book Policy" abgelöst werden.[600] Derartige Maßnahmen sollten für das Gesamtvolumen der hochpriorisierten Rohstoffe aller selektierten SC-Partner ausschließlich mit außerhalb der SC stehenden Dritten realisiert werden.[601] Die beschriebenen Implika-

596 Die Definition von Anreizsystemen fußt auf der Anreiz-Beitrag-Theorie, die von Barnard (1938) und March/Simon (1958) formuliert wurde. Vgl. Barnard (1938), March/Simon (1958).

597 Insbesondere in der japanischen Automobilindustrie wird die Möglichkeit sehr häufig eingesetzt. Vgl. Dyer/Ouchi (1993), S. 55.

598 Vgl. Salanie (2005), S. 119. Bei der Auslobung von Belohnungen muss ein optimaler Tradeoff zwischen Kosten und Nutzen gefunden werden. Vgl. Salanie (2005), S. 121, Bolton/Dewatripont (2005), S. 23.

599 Insbesondere auf die Definition von Rohstoffpreisrisiken in der SC.

600 Gerade die Automobilindustrie gilt für derartige Vorhaben als besonders geeignet, da sie sehr abnehmerdominiert ist. Vgl. Hess (2008), S. 162, 222.

601 Durch diese veränderte Sichtweise und die damit verbundene Bündelung der Beschaffungsvolumina ergeben sich automatisch Effizienzgewinne bzw. neue Möglichkeiten zur Handhabung von Rohstoffpreisrisikomanagement. Hierauf wird in Kapitel 5.3 detaillierter eingegangen.

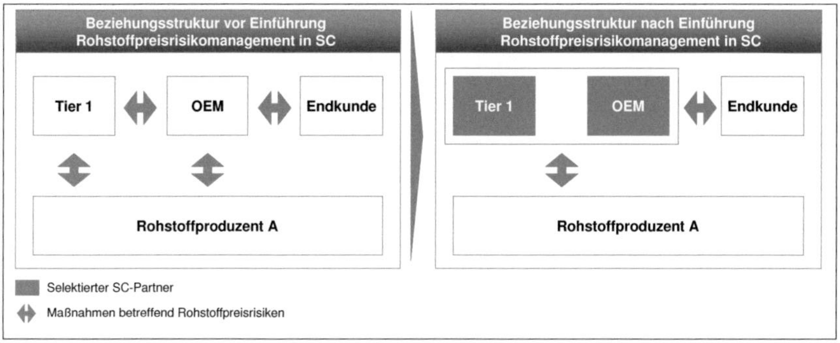

Abbildung 5.6: Implikation Rohstoffpreisrisikomanagement in der Supply Chain

tionen des Rohstoffpreisrisikomanagements in der SC auf die bestehenden Beziehungen zu Lieferanten und Kunden ist in Abbildung 5.6 in vereinfachter Form illustrativ dargestellt.

Insgesamt sollte der Automobilhersteller als Initiator des Projekts die Erwartungshaltung aller beteiligten Parteien aktiv steuern. So ist es wichtig zu betonen, dass die Minimierung der Wahrscheinlichkeit von negativen Abweichungen bedeutet, dass die Volatilität reduziert wird, langfristige Preisentwicklungen auf den Rohstoffmärkten können aber selbst durch ein sehr effizientes Rohstoffpreisrisikomanagement in der SC nicht vollständig neutralisiert werden.[602] Es ist folglich nicht möglich, einen Anstieg der Rohstoffkosten zu verhindern, wenn der gesamte Markt sich langfristig in diese Richtung bewegt.

Die zweite wichtige Eigenschaft des Zielsystems stellt die Quantifizierbarkeit dar. Quantifizierbarkeit bedeutet in diesem Zusammenhang vor allen Dingen eine Übersetzung der tendenziell eher qualitativen und wenig konkreten Definition des homogenen Rohstoffpreisrisikoziels in sog. Risikolimits. Die Risikolimits, die für die gesamte SC sowie für einzelne Unternehmen existieren sollten, spiegeln die maximal akzeptierbare Höhe der Rohstoffpreisrisiken wider.[603] Überschreiten die bewerteten, aktuell existierenden Rohstoffpreisrisiken die festgelegten Risikolimits, löst das aktive Handhabungsmaßnahmen

[602] Vgl. HOFMANN/WESSELY (2008), S. 131.
[603] Dabei ist zu beachten, dass durch die Priorisierung und Auswahl der Rohstoffe als auch der SC-Partner bereits Rohstoffpreisrisiken ausgeschlossen und damit ebenfalls erst einmal implizit akzeptiert wurden. Vgl. Kapitel 5.1.1.

und damit idealerweise eine Reduzierung des Rohstoffpreisrisikos in der SC aus.[604] Ohne die Risikolimits könnte keine systematische Handhabung der Rohstoffpreisrisiken sichergestellt werden. Intuitive, unkoordinierte Aktionen würden überwiegen.[605] Wie auch bei der Definition des qualitativen Rohstoffpreisrisikoziels, sollte bei der Quantifizierung des Zielsystems auf Homogenität geachtet werden. Das bedeutet, dass sich die SC-Partner auf eine gemeinsame Risikomaßeinheit, eine einheitliche Risikoeinstellung und eine abgestimmte Berechnungsmethode der Risikolimits für die gesamte SC sowie für jedes beteiligte Unternehmen, betreffend die hochpriorisierten Rohstoffe, einigen sollten.[606] Da für die Auslösung aktiver Handhabungsmaßnahmen eine Gegenüberstellung der Risikolimits mit dem Ergebnis der Rohstoffpreisrisikobewertung erfolgen soll, erscheint es sinnvoll, in beiden Fällen auf eine identische Risikomaßeinheit zurückzugreifen. Wie bereits in Kapitel 3.2.2 erläutert, werden in der einschlägigen Literatur zur Bewertung der Rohstoffpreisrisiken fast ausschließlich sog. „at Risk-Modelle" – für Nicht-Finanzunternehmen die vom Value at Risk (VaR) abgeleiteten Earnings at Risk (EaR) und Cash Flow at Risk (CFaR) – empfohlen.[607] Von der Vorstellung anderer Verfahren wird aus diesem Grund abgesehen.[608] Die „at Risk-Modelle" geben die mit einer bestimmten Wahrscheinlichkeit (Konfidenzintervall $(1-\alpha)$) über einen bestimmten Zeithorizont maximal zu erwartende Erhöhung/Verminderung der zu Grunde liegenden Einheit an.[609] Stärken eines EaR- oder CFaR-Modells sind die gute Vergleichbarkeit, die Erfassung der Zielabweichung inkl. Wahrscheinlichkeiten und Zeitbezug sowie eine gute Kommunizierbarkeit. Eine große Schwäche ist allerdings die mangelhafte Abgrenzung verschiedener Risikofaktoren. D.h. der EaR oder CFaR enthält zu viele Einflussfaktoren, als dass seine Veränderung auf eine oder wenige Risikoarten – wie z.B. das Rohstoffpreisrisiko – zurückzuführen wären.[610] Dementsprechend kann auch nicht diagnostiziert werden, welches Risiko u.U. durch angemessene Maßnahmen gehandhabt werden sollte.

[604] Vgl. Asbjornslett (2008), S. 25 oder auch Kapitel 5.2.3.
[605] Vgl. Hölscher (2000), S. 312, Eberle (2005), S. 43.
[606] Vgl. u.a. Kingsman (1985), S. 75, Nübling (1991), S. 157.
[607] Teilweise finden sich auch Empfehlungen für den Einsatz der „Earnings per share". Vgl. Lee (1999), S. 9, Sabloff (1996), S. 165, Wolf (2003), S. 205, Priermeier (2005), S. 239.
[608] Einen guten Überblick über andere Risikoanalysen mit entsprechenden Literaturangaben findet sich in Hager 2004. Vgl. Hager (2004), S. 1-7, Bartram (2000).
[609] Vgl. Das/Martin (1998b), S. 556, Lee (1999), S. 32, 34, Pfennig/Schäfer (1999), S. 157.
[610] Vgl. Hoitsch/Winter (2004), S. 244.

Im Rahmen dieser Arbeit soll aus diesem Grund die Granularität der Risikomaßeinheit erhöht werden und die periodengerechten „Rohstoffkosten" und damit die Risikomaßeinheit Rohstoffkosten at Risk (RKaR) zum Einsatz kommen. Dieser Überlegung liegt eine Aufspaltung des EBIT in Umsatz und operative Kosten zu Grunde. Die operativen Kosten wurden in einem zweiten Schritt in Material-, Personal- und sonstige Kosten unterteilt. Die Materialkosten wiederum wurden in die letztendlich als Maßeinheit verwendeten Rohstoffkosten und weitere Materialkosten unterschieden (vgl. Abbildung 5.7).

Die RKaR sind allerdings wiederum in großem Maße von der Menge der in der jeweiligen Periode produzierten Einheiten abhängig. Eine Erhöhung der produzierten Einheiten würde die RKaR steigen lassen und u.U. Risikohandhabungsmaßnahmen auslösen, obwohl dafür kein Grund besteht. Insofern ist es notwendig, die RKaR pro Endprodukteinheit als Risikomaßeinheit heranzuziehen. Die RKaR pro Endprodukteinheit als Risikolimit können für jeden im Fokus stehenden Rohstoff für das Endprodukt über alle Rohstoffe hinweg und auch für jeden einzelnen SC-Partner festgelegt werden. Auch wenn es sinnvoll erscheint, die Risikolimits pro Endprodukteinheit für alle Aggregationsstufen zu definieren, spielt die Festlegung des Risikolimits pro Endprodukteinheit für alle hochpriorisierten Rohstoffe über alle SC-Partner hinweg die zentrale Rolle. Sowohl das Risikolimit pro Rohstoff als auch pro Unternehmen können hiervon abgeleitet werden und ergeben durch Aggregation wieder den Ausgangswert.[611]

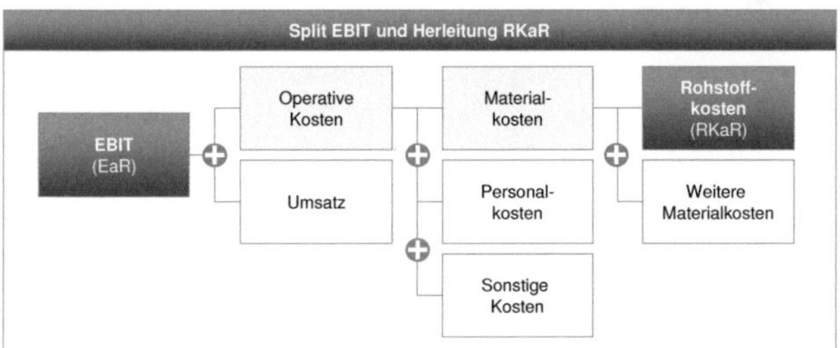

Abbildung 5.7: Herleitung der Rohstoffkosten at Risk

[611] Die Summe der Risikolimits pro Endprodukt für alle Rohstoffe stellt dann letztendlich das Gesamtrisikolimit der SC dar. Vgl. RAMOS (2000), S. 55 ff. Allerdings ist dessen im Rahmen der Risikobewertung berechnete Höhe wieder von der Anzahl der produzierten Einheiten der unterschiedlichen Endprodukte abhängig.

Die Festlegung der abgestimmten Berechnungsmethode des Risikolimits stellt aller Wahrscheinlichkeit nach eine große Herausforderung dar.[612] Die empirische Untersuchung in Kapitel 4 zeigte zwar, dass keines der untersuchten Unternehmen valide Risikolimits implementiert hat, die Einführung eines „one size fits all-Risikolimits" über alle Rohstoffe und Unternehmen hinweg wird dennoch von einigen SC-Partnern Kompromissbereitschaft verlangen. Unabhängig davon, wie das Risikolimit letztendlich festgelegt wird, steht fest, dass die einheitliche Festlegung der RKaR pro Endprodukteinheit bedeutet, dass manchen SC-Partnern das Risikolimit zu niedrig ist und vice versa. Es sollte aber im Rahmen dieser Festlegung auch nicht in Vergessenheit geraten, dass die Risikolimits zwar verbindlich, aber nicht für alle Ewigkeit fixiert werden. Die Risikolimits sollten vielmehr, wie auch die gesamte Risikostrategie, als flexibles Konstrukt angesehen werden, das schnell an sich verändernde Umweltbedingungen angepasst werden kann.[613]

Das Risikolimit (RKaR pro Endprodukteinheit für alle hochpriorisierten Rohstoffe) setzt sich aus den geplanten Rohstoffkosten für die hochpriorisierten Rohstoffe pro Endprodukteinheit und einer von allen SC-Partnern zu akzeptierenden Schwankungsbreite zusammen. Dieser Zusammenhang ist in Abbildung 5.8 illustriert.

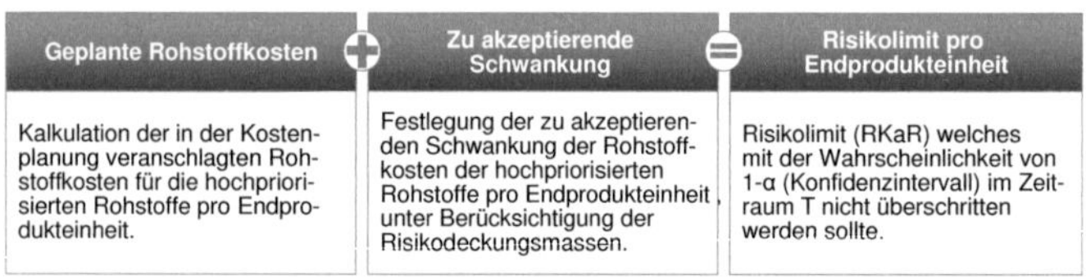

Abbildung 5.8: Zusammensetzung Risikolimit

Während sich die geplanten Rohstoffkosten relativ einfach kalkulieren lassen, ist die zu akzeptierende Schwankungsbreite von den SC-Partnern unter Berücksichtigung der Risikodeckungsmassen gemeinsam festzulegen.[614] Um dem Leistungsprinzip gerecht zu

[612] Schon die notwendige Einigung auf eine Währung könnte bei internationalen SC zu Schwierigkeiten führen.

[613] Vgl. HOFFMANN et al. (o.Jg.), S. 35.

[614] Was genau unter der Risikodeckungsmasse zu verstehen ist, d.h. aus welchen Bilanzpositionen sich diese zusammensetzt, muss ebenfalls unternehmensübergreifend festgelegt werden. Vgl. MCFALL LAMM (1996), S. 195.

werden, sollte die Festlegung der Risikolimite pro Endprodukt für alle Rohstoffe in Relation zu den unternehmensindividuellen RK festgelegt werden.[615] Damit wird sichergestellt, dass die Unternehmen, die höhere Rohstoffkosten und folglich mehr Rohstoffpreisrisiken aufweisen, also auch mehr vom gemeinsamen Rohstoffpreisrisikomanagement in der SC profitieren, sich auch mehr – in Form von Risikodeckungsmasse – beteiligen.[616] Wie hoch die Schwankungsbreite im Verhältnis zu den RK und damit das Risikolimit im Endeffekt ausfällt, ist maßgeblich von der Risikoeinstellung abhängig. Im Falle der Rohstoffpreisrisiken sind sich die Unternehmen der Automobilindustrie einig, dass eine risikoaverse Grundhaltung angebracht erscheint.[617] Demnach ist mit einer relativ geringen zu akzeptierenden Schwankungsbreite zu rechnen.

Zusätzlich sollte bei der Festlegung der Schwankungsbreite berücksichtigt werden, dass weitere Rohstoffpreisrisiken auf die SC wirken, die im Rahmen des Rohstoffpreisrisikomanagements in der SC bereits ausgeschlossen wurden.[618] Des Weiteren entfalten eingeleitete Handhabungsmaßnahmen nicht sofortige Wirkung und verursachen Kosten, die, verursachungsgerecht zugeordnet, wiederum die RKaR pro Endprodukteinheit erhöhen.[619]

Die dritte und letzte wichtige Eigenschaft des Zielsystems im Rahmen des Rohstoffpreisrisikomanagements in der SC ist die Konvergenz. Wie bereits in den Kapiteln 3.1.2 und 3.2.2 herausgearbeitet, basiert ein unternehmensinternes Zielsystem auf der Unternehmenszielsetzung und besteht aus mehreren voneinander abhängigen und aufeinander

[615] Die RK betreffen in diesem Fall nur die Rohstoffe, die im Rahmen des Rohstoffpreisrisikomanagements in der SC im Fokus stehen. Zur Berechnung dieser RK vgl. Kapitel 5.2.

[616] Vgl. ähnlich LEE (1999), S. 32, CHRISTOFFERSEN (2003), S. 48.

[617] Vgl. dazu die Ergebnisse von Kapitel 4. Normalerweise ist die Risikoeinstellung von Unternehmen zu Unternehmen unterschiedlich. Im Falle von Industrieunternehmen entscheiden u.a. die Erwartungen des Kapitalmarktes („sichere" vs. „spekulative Aktie"), die Risikotragfähigkeit und die relative Wettbewerbs- und Kostenposition über die Wahl der grundsätzlichen Risikoneigung. Vgl. BÜNTING (2008), S. 405. So tendieren Unternehmen, deren Aktien zu einem großen Teil von ihren Managern gehalten werden dazu, finanzwirtschaftliche Risiken substanziell zu steuern, während Firmen, deren Aktien nur zu einem kleinen Prozentsatz in den Händen der Firmenlenker sind, diese Risiken signifikant weniger steuern. Vgl. FROOT/SCHARFSTEIN/STEIN (1993), S. 1.631, STULZ (1996), S. 14, TUFANO (1996).

[618] Vgl. Kapitel 5.1.1. Es muss auch definiert werden, ob starre Limite (keine Anrechnung von Verlusten oder Gewinnen), Verlustlimite (nur die Verluste werden abgezogen die Gewinne aber nicht einberechnet) oder dynamische Limite – wo Gewinne und Verluste permanent aufgerechnet werden – zum Einsatz kommen sollen. Vgl. HAGER (2004), S. 240 ff.

[619] Vgl. HAGER (2004), S. 239.

aufbauenden Subzielen (Zielkaskade). Jede Stufe des Zielsystems wird von der direkt übergeordneten Stufe abgeleitet und führt entgegengesetzt auch zu einer Teilerfüllung derselben.[620] Das gemeinsam definierte und homogenisierte Ziel des Rohstoffpreisrisikomanagements in der SC inkl. der Risikolimits befindet sich tendenziell eher am unteren Rand der Zielkaskade. Im Falle des Rohstoffpreisrisikomanagements könnte diese Kaskade z.B. aus dem Unternehmensziel als übergeordnete Stufe, gefolgt von Beschaffungsziel, Beschaffungsrisikoziel und schließlich Rohstoffpreisrisikoziel bestehen.[621] Dabei ist es nicht entscheidend, welche bzw. wie viele Kaskadenstufen in den einzelnen Unternehmen existieren, sondern dass sich die einzelnen Ziele und vor allen Dingen das gemeinsam erarbeitete Rohstoffpreisrisikoziel konvergent zueinander verhalten.

Was die übergeordnete Unternehmenszielsetzung angeht, so hat in den letzten 20 Jahren der Shareholder Value[622] – der eine Maximierung des Unternehmenswertes und damit des Börsenwertes als Maxime ausgibt – einen beispiellosen Siegeszug in Theorie und Praxis angetreten.[623] Vor dem Hintergrund dieser Popularität ist davon auszugehen, dass die Unternehmensziele der meisten Unternehmen mehr oder weniger stark an dem Shareholder-Value-Konzept orientiert sind und damit die Wahrscheinlichkeit einer Konvergenz zwischen Rohstoffpreisrisikoziel und Unternehmensziel über alle SC-Partner hinweg als hoch einzuschätzen ist.

Schwierigkeiten können sich allerdings in nachfolgenden Kaskadenstufen ergeben. So führt insbesondere die Herleitung des Beschaffungsziels oft zu Diskrepanzen zwischen Au-

620 Damit wird der Forderung Adams nachgekommen, der eine Ableitung von konsistenten Unterzielen, die gleichzeitig auch das Oberziel fördern, für entscheidend ansieht. Vgl. ADAM (1996), S. 100, WITTMANN (2000b), S. 810, ZAWISLA (2008), S. 87.

621 Vgl. analog SIEPERMANN/VOCKEROTH (2008), S. 93. Genauso könnte sich die Kaskade aber auch aus Unternehmensziel, Risikomanagementziel, Rohstoffpreisrisikoziel zusammensetzen.

622 Das Shareholder-Value-Konzept wurde 1986 von Alfred Rappaport entwickelt. Vgl. RAPPAPORT (1986).

623 Vgl. HERBECK (1997), S. 6, DIGGELMANN (1999), S. 219 f. Auch nach einer empirischen Untersuchung wird die Steigerung des Unternehmenswertes als wichtiges Ziel des Risikomanagements angesehen. Vgl. GLAUM (2000), S. 20. Gerade das Shareholder-Value-Konzept ist aber in wirtschaftlich stürmischen Zeiten immer wieder Mittelpunkt kontroverser Diskussionen. Vgl. SIMON (2009), S. 75. Die Kritiker argumentieren, dass es nicht vorrangiges Ziel eines Unternehmens sein kann, wertvoll zu sein, sondern dass vielmehr die langfristige Wettbewerbsfähigkeit und die Zufriedenheit des Kunden im Mittelpunkt der Bemühungen stehen sollten. Vgl. z.B. MALIK (2001). Sogar einer der früher größten Verfechter des Shareholder-Value-Konzeptes Jack Welch wechselte die Seiten und sagte im März 2009 „Genau betrachtet ist Shareholder-Value die blödeste Idee der Welt." GUERRERA/BAER (2009).

tomobilhersteller und Automobilzulieferer. Wie in Kapitel 2.2.1 herausgearbeitet, ist das Beschaffungsziel je nach vorherrschender Unternehmensstrategie (Kosten- vs. Qualitätsführer) eine Optimierung der Dimensionen Kosten, Zeit oder Qualität.[624] Einer empirischen Untersuchung zur Folge sind hier für die Automobilhersteller oft die Kosten das dominierende Kriterium, während für die Systemlieferanten eher die Qualität im Vordergrund steht.[625] Derartige Heterogenitäten in vorgelagerten Stufen des Zielsystems stellen keine Schwierigkeit für das Rohstoffpreisrisikomanagement in der SC dar, solange die Konvergenz des Rohstoffpreisrisikomanagementziels mit dem restlichen Zielsystem gegeben ist. Ist dies nicht mehr der Fall, steigt wiederum die Gefahr des Moral Hazard.

Die vereinbarten Rohstoffpreisrisikoziele und auch die Risikolimits sollten im Anschluss schriftlich fixiert werden. Die SC-Partner sollten sich diesbezüglich regelmäßigen Kontrollen unterwerfen und die Missachtung der vereinbarten Ziele sollte durch Bestrafung sanktioniert werden. Unter der Voraussetzung, dass die Missachtung der vereinbarten Ziele relativ schnell allen beteiligten Unternehmen transparent wird, ist das evtl. noch immer in Ansätzen bestehende Risiko des Moral Hazard praktisch eliminiert.[626]

5.1.3 Etablierung schlanke, eindeutige, interdisziplinaritätsfördernde Organisations- und Verantwortungsstruktur

Für die optimale Implementierung einer Organisations- und Verantwortungsstruktur im Rahmen des Rohstoffpreisrisikomanagements in der SC wurden in Kapitel 3 – analog zur Vorgehensweise bezüglich des Zielsystems – drei wichtige Eigenschaften identifiziert. Demnach sollte die zukünftige Organisations- und Verantwortungsstruktur möglichst schlank, eindeutig und interdisziplinaritätsfördernd sein. In Kapitel 4 konnte bezüglich der Organisations- und Verantwortungsstruktur festgestellt werden, dass das jeweils mehr oder weniger ausgereifte unternehmensindividuelle Rohstoffpreisrisikomanagement relativ schlank

624 Die jeweils nicht im Mittelpunkt stehenden Zieldimensionen sind dennoch von hoher Wichtigkeit. Vgl. dazu auch Kapitel 2.2.1.

625 Vgl. RIPPE/THOLEN (2008), S. 20.

626 Solange die Informationen symmetrisch verteilt und öffentlich sind – d.h. die relevanten Handlungen beobachtbar sind – ist jedes Anreizproblem trivial. Vgl. PUSCHKE (2007), S. 5 f.

aufgestellt zu sein scheint. Es ist größtenteils dezentral organisiert mit der Gesamtverantwortung auf Unternehmensebene beim CFO. Allerdings sind durch die weitgehende Dezentralisierung vor allem die Verantwortungsbereiche nicht immer eindeutig definiert. Die Interdisziplinarität der Rohstoffpreisrisiken wird weitgehend vernachlässigt. Wie eine schlanke, eindeutige und interdisziplinaritätsfördernde Organisations- und Verantwortungsstruktur für das Rohstoffpreisrisikomanagement in der SC idealerweise auszusehen hat und implementiert werden kann, soll im Anschluss durch die sukzessive Berücksichtigung der drei wichtigen Eigenschaften aufgezeigt werden.

Ein schlankes Rohstoffpreisrisikomanagement in der SC bedeutet in erster Linie, dass durch die Implementierung keine weitreichenden Veränderungen der bestehenden Unternehmensorganisation oder allgemeinen Risikomanagementorganisation notwendig sind. Es sollte vielmehr so gestaltet sein, dass ein Aufsatz auf den bestehenden Strukturen ohne Weiteres möglich ist.[627] Durch eine Nutzung der bestehenden Strukturen/Mitarbeiter in jeder Phase des Rohstoffpreisrisikomanagements in der SC wird der Aufbau einer Parallelstruktur vermieden, Synergien genutzt und im Endeffekt die Akzeptanz des neuen Konzepts innerhalb der einzelnen Unternehmen erhöht.[628] Der reibungslose Aufsatz des Rohstoffpreisrisikomanagements in der SC wird durch die Identität des Prozessaufbaus von Risikomanagement und Rohstoffpreisrisikomanagement erheblich vereinfacht. Inwiefern die bestehenden Strukturen (z.B. Informationsgenerierung, Controlling, Reporting) der einzelnen SC-Partner tatsächlich genutzt werden können und neue Anforderungen integriert werden, ist in allererster Linie auf die Fähigkeiten der Schnittstellenoptimierung jedes SC-Partners zurückzuführen.

Die schlanke organisatorische Implementierung des Rohstoffpreisrisikomanagements in der SC erfordert eine zentrale Vorgehensweise in praktisch allen Prozessphasen, um Synergien umfassend identifizieren und realisieren zu können.[629]

[627] Vgl. WITTMANN (2000), S. 480 ff., MOTT (2001), S. 202, EBERLE (2005), S. 237.

[628] Vgl. WITTMANN (2000), S. 470.

[629] Zahlreiche Autoren fordern für die Handhabung im Rahmen des Rohstoffpreisrisikomanagements bei mehreren Partnern eine zentrale Hub-Lösung. Diese Konstellation macht die Frage der Verantwortlichkeit leichter und macht aus dem kreisförmigen Modell ein sternförmiges. Vgl. ZOBOLSKI (2008), S. 356.

So muss die Rohstoffpreisrisikostrategie in der SC zwangsläufig von allen SC-Partnern gemeinsam entwickelt und anerkannt werden. Ist diese Voraussetzung nicht erfüllt, ist das gesamte unternehmensübergreifende Projekt zum Scheitern verurteilt. Da die Entwicklung der Risikostrategie nicht durch Regelmäßigkeit und eine konstante Arbeitsbelastung gekennzeichnet ist, ist hier keine permanente organisatorische Struktur erforderlich.[630] Es muss aber sichergestellt werden, dass die Entscheidungsträger in regelmäßigen Abständen (z.B. alle drei Monate) zusammen kommen, um über potenzielle – idealerweise vom Risikocontrolling erarbeitete Optimierungsvorschläge – zu entscheiden.

Was die Rohstoffpreisrisikoanalyse in der SC angeht, ist eine hybride Vorgehensweise zwischen Zentralisierung und Dezentralisierung notwendig. Es besteht kein Zweifel, dass die Risikoanalyse die Phase des Prozesses darstellt, in der die meisten fachspezifischen Informationen benötigt werden.[631] Diese Informationen liegen meist in den beteiligten Funktionsbereichen wie z.B. Beschaffung, Finanzen und Vertrieb vor, was für eine dezentrale Vorgehensweise sprechen würde. Andererseits müssen diese Informationen aber auch unter Nutzung eines einheitlichen statistischen Modells zusammengeführt sowie ein RKaR pro Endprodukt für die gesamte SC kalkuliert werden. Dies spricht wiederum für eine zentrale Vorgehensweise.[632] Aus diesem Grund sollte die Risikoanalyse unter der Vorgabe einheitlicher Rahmenbedingungen (z.B. statistische Methoden, Verteilungsannahmen) weitestgehend dezentral innerhalb der SC-Partner durchgeführt werden.[633] Die Zusammenführung der Informationen und die Kalkulation der RKaR pro Endprodukt für die gesamte SC sollte im Anschluss daran zentral erfolgen.[634] Dabei ist es wichtig, dass das Push-Prinzip eingeführt wird. Die SC-Partner sind dementsprechend dafür ver-

[630] Ausnahme bildet die Implementierung des vertrauensfördernden Kooperationsmanagements. Vgl. Kapitel 5.1.4. Dieses sollte aber ebenfalls permanent zentral durchgeführt werden.

[631] Dies gilt vor allen Dingen für die Erfolgsfaktoren „Identifikation und Beleuchtung der Risikobestandteile" sowie „Permanente Analyse der Risikobestandteile und Generierung robuste Preiserwartung". Vgl. hierzu Kapitel 3.4.

[632] Dies gilt vor allen Dingen für die Erfolgsfaktoren „Etablierung statistisches Modell zur Risikobewertung", „Implementierung Stresstesting, Ermittlung Risikoposition und Ableitung Handhabungsnotwendigkeit". Vgl. hierzu Kapitel 3.4.

[633] Vgl. MOTT (2001), S. 209.

[634] Vgl. MEYER (2008), S. 348. Es sollte sichergestellt sein, dass alle im zentralen Hub durchgeführten Aktivitäten und getroffenen Entscheidungen sofort an die Risikoverantwortlichen in den Unternehmen kommuniziert werden, um diesen die Kalkulation der Gesamt-Unternehmensrisikoposition zu ermöglichen. Vgl. MOTT (2001), S. 220.

antwortlich, dass die Informationen zum vereinbarten Zeitpunkt bei der zentralen Stelle eingehen.

Die Rohstoffpreisrisikohandhabung in der SC sollte vollständig zentral gesteuert werden. Nur durch die Zentralisation ist der Gesamtüberblick und damit die kostenoptimale und risikooptimale Handhabung der Risiken sowie die Realisierung von Skaleneffekten möglich.[635] Für das Rohstoffpreisrisikocontrolling in der SC erscheint eine zentrale Vorgehensweise sinnvoll.[636] Sowohl die Risikokontrolle als auch das Risikoreporting sollten allerdings generell strikt funktional von den anderen Phasen des Risikomanagements getrennt sein, um eine gewisse Objektivität bei der Performancemessung und Generierung der Reports sicherzustellen. Aus diesem Grund wird empfohlen, die Risikokontrolle im Rahmen des Rohstoffpreisrisikomanagements in der SC zwar in einer der herkömmlichen Controllingabteilungen der SC-Partner anzusiedeln, aber zentral durchführen zu lassen.[637] Die Risikodokumentation sollte entlang gemeinsam und zentral festgelegter Strukturen direkt dort durchgeführt werden, wo die zu dokumentierende Aktivität/Information angefallen ist, aber hauptsächlich zentral verantwortet und gepflegt werden.

Als große Nachteile einer zentralen Vorgehensweise bei der Implementierung des Risikomanagementprozesses werden in der Regel der hohe Implementierungsaufwand, die Trennung von operativem Tagesgeschäft, erschwerter Informationszugang und potenzielle Akzeptanzprobleme genannt.[638] Um diese Nachteile weitestgehend zu negieren und die Implementierung des Rohstoffpreisrisikomanagements in der SC so schlank wie möglich zu halten, sollte der zentrale Hub nur virtuell geschaffen werden. Langfristig muss der Hub dabei aus teilweise für die Arbeit freigestellten Mitarbeitern/Experten betroffener Bereiche (Beschaffung, Finanzen, SCM etc.) aller SC-Partner bestehen, um das Know-how der SC zum Thema Rohstoffpreisrisikomanagement zu bündeln. Gerade zu Beginn des unternehmensübergreifenden Projekts, wo Prozesse noch nicht erprobt und Vertrau-

[635] Für Details zu potenziellen Skaleneffekten bei der unternehmensübergreifenden Maßnahmenumsetzung vgl. Kapitel 5.3.

[636] Vgl. KREMERS (2002), S. 97. In verschiedenen einschlägigen Veröffentlichungen ist das Risikocontrolling immer als zentrale Einheit ausgewiesen. Vgl. z.B. MEYER (2008), S. 338.

[637] Vgl. z.B. DENK/EXNER-MERKELT (2005), S. 217.

[638] Vgl. u.a. HERMANN (1996), S. 268, SCHREYÖGG (1999), S. 110 ff.

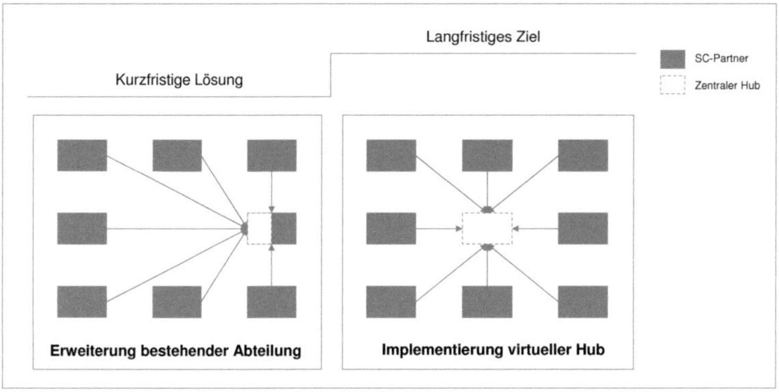

Abbildung 5.9: Vorgehensweise Etablierung zentraler virtueller Hub

en noch entwicklungsfähig ist, kann es helfen, den zentralen Hub übergangsweise in eine der Risikomanagementabteilungen eines SC-Partners zu verlegen. Dieser SC-Partner sollte nach Möglichkeit das Fokalunternehmen sein.[639] Das liegt einerseits daran, dass das Fokalunternehmen traditionell den Informationsknotenpunkt innerhalb der SC darstellt und meist bereits das Vertrauen der Lieferanten genießt. Die Koordination und Verarbeitung der Informationen fallen somit wesentlich leichter. Andererseits signalisiert das Fokalunternehmen durch die Einrichtung des Hubs für das Rohstoffpreisrisikomanagement in der SC explizit auch Commitment für das gemeinsame Projekt.[640] Die vorgeschlagene Vorgehensweise ist in Abbildung 5.9 illustrativ zusammengefasst.

Der zentrale virtuelle Hub in der Form wie er auf lange Sicht implementiert werden sollte, ähnelt einer Stabsabteilung. Das Problem von Stabsabteilungen ist generell, dass sie keine Weisungsbefugnis ggü. anderen – für das Rohstoffpreisrisikomanagement in der SC notwendigen – Abteilungen (z.B. Finanz- oder Beschaffungsabteilung) haben. Gerade am Anfang – wenn der Mehrwert des Projekts noch nicht augenscheinlich ist – besteht

639 Vgl. HAHN (2002), S. 1.068.

640 Vgl. KREIKEBAUM/GILBERT/REINHARDT (2003), S. 170. Oder auch die Ausführungen in Kapitel 5.1.1. Eine Schwierigkeit ergibt sich allerdings aus dem Sachverhalt, dass Fokalunternehmen teilweise dazu neigen, ihre eigene Stärke und Kontrollfähigkeit zu überschätzen und ihre eigenen Interessen vor die der SC zu stellen. Dies kann zu Spannungen zwischen den kooperierenden Unternehmen führen. Vgl. SCHWENK (1994), S. 43 f., HORVATH (2006), S. 787.

damit die Gefahr der Isolation, wenn die Abteilungen nicht bereit sind, die benötigten Informationen zu liefern (z.B. im Rahmen der Risikoanalyse).[641] Des Weiteren besteht die Gefahr, dass die Mitarbeiter nur auf dem Papier für das gemeinsame Rohstoffpreisrisikomanagement freigestellt werden, in Realität aber keine Zeit finden, sich um die dort anfallenden Arbeiten zu kümmern.[642]

Diese Schwierigkeiten können durch eine eindeutige Organisations- und Verantwortungsstruktur weitestgehend vermieden werden. Das bedeutet, dass die verschiedenen Aufgaben- und Kompetenzbereiche – vor allem Rohstoffpreisrisikomanagement in der SC, unternehmensindividuelles Rohstoffpreisrisikomanagement, Allgemeines Risikomanagement – eindeutig voneinander abgegrenzt und bestimmten Stellenprofilen bzw. Personen zugeordnet werden müssen.[643] Besonders wichtig ist hierbei die Definition der Richtlinienkompetenz (Recht zur Setzung allgemeiner Rahmenbedingungen für nachgeordnete Mitarbeiter), der Verfügungskompetenz (Zugriffsrecht auf bestimmte Informationen bzw. das Recht, Informationen anzufordern), der Beratungskompetenz (Recht, andere Entscheidungsträger zu beraten), der Anordnungskompetenz sowie der Sanktions- oder Belohnungskompetenz.[644] Insgesamt sollte das Vier-Augen-Prinzip gelten. Jede Aktivität sollte von zumindest zwei Mitarbeitern bzw. neben dem ausführenden Mitarbeiter auch einem Vorgesetzten im Rahmen der geltenden Kompetenz- und Unterschriftsregelungen schriftlich bestätigt werden.[645] Es ist auch darauf zu achten, dass die Grenzen der gebildeten Aufgabenbereiche nach Möglichkeit auch immer die Grenzen der Verantwortungsbereiche darstellen, um Redundanzen zu vermeiden und eindeutige Weisungsbefugnisse zu garantieren.[646]

---

641 Vgl. Denk/Exner-Merkelt (2005), S. 216 f. Werden die Informationen nicht von den unterschiedlichen SC-Partnern bzw. deren BUs eigenständig zum vereinbarten Zeitpunkt geliefert, ist es für den zentralen Hub in Abhängigkeit von der Menge der SC-Partner fast unmöglich, die Informationen alle selber anzufordern.

642 Das kann z.B. daran liegen, dass der direkte Vorgesetzte die herkömmliche Arbeit nicht entsprechend reduziert hat oder dass die Mitarbeiter selber keine Motivation zeigen.

643 Vgl. Bund/Granthien (2001), S. 130, Waters (2007), S. 187, Zawisla (2008), S. 86.

644 Vgl. Laux/Liermann (1993), S. 194. Weitere in der Literatur viel zitierte Befugnisarten sind die Partizipationskompetenz und die Delegationskompetenz.

645 Vgl. Bünting (2008), S. 409 f.

646 Vgl. Kratzheller (1997), S. 121.

Zusätzlich ist das Top-Management aller SC-Partner aufgefordert, seine Unterstützung für das unternehmensübergreifende Rohstoffpreisrisikomanagement den Mitarbeitern aller betroffenen Abteilungen und Unternehmensbereiche zu signalisieren. Das Top-Management muss dafür Sorge tragen, dass der gesamte Prozess ausreichende finanzielle sowie personelle Ressourcen zur Verfügung gestellt bekommt.[647] Dabei ist selbstverständlich wichtig, dass die anfallende Arbeit bezüglich des Rohstoffpreisrisikomanagements in der SC zumindest ansatzweise verursachungsgerecht unter den SC-Partnern aufgeteilt wird. Es ist nicht wünschenswert, dass nur einige wenige Unternehmen die Hauptlast der Arbeit tragen, während andere ohne Gegenleistung davon profitieren. Folglich bietet es sich an, die Governance des Rohstoffpreisrisikomanagements in der SC sehr hoch in der Hierarchie anzusiedeln und regelmäßige Status-Reports mit dem Top-Management (insbesondere CFO und COO) abzuhalten. Auf diese Weise können gerade anfänglich zu erwartende Schwierigkeiten direkt adressiert und auf höchster Ebene gelöst werden.[648]

Die dritte und letzte wichtige Eigenschaft, welche die Organisations- und Verantwortungsstruktur im Rahmen des Rohstoffpreisrisikomanagements in der SC erfüllen sollte, ist die Förderung der Interdisziplinarität. Rohstoffpreisrisikomanagement ist, wie bereits mehrfach in diesem und vorhergehenden Kapiteln beschrieben, ein multifunktionaler und interdisziplinärer Ansatz. Aus diesem Grund sollten auch die Mitarbeiter, die sich um Analyse, Handhabung und Kontrolle der Rohstoffpreisrisiken in der SC kümmern, aus mehreren Funktionsbereichen stammen bzw. vielfältiges Know-how vereinen.[649] Der Funktionsbereich, der die Hauptverantwortung für das Rohstoffpreisrisikomanagement in der SC trägt, sollte idealerweise die Beschaffungsabteilung sein.[650] Dieser Umstand sollte bereits bei der Definition der eindeutigen Organisations- und Verantwortungsstrukturen

[647] Vgl. STEPHENS (2001), S. 215.

[648] Vgl. SECRICON GMBH, SECURITY & RISK CONSULTING (o.A.), S. 2. Oder ähnlich TOMASEVIC (2008), S. 45.

[649] Vgl. ELKINS/KULKARNI/TEW (2008), S. 52. Im Einzelnen können das Mitarbeiter der Beschaffung, des Risikomanagements, der Marktforschung, der Produktion, des SCM oder der IT sein. So wurde z.B. das Rohstoffpreisrisiko bei Whirlpool in Kooperation des Risikomanagements, der Beschaffung und der Finanzabteilung entwickelt. Vgl. o.V. (2010b).

[650] Vgl. die Kategorisierung der Rohstoffpreisrisiken in Kapitel 2.3.1. Vgl. auch A.T. KEARNEY (2006), S. 14. Nach einer empirischen Untersuchung aus dem Jahr 2008 sehen sich 60% der Beschaffungsabteilung von Industrieunternehmen als die alleinigen Verantwortlichen für „Supply Risks" und damit auch für die Rohstoffpreisrisiken. Vgl. PROCUREMENT STRATEGY COUNCIL (2008), S. 3.

sowie der Governance berücksichtigt werden. So könnten einige Mitarbeiter, die mit ständigen Aufgaben im Rahmen des Rohstoffpreisrisikomanagements in der SC betraut sind, einem sog. Kernteam (dem Team, das den Hub bildet) angehören und andere tendenziell unregelmäßig benötigten Experten einem erweiterten Team. Eine Möglichkeit ist demnach, in regelmäßigen Abständen einige institutionalisierte, unternehmensübergreifende und interdisziplinäre Workshops mit allen Teammitgliedern stattfinden zu lassen. Darüber hinaus wäre es die Aufgabe der Mitarbeiter des Kernteams, das erweiterte Team je nach Bedarf zu aktivieren. Wird die interdisziplinäre Zusammenarbeit von Experten nicht auf eine ähnliche Art und Weise institutionalisiert, besteht gerade im unternehmensübergreifenden Kontext die große Gefahr, dass bestehendes Wissen nicht optimal genutzt wird und im Endeffekt die Arbeitsergebnisse leiden.[651]

5.1.4 Implementierung vertrauensförderndes Kooperationsmanagement

Eine Kooperation wird als eine vereinbarte (vertraglich oder stillschweigend), einseitig kündbare gemeinsame Bewältigung von Aufgaben mindestens zwei rechtlich selbständiger Unternehmen verstanden.[652] Gleiches gilt selbstverständlich auch für den Zusammenschluss der Unternehmen, die ein unternehmensübergreifendes Rohstoffpreisrisikomanagement aufbauen. Durch die Tatsache, dass rechtlich selbständige Unternehmen mit individuellen Zielfunktionen beteiligt sind und der Zusammenschluss einseitig kündbar ist, besteht immer die Gefahr, dass sich ein oder mehrere SC-Partner opportunistisch verhalten oder sich gar aus der Kooperation zurückziehen und damit die gemeinsam definierten Ziele nicht mehr erreicht werden können. Eine Übersicht über mögliche Verhaltensweisen in einer Kooperation – nach steigendem Schadensgrad von links nach rechts geordnet – gibt Abbildung 5.10.

[651] In der Automobilindustrie erscheint eine derartige Institutionalisierung der Interdisziplinarität vor dem Hintergrund der Ergebnisse der empirischen Untersuchung in Kapitel 4 besonders wichtig.

[652] Vgl. die Definition in Kapitel 2.1.2.

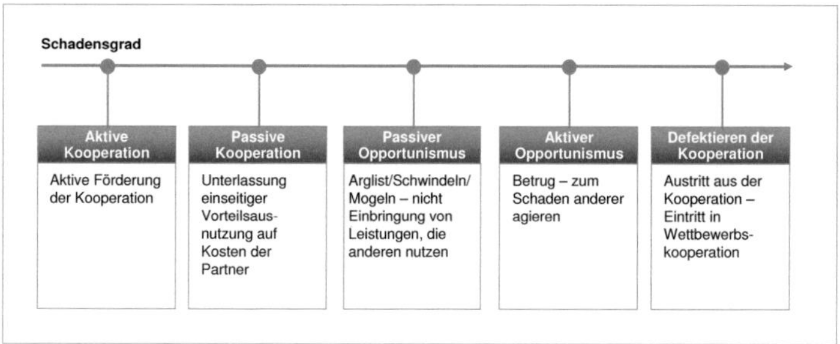

Abbildung 5.10: Verhaltensweisen in einer Kooperation[653]

Es muss folglich Ziel jeder unternehmensübergreifenden Kooperation sein, dass die Kooperationspartner zumindest keine performanceschädigenden Handlungen in Betracht ziehen (passives Kooperationsverhalten). Dazu gilt es, die größten Gefahrenquellen für Kooperationen, wie schlechte Partnerselektion, unterschiedliche Ziele, fehlende organisationelle Abstimmung, limitiertes Vertrauen, heterogene Know-how-Level und fehlende Kommunikation weitgehend auszuschalten.[654] Neben den bereits inhaltlich ausgeführten Erfolgsfaktoren der Partnerselektion (Kapitel 5.1.1), des Zielsystems (Kapitel 5.1.2) und der Organisations- und Verantwortungsstruktur (Kapitel 5.1.3) soll im Rahmen des aktuellen Abschnitts das Thema Kooperationsmanagement mit Fokus auf die Themen Vertrauensbildung, Kommunikation und Wissensmanagement behandelt werden.

Wie bereits mehrfach betont, erfordert das Management von Rohstoffpreisrisiken in der SC in jeder Prozessphase einen reziproken Leistungs- und Informationsaustausch zwischen den selektierten, selbständigen und individuelle Ziele verfolgenden SC-Partnern.[655] Um diesen Leistungsaustausch in geordneten Bahnen ablaufen zu lassen, ist der Aufbau

653 Vgl. SUEN (2005), S. 17.

654 Für eine Aufführung von Gefahrenquellen vgl. ROSE (o.A.), S. 8, MLYNARCZYK (2008), S. 3. Laut einer empirischen Untersuchung ist vor allen Dingen Misstrauen ein sehr wichtiger Grund des Scheiterns (69% der Befragten geben diesen Grund an). Vgl. MLYNARCZYK (2008), S. 4. Es ist allerdings umstritten, ob die Vertrauensbasis eine Voraussetzung für den Aufbau einer gewinnbringenden Kooperation ist oder ob sie sich erst durch eine engere Zusammenarbeit entwickelt. Vgl. FUEST (1998), S. 117.

655 Vgl. MECKL (1994), S. 5, OTTO/KOTZAB (2002), S. 141.

von interorganisationalem Vertrauen unumgänglich.[656] Im Falle des Rohstoffpreisrisikomanagements ist durch die Partnerselektion bereits der Kreis der zu integrierenden Lieferanten auf diejenigen beschränkt, die eine hohe strategische Bedeutung besitzen und mit denen aus diesem Grund schon intensive, langfristig orientierte Geschäftsbeziehungen bestehen. Das Rohstoffpreisrisikomanagement in der SC im Sinne dieser Arbeit kann somit auf vielfältige, über die Jahre gewachsene Beziehungen, zahlreiche Kontaktpunkte, Kommunikationswege und eine infolgedessen gesunde Vertrauensbasis zurückgreifen. Dieser Umstand vereinfacht die Zusammenarbeit und vor allem den Austausch von sensiblen Unternehmensinformationen erheblich.[657] Trotzdem darf nicht der Umstand unterschätzt werden, dass „confidence in a supply chain is weakened when end to end pipeline time i.e. the time it takes for material to flow from one end of supply chain to the other is long."[658] Insofern kann gerade in der durch lange SC gekennzeichneten Automobilindustrie die Ausweitung des Handlungsrahmens auch eine Verringerung des bereits existierenden Vertrauens zwischen den Partnern bedeuten. Die Popularität von Vertrauen als Forschungsobjekt ist in den unterschiedlichen Disziplinen der Wissenschaft in den letzten Jahren stark angestiegen. So gehen z.B. Psychologen, Soziologen, Ökonomen und auch Management-Theoretiker aus sehr unterschiedlichen Perspektiven an das multidisziplinäre Konstrukt heran. Wie so oft, wenn Wissenschaftler aus mehreren Disziplinen einen Sachverhalt für sich entdecken, ist auch hier kein einheitliches Begriffsverständnis zu beobachten. Vertrauen wird des Öfteren definiert als „die Intention so zu handeln, als ob sich Personen oder unpersönliche Systeme auf die eingeschätzte, zuträgliche Art verhalten würden. Diese Einschätzung basiert auf Erfahrungen und der Akteur ist sich des folgenden Risikos bewusst."[659] Gehen also zwei Unternehmen wiederholt Kooperationen miteinander ein, so können sich im Rahmen dieser Geschäftsbeziehung so genannte interorganisationale Routinen speziell für die Zusammenarbeit mit dem jeweiligen Part-

[656] Vgl. Hahn (2002), S. 1.067.
[657] Vgl. Hahn (2002), S. 1.067, Wassermann (2002), S. 63. Welche Informationen ein Unternehmen als sensibel ansieht, ist subjektiv. Tendenziell gehen kleine mittelständische Unternehmen wesentlich restriktiver mit der Informationsweitergabe um als ein Großkonzern.
[658] Christopher/Lee (2004), S. 390.
[659] Fladnitzer/Bidmon/Schneider (2006), S. 40.

ner einspielen.[660] Basierend auf den in der Kooperation mit diesem Partner gesammelten guten oder schlechten Erfahrungen ändern sich die Verhaltensweisen im Zeitverlauf.[661]

Vertrauen zwischen kooperierenden Unternehmen spornt zur Übernahme von Verantwortung an, erhöht den kommunikativen Austausch und reduziert die Informationsasymmetrie sowie die Angst vor opportunistischem Verhalten der SC-Partner und wirkt alles in allem transaktionskostensenkend.[662] Vertrauen ist für erfolgreiche Kooperationen damit eine „conditio sine qua non" und trägt zur Effektivität und auch zur Effizienz des unternehmensübergreifenden Rohstoffpreisrisikomanagements bei.[663] Unter Berücksichtigung der Wichtigkeit des Vertrauens und der Tatsache, dass gerade bei Unternehmen verschiedener SC-Stufen – wie im Rahmen des Rohstoffpreisrisikomanagements in der automobilen SC der Fall – das gegenseitige Vertrauensniveau tendenziell niedriger ist, liegt die explizite Beeinflussung dieses Aspektes nahe.

Vertrauen ist allerdings ein komplexes psychologisches Phänomen, welches sich nicht monokausal erklären oder messen lässt. In der einschlägigen Literatur werden nichtsdestotrotz einige Faktoren benannt, die den Aufbau von Vertrauen positiv beeinflussen. Dies ist insbesondere Zuverlässigkeit und das Einhalten von Abmachungen, Kompetenz sowie fairer und kontinuierlicher Informationsaustausch über transparente Kommunikation.[664] Bemerkenswert ist daher, dass Hieber (2002) in einer empirischen Studie zeigt, dass der Kontakt zwischen den Unternehmen innerhalb einer SC meist durch nicht kontinuierliche Kommunikationsmittel aufrechterhalten wird. So stehen vor allen Dingen das Telefon und E-Mails an der Spitze der Kontaktsysteme.[665] Kontinuierliche und integrierte Sys-

[660] Vgl. ZOLLO/REUER/SINGH (2002), S. 704.
[661] Vgl. ECKHARD (2008), S. 66.
[662] Vgl. WHIPPLE/FRANKEL (2000), S. 23 f., CORSTEN/GÖSINGER (2001), S. 67, BOUTELLIER/WAGNER (2001), S. 46, KRYSTEK (2002), S. 1.051 ff.
[663] Vgl. FUEST (1998), S. 116. In empirischen Studien wurde Vertrauen als der wichtigste Erfolgsfaktor in einer Lieferanten-Produzenten-Beziehung identifiziert. Vgl. WERTZ (2000), S. 158.
[664] Vgl. WOLTERS (1995), S. 182, ABERLE/EISENKOPF (2002), S. 171, WEBER/BACHER/GROLL (2002), S. 154, KWON/SUH (2004), SEITER (2008), S. 242 ff. Zu der Wirkung spezifischer Investitionen vgl. LITTLER/LEVERICK (1995), S. 64 f. Unter Kommunikation soll der Austausch von Informationen zwischen organisatorischen Entscheidungseinheiten verstanden werden. In arbeitsteiligen Systemem wird Kommunikation generell notwendig, wenn der Ort des Informationsanfalls oder der Informationsspeicherung und der Ort des Informationsbedarfs auseinanderfallen. Vgl. FRESE (1995), S. 105.
[665] Vgl. HIEBER (2002), S. 23.

teme wie Electronic Data Interchange, Internet-Applications oder SCM Software, weisen einen nur geringen Verbreitungsgrad auf.[666] Die SC-Partner sollten aus diesem Grund explizit darauf achten, auf kontinuierlichere Kommunikationsmittel zu setzen und Kommunikation zu institutionalisieren.[667] Im Rahmen der Gestaltung von institutionalisierten Kommunikationsvorgängen sind v.a. das auslösende Ereignis, der Sender, der Empfänger, das Medium und der Inhalt festzulegen.[668] Durch die Systematisierung von Kommunikation erfolgt meist die Festlegung mehrerer dieser Kriterien. Die Kommunikation wird von einer persönlichen auf eine tendenziell systemische Ebene gehoben und Kommunikationsbarrieren zwischen Unternehmen werden reduziert.[669] Kommunikation ist nicht nur unternehmensübergreifend wichtig, sondern auch unternehmensintern. Durch eine zielgerichtete Kommunikation kann sowohl die Sensibilisierung für die Notwendigkeit des Rohstoffpreisrisikomanagements in der SC unterstützt als auch die Informationsasymmetrie über Aktivitäten oder die Performance des SC-Projekts reduziert und insgesamt die Akzeptanz und die Unterstützung des Rohstoffpreisrisikomanagements in der SC bei den Mitarbeitern gefördert werden.[670] Um die Transparenz und die Systematisierung der Kommunikation intra- sowie interorganisational sicherzustellen, macht es Sinn, die Verantwortung für die Kommunikation zum Thema Rohstoffpreisrisikomanagement in der SC einer zentralen Stelle zu übertragen (idealerweise dem zentralen virtuellen Hub).[671] Die Aufgaben dieser Stelle sind die Sammlung aller relevanten Informationen und deren zielgerichtete Kommunikation an die verantwortlichen Stellen. So muss z.B. sichergestellt werden, dass sowohl die zentral erarbeiteten homogenen Ziele als auch die einheitliche Organisations- und Verantwortungsstruktur regelmäßig entlang der etablierten Kommu-

666 Vgl. Hieber (2002), S. 23. Zwischen Automobilherstellern und -zulieferern findet ein intensiver Informationsaustausch statt. Kommuniziert wird dabei zu einem großen Teil automatisiert und elektronisch über EDI (Electronic Data Interchange). Vgl. Ostertag (2008), S. 31. Leider setzt sich diese enge Kooperation noch nicht immer durch die gesamte SC fort. Vgl. Rudnitzki (1999), S. 185.

667 Zur Wichtigkeit der institutionalisierten Kommunikation vgl. Ostertag (2008), S. 98.

668 Vgl. Frese (1995), S. 16.

669 Vgl. Hahn (2002), S. 1.069, Boutellier/Wagner (2001), S. 54, Beth et al. (2004), S. 100. In der Literatur wird daher auch zwischen systemischem und persönlichem Vertrauen unterschieden. Vgl. Walther (2001), S. 27.

670 Die Kommunikation der Ergebnisse des Rohstoffpreisrisikomanagements in der SC könnte z.B. als Signal an die Mitarbeiter vom Top-Management kommen. Vgl. die Ausführungen in Kapitel 5.1.3.

671 Vgl. Kratzheller (1997), S. 120, Hahn (1999), S. 854.

nikationsstrukturen kommuniziert werden.[672] Insbesondere die Multiplikation der interorganisationalen Kontaktpunkte, auch über die definierten Aufgabengebiete hinweg, um die Abstimmung der einzelnen Prozessphasen zwischen den involvierten Unternehmen zu verbessern, spielt eine entscheidende Rolle.[673] Hierzu eignen sich je nach Hierarchieebene z.B. regelmäßige, persönliche Besprechungen der Führungskräfte,[674] Workshops sowie regelmäßige Ideenbörsen.[675] Zudem muss darauf geachtet werden, dass trotz der wichtigen Institutionalisierung der Kommunikation die Möglichkeit zur informellen Kontaktaufnahme gewahrt bleibt. Auch die informelle Kontaktaufnahme fördert Vertrauen und hilft, auf unvorhergesehene Ereignisse zeitnah und angemessen reagieren zu können.[676] Die SC-Partner sollten sich auch auf eine Definiton der Zu- und Austritts- sowie der Konfliktregeln (Eskalationsmechanismus) einigen.[677] Die Konfliktregeln sind wichtig, wenn trotz aller Vorkehrungen (wie z.B. der Homogenisierung der Zielsysteme, Etablierung eindeutiger Organisations- und Verantwortungsstrukturen) Konflikte zwischen den beteiligten Unternehmen auftreten.[678] Die Konfliktregeln sollten nach Möglichkeit auch bei Aspekten das Thema Rohstoffpreisrisikomanagement in der SC betreffend, innerhalb der Unternehmen greifen, da die Erfahrung zeigt, dass interne Probleme die Beziehung zu Dritten negativ beeinflussen und damit die gesamte Kooperation in Mitleidenschaft ziehen können.[679] So ist es denkbar, dass Konflikte grundsätzlich zuerst im Rahmen des Teammeetings des virtuellen Hubs besprochen werden. Sollte in diesem Forum keine Lösung des Problems gefunden werden, wird es auf die Tagesordnung des nächsten Führungskräftemeetings gesetzt.[680]

Ein weiterer wichtiger Aspekt im Rahmen des Aufbaus der Kooperation und damit in der Verantwortung der zentralen Stelle ist die Etablierung eines umfassenden Wissensma-

[672] Vgl. MOTT (2001), S. 214.
[673] Vgl. BOUTELLIER/WAGNER (2001), S. 55.
[674] Vgl. den Vorschlag zur Governance in Kapitel 5.1.3.
[675] Vgl. RUDNITZKI (1999), S. 177 ff.
[676] Vgl. MERKLE (2001), S. 288, MOTT (2001), S. 218.
[677] Vgl. ROSE (o.A.), S. 12.
[678] Vgl. BUND/GRANTHIEN (2001), S. 145, MÜHLMEYER/BELZ (2001), S. 27 f. Einige Ursachen für inter- und auch intraorganisationale Konflikte nennt Uhlmann. Vgl. UHLMANN (1999), S. 395.
[679] Vgl. SCHICK (2002), S. 146.
[680] Zu der allgemeinen Governance und der Zusammensetzung der unterschiedlichen Teams vgl. Kapitel 5.1.3.

nagements.[681] Im Allgemeinen sind die Aufgaben eines Wissensmanagements die Identifikation, Bewertung, Konservierung, Weiterentwicklung, Multiplikation und Generierung von Wissen innerhalb der Unternehmen und über die Unternehmensgrenzen hinweg.[682] Ein im Rahmen des Rohstoffpreisrisikomanagements in der SC geeignetes Wissensmanagement könnte entlang eines Prozesses mit drei Phasen organisiert sein.[683] Die erste Phase hat die Analyse des aktuellen Know-how-Levels zur Aufgabe. Die zweite Phase dient der Schließung der identifizierten Know-how-Lücken und die dritte Phase ist auf die Institutionalisierung und Weiterentwicklung des Know-hows fokussiert.

Das Ziel der Know-how-Analyse ist, ein Stärken-Schwächen-Profil jedes SC-Partners hinsichtlich seines relevanten Know-hows zu den einzelnen Phasen des Rohstoffpreisrisikomanagements in der SC zu erstellen. Bei der Analyse des aktuellen Know-how-Levels können verschiedene Instrumente – wie die Selbstauskunft oder das Interview – zum Einsatz kommen.[684] Idealerweise wird versucht, die Know-how-Analyse auf Basis mehrerer Quellen durchzuführen. Allerdings ist auch zu beachten, dass die Analyse des aktuellen Know-how-Levels je nach Menge der selektierten Unternehmen und der Granularität der Erhebung eine zeitintensive Aufgabe sein kann. Aus diesem Grund sollten die Erhebungs-

681 Vgl. STEPHENS (2001), S. 216. Einer Studie von Heimeriks und Duysters zur Folge besteht ein positiver Zusammenhang zwischen dem Einsatz eines Wissensmanagementprozesses und dem Kooperationserfolg. Dieser Wissensmanagementprozess enthält funktionale Aspekte (z.B. Allianz-Manager, Allianz-Abteilung), Tools (z.B. Trainingsmaßnahmen, Allianz-Datenbank) und technische Aspekte (z.B. Foren des systematischen Erfahrungsaustausches). Vgl. HEIMERIKS/DUYSTERS (2007), S. 30 f. Ähnliche Ergebnisse, wo auf die Relevanz von Mitarbeitertraining auf dem Gebiet des Kooperationsmanagements sowie den Einsatz von Personal, das für Fragen des Kooperationsmanagements eine spezielle Expertise aufweist, hingewiesen wird, finden sich in DRAULANS/DEMAN/VOLBERDA (2003), S. 161.

682 Vgl. STEPHENS (2001), S. 215.

683 Es kann nicht Ziel dieser Ausführungen sein, das Thema des Wissensmanagements erschöpfend zu behandeln. Es werden lediglich die nach Meinung des Autors im Kontext dieser Arbeit wichtigen Aspekte thematisiert.

684 Die Selbstauskunft ist das Instrument, welches den geringsten Aufwand verursacht. Hierzu werden alle selektierten SC-Partner von einer zentralen Stelle aufgefordert, ihr Know-how-Level bezüglich der verschiedenen Phasen des Rohstoffpreisrisikomanagements in der SC entlang eines standardisierten Formulars einzuschätzen. Die Interviews sind als wesentlich zeitintensiver einzuschätzen, da ein Mitarbeiter abgestellt werden muss, um die Interviews durchzuführen. Dafür sind die Ergebnisse der Interviews aber auch wesentlich belastbarer.

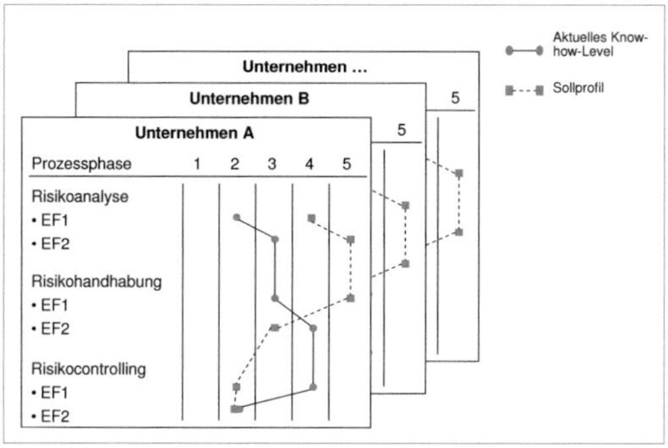

Abbildung 5.11: Prozessphase 1 – Know-how-Analyse

instrumente und die Granularität der Erhebung mit Bedacht ausgewählt werden.[685] Zur Erstellung des Stärken-Schwächen-Profils sollte zusätzlich ein Sollprofil des Know-how-Levels für jedes individuelle Unternehmen entlang der letztendlich gewählten Granularität erstellt werden. Dieses Sollprofil kann als Mindestanforderung an das Know-how bezüglich des Rohstoffpreisrisikomanagements interpretiert werden.[686] Abbildung 5.11 zeigt illustrativ, wie ein derartiges Stärken-Schwächen-Profil aussehen könnte.

Die zweite Phase des Wissensmanagements hat die Schließung der identifizierten Know-how-Lücken zur Aufgabe.[687] Dabei gilt es, in der SC bestehendes Know-how optimal zu nutzen.[688] D.h. immer dann, wenn ein Unternehmen in einer Phase des Rohstoffpreisrisikomanagements in der SC das definierte Sollprofil übererfüllt, sollte versucht werden, dieses Know-how innerhalb der SC zu multiplizieren (Know-how-Multiplikator) und den Unter-

[685] Die in Kapitel 3 abgeleiteten Erfolgsfaktoren stellen sicherlich eine gute Ausgangsgranularität dar, die dann nach Bedarf erhöht oder auch reduziert werden kann. Es sollte aber auch bedacht werden, dass sich gerade Rohstoffe erheblich unterscheiden, was die Risikohandhabung angeht. Es kann aus diesem Grund durchaus Sinn machen das Know-how der Risikohandhabung zu den wichtigsten Rohstoffen getrennt zu erheben. Vgl. auch Kapitel 5.3.

[686] Bei der Erstellung sollte berücksichtigt werden, dass der minimale Know-how-Level bei zentral gesteuerten Prozessphasen geringer sein muss als bei eher dezentral gesteuerten Phasen.

[687] Der Themenbereich des interorganisationalen Know-how-Transfers kann in dieser Arbeit nicht erschöpfend behandelt werden. Der interessierte Leser sei verwiesen auf z.B. PRANGE (2006).

[688] Vgl. PAWLOWSKY (1992), S. 220.

nehmen, die das Sollprofil nicht erreicht haben, zu vermitteln (Know-how-Empfänger).[689] Falls die strategische Wichtigkeit der SC für einzelne SC-Partner nicht hoch genug ist, kann es u.U. sein, dass sich einer der SC-Partner weigert, sein Wissen weiterzugeben (Know-how-Bewahrer).[690] Bei der Wissensweitergabe kann noch einmal eine Abstufung der Intensität erfolgen. Für SC-Partner, die das Sollprofil nur knapp unterschreiten, könnte ein „abgespecktes Betreuungspaket" (z.B. nur Ansprechpartner bei Fragen) und bei SC-Partnern, die das Sollprofil erheblich unterschreiten, ein „intensives Betreuungspaket" (z.B. befristeter Austausch von Mitarbeitern, institutionalisierte Trainings) zum Einsatz kommen.[691] Falls kein SC-Partner das benötigte Wissen aufweist, sollte das Unternehmen in Abhängigkeit der Dringlichkeit und der Spezifität des Know-hows entscheiden, auf welche Weise das Know-how aufgebaut wird. So kann es innerhalb des Unternehmens generiert oder durch Trainings sowie externe Experten zugekauft werden.[692] Der beschriebene Ablauf der zweiten Phase des Wissensmanagementprozesses ist in Abbildung 5.12 illustriert.

Selbst wenn alle SC-Partner das Sollprofil erfüllen, ist die Aufgabe des Wissensmanagements nicht beendet. Es sollte immer beachtet werden, dass das Sollprofil nur das minimal notwendige Know-how darstellt. Eine Weiterentwicklung dieses Sollprofils ist empfehlenswert, um ein im Vergleich zur Konkurrenz optimiertes Rohstoffpreisrisikomanagement in der SC zu generieren. Somit hat die dritte Phase des Wissensmanagementprozesses die

689 Neben rein fachlicher Komponenten haben diese Ansätze den Vorteil, dass der unternehmensübergreifende Austausch und damit ein Zusammenwachsen der Unternehmenskulturen gefördert wird.Vgl. ENDRES/WEHNER (1996), S. 107 f., PRÄUER/BERNECKER (2006), S. 36.

690 Da aber bereits im Rahmen der Partnerselektion in Kapitel 5.1.1 nur die Unternehmen ausgewählt wurden, die tendenziell eine hohe strategische Bedeutung für die SC und vice versa aufwiesen, ist davon auszugehen, dass die Mehrzahl der Unternehmen einer Know-how-Multiplikation zustimmen.

691 Je nach Anzahl der Multiplikatoren und Know-how-Level der Empfänger kann die Multiplikation des Know-hows sehr schnell gehen, aber auch erhebliche Zeit in Anspruch nehmen. Die letztendliche Entscheidung, welche Vorgehensweise gewählt wird, muss selbstverständlich in Abstimmung mit dem jeweils betroffenen Unternehmen geschehen. „Unternehmen haben bspw. große Erfolge erzielt wenn jeder neue Mitarbeiter einer Art Grundausbildung unterzogen wird und dann über Wahlbausteine individuell weiterqualifiziert wird. Zusätzlich kann eine Art Fachcoaching eingesetzt werden, bei dem gezielt Leute in die Fachbereiche gehen, die neuen Prozesse einführen und die Mitarbeiter quasi „on the job" zur weiteren Anwendung befähigen." ZOBOLSKI (2008), S. 369.

692 Unabhängig von der Art des Know-how-Aufbaus macht es aus Sicht der SC wieder Sinn, nur einigen wenigen Know-how-technisch bereits möglichst weit entwickelten Unternehmen das neue Know-how zukommen zu lassen und diese im Anschluss wieder analog zu oben genannter Vorgehensweise als Multiplikator zu nutzen.

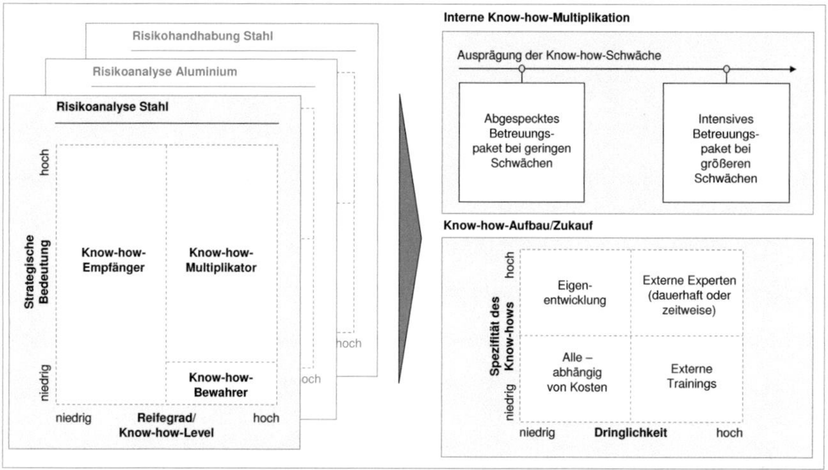

Abbildung 5.12: Prozessphase 2 – Schließung der Know-how-Lücken

Institutionalisierung und Weiterentwicklung des Know-hows zum Ziel. Kale und Singh (2005) schlagen dafür vier unterschiedliche Instrumente vor.[693] Zum Ersten die Wissensartikulation, welche die Berichterstattung von Erfahrungen oder die systematische Ablage von Dokumenten umfasst. Zum Zweiten die Wissenskodifizierung. Hiermit ist insbesondere die Nutzung bereits vorliegender Dokumente, Verträge oder auch die Entwicklung von Checklisten zu den einzelnen Aktivitäten im Rahmen des Rohstoffpreisrisikomanagements in der SC gemeint. Zum Dritten sollten der Wissensaustausch mit Wissenschaft und anderen Industrieunternehmen gefördert werden. Zum Vierten wird die Wissensinternalisierung, z.B. die Verankerung durch Schulungsangebote, vorgeschlagen. Diese dienen in chronologischer Abfolge dem Ziel, gesammelte Erfahrungen, auch während der Kooperation, zur Unterstützung künftiger Entscheidungen im Rahmen des Rohstoffpreisrisikomanagements in der SC aufzubereiten und zu nutzen.[694]

[693] Kale und Singh kommen in ihrer ersten Studie zum Kooperationsmanagement von 140 Unternehmen zu der Erkenntnis, dass alle vier Wissensmanagementinstrumente zur Erklärung beitragen, warum manche Unternehmen größere Kooperationserfolge erzielen als andere. Vgl. KALE/SINGH (1999), S. 5. Diese Ergebnisse werden in ihrer zweiten Studie bestätigt. Vgl. KALE/SINGH (2005), S. 19.

[694] Vgl. KALE/SINGH (2005), S. 2. Der Prozess des Wissensaustausches kristallisiert sich dabei als derjenige Prozess heraus, dessen Anwendung den größten positiven Einfluss auf den Erfolg aufweist. Vgl. KALE/SINGH (1999), S. 5.

5.2 Phase 2 – Rohstoffpreisrisikoanalyse in der Supply Chain

5.2.1 Identifikation und Beleuchtung der Risikobestandteile

Der in diesem Kapitel im Fokus stehende Erfolgsfaktor „Identifikation und Beleuchtung der Risikobestandteile" hat im Wesentlichen sowohl die Schaffung eines formalen Funktionszusammenhangs zwischen den Einflussfaktoren des Rohstoffpreisrisikos und den RK pro Endprodukt als auch eine eingehende Beleuchtung der verschiedenen Einflussfaktoren zur Aufgabe.[695] Diesem Erfolgsfaktor und der Berechnung der erwarteten RK pro Endprodukt kommt, gerade vor dem Hintergrund des insgesamt schwachen Entwicklungsstandes und der nur rudimentär ausgebildeten quantitativen Rohstoffpreisrisikoanalyse der in Kapitel 4 untersuchten Automobilunternehmen, eine besonders große Bedeutung zu.

Die RK pro Endprodukt (RK_{EP}) im Sinne dieser Arbeit setzen sich grundsätzlich aus dem für die Produktion eines Endprodukts notwendigen Rohstoffbedarf (M) sowie dem Rohstoffpreis (P) über alle hochpriorisierten Rohstoffe (i) hinweg zusammen.[696] Die folgende Formel stellt diesen Zusammenhang dar:

$$RK_{EP} = \sum_{i=1}^{n} M_i P_i$$

[695] Vgl. Kapitel 3, LEE (1999), S. 39, BIERMANN/STRATMANN (2005), S. 453 ff.

[696] Vgl. LEE (1999), S. 39, WATERS (2007), S. 160 ff. Neben den Risikobestandteilen Rohstoffbedarf (M) und Rohstoffpreis (P) wirkt auch das Währungspreisrisiko auf die RK pro Endprodukt. Vgl. GEMAN (2005), S. 178. So ist es – die RK pro Endprodukt isoliert betrachtet – z.B. für ein europäisches Unternehmen von Vorteil, wenn der $\frac{EUR}{USD}$-Kurs hoch ist. Durch den starken Euro ist es den Unternehmen möglich, die meist in Dollar notierten Rohstoffe günstiger zu beschaffen. Im Umkehrschluss ist der starke Euro aber für den Umsatz, den die jeweiligen Unternehmen in Dollar generieren, nach Umrechnung in Euro wenig zuträglich. Vgl. HAGER (2004), S. 225. Das gesamte Unternehmen betrachtet, heben sich also die Währungseffekte in der Beschaffung und auf den Absatzmärkten gegenseitig auf. Konsequenterweise sind globale Unternehmen – wie sie in der Automobilindustrie zu finden sind – in den letzten Jahren dazu übergegangen, nur die resultierende Nettoposition des Währungspreisrisikos zu handhaben und nicht bereits im Rahmen der Beschaffung oder des Absatzes Maßnahmen zu ergreifen. Vgl. z.B. VOLKSWAGEN AG (2010), S. 188, BMW AG (2010), S. 128, DAIMLER AG (2010), S. 236. Währungspreisrisiken sind folglich ohne eine Berücksichtigung der Umsätze nicht abschließend zu behandeln. Aus diesem Grund wird das Währungspreisrisiko in der vorliegenden Arbeit nicht explizit behandelt.

Die möglichst präzise Vorhersage des Rohstoffbedarfs pro Endprodukt (M) sollte idealerweise mit Hilfe eines unternehmensübergreifenden Gozintographen durchgeführt werden, welcher die jeweiligen Rohstoffbedarfe über alle Zwischenprodukte und Wertschöpfungsstufen hinweg enthält.[697] Dabei spielt insbesondere die zu erreichende Granularität eine entscheidende Rolle. Es reicht z.B. nicht aufzuzeigen, dass für die Produktion eines beliebigen Fahrzeugmodells eine bestimmte Menge an Stahl benötigt wird. Es ist vielmehr notwendig, den Gozintographen zumindest auf die jeweilige Stahlsorte – z.B. HRC-Stahl – und darüber hinaus auf die Inhaltsstoffe von HRC (z.B. Eisenerz, Kokskohle und ggf. Legierungsmetalle) herunterzubrechen.[698]

Die Generierung dieses unternehmensübergreifenden Gozintographen erfordert je nach gewünschtem Detailgrad die Einbeziehung aller selektierten SC-Partner und kann abhängig von der bereits herrschenden Datenqualität und Datenverfügbarkeit sehr zeitintensiv sein.[699] Meist kann auf die in jedem Unternehmen regelmäßig durchgeführten innerbetrieblichen Bestell- und Kapazitätsplanungen zurückgegriffen werden, die entweder auf verbrauchsgebundenen (sog. stochastischen) Verfahren[700] oder programmgesteuerten (sog. deterministischen) Verfahren basieren.[701] Der OEM sollte, unabhängig von den detaillierten Daten, die von den selektierten SC-Partnern für den Gozintographen benötigt werden, sein eigenes Endprodukt ebenfalls grob in die Rohstoffbestandteile zerlegen und

697 Vgl. ähnlich Stephens (2001), S. 122.

698 Im Zuge der Generierung des Gozintographen wird auch erhoben, welches Unternehmen die Rohstoffe letztendlich beschafft. Diese Transparenz stellt im weiteren Verlauf des Rohstoffpreisrisikomanagement-Prozesses auch die Basis für die wichtige Bündelung von Beschaffungsvolumina und somit für einige in Kapitel 5 zu detaillierende Handhabungsmaßnahmen dar.

699 In einzelnen Veröffentlichungen ist bei der Sammlung von detaillierten Lieferantendaten von einem Zeitraum von mehreren Wochen bis hin zu mehreren Monaten die Rede. Vgl. McCormack (2008), S. 69.

700 Verbrauchsgebundene bzw. stochastische Verfahren ermitteln sowohl den zukünftigen Bedarf, als auch dessen Terminierung aus effektiven historischen Verbrauchsmengen mittels mathematischer Modelle, wie z.B. Durchschnittsbetrachtungen, exponentiellen Glättungen, Regressionsanalysen oder Zeitreihendekompositionen. Im Zuge der Analyse der historischen Bedarfe ist auf Schwund, mögliche Fehlmengen oder Substitutionen, die eine Ableitung der zukünftigen Bedarfe erschweren, zu achten. Ein Einsatz dieser Art von Bedarfsplanung setzt u.a. einen regelmäßigen Bedarfsverlauf voraus. Vgl. Adam (1998), S. 509-517.

701 Programmgesteuerte bzw. deterministische Verfahren leiten den künftigen Bedarf aus einem gegebenen Produktionsprogramm mit Hilfe von Stücklisten, Gozintographen oder linearen Gleichungssystemen ab. Die notwendige Terminierung der ermittelten Bedarfe muss hier separat erfolgen. Vgl. Adam (1998), S. 499-508.

auf diese Weise eine erste Version eines Gozintographen generieren. Dies ist hilfreich, um die Plausibilität der Angaben der Lieferanten zu prüfen und die Abdeckung der in das Rohstoffpreisrisikomanagement in der SC integrierten Rohstoffmengen in Prozent der Gesamtmengen genauer zu schätzen.[702] Die Generierung des unternehmensübergreifenden Gozintographen muss in regelmäßigen Abständen, aber nicht kontinuierlich aktualisiert werden. So wirken insbesondere vereinzelte Handhabungsmaßnahmen des Rohstoffpreisrisikomanagements in der SC gezielt auf den Rohstoffbedarf pro Endprodukt.

Im Zuge der Bestimmung der Rohstoffpreise (P_i) ist es wichtig zu erheben, um welche Beschaffungsart es sich bei den identifizierten Rohstoffbedarfen im Planungshorizont aller Voraussicht nach handelt. Die jeweilige Beschaffungsart beeinflusst den Preis (P_i) erheblich. Im Sinne dieser Arbeit wird zwischen vier unterschiedlichen Beschaffungsarten differenziert. Zum Ersten kann der Rohstoffbedarf ganz oder teilweise aus den Lagern der SC-Partner entnommen (M^L bzw. P^L), zum Zweiten kann der Rohstoff durch eine vertragliche Abnahmeverpflichtung bezogen (M^{AV} bzw. P^{AV}), zum Dritten kann der Bedarf durch eine vertraglich fixierte Abnahmeoption gedeckt (M^{AO} bzw. P^{AO}) und zum Vierten kann der Bedarf auf dem Spotmarkt zu aktuellen Marktbedingungen beschafft werden (M^S bzw. P^S). Diesen Sachverhalt kennend, gestalten sich die Rohstoffkosten pro Endprodukt (RK_{EP}) über die hochpriorisierten Rohstoffe hinweg in formeller Hinsicht wie folgt:

$$RK_{EP} = \sum_{i=1}^{n} M_i^L P_i^L + M_i^{AV} P_i^{AV} + M_i^{AO} P_i^{AO} + M_i^S P_i^S$$

Der Preis P^L ist fix und stellt sich als Durchschnittspreis der jeweiligen sich im Lager befindlichen Rohstoffe dar. Der Preis P^{AV} sowie der Preis P^{AM} sind ebenfalls fix und vertraglich fixiert. Der einzige Preis, der den Unternehmen nicht bekannt ist und damit

[702] Rein theoretisch kann die „Zerlegung" auch als Grundlage des Gozintographen verwendet werden. Hier muss allerdings beachtet werden, dass die reine „Zerlegung" des Endprodukts in aller Regel zu niedrigeren Rohstoffbedarfen führt, als die Bottom-up-Erhebung über die Lieferanten. Der Grund sind Faktoren wie z.B. Verschnitt oder Schwund im Rahmen des Produktionsprozesses.

Schwankungen bzw. Risiko unterworfen ist, ist somit der Spotpreis P^S.[703] Weiter gilt, dass M^{AV} konstant ist und M^L als auch M^{AO} von dem gültigen Spotpreis P^S abhängen. Nur wenn $P^S > P^L$ sollte ein Unternehmen entscheiden, das Lager abzubauen.[704] Analog wird ein Unternehmen nur bei $P^S > P^{AO}$ die vertraglich fixierte Abnahmeoption ziehen. Die Rohstoffmenge, die auf dem Spotmarkt beschafft wird (M^S), ist eine Residualgröße und ergibt sich durch $(M^S) = M - (M^{AV} + M^L + M^{AO})$. M kann unter Berücksichtigung des Gozintographen und der erwarteten Anzahl der Endprodukte leicht für jeden einzelnen hochpriorisierten Rohstoff kalkuliert werden. Die erwartete Anzahl der Endprodukte kann laut der durchgeführten empirischen Untersuchung mit relativ großer Genauigkeit von dem Automobilhersteller geschätzt werden.[705] Folglich ist die einzige unbekannte Größe, die noch zur Kalkulation der erwarteten RK pro Endprodukt benötigt wird, der erwartete Spotpreis des Rohstoffs (P_i^S).

Um den Spotpreis P_i^S angemessen robust vorauszusagen, stehen einer SC im Wesentlichen zwei unterschiedliche Ansätze zur Verfügung. Zum einen eine Schätzung auf Basis von fundamentalen Analysen, wie sie teilweise auch im Rahmen von Frühwarnsystemen der zweiten und dritten Generation zum Einsatz kommen.[706] Zum anderen kann sich die Schätzung – sofern existent – an Futurepreisen orientieren.

703 Zu beachten ist, dass selbst der Spotpreis in der Regel von Unternehmen zu Unternehmen schwankt. Viele Unternehmen bekommen auf Grund ihrer Purchasingpower auf den geltenden Spot oder auch Futurepreis noch einmal einen gewissen Rabatt. Vgl. STEPHENS (2001), S. 134. Nach Bündelung der Volumina über die selektierten Partnerunternehmen hinweg ist dieser Unterschied allerdings nicht mehr existent.

704 Voraussetzung für die Gültigkeit dieser Gleichung ist, dass der lagernde Rohstoff durch die Lagerdauer nicht an Wert verliert. Die CoC müssen selbstverständlich im Preis P^L einkalkuliert werden.

705 Bei der Schätzung der Anzahl der Endprodukte kann es Sinn machen, verschiedene Szenarien mit unterschiedlichen Annahmen zu generieren. Aus diesen Szenarien kann dann im Anschluss durch die Zuordnung entsprechender Wahrscheinlichkeiten ein Erwartungswert für die Anzahl der Endprodukte im Planungszeitraum kalkuliert werden. Vgl. ZIEGENBEIN (2007), S. 109 ff.

706 Frühwarnsysteme der zweiten Generation basieren auf Frühindikatoren – insbesondere Indikatorenketten und -netzen. Vgl. SCHUBERT (2004), S. 221. Beispiele einer Indikatorverkettung wären: Ungleiche Einkommensverteilung, Revolution, Lieferstopp, Steigerung Ölpreis, Steigerung der Beschaffungskosten für Öl. Vgl. u.a. GOMEZ (1983), S. 27 ff. Frühwarnsysteme der dritte Generation basieren auf Schwachen Signalen. Vgl. KIENZLE (2000), S. 86 ff., EBERLE (2005), S. 107. Zusätzlich zu Fundamentalanalysen kann eine sog. technische Analyse oder Chartanalyse eingesetzt werden, um zukünftige Spotpreise zu schätzen. Die technische Analyse versucht, aus historischen Preischarts zukünftige Kursbewegungen abzuleiten. Traditionelle Kursverlaufcharts können in sog. Head and Shoulders-, Double Top and Bottom-, Trends and Channel- sowie Triangle and Wedges-Diagramme unterteilt werden. Vgl. HERBST (1986), S. 113 f., STEINER/BRUNS (2002), S. 272. Auf die technische Analyse soll allerdings im Rahmen dieser Arbeit nicht weiter eingegangen werden.

Fundamentale Analysen basieren meist auf ökonomischen, technischen, politischen und soziokulturellen Faktoren, die das Angebots- und Nachfrageverhältnis und damit die Preisentwicklung beeinflussen.[707] So sind wichtige Faktoren auf der Angebotsseite von Rohstoffen z.B. Produktionslevel, Reserven, Lagerbestände sowie die geografische Verteilung. Auf der Nachfrageseite sind insbesondere die Entwicklung des aktuellen Verwendungszwecks, die Konjunkturaussichten, die Substitutionsmöglichkeiten sowie die Entwicklung neuer Verwendungszwecke interessant.[708] Diese Faktoren sollten regelmäßig einem sog. Scanning und bei Auffälligkeiten einem detaillierteren Monitoring unterzogen werden.[709] Auf Grund der intensiven Beschäftigung mit den fundamentalen Rohstoffdaten und dem Austausch der SC-Partner untereinander ist es denkbar, dass die Partner einen Informationsvorsprung bezüglich der Rohstoffpreisentwicklungen generieren und diesen gewinnbringend einsetzen können.[710] Dabei muss allerdings beachtet werden, dass nicht die Sammlung der Informationen, sondern deren schnelle, zielgerichtete Evaluation und Interpretation das Ziel der Fundamentalanalyse ist.[711] Dabei ist der Wirkungsbezug der Faktoren nicht immer vollkommen klar.[712] Die Deutlichkeit des Signals verhält sich vielmehr negativ proportional zu der Zeit bis zu dem Eintritt des Ereignisses.[713] Aus diesem Grund sollte bei der Interpretation der Faktoren und der Ableitung von Ergebnissen sehr vorsichtig agiert werden.[714] Ist den SC-Partnern die Durchführung einer Fundamentalanalyse zu aufwendig, kann auf zahlreiche externe Anbieter zurückgegriffen werden, die regelmäßig Informationen und Analysen zu zukünftigen Preistrends im Bereich der Rohstoffe veröf-

---

707 Vgl. HANDFIELD (2008), S. 11 ff.

708 Vgl. HERBST (1986), S. 106, CORDERO (1989), S. 106, ROGERS (2005), S. 67 f. So können beispielsweise politische Instablilitäten oder Krieg in Rohstoffförderländern zu Angebotsverknappungen und damit zu höheren Preisen führen. Vgl. ELTANTAWY/GIUNIPERO (2004), S. 700. Es kann z.B. auch durch eine neuartige Aluminium-Recyclingtechnologie das Angebot an sekundärem Aluminium steigen und damit der Preis sinken. Vgl. NÜBLING (1991), S. 147.

709 Vgl. EBERLE (2005), S. 114. Mögliche Informationsquellen für die Fundamentaldaten sind z.B. Messen und Ausstellungen, Kunden, Vertriebler anderer Unternehmen, Lieferanten, Börsenberichte, Fachzeitschriften, Austausch mit Fachkollegen, innerbetriebliche Befragungen, Banken, Wirtschaftsverbände, Marktforschungsinstitute etc. Vgl. ARNOLDS/HEEGE/TUSSING (1996), S. 139.

710 Vgl. LABYS/GRANGER (1970), S. 262. Auf der anderen Seite wird die Beschaffungsmarktforschung von kleineren Unternehmen (insbesondere Automobilzulieferern) als relativ limitiert bezeichnet. Vgl. ZAWISLA (2008), S. 202.

711 Vgl. ELTANTAWY/GIUNIPERO (2004), S. 700, HALLIKAS/VARIS (2008), S. 35.

712 Vgl. EBERLE (2005), S. 122.

713 Vgl. KRYSTEK/MÜLLER (1999), S. 181.

714 Vgl. KIENZLE (2000), S. 108 f.

fentlichen. Hierzu gehören insbesondere Kreditinstitute, Wissenschaftsinstitute (z.B. das Commodity Research Bureau) sowie Industrieverbände.[715]

Die zweite Möglichkeit, den zukünftigen Spotpreis eines Rohstoffs (P_i^S) zu schätzen ist – insofern möglich – die Orientierung an Futurepreisen. In den jeweiligen Futurepreisen sollten im Idealfall alle Informationen, die im Rahmen einer fundamentalen Analyse interpretiert werden, bereits enthalten sein.[716] Futurepreise sind immer dann ein guter Schätzer für zukünftige Spotpreise, wenn die Spotpreisveränderung (aktuell zu zukünftig) hauptsächlich auf erwartete Indikatorausprägungen zurückzuführen ist. Wenn der Anteil der Preisänderung, der durch unerwartete Situationen ausgelöst wurde, überwiegt, ist auch der Futurepreis kein adäquater Schätzer mehr.[717] Gerade bei Metallen wird die Forecastqualität von Futurepreisen für zukünftige Spotpreise angezweifelt.[718] Empirische Untersuchungen verschiedener Autoren zeigen, dass Futurepreise als Prognosetool für Spotpreise von industriell genutzten Rohstoffen, wie Metallen oder auch Öl, zumindest langfristig nicht geeignet sind.[719] Oft ist ein Forecast, der auf dem aktuellen Spotpreis basiert, genauso verlässlich wie ein Forecast auf Basis der Futurepreise.[720] Dies liegt statistisch gesehen daran, dass sich Rohstoffpreise oft mit Hilfe eines Random Walk mit Mean Reversion vorhersagen lassen.[721]

Insgesamt bleibt festzuhalten, dass unabhängig von der Methode, mit der die zukünftigen Spotpreise (P_S) geschätzt werden sollen, „the chances of being wrong on a particular

---

715 Vgl. ROGERS (2005), S. 65 ff.

716 Dies bedeutet allerdings nicht, dass die Fundamentalanalyse bei Existenz eines Futurepreises überflüssig wäre. Ohne die Fundamentalanalyse kann der Futurepreis unmöglich die verfügbaren Marktinformationen widerspiegeln. Ob tatsächlich alle Informationen einer potenziellen fundamentalen Analyse bereits im existierenden Futurepreis enthalten sind, wird maßgeblich im Zusammenhang mit den von Fama geprägten Begriffen der strengen, semi strengen und schwachen Informationseffizienz von Märkten gesehen. Vgl. dazu FAMA (1970).

717 Vgl. FRENCH (1986), S. 50.

718 Vgl. FRENCH (1986), S. 51. Zu der ursprünglichen Untersuchung vgl. FAMA/FRENCH (1987).

719 Vgl. HAGER (2004), S. 169 f., KRAPELS/PRATT (1998), S. 14 f., BENTH/CARTEA/KIESEL (2008), S. 2.007, YANAGISAWA (2009), S. 10.

720 Vgl. FRENCH (1986), S. 829.

721 Commoditypreise tendieren langfristig dazu, zu ihrem „normalen Level" zurückzukehren. Vgl. GEMAN (2005), S. 52.

view of the market are usually pretty good."[722] Eine empirische Untersuchung der Weltbank ergab, dass die Standardabweichung der vorhergesagten Preise und der tatsächlich zu beobachtenden Preise mit nur zwölf Monaten Vorlauf bei 25% lag.[723] Es ist also „[...] difficult if not impossible to determine the long run price trend."[724] Aus diesem Grund macht es Sinn, zwar unter Rückgriff auf eine möglichst große Datenbasis (intern als auch extern), einen möglichst robusten Schätzer der zukünftigen Rohstoffpreise zu generieren, aber gleichzeitig nicht zu viele Ressourcen mit diesem Schritt zu binden.[725] Der unternehmensübergreifende Ansatz bietet in diesem Zusammenhang zwei wesentliche Vorteile. Zum einen wird Know-how hinsichtlich der Preisindikatoren verschiedener Rohstoffe gebündelt und damit die Schätzung robuster. Zum anderen muss die Generierung, Pflege und Analyse der Daten nur noch einmal für alle selektierten SC-Partner durchgeführt werden.

5.2.2 Etablierung statistisches Modell zur Risikobewertung

Der in diesem Kapitel im Fokus stehende Erfolgsfaktor „Etablierung statistisches Modell zur Risikobewertung" hat im Wesentlichen – ausgehend von den geschätzten RK pro Endprodukt – die Berechnung der RKaR pro Endprodukteinheit zum Ziel.[726] Auch dieser Erfolgsfaktor ist, insbesondere auf Grund seiner schwachen Ausprägung in der Automobilindustrie, von großer Bedeutung für das gesamte Rohstoffpreisrisikomanagement in der SC.[727]

Wie bereits in Kapitel 5.1.2 erläutert, geben der Value at Risk (VaR), Earnings at Risk (EaR) oder der Cash Flow at Risk (CFaR), die über einen bestimmten Zeithorizont

722 STEPHENS (2001), S. 203 f. Noch 2008, kurz vor der Subprimekrise in den USA, erwartete die Automobilindustrie einen starken Anstieg von Rohstoffen wie Stahl, Öl, Kupfer, Aluminium oder Gummi. Vgl. ZABOTA (2008), S. 6.

723 Vgl. CLAESSENS/DUNCAN (1993), S. 7.

724 CLAESSENS/DUNCAN (1993), S. 9.

725 Die intensive Sammlung und Auswertung von Informationen zur Entwicklung der Rohstoffpreise ist permanente Aufgabe der Beschaffung – wie auch bereits im Rahmen des in Kapitel 2.2.1 vorgestellten Beschaffungsprozesses geschildert. Vgl. GABATH (2010), S. 74.

726 Vgl. die Ausführungen in Kapitel 5.1.2.

727 Vgl. hierzu Kapitel 4.

maximal zu erwartende Erhöhung/Verminderung der Rohstoffkosten auf Grund von Rohstoffpreisveränderungen mit einem zu bestimmenden Konfidenzintervall $(1-\alpha)$ an.[728] Die RKaR treffen im vorliegenden Fall folglich die Aussage, „Wir sind zu $1-\alpha$ Prozent sicher, dass unsere Rohstoffkosten im Zeitraum T den Wert X nicht überschreiten."[729] Abbildung 5.13 zeigt diesen Zusammenhang illustrativ.

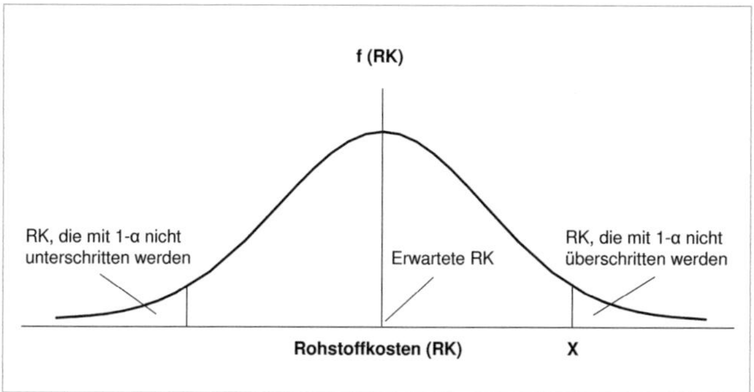

Abbildung 5.13: Rohstoffkosten at Risk[730]

Um die Kalkulation der RKaR durchführen zu können, sind in einem ersten Schritt drei Variablen festzulegen. Im Einzelnen sind das der Zeithorizont der Betrachtung (Haltedauer), das betrachtete Konfidenzniveau und die Messfrequenz.[731] Der Zeithorizont und auch das Konfidenzintervall sind nicht frei zu bestimmen, sondern aus den risikopolitischen Zielsetzungen bzw. den Planungshorizonten der Partnerunternehmen abzuleiten. Der Zeithorizont für die Kalkulation der RKaR sollte idealerweise dem Zeithorizont, der den anderen finanzwirtschaftlichen Risikoarten, wie z.B. dem Währungspreisrisiko oder dem Zinsrisiko zu Grunde liegt, entsprechen bzw. leicht zu konvertieren sein. Dies vereinfacht die spätere potenzielle Aggregation der unterschiedlichen Risikopositionen.[732] Dabei gilt: Je länger der Zeithorizont (Haltedauer) angesetzt wird, desto größer ist das Rohstoff-

[728] Vgl. DAS/MARTIN (1998b), S. 556, LEE (1999), S. 32, 34, PFENNIG/SCHÄFER (1999), S. 157.
[729] Vgl. ähnlich HULL (2010), S. 157.
[730] Eigene Darstellung. In Anlehnung an DIGGELMANN (1999), S. 67.
[731] Vgl. hierzu auch Kapitel 5.1.2 und HULL (2010), S. 165.
[732] Vgl. HAGER (2004), S. 27, HULL (2010), S. 166.

preisrisiko (Volatilität).[733] Gleichzeitig sinkt mit steigendem Zeithorizont auch die Anzahl der zur Verfügung stehenden historischen Beobachtungen und damit die Vorhersagegüte.[734]

Der Zeithorizont schwankt je nach Anwendungsbereich zwischen einem Tag für Kreditinstitute, über zehn Tage bis einem Monat für private Kapitalanleger (z.B. Fonds) bis hin zu 24 Monaten für einige Industrieunternehmen.[735] In Anbetracht der Tatsache, dass für einige Rohstoffe – vor allem Stahl – die Anzahl der historischen Preisbeobachtungen sehr limitiert ist, erscheint ein Zeithorizont von drei bis zwölf Monaten für das Rohstoffpreisrisikomanagement in automobilen SC angemessen.

Die Festlegung des Konfidenzniveaus sollte sich maßgeblich an der gemeinsam definierten Risikomanagementzielsetzung orientieren. Dabei gilt der Zusammenhang, umso höher das Konfidenzniveau, desto höher die RKaR (d.h. desto niedriger das Risikolimit) und desto risikoaverser das Unternehmen. Typischerweise werden Konfidenzniveaus zwischen 90 und 99% veranschlagt.[736] Teilweise empfehlen Autoren eine Berechnung für mehrere Konfidenzniveaus und mehrere Zeithorizonte, um die Auswirkungen der Rohstoffpreisschwankungen noch besser einschätzen zu können.[737]

Die dritte und letzte Variable – die Messfrequenz – legt die Frequenz der Berechnungen der RKaR fest. Sie ist nicht mit der Haltedauer gleichzusetzen und sollte in allererster Linie in Abhängigkeit der Volatilität der jeweiligen Risikoposition – bei Rohstoffpreisrisiken im Idealfall kontinuierlich – gewählt werden. Unabhängig von der letztendlich gewählten Ausprägung der Variablen muss bei der gesamten Durchführung des Rohstoffpreisrisikomanagements in der SC insbesondere auf einen konsistenten Zeitbezug und ein einheitliches Konfidenzniveau geachtet werden. Dies bedeutet, dass sich sowohl die RKaR,

733 Vgl. Kapitel 2.2.2. Mathematisch lässt sich dieser Sachverhalt mit der Aufskalierung der Standardabweichung zeigen. $\sigma_{Jahr} = \sigma_{Monat}\sqrt{12}$. Vgl. STEINER/BRUNS (2002), S. 61, PRIERMEIER (2005), S. 214. Umso größer der Periodenunterschied zwischen den berechneten Werten und der Skalierung, desto ungenauer wird der auf diese Weise errechnete Wert. Vgl. CHRISTOFFERSEN/DIEBOLD (2000), S. 4.

734 Vgl. SENIK (2007), S. 15.

735 Vgl. hierzu auch die Ergebnisse der empirischen Untersuchung in Kapitel 4.

736 Vgl. KROPP/SCHUBERT (2000), S. 1.240.

737 Vgl. RISKMETRICSGROUP (JP MORGAN) (1999), S. 10.

die Risikolimits, die Bedarfsplanung als auch die Schätzung des erwarteten Preises (vgl. Kapitel 5.2.1.) auf denselben Zeitrahmen bzw. einheitliche Konfidenzniveaus beziehen sollten.[738]

Nachdem die Variablen Zeithorizont, Konfidenzniveau und Messfrequenz zur Kalkulation der RKaR gemeinsam von den selektierten Partnerunternehmen definiert wurden, muss festgelegt werden, im Rahmen welcher statistischen Verteilung die im Fokus stehenden Rohstoffpreise aller Voraussicht nach schwanken.[739] Diese statistische Verteilung sollte auf der einen Seite den empirischen Beobachtungen Rechnung tragen – also die tatsächlichen historischen Preisbewegungen möglichst gut abbilden – und auf der anderen Seite sollten beobachtbare oder erwartete Dynamiken berücksichtigt werden können.[740] In der einschlägigen Literatur werden als mögliche Verteilungen als Grundlage von at Risk Modellen die historische Simulation, der Varianz-Kovarianzansatz und die Monte-Carlo-Simulation (MC-Simulation) vorgeschlagen.[741] Anschließend sollen diese drei Verteilungen inklusive ihrer Vor- und Nachteile kurz vorgestellt und miteinander verglichen werden, um letztendlich eine Empfehlung für den Einsatz im Rahmen des Rohstoffpreisrisikomanagements in der SC aussprechen zu können.

Die historische Simulation bestimmt die zukünftigen Rohstoffpreisschwankungen ausschließlich auf der Basis historischer Daten und beinhaltet bereits implizit historische Volatilitäten und Korrelationen.[742] Daher sind zu ihrer Durchführung keine spezifischen Volatilitäts-, Korrelations- oder Verteilungsannahmen, insbesondere keine Normalverteilungsannahme, notwendig.[743] Die historische Simulation ist bei Zugänglichkeit der benötigten Daten (meist werden 1000 Beobachtungen – also ca. vier Jahre täglicher Beobachtungen – als ausreichend angesehen) relativ leicht zu implementieren und durchzuführen.[744]

---

[738] Vgl. SHIM/SIEGEL (2001), S. 247.

[739] Wie in Kapitel 5.2.1 gezeigt, sind die Spotpreise (P_i^S) die einzigen Variablen der Rohstoffkosten pro Endprodukt.

[740] Vgl. GEMAN (2005), S. 49.

[741] Vgl. PFENNIG/SCHÄFER (1999), S. 157.

[742] Vgl. DIGGELMANN (1999), S. 152 f., CHANCE/BROOKS (2008), S. 532.

[743] Vgl. HAGER (2004), S. 138.

[744] Vgl. HAGER (2004), S. 142.

Die Nachteile der historischen Simulation sind der Aufwand der Datenpflege und das Problem, dass bei der Berücksichtigung von wöchentlichen oder monatlichen Datenpunkten zur Erreichung einer statistisch belastbaren Menge (>250) bereits sehr weit in die Vergangenheit (5 - 25 Jahre) zurückgeblickt werden muss.[745] Insbesondere für Rohstoffe liegen Werte für derart frühe Zeitpunkte aber nicht vor oder besitzen nur eine sehr limitierte Vorhersagekraft.[746] Des Weiteren eignet sich die historische Simulation nur für einen Einsatz, wenn die zu analysierende Risikoposition sowohl in der Vergangenheit als auch in der Zukunft als konstant angesehen werden kann.[747] Die Berücksichtigung von Trends und/oder Strukturbrüchen – wie weiter oben von einer statistischen Verteilung gefordert – ist somit sowohl bezüglich der Volatilitäten und Korrelationen und auch bezüglich des Exposures nicht gegeben.[748] Die starke Retrospektive und das rollierende Zeitfenster (z.B. 250 Beobachtungen) führen dazu, dass starke Schwankungen in der Vergangenheit erst zu einer permanenten Überschätzung des Risikos in der Zukunft führen und bei Wegfall dieser Datenpunkte die RKaR stark absacken lassen.[749] Dieser Effekt kann zwar durch entsprechende Gewichtung der Datenpunkte – z.B. die schwächere Gewichtung von älteren Beobachtungen – geglättet werden, ist aber dennoch als eine Schwäche einzustufen.[750]

In empirischen Untersuchungen kommen einige Autoren zu dem Schluss, dass die historische Simulation bei einem kurzen historischen Betrachtungshorizont verbunden mit einer relativ langen Haltedauer – wie im Rohstoffpreisrisikomanagement vorliegend – kein geeignetes Verfahren ist.[751] Dieser Sachverhalt wird durch eine Untersuchung der Vorhersagegüte einer historischen Simulation für die 60-Tage-Renditen der Rohstoffe LME-Aluminium und LME-Stahlknüppel bestätigt (Vgl. Abbildung 5.14). Während die generierte Verteilung für Aluminium auf ungewichteten Spotpreis-Daten von Januar 1998 bis

745 Vgl. DENK/EXNER-MERKELT (2005), S. 101.
746 Vgl. HAGER (2004), S. 142.
747 Vgl. BECK/MENDE/STECHMEYER-EMDEN (2000), S. 4.
748 Vgl. JORION (2000), S. 222 f., HAGER (2004), S. 138.
749 Vgl. JORION (2000), S. 224.
750 Vgl. HULL (2010), S. 264.
751 Der standardisierte Fehler eines VaR, der auf einer historischen Simulation basiert, ist in der Regel recht hoch. Dabei gilt: Je höher das Konfidenzniveau, desto größer der Fehler. Vgl. HULL (2010), S. 264. Tests mit ähnlichen Erkenntnissen von Bühler und Brandt waren zwar auf Zins- und Währungsrisiken begrenzt, scheinen aber in ihrer Aussage auf Grund der Ähnlichkeit zu Rohstoffpreisrisiken übertragbar. Vgl. BÜHLER/KORN/SCHMIDT (1998), S. 79, 83, BRANDT/KLEIN (1998), S. 313.

April 2010 basierte, entstand die Verteilung für die Stahlknüppel auf Basis von Daten von Juli 2008 bis April 2010. Beide Verteilungen sind im Vergleich zu den real eingetretenen Renditen von Mai bis Juli 2010 rechtsverschoben und weisen eine tendenziell niedrige Vorhersagegüte auf.[752] Die Untersuchung unterstreicht den Sachverhalt, dass es für die Anwendung der historischen Simulation unbedingt notwendig ist, eine ausreichend große Anzahl von Datenpunkten zu haben. Die Verteilung der Aluminiumrenditen ist auf Grund der größeren zu Grunde liegenden Datenmenge weit weniger von Ausreißern geprägt und scheint, von der Rechtsverschiebung einmal abgesehen, die realen Preisrenditen besser widerzuspiegeln als die Stahlknüppelrenditen, die auf sehr wenigen Datenpunkten basieren. Gerade für den in der Automobilindustrie sehr wichtigen Rohstoff Stahl ist die Datenlage allerdings als eher schlecht zu beurteilen. Der Einsatz einer historischen Simulation kann demzufolge nicht empfohlen werden.

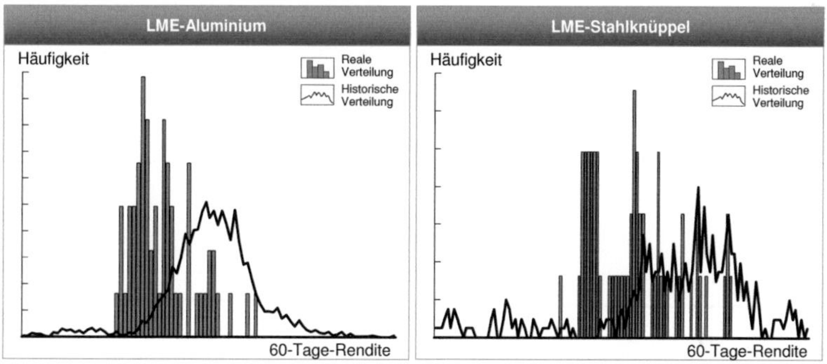

Abbildung 5.14: Vergleich reale Rohstoffpreisentwicklung mit historischer Verteilung[753]

Eine Alternative zu der historischen Simulation ist der Varianz-Kovarianz-Ansatz. Der Varianz-Kovarianz-Ansatz, der in der Literatur auch als analytische Methode bezeichnet wird, bestimmt die Verteilung der zukünftigen Preisschwankungen unter Rückgriff auf

[752] Der Effekt der Rechtsverschobenheit hätte durch eine robuste Schätzung des Erwartungswertes (vgl. Kapitel 5.2.1) verhindert werden können. In diesem Fall wäre die Verteilung auf Basis der historischen Werte gewonnen worden, die Platzierung der Verteilung ist im Anschluss daran vom neuen Erwartungswert und nicht vom historischen Erwartungswert abhängig.

[753] Eigene Darstellung. Daten stammen aus Thomson Reuters. Abgerufen im August 2010.

die Normalverteilung.[754] Dadurch hat der Varianz-Kovarianz-Ansatz den Vorteil, dass er meist sehr schnell und unkompliziert in der Durchführung ist und keine langen historischen Zeitreihen erfordert.[755] Neben dem Erwartungswert[756] bedarf es entsprechend nur der Schätzung der zukünftigen Volatilität und der Korrelationen.[757] Durch die freie Kombination von Erwartungswert, Volatilitäten und Korrelationen kann der Varianz-Kovarianz-Ansatz sehr flexibel der Realität angepasst werden.[758]

Im Gegenzug ist die Annahme der normalverteilten Preisentwicklungen als ein großer Nachteil zu sehen. Die Realität zeigt aber, dass die Renditen auf den Märkten oft alles andere als normalverteilt sind und sich durch sog. „Fat Tails" auszeichnen.[759] Der Varianz-Kovarianz-Ansatz führt aus diesem Grund, unabhängig davon, ob im speziellen Fall die Delta-Normal- oder die Delta-Gamma-Methode zum Einsatz kommt, oft zu falschen Prognosewerten und zu einer Unterschätzung der Risiken.[760]

Die geringe Vorhersagegüte einer Verteilung auf Basis des Varianz-Kovarianz-Ansatzes wird in Abbildung 5.15 deutlich. Hier wurden analog zur Illustration der Güte der historischen Simulation die realen 60-Tage-Renditen der Rohstoffe LME-Aluminium und LME-Stahlknüppel der Normalverteilung gegenübergestellt. Das Ergebnis zeigt, ähnlich wie bei der historischen Simulation, eine starke Rechtsverschiebung[761] und dass die Verteilungen der realen 60-Tage-Renditen der beiden Rohstoffe nur in sehr begrenztem Umfang einer Normalverteilung folgen. Der Einsatz des Varianz-Kovarianz-Ansatzes hätte in diesem

[754] Vgl. Chance/Brooks (2008), S. 530.

[755] Vgl. Pfennig/Schäfer (1999), S. 156.

[756] Zur Kalkulation des Erwartungswertes vgl. Kapitel 5.2.1.

[757] Zur Berechnung von zukünftigen Volatilitäten und Korrelationen vgl. die Ausführungen später in diesem Kapitel.

[758] Vgl. Hull (2010), S. 284.

[759] Vgl. Hull (2010), S. 284. Nach der Normalverteilung liegen nur in sechs von 100.000 Fällen Abweichungen mit mehr als vier Standardeinheiten vor. Vgl. Freedman/Pisani/Purves (1998), S. 79. Um zu untersuchen, ob die reale Verteilung der Renditen tatsächlich der Normalverteilung entspricht, kann neben den Werten für die Schiefe und die Kurtosis auf drei weitere Verfahren zurückgegriffen werden. Im Einzelnen sind das der PP-Plot, der Chi-Quadrat-Test und der Kolmogorov-Smirnov Test. Der interessierte Leser sei verwiesen auf z.B. Bosch (1992), S. 370 ff. bzw. 377 ff., Hager (2004), S. 61 f.

[760] Vgl. Jorion (2000), S. 211, Kropp/Schubert (2000), S. 1.254.

[761] Die Rechtsverschiebung hätte allerdings durch eine robuste Schätzung eines Erwartungswertes der Renditen u.U. limitiert werden können.

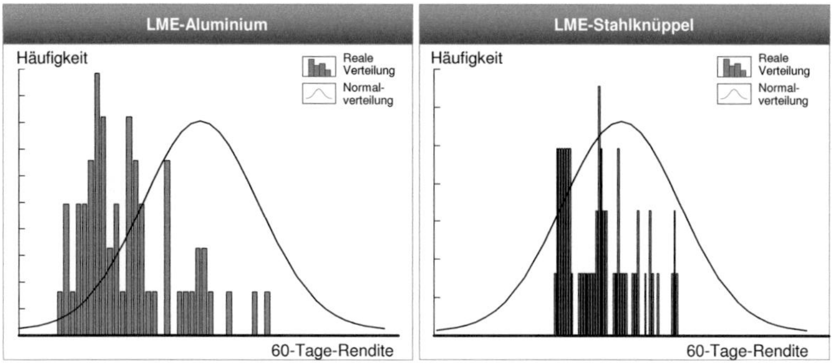

Abbildung 5.15: Vergleich reale Rohstoffpreisentwicklung mit Normalverteilung[762]

Fall zu einer extremen Überschätzung des Risikos geführt. Demzufolge eignet sich auch der Varianz-Kovarianz-Ansatz nur begrenzt zur Rohstoffpreisrisikoanalyse in der SC.

Der dritte mögliche Ansatz zur Festlegung einer Verteilung der Rohstoffpreise ist die MC-Simulation. Die MC-Simulation, die auch die stochastische Methode genannt wird, bestimmt die zukünftige Preisverteilung auf der Basis von Zufallszahlen, die aus einer beliebigen Verteilung stammen können. Diese Zufallszahlen können nach einer ausreichend großen Anzahl von Simulationsdurchläufen durch Ordnen in absteigender Folge in eine Wahrscheinlichkeitsverteilung überführt werden.[763] Der große Vorteil der MC-Simulation ist ihre große Flexibilität und Anpassungsfähigkeit an die Realität. So kann bei linearen, eher normalverteilten Risikopositionen ein Random Walk (mit oder ohne Trendkomponente)[764] unterstellt werden.[765] Es können aber auch genauso gut andere Verteilungen, wie

[762] Eigene Darstellung. Daten stammen aus Thomson Reuters. Abgerufen im August 2010.

[763] Vgl. HAGER (2004), S. 145 ff., CHANCE/BROOKS (2008), S. 533.

[764] Der Random Walk geht auf eine Arbeit von Bachelier zurück. Vgl. BACHELIER (1900). Dieser beschrieb die Brown'sche Bewegung, die eine Sonderform des Random Walk darstellt. Er geht davon aus, dass alle Kursveränderungen reine Zufallsbewegungen und voneinander unabhängig sind. Vgl. COURTAULT et al. (2000), Der Random Walk mit Trendkomponente berücksichtigt einen Erwartungswert der Rendite abweichend von 0. Eine Trendkomponente kann bspw. auf Grund von, im Zuge der Risikofrüherkennung ermittelten Informationen (Schwachen Signalen), in die Genese der Zufallszahlen integriert werden.. Vgl. DEUTSCH (2001), S. 29.

[765] Vgl. JORION (2000), S. 292.

z.B. die „Student-t-Verteilung"[766] oder die Poissonverteilung als Grundlage genommen werden.[767] Ein weiterer Vorteil ist die hohe statistische Belastbarkeit der MC-Simulation. Für die Berechnung einer Verteilung werden nicht selten 10.000 Datenpunkte simuliert, so dass etwaige Ausreißer nicht so sehr ins Gewicht fallen, wie z.B. bei der historischen Simulation im Falle der LME-Stahlknüppel illustriert. Wie der Varianz-Kovarianz-Ansatz benötigt die MC-Simulation Korrelationsschätzer, um etwaige Diversifikationseffekte zwischen den zu analysierenden Rohstoffen berücksichtigen zu können, kann aber auf weitere historische Daten weitgehend verzichten.[768] Nachteilig wirken sich hingegen die Komplexität, die relativ hohe Rechenintensität, das damit verbundene Modellrisiko und auch die dadurch schwieriger nachzuvollziehenden Ergebnisse und die anfangs dadurch evtl. verringerte Akzeptanz in den selektierten Partnerunternehmen aus.[769] Es ist allerdings davon auszugehen, dass mit der Leistung der heutigen Computer und der Einschränkung des Untersuchungsraumes durch die Priorisierung der Rohstoffe der Rechenaufwand beherrschbar bleibt.[770]

Alles in allem bleibt festzuhalten, dass sowohl die Empirie als auch die Wissenschaft eine Tendenz zur Empfehlung der MC-Simulation zur Kalkulation der RKaR im Rahmen des Rohstoffpreisrisikomanagements in der SC aufweisen. Die Anwendung der historischen Simulation ist insbesondere bei den im Rahmen der aktuellen Arbeit notwendigen längeren Zeithorizonten und sich schnell verändernden Märkten nicht angemessen. Im Falle des Varianz-Kovarianz-Ansatzes bestand auf Grund der oft zu beobachtenden Leptokurtosis

[766] Allerdings ist die Student-t-Verteilung im Mittelteil auch flacher als die Normalverteilung und kann das zweite Phänomen bei Rohstoffpreisen – die Leptokurtosis schlechter berücksichtigen. Für die RKaR-Berechnung sind aber im Zweifelsfall die „Fat Tails" wichtiger als die Werte um den Erwartungswert – die Nutzung einer Student-t-Verteilung erscheint aus diesem Grund eine valide Alternative zu sein. Vgl. HAGER (2004), S. 119 f. Unter Leptokurtosis wird eine Verteilungsform verstanden, die sowohl „fat tails" als auch eine sehr hohe Spitze aufweist. Vgl. HUMPHREYS/SHIMKO (1997), S. 116 f., DIGGELMANN (1999), S. 167, HAGER (2004), S. 61.

[767] Vgl. KROPP/SCHUBERT (2000), S. 1.253. Sie kann auf diese Weise selbst asymmetrische Exposures wie z.B. Optionen abbilden und stellt gerade bei komplexen Risikopositionen die einzige praktikable Methode dar. Vgl. HAGER (2004), S. 157.

[768] Die Korrelation zwischen den Zufallszahlen, die a priori selbstverständlich nicht existiert, wird mit Hilfe der Cholesky-Zerlegung reproduziert. Vgl. KROPP/SCHUBERT (2000), S. 1.245.

[769] Vgl. WOLF (2003), S. 211.

[770] Für Information zur Priorisierung der Rohstoffe vgl. Kapitel 5.1.1.

die Vermutung, dass das Rohstoffpreisrisiko, insbesondere bei höheren Konfidenzniveaus, systematisch sowohl in positiver, als auch in negativer Hinsicht unterschätzt würde.

Nachdem die Entscheidung für die MC-Simulation gefallen ist, müssen die für die Simulation notwendigen Variablen geschätzt werden. Im Besonderen sind das die zukünftigen Rohstoffpreisvolatilitäten und die zukünftigen Korrelationen unter den verschiedenen Rohstoffpreisen. Insbesondere zur Berechnung der Volatilitäten stehen mehrere Modelle zur Auswahl.[771] Neben dem traditionellen Konzept zur Kalkulation der historischen Standardabweichung auf Basis des Mittelwertes sind vor allem der Ansatz auf der Grundlage des exponentiell gewichteten gleitenden Durchschnitts (EWMA), der ältere Renditewerte weniger stark gewichtet als aktuelle und so Trends berücksichtigt[772], der Ansatz impliziter Volatilitäten und Korrelationen unter Zuhilfenahmen von z.B. Options- oder Futurepreisen[773] und der von Engle und Bollerslev entwickelte GARCH-Ansatz,[774] der der Eigenschaft von Volatilitäten, im Zeitablauf bestimmten Mustern zu folgen (sog. Volatilitätscluster) Tribut zollt, erwähnenswert.[775] Die historische traditionelle Standardabweichung tendiert vor allem bei längeren Beobachtungszeiträumen dazu, aktuelle Trends nicht wahrzunehmen, die Volatilität stark zu glätten und folglich recht konservative Volatilitätsprognosen abzugeben.[776] In der einschlägigen Literatur wird auch von der Berechnung impliziter Volatilitäten auf Grund der teilweise relativ illiquiden Rohstoffterminmärkte ab-

---

771 Vgl. HULL (2009), S. 477. Diese werden auf Basis von Marktdaten geschätzt. Insofern werden ein liquider Markt und eine möglichst fehlerfreie Datengrundlage benötigt. Vgl. GEMAN (2005), S. 49.

772 Vgl. HERBST (1986), S. 149, JORION (2000), S. 183 ff., CHRISTOFFERSEN (2003), S. 22, FRANKE/HAX (2004), S. 175 ff.

773 Die impliziten Volatilitäten können z.B. durch das Auflösen der Black&Scholes-Formel nach der Volatilität berechnet werden. Vgl. DAS (1998), S. 320, PFENNIG/SCHÄFER (1999), S. 154. Zur Black&Scholes-Formel vgl. BLACK/SCHOLES (1973). Neben dem klassischen Auflösen der Black&Scholes-Formel existiert noch eine ganze Reihe von iterativen Verfahren, die allerdings nur, wie auch die Black&Scholes-Formel, für europäische Optionen anwendbar ist. Amerikanische Optionen müssen anhand des Binomialmodells bewertet werden. Vgl. hierzu COX/ROSS/RUBINSTEIN (1979).

774 Der GARCH-Ansatz bedeutet Generalized Auto-Regressive Conditional Heteroscedasticity und stellt eine Weiterentwicklung des ARCH-Ansatzes (Autore-gressive Conditional Heteroscedasticity) dar. Der interessierte Leser sei verwiesen auf ENGLE (1982) (ARCH) und BOLLERSLEV (1986) (GARCH). Einen interessanten Überblick über Entwicklungen des GARCH Modells gibt CHAN/YOUNG (2006).

775 Vgl. AYDEMIR (1998), S. 5, ALEXANDER (1998), S. 353, KIM/MALZ/MINA (1999), S. 9, JORION (2000), S. 187.

776 Vgl. HAGER (2004), S. 87.

geraten.[777] Das EWMA-Modell kann Trends berücksichtigen und liefert insgesamt robuste Ergebnisse. Da die Volatilität bzw. die Varianz allerdings dazu tendiert, im Zeitablauf zu ihrem langfristigen Durchschnitt zurückzukehren (sog. mean reversion), werden durch das GARCH-Modell – welches diesen Sachverhalt berücksichtigt – noch bessere Ergebnisse erzielt.[778]

Ein grundsätzliches Problem ergibt sich durch die Anwendung der Korrelation zur Berücksichtigung gegenläufiger Preisbewegungen von unterschiedlichen Rohstoffen im Rahmen der Aggregation der RKaR pro Endprodukteinheit und pro Rohstoff zu den RKaR pro Endprodukteinheit über alle hochpriorisierten Rohstoffe hinweg. Die Korrelation ist per definitionem eine linear reziproke Kennzahl, d.h., dass z.B. die Veränderung einer der betrachteten Variablen eine determinierte Veränderung der anderen nach sich zieht. Dies ist insbesondere zwischen verschiedenen Rohstoffen, aber auch zwischen einer physischen und einer Terminposition desselben Rohstoffs nicht immer der Fall.[779] Vielmehr sind die Korrelationen im Zeitablauf starken Schwankungen unterworfen, wie in der nachfolgenden Tabelle 5.1 gezeigt wird. Dementsprechend anspruchsvoll ist auch die Generierung eines guten Korrelationsschätzers für die Zukunft. Konsequenterweise proklamieren einige konservative Autoren, aus diesem Grund die Korrelationen nicht in die Kalkulation einzubeziehen, um nicht Gefahr zu laufen, das Rohstoffpreisrisiko auf Grund später nicht eintretender Kompensationsbewegungen zu unterschätzen. Da aber auf der anderen Seite eine vollständige Ignorierung der Korrelationen tendenziell zu einer ebenfalls unerwünschten Überschätzung des Risikos führt, scheint es angebracht, sowohl eine Kalkulation der RKaR ohne als auch eine Kalkulation der RKaR mit (u.U. sogar unterschiedlichen) Korrelationen vorzunehmen. Dadurch entsteht ein RKaR-Korridor, der es den Entscheidungsträgern im Rahmen des Rohstoffpreisrisikomanagements in der SC leichter macht, über die Notwendigkeit einer Handhabungsmaßnahme zu entscheiden.[780]

[777] Vgl. HULL (2009), S. 493. Implizite Korrelationen sind ohnehin nur selten verfügbar. Vgl. DIGGELMANN (1999), S. 175, KROPP/SCHUBERT (2000), S. 1.246.

[778] Vgl. HULL (2009), S. 482, HULL (2010), S. 189.

[779] Vgl. HUMPHREYS/SHIMKO (1997), S. 123, KROPP/SCHUBERT (2000), S. 1.253.

[780] Die ökonomische Interpretation des RKaR-Korridors pro Endprodukt wäre dann z.B. „Wir sind zu 95% sicher, dass die RK für das Endprodukt X im Zeitraum T höchstens zwischen Y und Z Euro liegen werden.

[781] Eigene Darstellung. Daten stammen aus Thomson Reuters. Abgerufen im August 2010.

	Aluminium									
	2006*		2007		2008		2009		2010**	
	1 Monat	3 Monate	1 Monat	3 Monate	1 Monat	3 Monate	1 Monat	3 Monate	1 Monat	3 Monate
HRC-Stahl***	0,09	-0,11	0,63	0,72	0,66	0,88	0,18	0,22	0,24	0,58

* Nur von 05-12/2006
** Nur von 01-07/2010
*** Preise für HRC-Stahl aus Nordeuropa

Tabelle 5.1: Historische Rohstoffpreiskorrelationen[781]

5.2.3 Implementierung Stresstests und Ableitung Handhabungsnotwendigkeit

Im Anschluss an die Berechnung der RKaR pro Endprodukteinheit für alle hochpriorisierten Rohstoffe sollte im Idealfall ein sog. Stresstest durchgeführt werden und dann unter Berücksichtigung aller Informationen entschieden werden, ob die Notwendigkeit einer Risikohandhabung besteht. Im Rahmen der empirischen Untersuchung konnte festgehalten werden, dass der Erfolgsfaktor „Implementierung Stresstests und Ableitung Handhabungsnotwendigkeit" stark von der Qualität der Risikoanalyse abhängig ist und diese insbesondere bei Unternehmen weiter upstream nicht besonders hoch einzuschätzen ist.[782]

Die auf Basis des Erwartungswertes der Rohstoffpreisrenditen, des Zeithorizontes, des Konfidenzniveaus, der Messfrequenz, der zu Grunde gelegten Rohstoffpreisverteilung sowie der erwarteten Volatilitäten und Korrelationen berechneten RKaR für die SC-Partner spiegeln allerdings nur die wahrscheinlichste Ausprägung der Rohstoffpreise und damit der RK pro Endprodukt wider. Um das Bild bezüglich des Einflusses von Rohstoffpreisschwankungen auf die SC-Partner zu vervollständigen und das Management mit Extremsituationen zu konfrontieren, damit dieses bei tatsächlichem Eintritt derartiger Ereignisse nicht überfordert ist, sollten sog. Stresstests durchgeführt werden.[783] Stresstests lösen keine Handhabungsnotwendigkeit aus und werden nur eingesetzt, um abzuschätzen, wie sich die Rohstoffpreise und damit die RKaR pro Endprodukteinheit verändern würden, wenn

[782] Vgl. Kapitel 4.
[783] Vgl. JORION (2000), S. 232. So führte bspw. die Invasion der USA in Kuwait zu einem Ölpreisschock von über zehn Standardeinheiten. Nur ein Stresstest könnte einen derartigen Ausreißer abbilden. Vgl. BARTRAM (2000), S. 1288.

der Markt extreme Schwankungen zu verzeichnen hätte.[784] Stresstests werden meist in Form einer Szenarioanalyse durchgeführt und versuchen, durch eine Generierung eines Worst-Case- und eines Best-Case-Szenarios durch die extreme Veränderung von Schlüsselvariablen (im vorliegenden Fall der Rohstoffpreis),[785] die extremen Enden der ermittelten Preisverteilungen abzubilden und damit die höchstmöglichen Verluste innerhalb eines bestimmten Zeitraums auf Grund von Rohstoffpreisveränderungen darzustellen.[786] Ein entscheidender Nachteil des Stresstesting ist die fehlende Wahrscheinlichkeitseinschätzung der als tendenziell unwahrscheinlich eingestuften Szenarien. Es sollte darauf geachtet werden, dass die extremen Schwankungen nichtsdestotrotz plausibel bleiben.[787] Um einzuschätzen, welche Bewegungen rein theoretisch noch im Bereich des Möglichen liegen, kann auf die Extremalausprägungen der Schwankungsbreiten der Vergangenheit als grobes Orientierungsmaß zurückgegriffen werden.[788]

Die Ergebnisse des Stresstests dienen allerdings ausschließlich der Sensibilisierung der Mitarbeiter und sollten nicht explizit in die Entscheidung über die Handhabungsnotwendigkeit der Rohstoffpreisrisiken in der SC einfließen. Die Handhabungsnotwendigkeit wird ausschließlich durch den Vergleich der ex ante festgelegten Risikolimits mit den aktuell errechneten RKaR determiniert.[789]

Wie bereits in Kapitel 5.1.2 betont, werden die Risikolimits in erster Linie für die RKaR pro Endprodukteinheit für alle hochpriorisierten Rohstoffe über alle SC-Partner und vor allen Dingen ein Gesamtlimit über die Endprodukte/SC hinweg festgelegt. Davon ausgehend, können dann auch Limits für die RKaR pro Endprodukteinheit, pro SC-Partner sowie pro Rohstoff abgeleitet werden. Allerdings ist nicht jede Überschreitung der verschiedenen Risikolimits mit einer klaren Handhabungsnotwendigkeit gleichzuset-

[784] Vgl. Pfennig/Schäfer (1999), S. 158, Gleissner (2001), S. 114, Schubert (2004), S. 261, Hull (2010), S. 353.

[785] Wenn das Interesse nur einer Variablen und ihren möglichen Ausprägungen gilt, handelt es sich um eine unidimensionale Szenarioanalyse. Bei der gleichzeitigen Veränderung von mehreren Variablen wird von einer multidimensionalen Szenarioanalyse gesprochen. Vgl. Jorion (2000), S. 239, Hull (2010), S. 354.

[786] Vgl. Smith (1998), S. 688, Kropp/Schubert (2000), S. 1.262.

[787] Vgl. Hull (2010), S. 353.

[788] Vgl. Hager (2004), S. 236.

[789] Vgl. hierzu auch Kapitel 5.1.2.

zen. Das ausschlaggebende Risikolimit zur Entscheidung über eine Handhabungsnotwendigkeit sind die RKaR pro Endprodukteinheit bzw. über alle Endprodukteinheiten/SC hinweg (Gesamt-Risikolimit/RKaR). Nur wenn dieses Limit überstiegen wird, erscheint die Einleitung einer Handhabungsmaßnahme unbedingt notwendig. Die Überschreitung des Risikolimits für einzelne Rohstoffe spielt bei der Entscheidung über eine Handhabungsnotwendigkeit keine Rolle. Es macht rein ökonomisch keinen Sinn, das Risiko eines bestimmten Rohstoffs künstlich unter einem bestimmten Limit zu halten, wenn die RKaR insgesamt unter dem definierten Risikolimit bleiben – also der Effekt über die Rohstoffe hinweg ausgeglichen wurde. Werden die Risikolimits für die verschiedenen SC-Partner bei gleichzeitiger Einhaltung des Gesamt-Risikolimits überschritten, ist die Situation als wesentlich komplexer einzuschätzen. Der Grund ist, dass die SC-Partner weiterhin rechtlich selbständige Unternehmen sind, separate Jahresabschlüsse erstellen und primär an ihrem eigenen Wohlergehen interessiert sind. Hier erscheint es angebracht, bereits ex-ante klare Entscheidungsregeln zu definieren, die später angewendet werden können. So ist es durchaus denkbar, dass betroffene SC-Partner Ausgleichszahlungen bzw. Hilfe bei der Handhabung kleinerer Volumina von der SC erhalten oder ab einer bestimmten prozentualen Überschreitung der Risikolimits für einzelne SC-Partner Handhabungsmaßnahmen für die gesamte SC ausgelöst werden. Welche Konstellationen zur Auslösung einer Handhabungsnotwendigkeit führen, wird in Tabelle 5.2 illustriert.

Durch die Berechnung der RKaR für die verschiedenen SC-Partner sowie für die verschiedenen Rohstoffe, sowohl für einzelne Endprodukteinheiten als auch über alle Endprodukteinheiten hinweg, und einen anschließenden Vergleich mit den entsprechenden Risikolimits kann in einem zweiten Schritt entschieden werden, bei welchem Rohstoff bzw. welchem Unternehmen die Handhabungsmaßnahmen in erster Linie ansetzen sollten. Unter Berücksichtigung der Abbildung wird z.B. deutlich, dass bei Fahrzeugmodell 1 insbesondere die RKaR für Rohstoff 1 bei SC-Partner 1 gehandhabt werden sollten.[790]

[790] Hier sollten im Zweifelsfall – wenn problemlos möglich – geprüft werden ob auch die Volumen dieses Rohstoffs für Fahrzeugmodell 2 gehandhabt werden können, obwohl dort erst einmal keine klare Handhabungsnotwendigkeit besteht.

	Fahrzeugmodell 1 (Endprodukteinheit/SC 1)		Fahrzeugmodell 2 (Endprodukteinheit/SC 2)		**Summe über Endprodukte/SC**	
	Risikolimit	Kalkulierte RKaR	Risikolimit	Kalkulierte RKaR	**Risikolimit**	**Kalkulierte RKaR**
Rohstoff 1	900	1200	1500	1600	...	...
Rohstoff 2	600	550	300	250	...	...
...	...	...	...	...	...	...
Gesamt-Risikolimit / RKaR	**2000**	**2200**	**3000**	**3000**	**...**	**...**
SC-Partner 1	1000	1100	1200	1400	...	...
SC-Partner 2	900	800	1100	900	...	...
...	...	...	...	...	...	...
	Klare Handhabungsnotwendigkeit		**Keine klare Handhabungsnotwendigkeit**		**Klare Handhabungsnotwendigkeit**	

Legende: X Überschreitung des Limits; X Unterschreitung bzw. Einstellung des Limits; ☐ Fokus bei Entscheidungsfindung

Tabelle 5.2: Bestimmung Notwendigkeit der Rohstoffpreisrisikohandhabung

Nachdem die Handhabungsnotwendigkeit determiniert und bestimmten Rohstoffen zugeordnet wurde, sollten weitere Anhaltspunkte zur Bestimmung einer angemessenen Handhabungsstrategie abgeleitet werden. So sollte z.B. analysiert werden, wie schnell die Handhabungsmaßnahme greifen muss, um Effekte auf die Finanz- und Ertragslage zu vermeiden bzw. zu reduzieren, wie groß und nachhaltig der Effekt sein sollte und auch welche zeitlichen, finanziellen und personellen Ressourcen zum Management des Rohstoffpreisrisikos in den SC-Partnerunternehmen zur Verfügung stehen. Nur wenn bereits frühzeitig der Charakter des Rohstoffpreisrisikos analysiert wird, können die im nachfolgenden Kapitel zu entwickelnden Handhabungsmaßnahmen zielgerichtet ausgewählt und eingesetzt werden. Der mögliche positive Einfluss von Rohstoffpreisrisikohandhabung auf die Verteilung der RK und damit auf die RKaR einer SC ist in Abbildung 5.16 dargestellt.

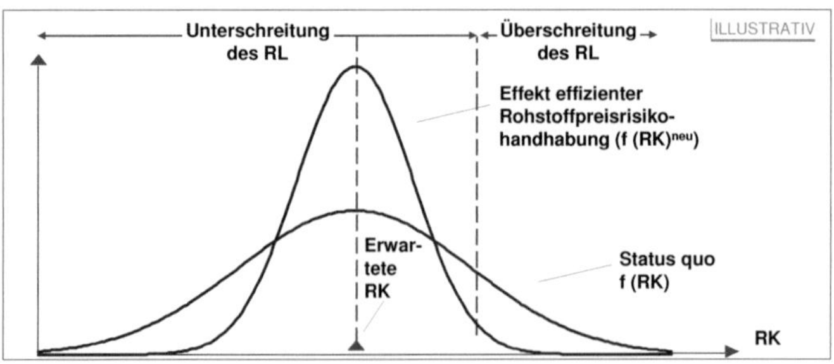

Abbildung 5.16: Einfluss Rohstoffpreisrisikohandhabung auf Verteilung der Rohstoffkosten[791]

5.3 Phase 3 – Rohstoffpreisrisikohandhabung in der Supply Chain

5.3.1 Etablierung einheitliches Modell zur Maßnahmencharakterisierung und -auswahl

Die Risikohandhabung ist, wie in Kapitel 4 bereits herausgearbeitet, eine der Prozessphasen, in der alle Unternehmen nach eigenem Bekunden Optimierungspotenzial aufweisen. Dabei ist eine Tendenz zu erkennen, dass die Unternehmen der Automobilindustrie, die sich weiter SC-downstream befinden, eine breitere Palette von Risikohandhabungsmaßnahmen einsetzen, als Unternehmen, die sich eher weiter SC-upstream befinden. Im aktuellen Kapitel soll eine ausgereifte Risikohandhabung im Rahmen eines Rohstoffpreisrisikomanagements entlang der vier in Kapitel 3 abgeleiteten Erfolgsfaktoren – „Etablierung einheitliches Modell zur Maßnahmencharakterisierung und -auswahl", „Entwicklung und Charakterisierung finanzwirtschaftliche Handhabungsmaßnahmen", „Entwicklung und Charakterisierung operativer Handhabungsmaßnahmen", „Vergleich und situationsgerechte Auswahl Handhabungsmaßnahmen" – entwickelt werden.

Was die Etablierung eines einheitlichen Modells zur Maßnahmencharakterisierung und -auswahl anbelangt, werden in der einschlägigen Literatur unterschiedliche Modelle vorgeschlagen. Mehr und Hedges (1974) empfehlen, die Risiken in bereits bestehende und zukünftige Risiken zu unterscheiden. Bestehende Risiken sollten demnach tendenziell mit Hilfe der Risikoübertragung oder der Risikoakzeptanz, zukünftige Risiken eher mit einer Risikovermeidungs- bzw. einer Risikoverminderungsstrategie gehandhabt werden.[792] Mehr und Hedges lassen allerdings offen, welche konkreten Maßnahmen sich hinter diesen generischen Strategien verbergen.

Andere Autoren empfehlen, die Risiken nach dem potenziellen Risikoausmaß (Schadenshöhe und Eintrittswahrscheinlichkeit) zu analysieren und davon eine angemessene Strategie abzuleiten. Wolf und Runzheimer ordnen die Risikoakzeptanz einem Risiko mit

---

791 Eigene Darstellung. In Anlehnung an BARTRAM (2000), S. 1.287.

792 Vgl. MEHR/HEDGES (1974), S. 426 Zu weiterführenden Ausführungen bezüglich der Strategien vgl. auch Kapitel 2.3.2.

geringem Risikoausmaß zu. Mit steigenden Risikoausmaß sollen dann Risikoverminderung, Risikoübertragung und Risikovermeidung in Betracht gezogen werden.[793] Auch hier wird aus den Ausführungen nicht deutlich, welche konkreten Maßnahmen zur Umsetzung der empfohlenen Strategien beitragen.

Es wird offensichtlich, dass diese sehr groben Empfehlungen bzw. Modelle aus der bestehenden wissenschaftlichen Literatur nicht helfen, unterschiedliche Handhabungsmaßnahmen zu charakterisieren, miteinander zu vergleichen und eine angemessene Auswahl zu treffen. Zu diesem Zweck soll im Zuge dieser Arbeit ein neues Modell entwickelt werden. Das zu entwickelnde Modell sollte in der Lage sein, mehrere differenzierende und entscheidungsrelevante Kriterien zu berücksichtigen und darüber hinaus auch einen aggregierten Überblick über den Charakter der potenziellen Handhabungsmaßnahme im Rahmen des Rohstoffpreisrisikomanagements in der SC geben können.

Sowohl in der wissenschaftlichen Literatur als auch in der Praxis kommen in solchen Situationen meist sog. Scoringmodelle oder auch Nutzwertanalyseverfahren zum Einsatz.[794] Diese Modelle sehen eine skalengebundene, quantitative Bewertung entlang einer festen Anzahl von Dimensionen, bestehend aus mehreren Kriterien, vor. Der Vorteil dieser Nutzwertanalyseverfahren ist ihre große Flexibilität und Transparenz. So können die Kriterien relativ frei definiert werden und je nach gewünschtem Schwerpunkt unter Nutzung von individuellen Gewichtungsfaktoren zu einer Dimensionen- oder einer Gesamtbewertung aggregiert werden und die Entscheidungsfindung unterstützen.[795] Die Anzahl der Kriterien sollte dabei ausreichen, um das jeweilige Objekt umfassend zu charakterisieren. Es sollten aber aus Gründen der Übersichtlichkeit auch nicht viel mehr als zehn Kriterien zum Einsatz kommen.[796] Als die große Schwäche der Nutzwertanalyseverfahren wird

793 Vgl. Wolf/Runzheimer (2000), S. 120. Wolf und Runzheimer verwenden in ihrer Arbeit leicht unterschiedliche Begriffe. So wird z.B. die Risikoübertragung als Risikoüberwälzung bezeichnet. Aus Verständlichkeitsgründen wurden bei dieser Darstellung allerdings die Begrifflichkeiten von Kapitel 2.3.2 beibehalten.

794 Vgl. Scheuring (2008).

795 Vgl. Denk/Exner-Merkelt (2005), S. 102. Bei einigen besonders wichtigen Kriterien kann es zweckmäßig sein, einen minimalen Erfüllungsgrad vorzugeben, unterhalb dessen die Maßnahme gestrichen wird. Vgl. Scheuring (2008).

796 Vgl. Scheuring (2008).

im Gegenzug die große Subjektivität sowohl bei der Bewertung als auch der möglichen Gewichtung der Kriterien angesehen.[797] Kritiker zweifeln die Aussagfähigkeit von Nutzwertanalyseverfahren aus diesen Gründen an. In der vorliegenden Arbeit soll zur groben Charakterisierung der unterschiedlichen Handhabungsmaßnahmen zum Rohstoffpreisrisikomanagement in der SC dennoch eine Nutzwertanalyse zum Einsatz kommen, da somit eine erste Entscheidungsgrundlage geschaffen und durch die große Transparenz noch immer die Möglichkeit für potenzielle Anwender besteht, die Analyse entsprechend der jeweiligen spezifischen Situation zielgerichtet anzupassen. Im Anschluss sollen zuerst die Dimensionen und dann die jeweils zugehörigen Kriterien des Modells zur Charakterisierung der Handhabungsmaßnehmen im Rohstoffpreisrisikomanagement in der SC definiert werden.

Wie in Kapitel 5.1.2 festgehalten, sollte das Rohstoffpreisrisikomanagement in der SC die Reduzierung des RKaR pro Endprodukt unter Beachtung eines effizienten Kosten-Nutzen-Verhältnisses zum Ziel haben. D.h., auch die Handhabungsmaßnahmen sollten ein positives Kosten-Nutzen-Verhältnis aufweisen. Aus diesem Grund sollen die Dimensionen „Nutzen" und „Kosten bzw. Risiko" bei der Charakterisierung der verschiedenen Maßnahmen berücksichtigt werden.[798] Darüber hinaus muss sichergestellt werden, dass die jeweilige SC auch die Anforderungen erfüllt, die für einen effizienten Einsatz der jeweiligen Maßnahme erfüllt sein sollten. Insofern macht es Sinn, zusätzlich die Dimension „Anforderungen" in die Betrachtung aufzunehmen.

Wie bereits erwähnt, beinhalten die Dimensionen wiederum verschiedene Kriterien, die die Dimension weiter detaillieren. So soll sich die Dimension „Nutzen" aus zwei Kriterien zusammensetzen. Zum Ersten aus der Wirkungsstärke, welche die Wirkung der Maßnahme

[797] Vgl. KAUBA (2005), S. 9. Für eine detaillierte Darstellung und Kritik des Nutzwertanalyseverfahrens vgl. z.B. FRANKE/ZERRES (1992), S. 185. Um die Subjektivität zu reduzieren, können die Bewertungen und auch die Gewichtungen mit Hilfe des Analytical Hierarchy Process festgelegt werden. Gewichtung als auch Bewertung werden hier durch den paarweisen Vergleich aufeinander abgestimmt. Vgl. KAUBA (2005), S. 12. Für eine Übersicht zur Vorgehensweise beim paarweisen Vergleich vgl. KAUBA (2005), S. 10.

[798] Die beiden Dimensionen „Nutzen" und „Kosten" wurden auch bei einer empirischen Untersuchung zur Priorisierung von Projekten aus dem Jahr 2005 als die meist verwendeten Dimensionen identifiziert. Vgl. KAUBA (2005), S. 19.

beschreibt und zum Zweiten aus der Nachhaltigkeit – also der Wirkungsdauer. Dabei gilt, umso höher die Wirkungsstärke (Nachhaltigkeit), desto höher der Nutzen der Maßnahme.

Die Dimension „Kosten" soll für die vorliegende Arbeit aus den Kriterien Implementierungsaufwand und Risikointensität bestehen. Der Implementierungsaufwand muss dabei die monetären, die zeitlichen sowie die personellen Kosten in den verschiedenen Phasen der Handhabungsmaßnahme – Vorbereitungsphase, Implementierungsphase, Wirkungsphase – erfassen und widerspiegeln.[799] So fließt auch die Verfügbarkeit einer Maßnahme in Form hoher bzw. niedriger Suchkosten in den Implementierungsaufwand ein. Die Risikointensität muss vor allen Dingen das Eigenrisiko der Maßnahme berücksichtigen, welches das Risiko beschreibt, das direkt aus der Implementierung der Maßnahme resultiert. Das Eigenrisiko entsteht im Rahmen des Rohstoffpreisrisikomanagements oft durch Preisbewegungen, die nicht den Erwartungen entsprechen.[800] Des Weiteren muss auch das Wechselwirkungsrisiko in die Risikointensität einfließen. Damit sind insbesondere die Risiken gemeint, die durch die Interdependenzen und Wechselwirkungen der Maßnahme mit anderen Maßnahmen, Tätigkeiten und Prozessen in der SC entstehen. So kann eine Entscheidung zum Einsatz einer Maßnahme u.U. in einem anderen Bereich der SC wiederum ein Risiko heraufbeschwören.[801] Hier gilt, umso höher der Implementierungsaufwand (die Risikointensität), desto höher die Kosten und desto negativer ist die gesamte Maßnahme einzuschätzen.

Die dritte und letzte Dimension „Anforderungen" soll aus drei Kriterien bestehen. Zum Ersten sollen die Know-how-Anforderungen berücksichtigt werden, d.h., die notwendige organisationelle Erfahrung und Expertise, die für den effizienten Einsatz der Maßnahme notwendig sind.[802] Zum Zweiten spielt das Ausmaß der Kooperationsanforderungen

[799] Vgl. WATERS (2007), S. 107, HULL (2009), S. 45.

[800] Hier gibt es zahlreiche Beispiele von hohen Verlusten auf Grund des Einsatzes von Handhabungsmaßnahmen im Rahmen von Rohstoffpreisrisikomanagement. Der Hedge Fund Amaranth verlor sechs Milliarden US$ in 2006 bei einer Wette auf die zukünftige Entwicklung des Gaspreises. Die Metallgesellschaft verlor 1,8 Milliarden US$ bei dem Versuch, langfristige Lieferverträge für Öl und Gas mit kurzfristigen Futures zu hedgen. Sumitomo verlor ungefähr zwei Milliarden US$ durch einen einzigen Trader auf den Kupfer Spot-, Futures- und Optionenmärkten in den 90er Jahren. Vgl. HULL (2009), S. 762 f. Vgl. auch die Auflistung in CHANCE/BROOKS (2008), S. 572 f.

[801] Vgl. SCHEURING (2008), PECK (2005), S. 214.

[802] Vgl. ähnlich WATERS (2007), S. 107.

Nutzen ↑	Kosten ↓	Anforderungen ↓
Wirkungsstärke ↑	Implementierungsaufwand ↓	Know-how-Anforderung ↓
Nachhaltigkeit ↑	Risikointensität ↓	Kooperationsanforderung ↓
		Vorlaufzeit ↓

Tabelle 5.3: Dimensionen und Kriterien der Maßnahmencharakterisierung

eine Rolle. Dieses Kriterium berücksichtigt den Sachverhalt, dass bestimmte Handhabungsmaßnahmen höhere Anforderungen an das in der SC herrschende Kooperationsniveau/Vertrauen stellen als andere. Zum Dritten ist für die effiziente Anwendung einer Maßnahme die benötigte Vorbereitungszeit bis zur Entfaltung einer Wirkung von großem Interesse. Aus diesem Grund soll auch das Kriterium Vorlaufzeit (oder auch Wirkungsgeschwindigkeit) explizit berücksichtigt werden. Hier gilt, umso höher die Know-how-Anforderungen (die Kooperationsanforderungen, die Vorlaufzeit), desto höher sind die Anforderungen und desto negativer ist die gesamte Maßnahme einzuschätzen.

Bei genauer Betrachtung der definierten Kriterien fällt auf, dass diese nicht gleichgerichtet sind. Dies bedeutet eine hohe Wirkungsstärke ist in Anbetracht der definierten Ziele eine positive Charaktereigenschaft einer Maßnahme, während hohe Kosten/Anforderungen eine tendenziell negative Charaktereigenschaft darstellen. Aus diesem Grund soll die Bewertung der Maßnahmen nicht mit den Ausprägungen „hoch" und „niedrig" sondern bereits qualifizierend mit den Ausprägungen „positiv" und „negativ" erfolgen. Wie auch bereits im Rahmen des Kapitels 4 soll eine fünfstufige Skala zum Einsatz kommen, die für jedes der sieben definierten Kriterien von 1 – sehr negativ bis 5 – sehr positiv reicht.[803] Tabelle 5.3 fasst die drei Dimensionen, die dazugehörigen sieben Kriterien inkl. der für eine positive Beurteilung notwendigen Ausprägung übersichtlich zusammen.

In den folgenden zwei Abschnitten sollen potenzielle Rohstoffpreisrisikohandhabungsmaßnahmen in der SC – unterteilt in finanzwirtschaftliche und operative Maßnahmen – identifiziert und entlang des in diesem Abschnitt entwickelten qualitativen Modells cha-

[803] Die weiteren Ausprägungen der verwendeten Skala sind 2 – negativ, 3 – mittel und 4 – positiv.

rakterisiert werden.[804] Es sei darauf hingewiesen, dass eine praktisch unerschöpfliche Anzahl von potenziellen Handhabungsmaßnahmen existiert. Insbesondere bei Anwendung der finanzwirtschaftlichen Instrumente sind der Fantasie praktisch keine Grenzen gesetzt. Es ist daher nicht Ziel dieser Arbeit, eine erschöpfende Aufstellung aller Kombinationen und Anwendungsmöglichkeiten finanzwirtschaftlicher und operativer Handhabungsmaßnahmen im Rahmen des Rohstoffpreisrisikomanagements in der SC zu geben.

5.3.2 Entwicklung und Charakterisierung finanzwirtschaftlicher Maßnahmen

5.3.2.1 Commodity Futures und Forwards

Der Future als auch der Forward sind relativ simple Derivate, die einige grundsätzliche Gemeinsamkeiten aufweisen. Bei beiden handelt es sich um unbedingte bilaterale Verträge über den Kauf (long position) oder Verkauf (short position) einer bestimmten Menge einer bestimmten Ware, zu einem bestimmten Termin, zu einem bestimmten Preis.[805] Der Forward und der Future weisen ein identisches lineares und symmetrisches Risikoprofil auf. Dies bedeutet, dass z.B. eine Long Future Position Gewinne generiert, wenn der aktuelle Spotpreis des Underlying (der Ware) über den vereinbarten Futurepreis steigt. Das Risikoprofil der Short Future Position verhält sich genau umgekehrt: Hier fallen Verluste an, sobald der Spotpreis des Unterlyings über den vereinbarten Futurepreis steigt. Für die Absicherung der Preisrisiken zukünftiger Rohstoffbedarfe (natürliche Short Position)[806] ist demzufolge nur die Durchführung eines gegensätzlich verlaufenden Long Hedges sinnvoll.[807] Steigt der Rohstoffpreis während der Laufzeit des Futures, werden – einen fixierten Endkunden-Absatzpreis wie im Falle der automobilen SC vorausgesetzt – durch

[804] Die in den nachfolgenden Kapiteln vorgenommene Charakterisierung dient zur Illustration der Vorgehensweise und ist nicht frei von Subjektivität. In Realität könnten die SC-Partner z.B. die Einschätzung der Charakterausprägungen für die einzelnen Maßnahmen von mehreren Experten einfordern, um die Subjektivität einzuschränken.

[805] Vgl. Willnow (1996), S. 21, Hull (2009), S. 3, 6.

[806] Vgl. Kapitel 2.3.1.

[807] Vgl. Stephens (2001), S. 123. Die Short Position der Futures/Forwards ist identisch mit der natürlichen Short Position der rohstoffbeschaffenden Unternehmen und würde das bestehende Risiko nur noch weiter erhöhen.

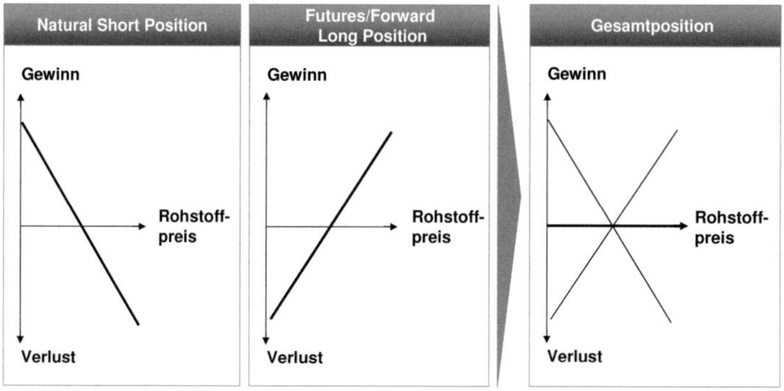

Abbildung 5.17: Hedging mit Commodity Futures und Forwards

die bestehende Short Position Verluste eingefahren, da für dieselbe Menge an Rohstoffen ein höherer Preis entrichtet werden muss. Gleichzeitig gewinnt aber die Long Position des Hedges an Wert und kompensiert die Verluste der Short Position. Die Kompensation kann u.U. 100% betragen und damit totale Preisstabilität bedeuten (Perfect Hedge).[808] Der Effekt des Perfect Hedge ist in Abbildung 5.17 illustrativ dargestellt.

Bevor im Detail auf die Umsetzung eines Perfect Hedge mit Forwards und Futures und notwendige Voraussetzungen eingegangen wird, sollen noch die Unterschiede zwischen Forward und Futures angesprochen werden. Die Unterschiede beziehen sich hauptsächlich auf sieben Aspekte. Dies sind die Vertragspartner, der Standardisierungsgrad, die Flexibilität, die Suchkosten, die Preisbildung, das Adressenausfallrisiko sowie die Glattstellung am Laufzeitende.

Futures sind börsennotierte Terminkontrakte, sie werden mit der Clearingstelle der Börse geschlossen und sind bezüglich wichtiger Vertragsspezifika wie Quantität, Qualität, Liefertermin und Lieferort standardisiert.[809] Ein Forward ist im Gegensatz dazu ein typisches OTC-Geschäft zwischen zwei Partnern – meist einer Bank und einem Unterneh-

[808] Vgl. SINGH (2004), S. 12. Die dem Rohstoffpreisrisiko inhärente Chance (Preissenkung) wird folglich ebenfalls eliminiert. Vgl. AMEND (2000), S. 26, 35.

[809] Vgl. WILLNOW (1996), S. 20, JORION (2000), S. 127. Ein Aluminiumfuture über Aluminium mit 99,7% Reinheit umfasst an der COMEX z.B. immer 44.000 Pfund, während es an der LME immer 50.000 Pfund sind. Vgl. KOHN (2004), S. 465 f., SINGH (2004), S. 11.

men.[810] Die Vertragsspezifika sind nicht standardisiert, sondern individuell verhandelbar. Der Forward bietet somit einerseits eine höhere Flexibiltät als der Future, sein Abschluss ist aber andererseits durch die Suche nach einem Vertragspartner mit spiegelbildlichen Bedürfnissen oft sehr zeit- und kostenintensiv.[811] Während die Preisbildung des Futures auf den Börsenhandelsplätzen nachvollzogen werden kann und damit sehr transparent ist, ist die Forwardpreisbildung nicht beobachtbar und daher weniger transparent.[812] Der Preis eines individuell ausgehandelten Forwards setzt sich zumeist aus dem Preis eines ähnlichen gearteten Future und einer Prämie zur Anpassung verschiedener Vertragsspezifika (z.B. Qualität und/oder Lieferort) zusammen.[813] Ein Forward ist durch die Abrechnung am Vertragsende zusätzlich einem nicht unerheblichen Adressenausfallrisiko ausgesetzt.[814] Daher sollte ein potenzieller Vertragspartner einer umfassenden Bonitätsprüfung unterzogen werden, um sicherzugehen, dass er den eingegangenen Verpflichtungen nachkommen kann. Der Future weist durch den Vertragsabschluss mit der Clearingstelle der Börse praktisch kein Adressenausfallrisiko auf. Die Clearingstelle fordert allerdings ihrerseits – um das Adressenausfallrisiko zu begrenzen und die Erfüllung der Verträge zu gewährleisten – im Rahmen eines Marginsystems eine prozentuale Einlage der bei Fälligkeit zu leistenden Verpflichtungen.[815] Dies kann bei stark schwankenden Underlyings während der Laufzeit zu erheblichen finanziellen Belastungen führen.[816] Die Glattstellung von Commodity Futures erfolgt in der Regel durch das Eingehen einer entsprechenden Gegenposition vor dem Fälligkeitstermin, die das ursprüngliche Geschäft eliminiert.[817] Es kommt folglich nur selten zu einer physischen Erfüllung der Verträge zum Ende der Laufzeit.[818] Ein Grund für diese Tatsache sind die standardisierten Vertragsspezifika, die dazu führen, dass die als Hedge gedachte Position nicht 100% mit dem existierenden Rohstoffpreisexposure

[810] Vgl. Hull (2009), S. 4.
[811] Vgl. Grebe (1993), S. 228 f.
[812] Vgl. United Nations Conference on Trade and Development (UNCTAD) (1998), S. 22.
[813] Vgl. Pfennig/Schäfer (1999b), S. 576.
[814] Gemeint ist hier das Risiko, dass die kontraktierende Partei auch nach Ablauf der Vertragslaufzeit in der Lage ist, die geforderte Leistung zu erbringen. Vgl. Stephens (2001), S. 30.
[815] Vgl. Hull (2009), S. 6. Neben dieser Einlage bestehen auch strenge Regularien bezüglich der Zahlungsfähigkeit zugelassener Trader an den Commodity Exchanges. Vgl. Stephens (2001), S. 63.
[816] Vgl. Dubofsky (1992), S. 302, Siebers (1996), S. 45, Cusatis/Thomas (2005), S. 97.
[817] Vgl. Grebe (1993), S. 231, Cusatis/Thomas (2005), S. 104.
[818] Vgl. Hull (2009), S. 33.

übereinstimmt und die physische Erfüllung aus diesen Gründen nicht erwünscht ist. Eine vorzeitige Glattstellung (Auflösung) des Forwards ist dagegen nur in sehr eingeschränktem Maße und mit Einverständnis des Kontraktpartners möglich. In der Regel erfolgt die physische Lieferung des Kontraktgegenstandes.[819] Tabelle 5.4 fasst die Unterschiede zwischen Forwards und Futures entlang der sieben erläuterten Aspekte kurz zusammen.

Unterscheidungsaspekte	Commodity Forward	Commodity Futures
Vertragspartner	OTC-Geschäft (2 Vertragspartner)	Börsengeschäft (Vertrag mit Clearingstelle)
Standardisierungsgrad	Keine Standardisierung	Hohe Standardisierung
Flexibilität	Hohe Flexibilität	Niedrige Flexibilität
Suchkosten nach Vertragspartner	Hohe Suchkosten	Niedrige Suchkosten
Preissetzung	Niedrige Transparenz	Hohe Transparenz
Adressenausfallrisiko	Hohes Adressenausfallrisiko	Niedriges Adressenausfallrisiko
Glattstellung am Laufzeitende	In der Regel Lieferung der Ware	In der Regel Glattstellung durch Gegengeschäft

Tabelle 5.4: Unterschiede Commodity Forward und Futures[820]

Eine entscheidende Voraussetzung für die Durchführung eines Perfect Hedge ist, dass sich die Preisbewegungen des Underlyings (des Rohstoffs) und des Forwards/Futures vollkommen ausgleichen. Dies ist allerdings äußerst schwierig zu realisieren. Hauptgrund dafür sind die unterschiedlichen Vertragsspezifikationen (Warentyp, Termin, Preis, Lieferort) von Rohstoffpreisrisikoexposure und Forward/Future und das daraus resultierende Basisrisiko.[821] Dabei gilt folgender Zusammenhang: Verändern sich der Spotpreis (P_S) und der Futurepreis (P_F) nicht homogen, verändert sich die Basis (B) und damit das Basisrisiko.[822] Die Wahrscheinlichkeit, dass sich die Basis verändert, ist umso größer, desto mehr die Vertragsmerkmale von den eigentlich gewünschten Merkmalen abweichen.[823] Dies be-

819 Vgl. HULL (2009), S. 41.

820 Eigene Darstellung. Angelehnt an HULL (2009), S. 39.

821 Vgl. SPREMAN (1990), S. 513, PFENNIG/SCHÄFER (1999b), S. 581 ff., SINGH (2004), S. 13, HULL (2009), S. 51. Andere Autoren nennen das Basisrisiko auch Prämienrisiko. Vgl. PFENNIG/ SCHÄFER (1999), PFENNIG/SCHÄFER (1999b), S. 585.

822 Die Basis berechnet sich durch folgende Formel $B = P_S - P_F$. Vgl. STEPHENS (2001), S. 132.

823 DAS (2006), S. 643.

deutet auch, dass der Einsatz von individuell verhandelbaren Forwards das bei Futures teilweise erhebliche Basisrisiko weitestgehend negieren kann.[824] Durch den Vergleich von Forward und Future ist aber deutlich geworden, dass der Forward von seinen Eigenschaften her eher ein leistungswirtschaftlicher als ein finanzwirtschaftlicher Vertrag ist. Aus diesem Grund soll der Forward im aktuellen Abschnitt weitestgehend ausgeklammert und in Kapitel 5.3.3 noch einmal detaillierter beleuchtet werden.

Eine Möglichkeit, die zum perfekten Hedge fehlende Identität der Preisbewegung des Exposures und der Futureposition herzustellen, ist die Anpassung des Verhältnisses der beiden Positionen.[825] Dieses Verhältnis wird gemeinhin auch Hedge Ratio (h) genannt.[826] Ziel ist es demzufolge, dass die Hedge Ratio so festgesetzt wird, dass die Varianz der abzusichernden Position minimiert ist. Hierzu wird in Anlehnung an die Berechnung des β aus dem Capital-Asset-Pricing-Modell (CAPM) folgende Formel hergeleitet:[827]

$$h = \frac{k_{ij}\sigma_{P_{Si}}}{\sigma_{P_{Fj}}}.$$

Verhält sich der Spotpreis (P_S) identisch zum Futurepreis (P_F) – d.h., die Korrelation (k) beläuft sich auf eins und die Volatilität (σ) der Positionen ist identisch – beträgt die Hedge Ratio eins. Wenn aber der Spotpreis im Vergleich zum Futurepreis hoch volatil ist, dann ist eine höhere Hedge Ratio und damit eine Übergewichtung der Futurekontrakte nötig, um das bestehende Exposure perfekt abzusichern.[828]

---

824 Vgl. United Nations Conference on Trade and Development (UNCTAD) (1998), S. 29.

825 Ein naiver Hedge, in gleicher Höhe wie das Exposure, nur entgegengesetzt, wird nicht erfolgreich sein. Vgl. Power/Vedenov (2008), S. 3.

826 Vgl. Hull (2009), S. 54.

827 Die auf diese Weise errechnete Hedge Ratio kann auch noch so angepasst werden, dass der Einfluss des täglichen monetären Ausgleichs, die ein Future nach sich zieht, einbezogen wird. Vgl. hierzu z.B. Hull (2009), S. 58. Hier werden in der einschlägigen Literatur unterschiedliche Berechnungsmethoden für die Hedge Ratio diskutiert. Diese unterscheiden sich insbesondere hinsichtlich des verfolgten Ziels und der Berechnung der verschiedenen Bestandteile der Formel. Da die unterschiedlichen Methoden im Rahmen der aktuellen Arbeit nicht en Detail vorgestellt werden können, sei der interessierte Leser verwiesen auf: Chen/Lee/Shrestha (2003), S. 433-465.

828 Die Anzahl der jeweils einzusetzenden Futurekontrakte ergibt sich aus folgender Formel: $N = h\frac{M_S}{M_F}$. Wobei M_S die Menge der benötigten Rohstoffe und M_F die Menge der Rohstoffe für einen Futurekontrakt angibt.

Die Schwierigkeit bei der Berechnung der Hedge Ratio ist die vor allem bei Rohstoffpreisen intertemporale Instabilität der Basis und damit der Korrelation und der Volatilitäten. Dies bedeutet, dass die Hedge Ratio regelmäßig angepasst werden muss, um einen perfekten Hedge realisieren zu können.[829] Eine statische Berechnung der Hedge Ratio kann folglich zu einer Über- bzw. einer Untersicherung führen und sollte durch eine Strategie mit einer dynamischen Hedge Ratio ersetzt werden.[830] Allerdings ist es selbst bei regelmäßiger Neuberechnung sehr wahrscheinlich, dass die für die Zukunft berechnete Hedge Ratio auf Grund einer sich intertemporal verändernden Basis – bzw. sich ändernder Korrelationen und Volatilitäten – nicht zur Realisierung eines perfekten Hedges führt.[831]

Der Grund für die starke intertemporale Instabilität der Basis bei Rohstoffen ist die Preisbildung des Commodity Futures. Neben den in anderen Anlageklassen typischen Komponenten Spotpreis und Cost of Carry (CoC) – also die Kosten für Lagerung, Kapitalbindung etc. – spielt bei Rohstoffen klassischerweise noch die sog. Convenience Yield (CY) eine entscheidende Rolle.[832]

$$P_F = P_S + CoC - CY$$

Die Convenience Yield tritt nur bei Rohstoffen auf und beschreibt den Vorteil, den Marktteilnehmer aus einer bestehenden Rohstoffposition z.B. als Vorsorge für Lieferengpässe ziehen.[833] Fällt die Convenience Yield größer als die CoC aus, tritt eine Marktsituation auf, in der der Futurepreis unter dem aktuellen Spotpreis liegt.[834] Diese Situation

829 Moschini and Myers weisen 2001 empirisch für den Rohstoff Mais nach, dass die optimale Hedge Ratio über Zeit variiert. Auch weisen sie nach, dass die Variationen nicht ausschließlich auf saisonale Effekte oder „time-to-maturity" Effekte zurückgeführt werden können. Vgl. MOSCHINI/MYERS (2002), S. 16. So stieg z.B. die Hedge Ratio bei Rohöl (WTI) von März bis Juni 2004 von 0,7 auf fast eins. Vgl. CUSATIS/THOMAS (2005), S. 213, 219 ff.

830 Vgl. z.B. CECCHETTI/CUMBY/FIGLEWSKI (1988).

831 Vgl. BÜNTING (2008), S. 400.

832 Vgl. HULL (2009), S. 118.

833 Vgl. HUMPHREYS/SHIMKO (1997), S. 112, KROPP/SCHUBERT (2000), S. 1.242 f., PFENNIG/SCHÄFER (1999b), S. 574. Die Convenience Yield ist in der Regel hoch, wenn die Vorräte eines Rohstoffs niedrig sind und der Spotpreis hoch ist. Vgl. BRENNAN (1991).

834 Vgl. BLOSS/ERNST (2008), S. 137.

wird als Backwardation oder auch als inverser Markt bezeichnet.[835] Wenn die Convenience Yield kleiner als die CoC ausfallen, ist der Futurepreis entsprechend höher als der Spotpreis.[836] Diese Marktsituation wird Contango genannt.

Neben der Hedge Ratio, die auf Grund der Convience Yield und der dadurch komplexeren Preisbildung starke intertemporale Instabilitäten zeigt, ist auch der Erfolg des Risikomanagements mit Futures stark von der jeweils herrschenden Marktsituation abhängig. Dabei gilt, je tiefer sich der Markt in Backwardation befindet, desto höher ist die Wahrscheinlichkeit, dass mit dem Kauf eines Futures ein Gewinn erzielt wird.[837] Die Hedgingstrategie ist gegenüber einer passiven Strategie solange überlegen, wie der Spotpreis zum Ende der Vertragslaufzeit des Futures nicht unter dem Futurepreis liegt.[838] In einem Markt, der sich in Contango befindet, gilt das Gegenteil. Hier ist die Wahrscheinlichkeit größer, dass durch einen Hedge mit Commodity Futures ein negatives Ergebnis erzielt wird.

Es erscheint somit sinnvoll, Hedging mit Futures nicht generell unter der Maßgabe durchzuführen, 100% des Exposures abzusichern, wie es z.B. von Keynes proklamiert wird.[839] Vielmehr scheinen differenzierte Ansätze, wie von Holbrook Working (1953), bei denen Kenntnisse über Marktsituation und Preisveränderungen zielgerichtet im Entscheidungsprozess verwertet werden, empfehlenswert.[840] Demzufolge erscheint der Einsatz von Commodity Futures besonders empfehlenswert, wenn die Erwartung vorherrscht, dass der Preis des abzusichernden Rohstoffs in Zukunft steigt.

[835] In diesem Fall ist auch meist die Volatilität der Kassakurse höher als die der korrespondierenden Futurepreise. Die Convenience Yield beeinflusst damit die Korrelation zwischen Kassa- und Futurepreis. PFENNIG/SCHÄFER (1999b), S. 574.

[836] Vgl. BLOSS/ERNST (2008), S. 137, HUMPHREYS/SHIMKO (1997), S. 112.

[837] Vgl. KRAPELS/PRATT (1998), S. 16.

[838] Voraussetzung dafür ist, dass das Ende der Vertragslaufzeit des Futures und das Beschaffungsdatum des jeweiligen Rohstoffes sehr nahe beieinander liegen. Vgl. hierzu auch MCFALL LAMM (1996), S. 202, DAS (2006), S. 646 f. D.h., auch ein Markt in tiefer Backwardation ist keine Garantie für ein positives Hedgingergebnis. Vgl. KRAPELS/PRATT (1998), S. 19.

[839] Hedging beinhaltet unter diesen Bedingungen letztlich die Substitution des Risikos einer Preisänderung durch das Risiko einer Basisänderung zwischen den Zeitpunkten der beiden Teilgeschäfte. Vgl. KEYNES (1930). Keynes Theorie bedeutet damit auch implizit, dass das Basisrisiko generell geringer eingeschätzt wird als das Rohstoffpreisrisiko. Vgl. DAS (2006), S. 456., SHIN (2002), S. 38.

[840] Vgl. BLASE (1993), S. 69 f., WORKING (1953a), S. 314 ff., WORKING (1953b), S. 544 ff., WORKING (1960), S. 185 ff.

Die im Rahmen der aktuellen Arbeit immer wieder im Fokus stehenden Rohstoffe Aluminium und Stahl unterscheiden sich grundlegend voneinander, was ihre Standardisierbarkeit sowie ihre Handelbarkeit an den weltweiten Rohstoffbörsen und damit die Verfügbarkeit von Futures angeht. So stehen für das hochstandardisierte Aluminium viele unterschiedliche Futurekontrakte weltweit zur Auswahl und werden in großen Stückzahlen gehandelt. Aluminium-Futures sind sogar die meist gehandelten Futures an der bedeutenden Metallbörse LME insgesamt.[841]

Im Gegensatz dazu ist der börsenbasierte Handel von Stahl, z.B. in Form von Futures, sehr eingeschränkt.[842] Hauptgrund dafür ist, dass durch die Zugabe von sog. Legierungsmetallen, wie Chrom, Nickel, Molybdän oder auch Titan, weit über 1.000 verschiedene Arten von Stahl mit unterschiedlichen Eigenschaften bzw. Einsatzbereichen existieren.[843] Außerdem sind viele Stahlproduzenten unzufrieden mit den auf den Börsen üblichen Preissetzungsmechanismen. Dementsprechend wollen diese ihre Güter nicht über eine Börse verkaufen.[844] Aus diesem Grund stehen nur wenige liquide Futures zur Verfügung – darunter zwei Futures für Knüppel mit Betonstahlqualität an der LME,[845] ein Future für Betonstahl an der SHFE und ein Future für US-amerikanisches HRC des Mittleren Westens an der NYMEX.[846] Wie aus Kapitel 2.2.2 bekannt, sind die wichtigsten Stahlsorten für die Automobilproduktion sog. Flachprodukte – insbesondere HRC-Stahl sowie CRC-Stahl. Insgesamt steht der Automobilindustrie damit nur ein ausreichend liquider Futurekontrakt (HRC – NYMEX) zur Rohstoffpreisrisikohandhabung zur Verfügung, der die geforderte Stahlsorte betrifft.[847]

---

841 Vgl. Recycling Magazin (2009).

842 Vgl. Jahns (2005c), S. 3.

843 Vgl. Maull (1988), S. 62, Jahns (2005c), S. 3.

844 Vgl. o.V. (2010b).

845 Die beiden im April 2008 lancierten Terminkontrakte sind nach den Regionen Mittelmeerraum (für Europa und den Nahen Osten) sowie Ferner Osten (für Südost- und Ostasien) differenziert. Der Laufzeitenbereich liegt bei drei bis 15 Monaten. Vgl. Streitmayer (2008).

846 Des Weiteren wird ein Future für Betonstahl an der DGCX, ein Future für Vorblöcke an der NCDEX, je ein Future für Vorblöcke sowie Warmband an der MCX sowie ein Future für Walzdraht an der SHFE angeboten. Derzeit prüfen die Börsen, ob genügend Nachfrage für die Einführung weiterer Stahl-Produkte besteht. Vgl. The Steelindex (2009).

847 Immer mehr Unternehmen nehmen Stahl in die Liste der Metalle auf, die durch Futures abgesichert werden. So z.B. Whirlpool Corp., die angefangen hat, den NYMEX-Kontrakt für HRC-Stahl für Rohstoffpreisrisikomanagement zu nutzen. Vgl. o.V. (2010b), Aus Kapitel 4 ist allerdings bekannt, dass die Automobilindustrie hier tendenziell weniger weit entwickelt ist..

		LME Rebar Futures Spot	NYMEX HRC Futures Spot	HRC Spot***
LME Rebar Futures Spot	2008*	1	0,83	0,84
	2009	1	0,49	0,23
	2010**	1	0,52	0,07
NYMEX HRC Futures Spot	2008		1	0,98
	2009		1	0,90
	2010**		1	0,56
HRC Spot***	2008			1
	2009			1
	2010**			1

* Nur von 07/2008, ** Nur bis 07/2010, *** Preise für HRC-Stahl aus Nordeuropa

Abbildung 5.18: Korrelation HRC-Futurepreise, HRC-Spotpreise und LME-Betonstahlpreise[849]

Wollen die automobilen SC einen der anderen Stahlfutures im Rahmen ihres Rohstoffpreisrisikomanagements einsetzen, müssen sie einen Cross Hedge durchführen und damit vermutlich ein hohes Basisrisiko eingehen.[848] Eine empirische Untersuchung zeigt, dass die Korrelation zwischen monatlichen HRC-Stahlpreisen für Nordeuropa und den monatlichen Preisen des HRC-Future der NYMEX mit 0,98, 0,90 und 0,56 von 2008 bis 2010 relativ hoch sind, während die Korrelationen der HRC-Stahlpreise für Nordeuropa und theoretisch für Cross Hedges zur Verfügung stehenden LME-Betonstahlfutures sowie den HRC-Futurepreisen der NYMEX und den LME-Betonstahlfutures im gleichen Zeitraum sehr viel niedriger ausfiel. Die berechneten Korrelationskoeffizienten sind in Abbildung 5.18 zusammengefasst.

Ein gemeinsamer und koordinierter Einsatz von Commodity Futures der selektierten Partnerunternehmen in der SC birgt entscheidende Vorteile gegenüber eines Einsatzes in vielen individuellen Unternehmen. Die unternehmensübergreifende Koordinierung des Einsatzes der Commodity Futures verhindert eine „Übersicherung" und damit das redun-

848 Es ist auch nicht möglich, einen Cross Hedge für die Hauptbestandteile von Stahl durchzuführen und das Stahlpreisrisiko auf diese Weise abzusichern. Der Grund ist, dass keine Commodity Futures auf Eisenerz, Kokskohle oder Stahlschrott existieren.

849 Eigene Darstellung. Daten stammen aus Thomson Reuters und The Steelindex. Abgerufen im August 2010.

dante Eingehen von Futurekontrakten auf mehrere Stufen der SC.[850] Gleichzeitig würde durch die Transparenz aber auch eine Untersicherung verhindert. Durch die Bündelung des Exposures und die gemeinsame Handhabung könnten Skaleneffekte in der Anbahnung, Durchführung und im langfristigen Management der Futurekontrakte realisiert werden. Es ist auch zu vermuten, dass durch den gemeinsamen Einsatz von Commodity Futures und die damit verbundenen Skaleneffekte Unternehmen ihr Rohstoffpreisrisikomanagement managen, die dies bis dato nicht getan haben. Zum einen wird die Know-how-Bündelung über mehrere Unternehmen hinweg die Qualität der Rohstoffpreisrisikohandhabung mit Commodity Futures verbessern und die bestehenden Bedenken vieler Unternehmen bezüglich der inhärenten Risiken reduzieren.[851] Die Bündelung der Volumen und des Know-hows macht den Einsatz von Commodity Futures auch für kleinere Unternehmen möglich, die bislang dachten, ihr Rohstoffvolumen sei nicht groß genug, um es auf Futuremärkten abzusichern oder die sich den notwendigen Experten nicht leisten wollten.[852] Zum anderen ist der Einsatz von Commodity Futures bei den auf lange Sicht nicht zu verhindernden negativen Effekten wesentlich weniger risikoreich, wenn die wichtigen Teile der SC diese Effekte gemeinsam tragen. Trotz der bereits mehrfach in diesem Kapitel angesprochenen Unterschiede bezüglich Verfügbarkeit und Anwendbarkeit von Futures zwischen verschiedenen Rohstoffen soll die Charakterisierung der Maßnahme der Commodity Futures entlang der sieben in Kapitel 5.3.1 entwickelten Kriterien nur in allgemeiner Form erfolgen.[853]

Die Wirkungsstärke der Futures als Handhabungsmaßnahme ist – die Verfügbarkeit und effiziente Anwendung vorausgesetzt – als sehr positiv zu beurteilen (Wirkungsstärke - 5). Allerdings wirkt ein Future auf Grund des eindimensionalen Lieferdatums immer

[850] Mit einer „Übersicherung" ist die Absicherung des kompletten Rohstoffrisikos von mehreren hintereinander situierten SC-Partnern gemeint. Dies resultiert aus der Tatsache, dass sich die Rohstoffe des vorgelagerten Partners immer auch in den Endprodukten der nachfolgenden Unternehmen befinden. Dies resultiert in einer Doppel- und Dreifachabsicherung des Exposures aus einer unternehmensübergreifenden Sicht.

[851] Viele insbesondere kleinere und mittelgroße Unternehmen stehen Hedging mit Termingeschäften auf Grund der Risiken sehr ablehnend gegenüber. Vgl. o.V. (2010b).

[852] Das Volumen pro Kontrakt des Betonstahlfuture an der LME beträgt z.B. 65 t, das Volumen eines Warmbandfuture an der NYMEX beträgt 20 t und das Volumen eines Aluminiumfuture an der LME 25 t.

[853] Eine Separierung der Charakterisierung nach Rohstoffen würde nach Meinung des Autors eine Genauigkeit suggerieren, die auf Grund der wenigen groben Kriterien und der indikativen Bewertung nicht vorliegt.

nur für einen Zeitpunkt und eignet sich daher nur bedingt zur Absicherung eines Zeitraumes. Jedoch ist die Bündelung vieler Futures mit unterschiedlichen Lieferdaten möglich. Die Laufzeiten der Futures können je nach Rohstoff durchaus 12 bis 27 Monate betragen (Nachhaltigkeit - 3). Die Vorlaufzeit ist durch die ständige Verfügbarkeit der Futures auf den Börsen sehr gering (Vorlaufzeit - 5) Futures kosten a priori keine Prämien und die Transaktionskosten an den Börsen sind unerheblich. Während der Laufzeit allerdings kann die Kapitalintensität durch den sog. Margin Call u.U. stark ansteigen (Implementierungsaufwand - 4).[854] Wie bereits ausführlich beschrieben, ist der Einsatz eines Futures mit einem nicht zu unterschätzenden Basisrisiko verbunden. Zusätzlich besteht bei Einsatz eines Futures natürlich immer die Gefahr, dass die Preise fallen, die SC-Partner aber wegen der symmetrischen Absicherung davon nicht profitieren können und evtl. Wettbewerbsnachteile in Kauf nehmen müssen (Risikointensität - 3). Die Know-how-Anforderungen sind je nach Verfügbarkeit angemessener Futures unterschiedlich, generell aber moderat einzuschätzen. Es bestehen auch keine besonderen SC-Kooperationsanforderungen beim Einsatz von Commodity Futures, außer dass die Rohstoffbedarfe sauber gebündelt und der Einsatz unternehmensübergreifend erfolgen sollte (Know-how-Anforderungen - 4, SC-Kooperationsanforderungen - 4). Die Charakterisierung des Commodity Future ist in Abbildung 5.19 zusammengefasst.

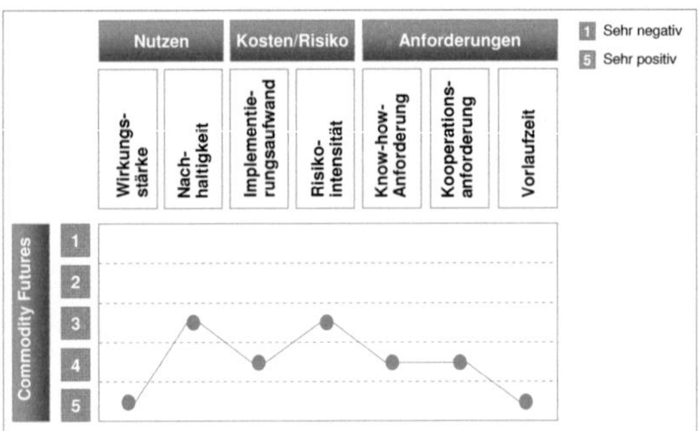

Abbildung 5.19: Charakterisierung Handhabungsmaßnahme Commodity Futures

[854] Vgl. Fisher/Kumar (2010), S. 3.

5.3.2.2 Commodity Swaps

Bei einem klassischen Commodity Swapgeschäft (einem sog. Plain Vanilla Swap) verpflichtet sich eine Swappartei, der anderen für eine festgelegte Menge eines qualitativ spezifizierten Rohstoffs in einem bestimmten Zeitraum einen fixen Preis pro Maßeinheit zu bezahlen und im Gegenzug einen variablen Preis zu erhalten.[855] Commodity Swaps sind individuell verhandelbare OTC-Geschäfte und werden meist direkt zwischen zwei Industrieunternehmen oder einem Industrieunternehmen und einer Bank abgeschlossen.[856] Von ihrer Struktur her sind Swaps eine Reihe von Forwardkontrakten auf einen Rohstoff mit unterschiedlichen Laufzeiten, aber identischen Abrechnungspreisen.[857] Der konstante Abrechnungspreis – die sog. Swap Rate – wird bei Abschluss des Geschäfts für die gesamte Vertragslaufzeit fixiert. Der variable Preis orientiert sich meist an institutionalisierten Preisen auf Börsen oder von unabhängigen Informationsdienstleistern zzgl. potenzieller Aufschläge, wenn die Vertragsspezifikationen von denen der der Preisgenerierung zu Grunde gelegten Annahmen abweichen. D.h., das Underlying des Swaps muss ex-ante explizit definiert werden, da die Preisschwankungen im Laufe der Kontraktlaufzeit je nach Vertragsspezifikation betreffend Lieferdatum, Lieferort und Qualität abweichen können.[858] Die grundsätzliche Struktur und die Zahlungsströme eines Plain Vanilla Swaps aus dem Blickwinkel eines rohstoffbeschaffenden Unternehmens sind in Abbildung 5.20 dargestellt.

Auf Grund der individuellen Gestaltbarkeit des Swaps kann das Basisrisiko auf ein Minimum reduziert werden. Wenn zusätzlich 100% des benötigten Rohstoffvolumens von dem Swap abgedeckt sind, resultiert dies in einem perfekten Hedge: Das Risiko ist wäh-

[855] Vgl. Cusatis/Thomas (2005), S. 220, Das (2006), S. 480. Der erste bekannte Commodity Swap wurde 1986 für vier Monate auf 25.000 Barrel Öl pro Monat zwischen einer asiatischen Airline und einer Raffinerie von der Chase Manhatten Bank vermittelt. Heute kann ein Ölpreisswap leicht mit einem Volumen von bis zu 200.000 Barrel pro Monat abgeschlossen werden. Vgl. Lerner/ Metha (1996), S. 31.

[856] Früher war der Swaps-Markt fast ausschließlich von Kreditinstituten geprägt. Noch heute fungieren Banken oft als sog. Swaps-Broker, die das Geschäft zwischen zwei Vertragsparteien organisieren. Vgl. United Nations Conference on Trade and Development (UNCTAD) (1998), S. 36 f.

[857] Vgl. Jorion (2000), S. 130, Kohn (2004), S. 481, Das (2006), S. 472, Hull (2009), S. 147.

[858] Vgl. Das (2006), S. 479.

[859] Eigene Darstellung. In Anlehnung an Wöhe/Bilstein (2002), S. 340, Das (2006), S. 477.

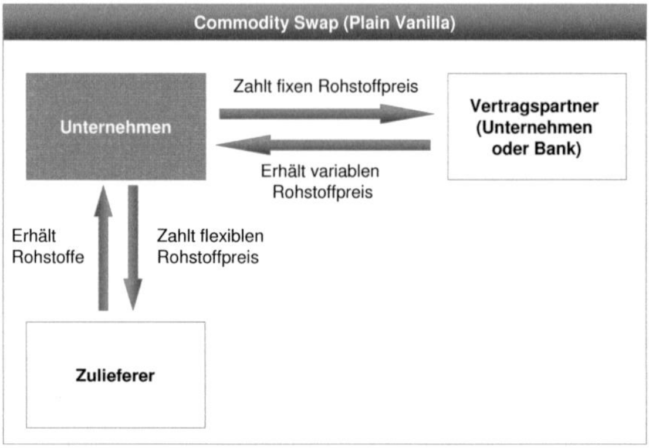

Abbildung 5.20: Hedging mit Commodity Swaps[859]

rend der Laufzeit auf null reduziert (Wirkungsstärke - 5).[860] Ein weiterer wesentlicher Vorteil eines Swaps ist seine lange Laufzeit, die bis zu 20 Jahre betragen kann (Nachhaltigkeit - 4)[861] und die Tatsache, dass – in Abweichung zum Forward – kein physischer Austausch des Vertragsgegenstandes erfolgt, sondern die Zahlungsströme auf Nettobasis in einem individuell bestimmbaren Rhythmus ausgeglichen werden. Plain Vanilla Swaps eignen sich demnach gut zur Reduktion des Rohstoffpreisrisikos bei immer wiederkehrenden Beschaffungsvorgängen, wie sie in der Automobilindustrie regelmäßig auftreten.[862]

Der vollständige Ausschluss des Rohstoffpreisrisikos resultiert allerdings auch in einem vollständigen Ausschluss der Chance, von positiven Preisentwicklungen zu profitieren. Zusätzlich weist der Swap auf Grund der individuellen Verhandelbarkeit und des direkten Vertragsabschlusses mit einem Unternehmen/Bank u.U. hohe Suchkosten nach einem Vertragspartner sowie ein Adressenausfallrisiko auf (Risikointensität - 4). Dieser Effekt

[860] Vgl. STEPHENS (2001), S. 134, HANNEMANN (2005), S. 255, PRIERMEIER (2005), S. 236.

[861] Die Mehrheit der Commodity Swaps hat allerdings eine Laufzeit von eins bis sieben Jahren. Vgl. UNITED NATIONS CONFERENCE ON TRADE AND DEVELOPMENT (UNCTAD) (1998), S. 37, GREBE (1993), S. 237 f., CUSATIS/THOMAS (2005), S. 221, DAS (2006), S. 480.

[862] Vgl. CUSATIS/THOMAS (2005), S. 220, DAS (2006), S. 497. Insgesamt muss aber gesagt werden, dass die Nutzung von Swaps im Bereich des Rohstoffpreisrisikomanagements weit hinter der Nutzung dieses Instruments im Rahmen von Währungspreis- oder Zinsrisikomanagement zurückbleibt. Vgl. HULL (2009), S. 173. Diese Tatsache spiegelt sich auch in der Untersuchung der drei Automobilunternehmen in Kapitel 4 wider.

wird durch die Tatsache verstärkt, dass der Wettbewerb auf dem Markt für Commodity Swaps – insbesondere spezifischere Metalle – derzeit nicht besonders groß ist. Dies kann zu limitierter Markttransparenz und in Verbindung mit wenig liquiden und verlässlichen Referenzpreisen zu Manipulationen der Preise und damit sehr hohen Kosten führen (Implementierungsaufwand - 3).[863] Zudem ist damit zu rechnen, dass die Suche nach einem Vertragspartner u.U. einige Zeit in Anspruch nimmt und den Einsatz der Maßnahme verzögert (Vorlaufzeit - 3). Die Durchführung eines Plain Vanilla Swaps ist allerdings auch für weniger erfahrene Unternehmen ohne Weiteres möglich (Know-how-Anforderung - 4) und die unternehmensübergreifende Durchführung eines Swaps verlangt keine weitere Kooperation zwischen den SC-Partnern (SC-Kooperationsanforderung - 4). Insgesamt macht der Einsatz von Commodity Swaps vor allen Dingen dann Sinn, wenn starke Anstiege des jeweiligen Rohstoffpreises erwartet werden.[864] Alles in allem ergibt sich entlang der sieben in Kapitel 5.3.1 erarbeiteten Kriterien für den Plain Vanilla Commodity Swap die in Abbildung 5.21 dargestellte Charakterisierung.

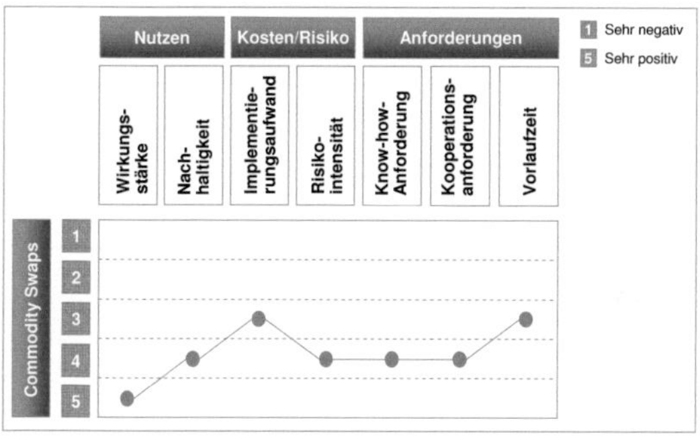

Abbildung 5.21: Charakterisierung Handhabungsmaßnahme Commodity Swap

Neben dem klassischen Plain Vanilla Swap existiert eine kaum zu überblickende Vielfalt an unterschiedlichen Swaps mit verschiedenen Ausgestaltungsmöglichkeiten. So kann ver-

[863] Durch den individuellen Vertragsabschluss ist es – ähnlich zum Forward – auch relativ schwierig den Swap vorzeitig aufzulösen. Vgl. UNITED NATIONS CONFERENCE ON TRADE AND DEVELOPMENT (UNCTAD) (1998), S. 36.

[864] Bei einer Rohstoffpreisreduzierung wären die SC-Partner ohne den Swap besser gestellt.

einbart werden, dass der Swap erst nach Ablauf einer bestimmten Frist in Kraft tritt[865] oder dass eine der Nettoausgleichszahlungen in einer Fremdwährung durchgeführt und auf diese Weise das Wechselkursrisiko auf die Vertragsgegenseite überwälzt wird.[866] Des Weiteren existieren auch sog. Swaptions, die eine Mischung zwischen einem Swap und einer Option darstellen und die Flexibilität des Käufers weiter erhöhen. Hier wird dem Käufer z.B. das Recht eingeräumt, mit dem Verkäufer überhaupt einen Swap abzuschließen, die Laufzeit eines Swaps zu verlängern (Extendible Swap) oder auch das vereinbarte Volumen, z.B. die Rohstoffmenge, um einen im Vorhinein festgelegten Anteil zu erhöhen (Variable Volume Swap).[867] Darüber hinaus existieren sog „Participation Swaps", die die Zahlungsströme nur zu einem bestimmten Prozentsatz an die Entwicklung des variablen Preises koppeln.[868]

Eine besonders interessante Swapvariante stellen die sog. „Differential Swaps " dar. Diese können eingesetzt werden, um den Preisunterschied zwischen zwei Underlyings zu fixieren,[869] d.h. diese Swaps sichern das Basisrisiko eines normalen Hedging Geschäftes ab.

Die reale Verfügbarkeit von Swaps für die in der aktuellen Arbeit im Fokus stehenden Rohstoffe Stahl und Aluminium ist sehr unterschiedlich. So existiert eine ganze Reihe von Aluminium-Swaps. Die Definition der gewünschten Qualitäten und die Bestimmung der jeweiligen Swap Rate stellt auf den ausgereiften Aluminiummärkten keine Schwierigkeit dar. Die Verfügbarkeit von Swaps zur Absicherung von Stahlpreisrisiken ist auf Grund der weniger weit entwickelten Märkte und der Schwierigkeit der Standardisierung weitaus limitierter. Es existieren zwar mittlerweile einige verlässliche und robuste Stahlpreisinformationen, die zur Bestimmung der Swap Rate herangezogen werden können, doch ist das Marktpotenzial auf Grund der zahlreichen verschiedenen Stahlsorten gering. So werden

865 Diese werden „Forward Swaps" oder auch „Deferred Start Swaps" genannt. Vgl. Das (2006), S. 487.
866 Vgl. Das (2006), S. 490.
867 Vgl. Lerner/Metha (1996), S. 32, Das (2006), S. 487 f., Bloss/Ernst (2008), S. 158.
868 Wenn z.B. der Preis für einen Rohstoff auf 80 Dollar fixiert wurde und während der Laufzeit auf 90 steigt, dann wird bei einem „Participation 50 Swaps" nur eine Ausgleichszahlung von fünf Dollar fällig. Vgl. Kellett (2005), S. 13 f. Dieser Effekt kann selbstverständlich auch durch die Reduzierung des Swapvolumens auf 50% erreicht werden.
869 Vgl. Kellett (2005), S. 11 ff.

zwar immer wieder auch größere Stahl-Swaps abgeschlossen, doch scheinen diese relativ kurze Laufzeiten zu haben und auch meist ohne Beteiligung eines Kreditinstituts durchgeführt zu werden.[870] Die Suche nach einem Vertragspartner wird sich dementsprechend als relativ schwierig und zeitaufwendig gestalten. In den letzten Monaten hat sich allerdings ein wachsender Markt für Eisenerz-Swaps etabliert.[871] Durch den hohen Anteil der Eisenerzkosten in der Stahlproduktion kann der Einsatz von Eisenerz-Swaps in einer sehr frühen Phase der Stahlverarbeitung die Volatilität des Stahlpreises für alle SC-Partner erheblich reduzieren.[872] Für aussagekräftige empirische Untersuchungen der Korrelationsbeziehung ist die derzeitige Datengrundlage nicht breit genug. Es ist allerdings davon auszugehen, dass ein erhebliches Basisrisiko durch den Einsatz von Eisenerzswaps zur Absicherung von Stahlpreisen resultiert.

Ein unternehmensübergreifend koordinierter Einsatz von Swaps bietet aber nicht nur Vorteile beim Preisrisikomanagement von Eisenerz. Unabhängig vom Rohstoff, wird durch die Möglichkeit Swapvolumen zu bündeln, die Auswahl an potenziellen Vertragspartnern erhöht. Zudem müssen insgesamt weniger Swaps abgeschlossen werden, was die Suchkosten nach Vertragspartnern reduziert. Der Abschluss größerer Swaps mit weniger Vertragspartnern erhöht allerdings auch das Adressenausfallrisiko. Außerdem erfordert die Zusammenlegung der Volumen – wie auch schon im Falle der Commodity-Futures – eine hohe Transparenz innerhalb der Unternehmen und großes Vertrauen zwischen den Vertragspartnern.[873]

---

870 So hat z.B. Koch Supply & Trading einen 18-Monats-Swap über HRC und CRC mit einem stahlverarbeitenden US-Unternehmen abgeschlossen. Vgl. o.V. (2010h).

871 Die Deutsche Bank und die Credit Suisse begannen in 2008 Eisenerz-Swaps aufzusetzen. Die Swap Rate wird auf Basis der veröffentlichten Preisindizes, wie z.B. von „The Steelindex", bestimmt. Auch das Clearing wird gegen die Indexpreiswerte durchgeführt. Zahlreiche andere Banken wie Morgan Stanley, Macquarie oder Barclay Capital folgten. Kurz darauf begannen auch Börsen derartige OTC-Eisenerz-Swaps anzubieten – z.B. Singapur, LCH.Clearnet, IntercontinentalExchange (ICE) sowie die CME. Der CME-Kontrakt hat beispielsweise eine Laufzeit von 24 Monaten und ein Mindestvolumen von 500 dmt (dry metric tons). Vgl. BLAS (2010).

872 Vgl. o.V. (2010d), o.V. (2010e). Ähnlich auch STEPHENS (2001), S. 122.

873 Ist aber, wie in Kapitel 5.1.2 herausgearbeitet, Grundvoraussetzung für das Rohstoffpreisrisikomanagement in der SC.

5.3.2.3 Commodity-Optionen

Die bisher vorgestellten unbedingten Termingeschäfte (Futures, Forwards und Swaps) sind alle linearer, symmetrischer Natur und eliminieren sowohl das Rohstoffpreisrisiko (sowohl die Gefahr auf Grund steigender Rohstoffpreise als auch die Chance auf Grund fallender Rohstoffpreise) vollständig. Die in diesem Kapitel zu behandelnden bedingten Termingeschäfte – Commodity-Optionen – sind wegen ihres asymmetrischen Risikoprofils eine Möglichkeit, das Risiko zu begrenzen, aber gleichzeitig von einer positiven Preisbewegung zu profitieren.[874] Commodity-Optionen werden teils standardisiert an Börsen und teils individuell verhandelbar auf OTC-Märkten gehandelt.[875] Der Käufer (Long Position) einer Commodity-Option erwirbt das Recht, innerhalb einer vorgegebenen Frist (amerikanische Option) oder zu einem bestimmten Termin (europäische Option) die dem Vertrag zu Grunde gelegte Ware (Underlying) zu einem vorher bestimmten Preis (Strikepreis) zu verkaufen (Put) oder zu kaufen (Call).[876] Eine Pflicht ist damit nicht verbunden. Für dieses Recht zahlt der Käufer dem Verkäufer der Option (Short Position) eine Prämie.[877] Demnach existieren vier verschiedene Kombinationsmöglichkeiten (sog. Basisoptionen): Der Kauf einer Kaufoption (Long Call), der Verkauf einer Kaufoption (Short Call), der Kauf einer Verkaufsoption (Long Put) sowie der Verkauf einer Verkaufsoption (Short Put). Die Risikoprofile der vier Basisoptionen sind in Abbildung 5.22 illustrativ dargestellt.

Dabei ist zwischen zwei verschiedenen Arten von Commodity-Optionen zu unterscheiden. Auf der einen Seite existieren Optionen, die zum Kauf oder dem Verkauf eines bestimmten Rohstoffs zum vereinbarten Preis auf dem Spotmarkt berechtigen (meist OTC).[879] Auf der anderen Seite werden aber gerade im Bereich des Rohstoffhandels häufig Optionen emittiert, die nicht zum Bezug des Rohstoffs auf dem Spotmarkt, sondern

---

874 Vgl. Diggelmann (1999), S. 132.

875 Vgl. Kapitel 2.2.2. Oder auch Grebe (1993), S. 242.

876 Vgl. Kohn (2004), S. 477, Cusatis/Thomas (2005), S. 170.

877 Vgl. Müller (2005), S. 50, Siebers (1996), S. 52. Die Optionsprämie europäischer Optionen wird klassischerweise anhand des Black&Scholes-Modells bzw. des Binomialmodells ermittelt. Gerade das Black&Scholes-Modell basiert auf einigen Annahmen – wie z.B. der Normalverteilung – die die Anwendung in der Realität problematisch gestalten. Vgl. hierzu auch Humphreys/Shimko (1997), S. 117, Das (2006), S. 500 und Kapitel 5.2.2.

878 Eigene Darstellung. In Anlehnung an Hull (2009), S. 8, Eller (1999), S. 14 ff.

879 Vgl. Hull (2009), S. 344.

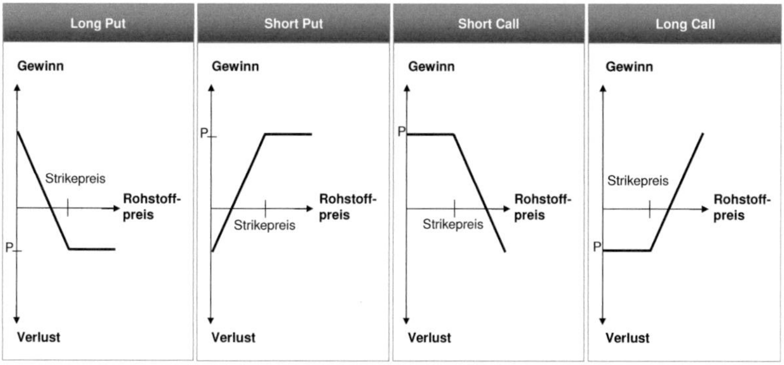

Abbildung 5.22: Risikoprofil Optionen[878]

zum Bezug eines Futures mit dem entsprechenden Rohstoff als Underlying berechtigen (meist börsennotiert).[880] Der Vorteil dieser Optionen ist, dass sie oft einfacher zu handeln sind. Das liegt insbesondere daran, dass bei Ausübung der Option noch immer die Möglichkeit besteht, den Future durch eine Geldzahlung zu schließen und die Ausübung nicht zwangsläufig die Lieferung der Ware nach sich zieht.[881] Der Nachteil des Einsatzes der Commodity-Optionen zum Bezug eines Futures ist das dann – analog zu den Ausführungen in Kapitel 5.3.2.1 – zu beachtende Basisrisiko.[882] Generell setzt die Verfügbarkeit dieser Optionen einen gut entwickelten Futuremarkt voraus, was bei vielen Rohstoffen – vor allem Stahl – nicht gegeben ist.

Die möglichen Optionsstrategien zur Handhabung der Rohstoffpreisrisiken in der SC sollen im Anschluss in elementare und kombinierte Strategien unterteilt und kurz charak-

880 Vgl. Stephens (2001), S. 135, Das (2006), S. 470, Hull (2009), S. 341.

881 Vgl. Geman (2005), S. 93, Hull (2009), S. 344.

882 Bei dem Einsatz dieser Art von Commodity-Optionen gilt wie für den Einsatz von Futures, dass ein Markt in Backwardation die Wahrscheinlichkeit eines positiven Hedgeergebnisses erhöht. Vgl. hierzu Kapitel 5.3.2.1 oder auch Stephens (2001), S. 137.

terisiert werden.[883] Im Rahmen der elementaren Optionsstrategien existieren vier potenzielle Handhabungsmaßnahmen (Long Call, Long Put, Short Call und Short Put). Auf Grund der Tatsache, dass eine rohstoffbeschaffende SC eine natürliche Short Position bezüglich der Rohstoffe innehat, können allerdings der Einsatz eines Short Call und eines Long Put zur Handhabung dieser Position sofort ausgeschlossen werden. Beide Optionen weisen ein Risikoprofil auf, das die bestehende Short Position noch verstärken würde. Dementsprechend kommt nur der Einsatz eines Long Call oder eines Short Put in Frage.

Der Einsatz eines Long Call bewirkt in Verbindung mit der Natural Short Position der rohstoffbeschaffenden SC-Partner die Bildung eines Synthetischen Long Put (Floor).[884] Sollte der Rohstoffpreis bei Fälligkeit über dem Strikepreis liegen, übt das betreffende Unternehmen die Option aus und bezieht den zu Grunde liegenden Rohstoff zu dem vertraglich fixierten Preis. Liegt jedoch der Rohstoffpreis bei Fälligkeit der Option unter dem Strikepreis, beziehen die SC-Partner die benötigten Rohstoffe auf dem Kassamarkt und lassen die Option verfallen. Unter der Voraussetzung eines perfekten Hedges, ist die Gefahr von Rohstoffpreisanstiegen vollständig gebannt (Wirkungsstärke - 5). Die für die Unternehmen günstige Rohstoffpreisentwicklung (Chance) kann – abzüglich der gezahlten Optionsprämie – in verminderte RK und damit verminderte RKaR pro Endprodukt umgemünzt werden.[885] Der Einsatz des Long Call macht insofern immer dann Sinn, wenn stark schwankende Preise erwartet werden.[886] Da Optionen nur sehr kurze Laufzeiten aufweisen (i.d.R. nicht mehr als sechs Monate), müsste für eine Absicherung über einen

[883] Elementare Strategien im Sinne dieser Arbeit sind durch den Einsatz von höchstens einer Option gekennzeichnet, während kombinierte Strategien mit Hilfe von zwei Optionen durchgeführt werden. Optionsstrategien mit mehr als zwei Basisoptionen wie der Butterfly oder der Condor werden als spekulative Instrumente angesehen und für den Einsatz im Rahmen des Rohstoffpreisrisikomanagements als nicht angemessen angesehen. Die in der vorliegenden Arbeit beschriebenen Hedgingstrategien beziehen sich ausnahmslos auf europäische Optionen, die erst bei Fälligkeit ausgeübt werden können.

[884] Die Benennung der Optionsstrategie soll sich im Anschluss immer danach richten, welche Optionen eingesetzt wurden und nicht was als Risikoprofil in Verbindung mit der natürlichen Short Position resultiert. Hintergrund dieser Vorgehensweise ist, dass die resultierenden Risikoprofile durch die natürliche Short Position erheblich verändert werden und es so leichter zu Missverständnissen kommen kann.

[885] Im schlechtesten Fall (Kassapreis = Strikepreis) verlieren die Unternehmen nur die Optionsprämie (Risikointensität - 4). Vgl. EDWARDS/MA (1992), S. 597.

[886] Wenn der Preis des Underlyings (des Rohstoffs) steigt, ist der Einsatz eines Long Futures immer besser, da so die Optionsprämie nicht anfällt. Vgl. STEPHENS (2001), S. 138 f., 142 f.

längeren Zeitraum eine Reihe zeitlich gestaffelter Long Calls eingesetzt werden (Nachhaltigkeit - 2).[887] Dieses Vorgehen ist recht teuer, da die Optionsprämie immer wieder neu aufgewendet werden muss (Implementierungsaufwand - 2).[888] Der Einsatz erfordert auf Grund der Tatsache, dass Optionen auf Rohstoffe oft nur OTC gehandelt werden eine längere Vorbereitung (Vorlaufzeit - 3). Die Durchführung dieser Maßnahme ist – die Verfügbarkeit einer entsprechenden Option vorausgesetzt – gestaltet sich etwas komplexer als die Anwendung eines Futures, ist aber dennoch als relativ unkompliziert einzuschätzen (Know-how-Anforderungen - 3) und erfordert praktisch keine über das normale Level hinausgehende Kooperation der SC-Partner (SC-Kooperationsanforderungen - 4).

Der Einsatz eines Short Put führt in Verbindung mit der Natural Short Position zur Bildung eines Synthetischen Short Call. Der Synthetische Short Call überwälzt das Rohstoffpreisrisiko nicht vollständig, sondern reduziert dieses nur um die Einnahme der Optionsprämie. Die Unternehmen verzeichnen folglich erst nachdem diese zusätzlichen Einnahmen „aufgebraucht" sind erhöhte RK pro Endprodukt (Wirkungsstärke - 2).[889] Die Kosten des Einsatzes sind auf Grund des Verkaufserlöses praktisch zu vernachlässigen (Implementierungsaufwand - 4). Diese Hedgingstrategie sichert somit starke Preiserhöhungen, wie sie auf Rohstoffmärkten üblicherweise vorkommen nicht ab, während Rohstoffpreissenkungen und die damit verbundene Chance der natürlichen Short Position von der negativen Wertentwicklung der Option fast vollständig eliminiert werden (Risikointensität - 2). Der Einsatz des Short Put ist nur dann empfehlenswert, wenn geringfügig steigende Preise erwartet werden. Was die restlichen vier Kriterien angeht, so unterscheiden sich der Long Call und der Short Put nicht. Diese zwei elementaren Optionsstrategien und die daraus resultierenden Risikopositionen sind illustrativ in Abbildung 5.23, die Charakterisierungen entlang der sieben in Kapitel 5.3.1 erarbeiteten Kriterien in Abbildung 5.24 zusammengefasst.

[887] Vgl. Das (2006), S. 500.

[888] Als Daumenregel kann von Kosten von 5-7% der abzusichernden Positionen ausgegangen werden. Vgl. Wildemann (2007), S. 2. Sie sollten daher tendenziell nur für eine Absicherung von wenigen Monaten, nicht aber für eine kontinuierliche Absicherung verwendet werden. Vgl. Krapels/Pratt (1998), S. 20, United Nations Conference on Trade and Development (UNCTAD) (1998), S. 35.

[889] Vgl. Edwards/Ma (1992), S. 601.

[890] Eigene Darstellung. In Anlehnung an Edwards/Ma (1992), S. 575 ff., Hull (2009), S. 220.

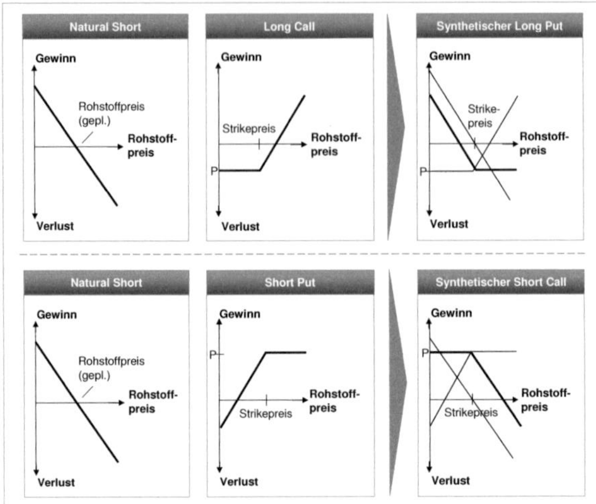

Abbildung 5.23: Elementare Hedgingstrategien mit Optionen[890]

Im Rahmen der kombinierten Optionsstrategien für das Rohstoffpreisrisikomanagement eines rohstoffbeschaffenden Unternehmens existieren zahlreiche potenzielle Handhabungsmaßnahmen.[891] Durch die Tatsache, dass jedes rohstoffbeschaffende Unternehmen bereits eine zukünftige natürliche Short Position inne hat und die Handhabungsmaßnahme demnach eine zumindest partiell gegenläufige Risikoposition (d.h. Gewinne bei steigenden Rohstoffpreisen) aufweisen sollte, ist nicht jede dieser potenziellen Handhabungsmaßnahmen gleichermaßen sinnvoll. Die Kombinationen Long Put/Short Call (Bear Corridor), Long Put/Short Put (Bear Put Spread) sowie Long Call/Short Call (Bear Call Spread)[892]

891 Alleine aus der Kombination der vier Basisoptionen unter Berücksichtigung der Regel, dass nur immer zwei dieser Basisoptionen miteinander kombiniert werden sollen, ergeben sich sechs Handhabungsmaßnahmen. Durch die Kombination der Basisoptionen mit unterschiedlichen Strikepreisen können teilweise noch einmal leichte Veränderungen der Optionsstrategien erreicht werden. Die Bezeichnungen der Optionsstrategien sind in der wissenschaftlichen Literatur sehr intransparent und folgen keinem festen Muster. Teilweise wird nur die Kombination von zwei Optionen mit einer gesonderten Bezeichnung versehen (z.B. Straddle), teilweise wird aber auch die Kombination von zwei Optionen inkl. einer bestehenden Long oder Short Position des Underlyings mit einem separaten Namen bedacht (z.B. Collar). Im weiteren Verlauf soll nur die Kombination der zwei Basisoptionen den Namen der Optionsstrategie bestimmen.

892 Long Put/Short Put sowie Long Call/Short Call werden nur unter der Voraussetzung zu einem Bear Spread, dass die verkaufte Option den kleineren Strikepreis aufweist.

und Short Call/Short Put (Short Straddle bzw. Strangle)[893] erfüllen diese Anforderung nicht und sollen aus diesem Grund nicht weiter thematisiert werden.

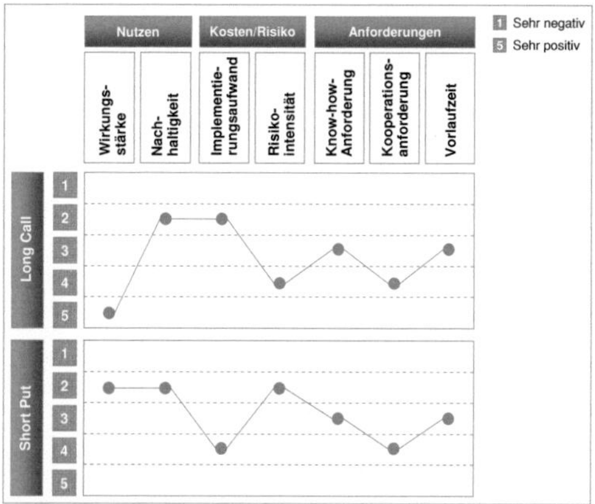

Abbildung 5.24: Charakterisierung Handhabungsmaßnahmen elementare Optionsstrategien

Die erste erfolgsversprechende kombinierte Optionsstrategie ist der Bull Corridor. Dieser besteht aus einem Long Call mit einem hohen und einem Short Put mit einem relativ niedrigen Strikepreis, aber identischer Laufzeit.[894] Er führt in Kombination mit der natürlichen Short Position der Unternehmen dazu, dass das Unternehmen nur in einem kleinen Rohstoffpreisbereich (Differenz der Strikepreise) dem Rohstoffpreisrisiko unvermindert ausgesetzt ist. Hohe Verluste und auch hohe Gewinne sind unter Einsatz dieser Strategie – unabhängig von der realen Schwankung der Rohstoffpreise – nicht möglich (Wirkungsstärke - 4). Ein weiterer großer Vorteil des Bull Corridors sind die sich gegenläufig verhaltenden Optionsprämien. Die für den Long Call gezahlte Optionsprämie wird durch die eingenommene Prämie für den Short Put zumindest teilweise kompensiert und damit werden die Kosten der Maßnahmen erheblich reduziert (Implementierungsaufwand

893 Beim Straddle sind die Strikepreise identisch.

894 Vgl. Das (2006), S. 501. Werden der Long Call und der Short Put abweichend zu der oben beschriebenen Strategie des Bull Corridors mit identischen Strikepreisen kombiniert, ergibt sich ein Synthetischer Long Future. Vgl. Eller (1999), S. 23, Steiner/Bruns (2002), S. 529. Kosten eines synthetischen Futures sind ca. 2-2,5-mal so hoch wie bei einem herkömmlichen Future. Vgl. Stephens (2001), S. 147 ff. Im Gegenzug entfallen allerdings die täglichen Ausgleichszahlungen weitgehend. Vgl. Edwards/Ma (1992), S. 584 f.

- 3).[895] Um den Bull Corridor effizient zu generieren, ist ein Mindestmaß an Expertise gefordert. So ist bereits die Wahl des geeigneten Strikepreises nicht trivial (Know-how-Anforderungen - 3).[896] Der Bull Corridor eröffnet dem Anwender die Möglichkeit, bei entsprechender Rohstoffpreisentwicklung den Short Put loszuwerden und auf diese Weise von fallenden Rohstoffpreisen zu partizipieren (Risikointensität - 3). Bezüglich der anderen Kriterien – Nachhaltigkeit, Vorlaufzeit sowie SC-Kooperationsanforderungen – verhält sich der Bull Corridor wie die Maßnahmen Long Call oder Short Put. Es ist empfehlenswert, den Bull Corridor nie von Anfang an als Hedgingstrategie zu wählen. Vielmehr sollte anfänglich nur der elementare Long Call eingesetzt werden. Wenn sich der Rohstoffpreis nun erhöht bzw. sich aller Voraussicht nach kaum von seiner Ausgangsposition entfernen wird und damit Gewinne (durch Rohstoffpreisreduzierungen über einen potenziellen Strikepreise eines Short Put hinaus) unwahrscheinlicher werden, macht das zusätzliche Eingehen eines Short Put Sinn. So wird die netto gezahlte Optionsprämie noch einmal verringert.[897] Der Einsatz eines Bull Corridors macht demnach nur Sinn, wenn erwartet wird, dass die Rohstoffpreise zukünftig steigen bzw. sehr geringfügig (höchstens in Höhe des Strikepreises des Short Put) fallen.

Die zweite kombinierte Optionsstrategie ist der Bull Call Spread. Dieser besteht meist aus einem Long Call zu einem niedrigen Strikepreis und einem Short Call mit einem relativ höheren Strikepreis mit identischer Laufzeit.[898] In Kombination mit der natürlichen Short Position der Unternehmen eliminiert er das Risiko steigender Rohstoffpreise (Gefahr) sowie fallender Rohstoffpreise (Chance) nicht vollständig, sondern nur in einem bestimmten Bereich (Differenz der Strikepreise). Steigt der Rohstoffpreis stark an, verbucht das Unternehmen weiterhin steigende RK und RKaR pro Endprodukt (Wirkungsstärke - 2). Der

[895] Vgl. EDWARDS/MA (1992), S. 602.
[896] Vgl. AHN/BOUDOUKH/RICHARDSON (1999), S. 359.
[897] Vgl. eine ähnliche Argumentation in STEPHENS (2001), S. 210.
[898] Vgl. DAS (2006), S. 500. Der Bull Spread kann auch mit Hilfe von Puts reproduziert werden. Er wird in diesem Fall Bull Put Spread genannt.

Vorteil des Bull Call Spread ist, dass er durch die gegenläufigen Optionsprämien analog zum Corridor verminderte Kosten aufweist (Implementierungsaufwand - 3).[899]

Alle anderen Kriterien verhalten sich analog zum Bull Corridor. Der Bull Call Spread sollte allerdings, ähnlich dem Synthetischen Short Call, nur dann zur Anwendung kommen, wenn nach ausführlicher Rohstoffpreisrisikoanalyse keine starken Rohstoffpreisschwankungen erwartet werden. Analog zu der Argumentation im Rahmen des Bull Corridors ist es auch nicht empfehlenswert, den Bull Call Spread von Anfang an als Hedgingstrategie zu wählen. Auch hier sollte anfänglich nur der elementare Long Call eingesetzt werden, um sich nicht dem Risiko von Verlusten bei steigenden Rohstoffpreisen auszusetzen. Wenn der Rohstoffpreis nun sinkt oder aller Voraussicht nach nur leicht um seinen Ausgangswert schwankt und dadurch Verluste – durch Rohstoffpreiserhöhungen – bis zum Ende der Laufzeit über den potenziellen Strikepreis eines Short Call unwahrscheinlicher werden, macht das zusätzliche Eingehen eines Short Calls Sinn. Dies verringert wie auch schon im Falle des Bull Corridors die gezahlte Netto-Optionsprämie. Der Einsatz eines Bull Call Spread macht demnach nur Sinn, wenn erwartet wird, dass die Rohstoffpreise zukünftig fallen bzw. sehr geringfügig (höchstens in Höhe des Strikepreises des Short Call) steigen.

Die dritte und letzte kombinierte Optionsstrategie ist der Long Straddle bzw. Strangle. Dieser besteht aus einem Long Put und einem Long Call mit entweder identischen Strikepreisen (Straddle) oder einem kleineren Strikepreis auf Seiten des Long Put (Strangle). Diese Optionsstrategie führt in Kombination mit der natürlichen Short Position der Unternehmen zu einer Art synthetischem Long Put. Die anwendenden SC-Partner sind gegen Preiserhöhungen vollständig abgesichert (Wirkungsstärke - 5). Allerdings profitieren die Unternehmen bei sinkenden Preisen doppelt: Zum einen gewinnt die Option an Wert, zum anderen trägt auch die natürliche Short Position zu einem positiven Ergebnis bei (Risikointensität - 2). Ziel dieser Optionsstrategie ist folglich, nicht nur die Risiken zu managen, sondern auch einen Profit zu erzielen.[900] Die Kosten des Straddle bzw. des

[899] Vgl. Edwards/Ma (1992), S. 600, Das (2006), S. 501. Ein Bull Call Spread resultiert allerdings immer in einem Verlust bezüglich der Prämien. Der Long Call mit niedrigerem Strikepreis wird immer teurer sein als der verkaufte Call mit dem höheren Strikepreis. Vgl. Krapels/Pratt (1998), S. 26.

[900] Vgl. Stephens (2001), S. 211 Krapels/Pratt (1998), S. 30.

Strangle sind als relativ hoch anzusehen, da beide Optionen gekauft werden müssen und folglich keine Kompensation der Optionsprämien stattfinden kann (Implementierungsaufwand - 2). Die vier verbleibenden Kriterien sind für den Long Straddle/Strangle analog dem Bull Call Spread zu bewerten. Der Einsatz eines Long Straddle bzw. Strangle macht nur dann Sinn, wenn erwartet wird, dass die Rohstoffpreise stark fallen.

Diese drei kombinierten Optionsstrategien und die daraus resultierenden Risikopositionen sind illustrativ in Abbildung 5.25, die Charakterisierungen entlang der sieben in Kapitel 5.3.1 erarbeiteten Kriterien in Abbildung 5.26 zusammengefasst.

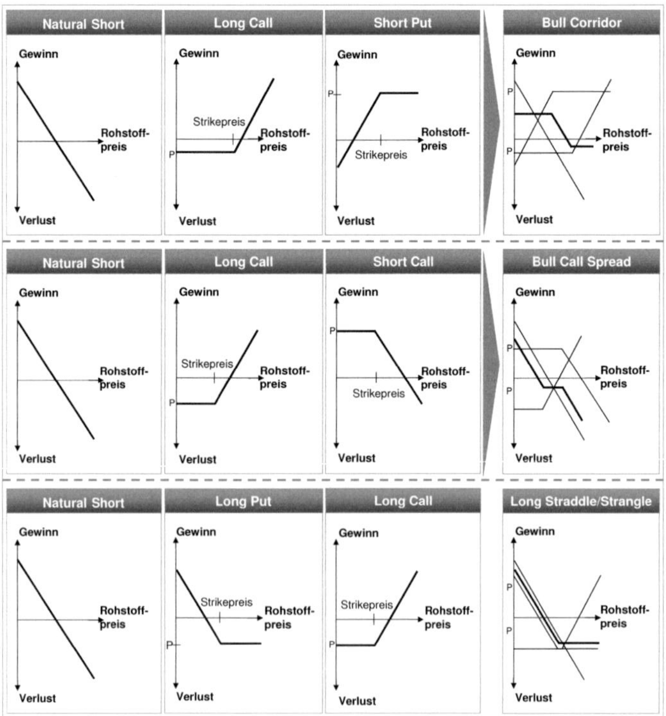

Abbildung 5.25: Kombinierte Hedgingstrategien mit Optionen[901]

[901] Eigene Darstellung. In Anlehnung an Edwards/Ma (1992), S. 600 ff., Das (2006), S. 499 ff.

Neben den elementaren und kombinierten Optionsstrategien existiert noch eine ganze Reihe von sog. exotischen Optionen, die typischerweise OTC gehandelt werden.[902] Bestimmte Formen dieser exotischen Optionen stellen eine interessante Alternative zu den herkömmlichen Maßnahmen im Rahmen des Rohstoffpreisrisikomanagements in der SC dar und sollen hier der Vollständigkeit halber kurz vorgestellt werden.[903]

- Lookback Option: Hier hat der Käufer das Recht, bei Auslauf der Option das vereinbarte Volumen des Rohstoffs zu dem niedrigsten Preis innerhalb der Laufzeit (bzw. eines bestimmten Zeitraums) zu kaufen.[904]
- Shout Option: Eine europäische Option, bei der der Käufer einmal während der Laufzeit einen aktuellen Preis des Underlyings als Strikepreis fixieren kann.[905]
- Asiatische Option: Strikepreis ist der Durchschnittswert des Preises des Unterlyings während der Vertragslaufzeit bzw. einem Teil der Vertragslaufzeit.[906]
- Extendable Option: Hier hat der Käufer das Recht, je nach Ausgestaltung entweder die Laufzeit der Option oder das ursprünglich vereinbarte Volumen zu erhöhen.[907]
- Knock-in Option: Eine Unterart der sog. Barrier-Optionen, die durch das Eintreten bestimmter Ereignisse aktiviert oder deaktiviert werden und in der Regel etwas günstiger sind als die Basisoptionen.[908] Im Rahmen des Rohstoffpreisrisikomanagements aus Sicht eines rohstoffbeschaffenden Unternehmens macht nur eine Knock-in Option Sinn, die bei Überschreitung eines bestimmten Preises aktiviert wird.

[902] Vgl. Bloss/Ernst (2008), S. 159.
[903] Eine ausführliche Charakterisierung dieser exotischen Optionen würde den Rahmen der vorliegenden Arbeit sprengen. Der interessierte Leser sei verwiesen auf die jeweils angegebene Literatur.
[904] Vgl. Briys et al. (1998), S. 392.
[905] Vgl. Hull (2009), S. 563.
[906] Vgl. Hull (2009), S. 564. Ähnlich funktionieren auch sog. Average-Optionen. Asiatische Optionen sind gerade im Bereich der Rohstoffpreisrisiken von wachsender Bedeutung. Vgl. Geman (2005), S. 127.
[907] Vgl. Briys et al. (1998), S. 314 ff.
[908] Vgl. Geman (2005), S. 135.

- Quanto Option: Diese exotische Option bietet die Möglichkeit, das Rohstoffpreis- und das Währungspreisrisiko gemeinsam zu managen.[909] Die Gegenpartei ist bei Ausübung der Option verpflichtet, eine bestimmte Währung zu einem im Vorhinein festgelegten Kurs in eine andere Währung umzutauschen.[910]

- Basket Option: Hier wird eine Option für einen ganzen Strauß an unterschiedlichen Rohstoffen abgeschlossen. Durch diese Bündelung ist die Absicherung insgesamt günstiger, als wenn alle Rohstoffe einzeln abgesichert werden müssten.[911]

Die Verfügbarkeit der Commodity-Optionen für die Rohstoffe Aluminium und Stahl ist sehr differenziert zu beurteilen. Der Markt für Optionen, die zum Kauf von Futures auf den großen Rohstoffbörsen berechtigen, ist für Aluminium relativ weit entwickelt. Für Stahl bzw. Eisenerz sind auf Grund des wenig ausgereiften Futuremarktes keine derartigen Optionen verfügbar. Über die Situation für OTC-Optionen, die zum Kauf der Waren auf den Spotmärkten berechtigen, liegen traditionell nur sehr wenige Informationen vor. Es ist allerdings davon auszugehen, dass auch hier für Aluminium-Optionen wesentlich einfacher adäquate Vertragspartner gefunden werden können als für entsprechende Stahl-Optionen. Dabei gilt, je exotischer die Option, desto schwieriger die Suche nach einem Vertragspartner.

Der unternehmensübergreifende Einsatz von Commodity-Optionen bietet, wie auch der Einsatz von Commodity Futures und Swaps, einige Vorteile gegenüber einem unternehmensindividuellen Einsatz. So wird der redundante Abschluss von Optionen zur Handhabung der Rohstoffpreisrisiken vermieden. Des Weiteren ist davon auszugehen, dass der Abschluss von Optionen über größere Volumen Transaktionskosten spart. Außerdem ist die Suche nach einem Transaktionspartner auf Grund der vielfältigen bereits bestehenden Kontakte der unterschiedlichen SC-Partner vereinfacht.

---

909 Vgl. Geman (2005), S. 138.

910 Vgl. Das (2006), S. 502, Bloss/Ernst (2008), S. 160.

911 Vgl. Willnow (1996), S. 95.

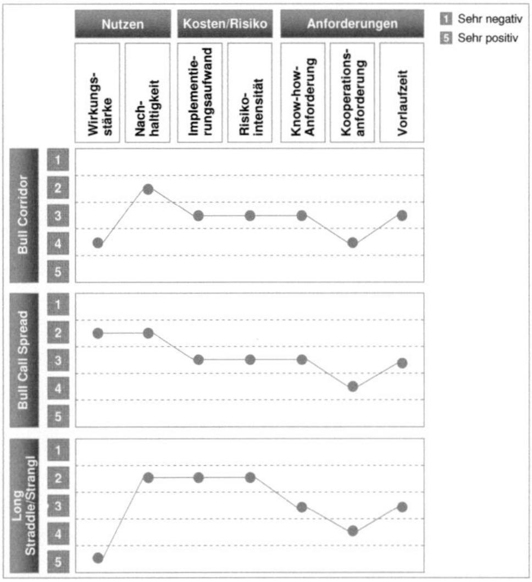

Abbildung 5.26: Charakterisierung Handhabungsmaßnahmen kombinierte Optionsstrategien

5.3.2.4 Investment in alternative Assets und Commodity Linked Notes

In der wissenschaftlichen Literatur findet sich immer wieder der Hinweis, dass neben dem Einsatz von Derivaten auch die Aktien eines rohstoffproduzierenden Unternehmens bzw. die zahlreichen Rohstoffindizes genutzt werden könnten, um sich gegenüber Rohstoffpreisrisiken abzusichern.[912] Unter Berücksichtigung der natürlichen Short Position der rohstoffbeschaffenden Unternehmen müssten die SC-Partner gemeinsam eine gegenläufige vom Volumen her korrespondierende Long Position in Form von Aktien rohstoffproduzierender Unternehmen bzw. Rohstoffindizes aufbauen. Im Idealfall würden sich die Bewegungen der beiden Positionen gegenseitig neutralisieren. Der Aufbau einer derartigen Position auf den weltweiten Börsenplätzen könnte sehr schnell durchgeführt werden und hätte eine sehr nachhaltige Wirkung (Vorlaufzeit - 4, Nachhaltigkeit - 5). Des Weiteren würden durch diese Maßnahme keine besonderen Know-how-Anforderungen gestellt

[912] Vgl. ROGERS (2005), S. 69.

(Know-how-Anforderungen - 4). Was die Kooperationsanforderungen angeht so sind diese etwas höher anzusetzen, da die unterschiedlichen SC-Partner die nachhaltige Finanzierung und das Management der alternativen Investments sicherstellen müssten (Kooperationsanforderungen - 2).

Gorton und Rouwenhorst (2004) untersuchten den Zusammenhang der Preisentwicklung von 17 Rohstoffen und Aktienkursen von jeweils assoziierten Unternehmen für einen Zeitraum von mehr als 40 Jahren. Das Ergebnis war ein teilweise stark unterschiedlicher Verlauf der Preisentwicklungen, was sich in einer Korrelation von 0,4 niederschlug. Im Vergleich dazu betrug die Korrelation der rohstoffassoziierten Unternehmen zu dem allgemeinen Aktienmarkt 0,57. Dies bedeutet, dass sich die Aktienkurse der Unternehmen tendenziell mehr wie der allgemeine Aktienmarkt und nicht wie der hauptsächlich produzierte Rohstoff entwickeln.[913] Grund der relativ niedrigen Korrelationen sind weitere, nicht mit der Rohstoffpreisentwicklung zusammenhängende Einflussfaktoren, wie lustlose Aktienmärkte, schlechtes Management oder auch bilanzpolitische Maßnahmen, die zu Bewegungen auf den Aktienmärkten führen.[914] Was das Investment in einen Rohstoffindex zur Rohstoffpreisrisikohandhabung angeht, so ist die Wirkung ebenfalls als sehr begrenzt einzuschätzen. Die automobilen SC benötigen zwar viele unterschiedliche Rohstoffe für ihren Produktionsprozess, allerdings spiegeln die auf den weltweiten Märkten gehandelten Indizes diese spezifischen Bedarfe nur unzureichend wider (Wirkungsstärke - 1).[915] Die Handhabung von Rohstoffpreisrisiken mit Hilfe von Aktien oder gängigen Rohstoffindizes hat nicht nur eine äußerst geringe Wirkung, sondern verursacht auch erhebliche Kosten (z.B. durch die immense Kapitalbindung) und erhöht in letzter Konsequenz das Risiko der SC (Aktienkursrisiko, weiteres Rohstoffpreisrisiko) (Implementierungsaufwand - 1, Risikointensität - 2).

Ein weiterer Ansatz zum Management von Rohstoffpreisrisiken kann der Kauf von Immobilienfonds in rohstoffreichen Gegenden sein. Diesem Ansatz liegt der Gedanke zu

[913] Vgl. für Details der Untersuchung Gorton/Rouwenhorst (2004), S. 26 f.
[914] Vgl. Rogers (2005), S. 70-72.
[915] So besteht z.B. der populäre Goldman Sachs Commodity Index (GSCI) zu 70% aus Energieprodukten. Vgl. Hofmann/Wessely (2008), S. 146, Rogers (2005), S. 16 f.

Grunde, dass sich z.B. Grundstückspreise in rohstoffreichen Gegenden parallel zu den dort hauptsächlich geförderten Rohstoffpreisen entwickeln. Tendenziell wird diese Hypothese durch die Preisentwicklung von Immobilien in rohstoffreichen Ländern wie Kanada, Neuseeland, Australien oder Chile unterstützt.[916] Allerdings gilt auch hier, dass der Wert von Immobilien maßgeblich von weiteren Einflussfaktoren abhängig ist und somit die Investition in Immobilien die Aufnahme zusätzlicher Risiken bedeutet. Diese Maßnahme sollte daher keinesfalls nur aus Gründen der Rohstoffpreisrisikohandhabung durchgeführt werden, sondern nur dann, wenn der Kauf einer Immobilie auch aus operativen Gründen sinnvoll erscheint. In Abbildung 5.27 ist die Charakterisierung der Maßnahmen des Investments in alternative Assetklassen entlang der sieben Kriterien zusammengefasst.

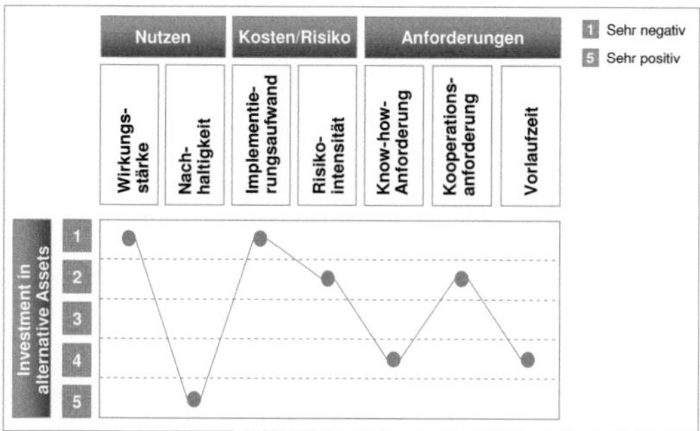

Abbildung 5.27: Charakterisierung Handhabungsmaßnahme Investment in alternative Assets

Eine weitere finanzwirtschaftliche Maßnahme ist der Einsatz einer Commodity Linked Note. Dies ist ein Kreditgeschäft, dessen Zinszahlungen an die Preisentwicklung eines bestimmten Rohstoffs gebunden sind.[917] Im Falle der Unternehmen in der Automobilindustrie müssten die Kreditzinsen sinken, wenn die Preise des zu Grunde gelegten Rohstoffs (z.B. Stahl oder Aluminium) steigen. Des Weiteren muss darauf geachtet werden, dass diese Maßnahme je nach Höhe der Zinsen nur einen sehr begrenzten Effekt auf die Finanz- und Ertragslage des Unternehmens hat und auch nur in einer Situation Sinn macht, in

[916] Vgl. ROGERS (2005), S. 75 f.

[917] Statt der Zinszahlung kann auch die gesamte Rückzahlung des Kredits an die Preisentwicklung eines Rohstoffs gekoppelt werden. Vgl. DAS (2006), S. 529.

der es rein theoretisch noch spürbare Zinssenkungen geben kann (Wirkungsstärke - 1).[918] Der Effekt wäre allerdings während der gesamten Kreditlaufzeit spürbar (Nachhaltigkeit - 4). Dabei ist zu beachten, dass steigende Rohstoffpreise tendeziell in Zeiten guter wirtschaftlicher Entwicklung zu beobachten sind. Diese Phasen sind meist auch durch hohe Zinsen gekennzeichnet. Insofern scheint es nicht logisch, dass eine Bank zustimmt, die Zinsen bei steigenden Rohstoffpreisen zu reduzieren. Die Suchkosten werden demnach relativ hoch sein und die Implementierung wird längere Zeit in Anspruch nehmen (Vorlaufzeit - 3, Implementierungsaufwand - 3). Die Maßnahme führt allerdings bei sinkenden Rohstoffpreisen auch zu steigenden Zinsen, so dass die Chancen der SC-Partner, von sinkenden Rohstoffpreisen zu profitieren, leicht eingeschränkt werden. Ansonsten ist aber kein Risiko mit den Commodity Linked Notes verbunden (Risikointensität - 3). Auch die Know-how-Anforderungen sind tendenziell gering (Know-how-Anforderungen - 4) Die Kooperationsanforderungen sind im Gegensatz etwas höher einzuschätzen, da die SC-Partner idealerweise den Kredit gemeinsam aufnehmen, um auch gemeinsam von der Vereinbarung zu profitieren (Kooperationsanforderungen - 2). In Abbildung 5.28 ist die Charakterisierung der Maßnahme Commodity Linked Notes entlang der sieben in Kapitel 5.3.1 erarbeiteten Kriterien zusammengefasst.

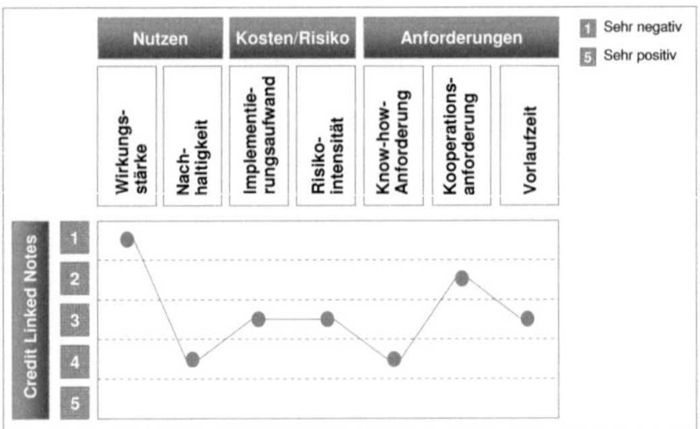

Abbildung 5.28: Charakterisierung Handhabungsmaßnahme Commodity Linked Note

918 Im Zeitraum Dezember 2008 bis Mitte 2010 betrug der Leitzins in Europa und den USA z.B. nur 1%.

5.3.3 Entwicklung und Charakterisierung operativer Maßnahmen

5.3.3.1 Kontraktmanagement auf Beschaffungsseite

Kontraktmanagement auf der Beschaffungsseite ist eine Handhabungsmaßnahme, die sehr viele unterschiedliche Möglichkeiten zum Management von Rohstoffpreisrisiken in der SC bietet. Diese Möglichkeiten unterscheiden sich meist entlang der wichtigsten Dimensionen eines Vertrags – dem Preis, der Zeit und dem Volumen. Der Kontraktpartner ist – wie bereits in Abbildung 5.6 in Kapitel 5.1.2 herausgestellt – immer ein außerhalb der SC stehender Dritter. Eine umfassende Behandlung aller möglichen Maßnahmen des Rohstoffpreisrisikomanagements mit Hilfe von Kontrakten würde den Rahmen dieser Arbeit sprengen. Aus diesem Grund sollen im Anschluss nur drei spezifische Maßnahmen hinsichtlich ihrer Anwendung im Rahmen des Rohstoffpreisrisikomanagements in der SC charakterisiert werden. Dies sind im Einzelnen: Traditionelle langfristige Kontrakte, Flexible-Pricing-Kontrakte sowie Hybrid-Pricing-Kontrakte (Abbildung 5.29).

Abbildung 5.29: Maßnahmen des Kontraktmanagements auf Beschaffungsseite

In einschlägigen Veröffentlichungen wird immer wieder gefordert, dass die Gestaltung von Rohstoffpreisen mit Hilfe von Kontraktmanagement – gerade in der stahl- und metallverarbeitenden Industrie – noch intensiver genutzt werden sollte.[919] Empirische Untersuchungen zeigen zwar, dass das Kontraktmanagement von der Industrie bereits als großer Hebel des Rohstoffpreisrisikomanagements erkannt ist,[920] letztendlich aber doch meist nur

[919] Vgl. o.V. (2010d).
[920] Vgl. ZAWISLA (2008), S. 249.

sehr einfache Vertragskonstruktionen zum Einsatz kommen. Die Anwendbarkeit der unterschiedlichen, oben vorgestellten Maßnahmen des Kontraktmanagements im Rahmen des Preisrisikomanagements in der SC ist maßgeblich von der Verhandlungsmacht der jeweils rohstoffbeschaffenden SC abhängig. Dabei gilt in der Regel, dass traditionelle langfristige Kontrakte die größte Verhandlungsmacht erfordern.[921] Danach folgen die Hybrid-Pricing-Kontrakte. Bei geringer Verhandlungsmacht ist der Abschluss eines Kontrakts mit objektivierter Preisgleitklausel nicht unwahrscheinlich. Was die im Rahmen dieser Arbeit immer wieder zu Illustrationszwecken herangezogenen Rohstoffe Stahl und Aluminium angeht, unterscheidet sich die Anwendbarkeit der drei vorgestellten Kontraktarten nur unwesentlich.[922] Ein immenser Vorteil des unternehmensübergreifenden Ansatzes im Rahmen des Kontraktmanagements auf der Beschaffungsseite ist die gesteigerte Transparenz über die existierenden Verträge und der Auswirkungen auf das Rohstoffpreisrisiko über alle SC-Partner hinweg. In der Vergangenheit wurden Verträge meist nur bilateral vereinbart. Dementsprechend waren deren Existenz und Auswirkungen den SC-Partnern nicht ausreichend transparent.[923] Durch den unternehmensübergreifenden Ansatz ist es möglich, Kontrakte zielgerichteter zu kombinieren und so die Rohstoffpreisrisiken insgesamt zu reduzieren.[924]

Traditionelle langfristige Kontrakte – in der englischsprachigen Literatur auch oft „forward buy" oder „fixed commitment contract" genannt[925] – werden sehr häufig eingesetzt.[926] Sie fixieren in der Regel sowohl den Preis als auch das Volumen und sind meist

[921] Vgl. o.V. (2010b).

[922] Es ist zu vermuten, dass auf Grund der hohen Konzentration der Stahl- und Eisenerzindustrie die Durchsetzung von Kontrakten, die bereits eine hohe Verhandlungsmacht erfordern, noch schwerer fallen wird. Vgl. hierzu auch die Ausführung in Kapitel 2.2.2.

[923] Vgl. Fischer (2006), S. 143.

[924] Empirische Untersuchungen belegen, dass die Kombination von verschiedenen Lieferverträgen einerseits die Varianz zukünftiger Renditen reduzieren und andererseits die Rendite noch erhöhen kann. Vgl. z.B. Martinez de Albeniz/Simchi-Levi (2005), S. 91.

[925] Vgl. Martinez de Albeniz/Simchi-Levi (2005), S. 91. Die englische Bezeichnung unterstreicht auch noch einmal die enge Verwandtschaft mit den in Kapitel 5.3.2.1 vorgestellten Forwards.

[926] Einer empirischen Untersuchung zur Folge setzen 70% der befragten Unternehmen derartige Verträge ein. Vgl. Procurement Strategy Council (2008), S. 18.

für einen begrenzten Zeitraum gültig.[927] Der Abschluss eines langfristigen Kontrakts ermöglicht folglich eine Abkopplung von den Preisschwankungen auf den Rohstoffmärkten für ein bestimmtes Volumen und eine begrenzte Zeit. Die positive Wirkung derartiger langfristiger Verträge wurde z.B. von Li/Murat/Huang (2009) untersucht. Sie konstatierten: „[...] using a long-term contract results in less risk than the short-term supply due to the smaller variance in total expected cost (Wirkungstärke - 4)."[928] Traditionelle langfristige Kontrakte können auf Grund ihrer Standardisierung relativ zügig abgeschlossen werden und der Implementierungsaufwand ist äußerst überschaubar (Vorlaufzeit - 4, Implementierungsaufwand - 4).[929]

Kritiker der traditionellen langfristigen Kontrakte bemängeln allerdings deren Inflexibilität, sowohl auf der Volumen- als auch in der Preisdimension. So entsteht volumenseitig z.B. das Risiko, dass die Nachfrage nach einem bestimmten Rohstoff nicht den geplanten und vertraglich fixierten Wert erreicht und dadurch entweder eine Über- bzw. eine Unterdeckung mit dem jeweiligen Material entsteht.[930] D.h., das betroffene Unternehmen muss entweder eine zu große Menge der Materialien abnehmen oder bei Unterdeckung versuchen, sich das Material kurzfristig auf dem Spotmarkt zu beschaffen. Dieses sog. Volumenrisiko kann wiederum mit Hilfe von bestimmten Vertragszusätzen (z.B. Optionsverträge bzw. Flexibilitätsverträge) abgemildert werden.[931] In der Preisdimension bewirken die traditionellen langfristigen Verträge eine Abkopplung von jeglichen Preisschwankungen. Dies bedeutet, dass, sobald Preisveränderungen auf den Weltmärkten eintreten, die getroffene

927 Zur Ausgestaltung von Abnahmeverpflichtungen existieren unterschiedliche Möglichkeiten. In den meisten Fällen werden Standardvereinbarungen getroffen. Bei einer Abnahmeverpflichtung von einem Monat für abgerufene Fertigprodukte und von drei Monaten für Vorprodukte beim Lieferanten spricht man beispielsweise von einer 1+2-Abnahmeverpflichtung. Die Zahl 1 steht in diesem Fall für die einmonatige Abnahmefrist für Fertigmaterial und die Zahl 2 sagt aus, dass die Frist für Vormaterial noch zwei Monate länger ist, also insgesamt drei Monate beträgt. Vgl. Ostertag (2008), S. 76.

928 Li/Murat/Huang (2009), S. 845.

929 Vgl. Voegele (2008), S. 138 ff.

930 Vgl. Martinez de Albeniz/Simchi-Levi (2005), S. 91.

931 Bei beiden Vertragswerken bezahlt der Abnehmer einen bestimmten Betrag – die sog. Prämie – und sichert sich dadurch die Möglichkeit, eine zusätzliche, vertraglich fixierte Menge des Materials zu einem festen Preis zu beziehen (Optionsvertrag) bzw. die Möglichkeit, eine vertraglich fixierte (meist prozentuale) Veränderung des Volumens bei gleichbleibendem Materialpreis vorzunehmen (Flexibilitätsvertrag). Da das Volumenrisiko in der vorliegenden Arbeit nicht im Mittelpunkt steht, wird von einer ausführlichen Charakterisierung dieser Vertragswerke abgesehen. Der interessierte Leser sei z.B. verwiesen auf Martinez de Albeniz/Simchi-Levi (2005), S. 91.

Vereinbarung entweder für den Lieferanten oder den Abnehmer suboptimal ist (Risikointensität - 3).[932] Aus diesem Grund wird der Abschluss von diesen Verträgen, je nach Marktlage, entweder von Seiten der Lieferanten und/oder der Abnehmer nur ungern praktiziert. Dies hat zur Folge, dass traditionelle langfristige Kontrakte oft nur Laufzeiten von neun bis zwölf Monaten aufweisen (Nachhaltigkeit - 4). In der Erhöhung der Verhandlungsmacht auf Grund der im Rahmen des Rohstoffpreisrisikomanagements in der SC grundlegenden Bündelung von Bedarfsmengen liegt der große Vorteil des Einsatzes dieser Kontrakte.[933] Durch diese Verhandlungsmachtverschiebung erscheint der Abschluss eines traditionellen langfristigen Kontrakts auch in Situationen, in denen Preissteigerungen erwartet werden, wesentlich wahrscheinlicher. Der Einsatz von traditionellen langfristigen Kontrakten im Rohstoffpreisrisikomanagement in der SC bedarf außer etwas Verhandlungsgeschick keines spezifischen Know-hows und auch keiner über das normale Level hinausgehenden Kooperation zwischen den SC-Partnern (Know-how-Anforderungen - 4, Kooperationsanforderungen - 4). In Abbildung 5.30 wird die Charakterisierung der Maßnahme der traditionellen langfristigen Verträge entlang der sieben Kriterien aus Kapitel 5.3.1 grafisch zusammengefasst.

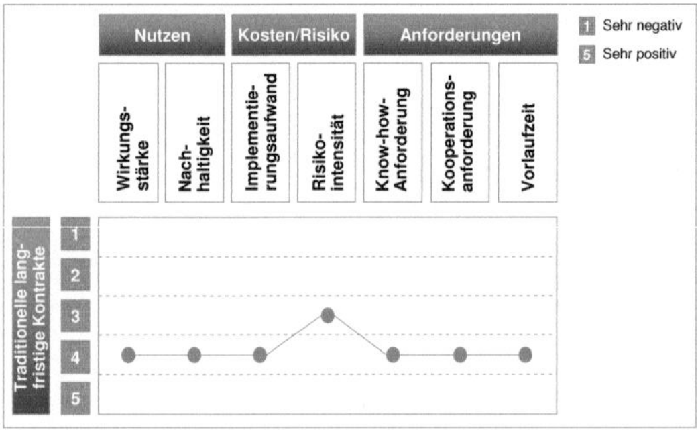

Abbildung 5.30: Charakterisierung Handhabungsmaßnahme traditioneller langfristiger Kontrakt

[932] Vgl. dazu die Untersuchungen von WAUGH (1944), OI (1961). Erst später gab es auch Untersuchungen, dass eine Stabilisierung des Preises zwar für die eine oder andere Partei einen negativen Effekt haben kann, dass durch die damit verbundene Sicherheit andere Parteien überproportional gewinnen und die Gesamtwohlfahrt steigt. Vgl. dazu die Untersuchung von MASSELL (1969).

[933] Vgl. hierzu z.B. Kapitel 5.1.2.

In den letzten Jahren ist gerade in der Automobilindustrie ein Trend zu sog. Flexible-Pricing-Kontrakten zu beobachten. Die Veränderung der Preise während der eigentlichen Vertragslaufzeit kann dabei von den unterschiedlichsten Kriterien abhängig gemacht werden. Typische Gestaltungsformen bei Verträgen mit flexiblen Preisen sind z.B. die einseitige Preisgleitklausel sowie die objektivierte Preisgleitklausel.[934] Die einseitige Preisgleitklausel bietet einem der Vertragspartner die Möglichkeit (die Option), den Preis des Rohstoffs während der Vertragslaufzeit anzupassen. Die objektivierte Preisgleitklausel löst diese Anpassung in regelmäßigen Abständen automatisch aus. Die Vorgehensweise bei der Anpassung ist ebenfalls vertraglich festgeschrieben und meist indexbasiert bzw. eine sog. „Kosten-Plus-Betrachtung". In der Vergangenheit waren insbesondere die ständig steigenden Stahlpreise ein Grund für die Unternehmen verschiedener Industriebranchen – u.a. auch der Automobilindustrie – objektivierte Preisgleitklauseln in die Verträge aufzunehmen.[935] Die Wirkung von objektivierten Preisgleitklauseln auf die Rohstoffpreisrisiken in der SC sind sehr begrenzt (Wirkungsstärke - 1). So wirken sich sowohl Rohstoffpreiserhöhungen als auch Rohstoffpreisreduzierungen – je nach vertraglich vereinbartem Preisanpassungszyklus – mehr oder weniger schnell auf die aktuellen Rohstoffpreise der SC-Partner aus und erhöhen die RK als auch die RKaR pro Endprodukt. Dabei gilt, dass die Rohstoffpreise eine höhere Volatilität aufweisen, umso kurzfristiger die Anpassungszyklen sind. Im Extremfall haben Flexible-Pricing-Kontrakte dementsprechend keinerlei Wirkung auf die Rohstoffpreisrisiken in der SC (Risikointensität - 1). Da diese Art von Verträgen für die außerhalb der SC stehenden Dritten eine gute Maßnahme zum Management ihrer Rohstoffpreisrisiken darstellen, ist damit zu rechnen, dass bei Bedarf sehr schnell relativ langfristige Kontrakte abgeschlossen werden könnten (Nachhaltigkeit - 4, Vorlaufzeit - 4). Der durch den Abschluss eines Flexible-Pricing-Kontraktes resultierende Implementierungsaufwand ist in der Regel ähnlich wie bei einem traditionellen langfristi-

[934] Vgl. SCHRÖDER (2008), S. 24.

[935] Der Abschluss von Verträgen mit einseitiger Preisgleitklausel erscheint im Rahmen der Rohstoffbeschaffung in der Automobilindustrie und der relativ ausgeglichenen Verhandlungsmacht sehr unwahrscheinlich und soll aus diesem Grund nicht weiter detailliert werden. Vgl. HANDELSBLATT (2004b). Ein Beispiel für die erfolgreiche Implementierung einer objektivierten Preisgleitklausel bietet die Buderus Gussrohrgruppe, deren Produktionskosten zu 40% aus Schrottkosten bestehen. Steigt der von der europäischen Gießerei veröffentlichte Schrottpreisindex, berechnet Buderus einen gewichtsabhängigen Zuschlag auf jedes Rohr, ohne dass sich die Gewinnmarge erhöht. Vgl. SALVENMOSER (2009).

gen Kontrakt (Implementierungsaufwand - 4). Der Einsatz der Flexible-Pricing-Kontrakte erfordert nur bedingt spezielles Know-how und erhebt auch keine weitergehenden Anforderungen an die Kooperation der SC-Partner untereinander (Know-how-Anforderung - 3, Kooperationsanforderungen - 4). Die Charakterisierung der Flexible-Pricing-Kontrakte entlang der sieben in Kapitel 5.3.1 erarbeiteten Kriterien wird in Abbildung 5.31 übersichtlich zusammengefasst.

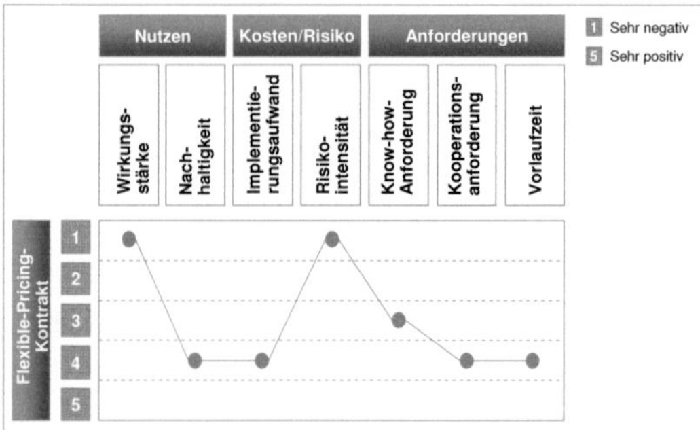

Abbildung 5.31: Charakterisierung Handhabungsmaßnahme Flexible-Pricing-Kontrakt

Eine Kombination der traditionellen langfristigen Kontrakte und der Flexible-Pricing Kontrakte stellt die dritte Maßnahme im Rahmen des Kontraktmanagements auf Beschaffungsseite – die sog. Hybrid-Pricing-Kontrakte – dar. Denkbar ist z.B., dass ein Vertrag über einen längerer Zeitraum (z.B. 48 Monate) inklusive eines jährlichen Rohstoffvolumens abgeschlossen wird. Zu Beginn wird auch ein Rohstoffpreis (z.B. auf Basis aktueller Indexpreise) fixiert. Dieser Preis ist allerdings nicht für die gesamte Laufzeit gültig, sondern determiniert nach Ablauf einer bestimmten Teilperiode (z.B. zwölf Monate) nur noch den Preis für einen ex-ante zu definierenden Prozentsatz des Volumens. D.h., dass in Teilperiode 2 der neue Rohstoffpreis zu z.B. 50% aus dem ursprünglich vereinbarten Preis und zu 50% aus einem neu ermittelten Preis besteht.[936] Die Volatilität der Rohstoffpreise wäre durch diese Vorgehensweise erheblich und nachhaltig reduziert (Wirkungsstärke -

936 Ein anderer, häufig verwendeter Name für diese Art des Hybrid Pricing ist „Staffelkontrakte". Belastbare empirische Erkenntnisse zu den Auswirkungen derartiger Kontrakte fehlen allerdings bislang.

3, Nachhaltigkeit - 4). Dies gilt im Falle steigender und auch im Falle sinkender Rohstoffpreise (Risikointensität - 3). Dabei gilt der Zusammenhang, je höher der Einfluss des ursprünglichen Preises auf den Gesamtpreis bzw. je länger die Teilperioden, desto geringer das Rohstoffpreisrisiko für die rohstoffbeschaffende SC. Die Vorgehensweise bei der Ermittlung des neuen Rohstoffpreises beeinflusst ebenfalls das Rohstoffpreisrisiko. So besteht z.B. die Möglichkeit, durch die Festsetzung des neuen Rohstoffpreises auf Basis des Durchschnittspreises der vergangenen Teilperiode, die Rohstoffpreisrisiken für die SC noch einmal zu reduzieren. Hybrid-Pricing-Kontrakte gehören nicht zu den Kontrakten, die typischerweise im Bereich der Rohstoffbeschaffung abgeschlossen werden. Insofern ist mit einer längeren Suchphase und auf Grund der zahlreichen festzulegenden Variablen mit einem höheren Implementierungsaufwand zu rechnen (Implementierungsaufwand - 3, Vorlaufzeit - 4). Der Einsatz der Hybrid-Pricing-Kontrakte erfordert kein spezielles Know-how von den SC-Partnern und auch die Kooperation muss für den unternehmensübergreifenden Abschluss dieser Kontrakte nicht intensiviert werden (Know-how-Anforderungen - 4, Kooperationsanforderungen - 4). Die Charakterisierung der Hybrid-Pricing-Kontrakte zum Management von Rohstoffpreisrisiken in der SC wird zum Abschluss noch einmal entlang der sieben in Kapitel 5.3.1 abgeleiteten Kriterien in Abbildung 5.32 grafisch zusammengefasst.

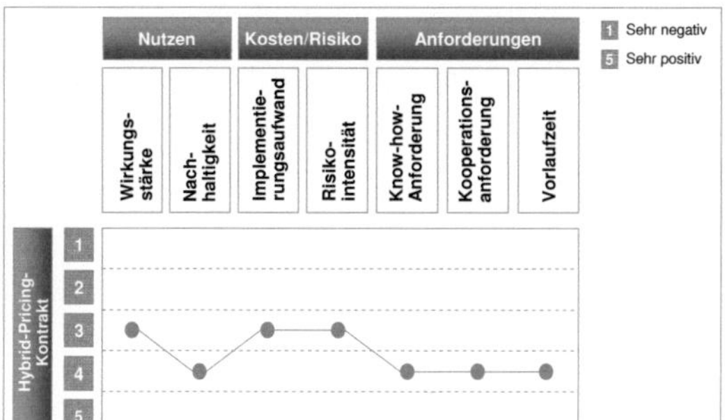

Abbildung 5.32: Charakterisierung Handhabungsmaßnahme Hybrid-Pricing-Kontrakt

5.3.3.2 Kontraktmanagement auf Absatzseite

Kontraktmanagement auf Absatzseite ist keine Handhabungsmaßahme, die gleichermaßen viele Möglichkeiten bietet wie das Kontraktmanagement auf Beschaffungsseite. Der Grund liegt darin, dass der OEM in der Regel am Rohstoffpreisrisikomanagement in der SC beteiligt sein wird und demnach das Kontraktmanagement auf Absatzseite nur die Vertragsbeziehungen zwischen SC und Endkunde[937] gestalten kann. Diese Vertragsbeziehung bietet im Vergleich zur Beschaffungsseite insbesondere bezüglich der Dimensionen Volumen und Zeit praktisch keinen Gestaltungsspielraum. Die Endkunden nehmen meist nur sehr geringe Mengen an Automobilen auf einmal ab. Dabei handelt es sich in der Regel auch nicht um langfristige Vertragsbeziehungen. Demzufolge bleibt als einzige relativ frei gestaltbare Vertragsdimension auf Absatzseite der SC der Preis.

Eine ideale Preissetzung auf der Absatzseite würde das Rohstoffpreisrisiko der gesamten SC an den Endkunden weitergeben. Das bedeutet, der Preis eines Automobils würde analog der Preisbewegungen auf den Rohstoffmärkten schwanken und das Rohstoffpreisrisiko in der SC auf null reduzieren.[938] Die Erfahrung aus anderen Industrien zeigt, dass die Anpassung der Endkundenpreise immer dann von den Kunden akzeptiert wird, wenn sich diese Art von Risikohandhabung als Industriestandard durchgesetzt hat. Ein gutes Beispiel für den erfolgreichen Einsatz von Kontraktmanagement auf Absatzseite zum Management von Rohstoffpreisrisiken stellt die Luftfahrtbranche dar. Hier wurden bereits vor einiger Zeit sog. „Kerosinpreisaufschläge" eingeführt, die das Rohstoffpreisrisiken der verschiedenen Unternehmen begrenzen.[939] Es ist allerdings in absehbarer Zeit nicht zu erwarten, dass sich ein derartiger Industriestandard in der Automobilindustrie durchsetzt und sich der beschriebene Idealzustand realisieren lässt. Einerseits wird der Zeitpunkt der Beschaffung der Rohstoffe auf den verschiedenen SC-Stufen nie genau identisch zu dem

[937] Der Endkunde steht außerhalb der SC – vgl. Kapitel 5.1.2, insbesondere Abbildung 5.6. Demnach ist eine Risikoüberwälzung auf den Endkunden konform mit dem definierten Zielsystem des Rohstoffpreisrisikomanagements in der SC.

[938] Diese Art der Risikohandhabung wird in anderen wissenschaftlichen Publikationen Natural Hedging genannt. Unter Natural Hedging wird ein Instrument des realwirtschaftlichen Risikomanagements verstanden, wobei leistungswirtschaftliche Transaktionen durch rein leistungswirtschaftliche Gegengeschäfte abgesichert werden. Vgl. Wildemann (2007), S. 61.

[939] Vgl. Ganz (2007), S. 330.

Zeitpunkt des Vertragsabschlusses mit dem Endkunden sein. Durch die fehlende zeitliche Identität von Beschaffung und Absatz entstehen Rohstoffpreisrisiken für die SC. Andererseits herrscht insbesondere in der Automobilindustrie bereits seit Jahren ein enormer Wettbewerbsdruck. Insofern können die Automobilhersteller potenzielle Rohstoffpreisrisiken nicht einfach in Form schwankender Preise an die Endkunden weitergeben, ohne Gefahr zu laufen, dass sich dies in sinkenden Marktanteilen niederschlägt.[940]

Trotzdem sollte auch in der Automobilindustrie versucht werden, das Kontraktmanagement auf Absatzseite als gezielte Handhabungsmaßnahme einzusetzen und dem potenziellen Nachteil auf der Kostenseite auf Grund steigender Rohstoffpreise durch den Einsatz innovativer Preisinstrumente zu begegnen.[941] Nur so könnte die automobile SC sicherstellen, dass sie nicht von zwei Seiten unter Druck gerät.[942]

Ein möglicher innovativer Ansatz zur Preisgestaltung im Rahmen des Kontraktmanagements auf der Absatzseite – sog. Floating-Price-Kontrakte – soll hier etwas genauer beleuchtet werden. Bei Abschluss eines Floating-Price-Kontrakts mit einem Endkunden wäre der Preis des Automobils – in einem u.U. ex-ante definierten Rahmen (z.B. +/- 3%) – bis zur Auslieferung zumindest teilweise abhängig von der Preisentwicklung eines für die Automobilindustrie relevanten Rohstoffs bzw. Rohstoffkorbs. Der Endkunde hat demnach die Möglichkeit, selbst nach Abschluss des Vertrags noch von sinkenden Rohstoffpreisen zu profitieren und die SC die Möglichkeit, potenzielle Preiserhöhungen – zumindest teilweise – an den Endkunden weiterzugeben. Je nach Ausgestaltung des Kontrakts und Annahme durch die Endkunden können sich die SC-Partner auf diese Weise nachhaltig gegen Rohstoffpreisrisiken absichern (Wirkungsstärke - 2, Nachhaltigkeit - 5). Die Einführung eines derartigen Kontrakts bedarf einer sorgfältigen Planung inkl. entsprechender Umfragen und Analysen bezüglich der Bereitschaft der Endkunden, derartige „Spielereien" anzunehmen (Vorlaufzeit - 2). Zusätzlich zieht er bei Implementierung erhebliche Kosten nach

[940] Vgl. HANDELSBLATT (2004a) und die Argumentation in Kapitel 2.2.3.

[941] Auch wenn diese Instrumente generell auch von den Wettbewerbern eingesetzt werden können, kann der First Mover darauf hoffen, zumindest für einen gewissen Zeitraum Vorteile zu haben. Vgl. BACKHAUS/VOETH (2007), S. 252.

[942] Vgl. ROSENKRANZ-KAISER (2008).

sich, da Verkäufer informiert, Informationsbroschüren angepasst und ggf. auch Werbung lanciert werden muss (Implementierungsaufwand - 3).[943]

Die Einführung eines derartigen Floating-Price-Kontrakts birgt selbstverständlich auch das Risiko, dass die Endkunden den Vertrag nicht annehmen und die SC im schlimmsten Fall Absatzrückgänge oder Imageschäden zu verkraften hat (Risikointensität - 3).[944] Um das Risiko zu minimieren, kann der Kontrakt nicht als Standard für ein bestimmtes Fahrzeugmodell, sondern als Alternative eingeführt werden. Für die Einführung des Vertrags ist insbesondere belastbares Know-how bezüglich Kunden, Marketing und Vertrieb gefragt (Know-how-Anforderungen - 3). Die Umsetzung der Maßnahme betrifft in erster Linie den Automobilhersteller und zieht neben dem herkömmlichen Informationsaustausch und der Risikoteilung bezüglich der Maßnahme keine speziellen Kooperationsanforderungen zwischen den selektierten SC-Partnern nach sich (Kooperationsanforderungen - 4). Die vorgestellte Maßnahme – Floating-Price-Kontrakt – wird in Abbildung 5.33 abschließend entlang der in Kapitel 5.3.1 entwickelten Dimensionen und Kriterien charakterisiert.

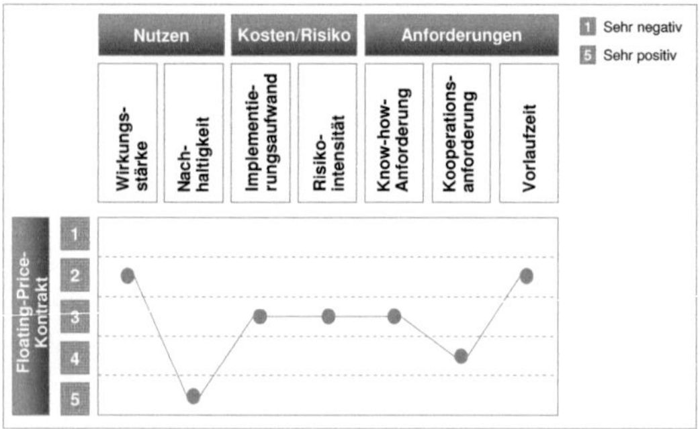

Abbildung 5.33: Charakterisierung Handhabungsmaßnahme Floating-Price-Kontrakt auf Absatzseite

[943] Im Rahmen der Einführung eines derartigen Kontrakts macht es Sinn, über die Incentivierung der Vertriebsmitarbeiter nachzudenken. Für den Verkauf der Floating-Price-Kontrakte könnte z.B. eine höhere Provision ausgelobt werden.

[944] Die potenziellen Imageschäden wird in der Regel nicht die SC, sondern das ausführende Unternehmen – in diesem Fall der Automobilhersteller – davontragen. Die Konsequenzen sinkender Verkaufszahlen betrifft allerdings die gesamte SC.

5.3.3.3 Nachfragemengenanpassung

Eine weitere Möglichkeit zur Handhabung des Rohstoffpreisrisikos in der SC ist die Nachfragemengenanpassung.[945] Diese zielt in erster Linie nicht darauf ab, den Rohstoffpreis zu managen, sondern die Bedarfsmenge pro Rohstoff für alle SC-Partner gezielt anzupassen. Wie aus dem in Kapitel 5.2.1 erarbeiteten Formelzusammenhang bekannt, sind die RK und damit auch die RKaR sowohl vom Rohstoffpreis als auch von der Bedarfsmenge gleichermaßen abhängig. Im Rahmen der Nachfragemengenanpassung stehen wiederum mehrere Maßnahmen zur Auswahl, von denen im Anschluss drei charakterisiert und hinsichtlich ihrer Anwendung im Rahmen des Rohstoffpreisrisikomanagements in der SC – insbesondere für die Rohstoffe Aluminium und Stahl – untersucht werden sollen. Dies sind Effizienzoptimierung, Standardisierung/Bedarfsbündelung sowie Substitution (Abbildung 5.34).

Abbildung 5.34: Maßnahmen der Nachfragemengenanpassung

Die Effizienzoptimierung beinhaltet die Möglichkeiten einer Nachfragemengenanpassung auf Grund der effizienteren Nutzung der beschafften Rohstoffe im Produktionsprozess sowie der effizienteren Nutzung von anfallenden Rohstoffabfällen (Recycling). Die Maßnahme der effizienteren Nutzung der Rohstoffe im Produktionsprozess beinhaltet wiederum mehrere bedeutsame Hebel. So können Maschinen mit reduziertem Energieverbrauch bzw. technische Verfahren mit reduziertem Materialeinsatz eingesetzt werden.[946] Derartige Effizienzoptimierungen können rein theoretisch überall in der SC erreicht werden –

[945] Vgl. HESS (2008), S. 161.
[946] Vgl. HESS (2008), S. 166.

angefangen von der Mischung der Kokskohle bei der Stahlerzeugung, bis hin zur Optimierung der Stanzvorgänge bei der Herstellung der Automobilkarosserie.[947] Außerdem kann eine höhere Effizienz in der Erfüllung der Kundenwünsche durch eine Anpassung des prozess- sowie kundenorientierten Designs des Endprodukts unter Berücksichtigung des Rohstoffpreisrisikos erreicht werden.[948] Hier ist es wichtig für die SC zu verstehen, was die Endkunden von dem Produkt erwarten und wie Änderungen des Rohstoffeinsatzes die Eigenschaften und Qualität des Produkts beeinflussen.[949] So kann z.B. die Verringerung der maximalen Achsenlast oder die Verkürzung eines Automobils um wenige Zentimeter den Rohstoffbedarf und damit die Rohstoffkosten erheblich reduzieren, ohne den Wert des Endprodukts in den Augen der Kunden zu schmälern.

Neben der effizienten Nutzung der beschafften Rohstoffe sollte die SC auch die effiziente Nutzung der Rohstoffabfälle aller SC-Partner im Auge behalten. So stellt z.B. Aluminium einen besonders gut wiederverwertbaren Rohstoff dar. Durch die Wiederverwertung ist kein nennenswerter Qualitätsverlust zu verzeichnen. Dabei wird nur ein Zwanzigstel der Energie benötigt wie zur Neuproduktion der gleichen Menge.[950] Allerdings stellte gerade das Einschmelzen von in der Automobilproduktion verstärkt anfallenden Aluminiumspänen bislang ein Kostenproblem dar. Viele Unternehmen erreichten nicht die erforderlichen Mengen an Aluminiumspänen, um einen eigenen Schmelzofen rentabel betreiben zu können.[951] Diese Wirtschaftlichkeitsrechnung muss allerdings unter Berücksichtigung der Preisentwicklung und der unternehmensübergreifendem Kooperation im Rahmen des Rohstoffpreisrisikomanagements aktualisiert werden. Es ist durchaus damit zu rechnen, dass Recycling ab einem bestimmten Rohstoffpreis wieder attraktiv wird[952] oder dass die

947 So hat z.B. das Unternehmen Pratt&Whitney eine Verbesserung der Fertigungstechnik für Turbinenscheiben angestrengt und eine Reduzierung des Kobaltverbrauchs um 80% erreicht. Vgl. Maull (1988), S. 48.

948 Vgl. Hess (2008), S. 161 f.

949 Vgl. Hess (2008), S. 174.

950 Vgl. Gesamtverband der Aluminiumindustrie (GDA) (2009).

951 Unter Nutzung der aktuellsten Technik ist der Betrieb von Schmelzöfen ab einer Spänemenge von 5 t/Tag finanziell interessant. Kosten verursacht allerdings nicht nur der Schmelzofen, sondern auch die Lagerung und Trocknung der Späne sowie die Mitarbeiter bzw. Recyclingexperten, die für den Betrieb der Schmelzöfen benötigt werden. Vgl. Gassel (2009).

952 So wird z.B. mit steigendem Kupferpreis das Recycling von kunststoffummantelten Stromkabeln attraktiver.

SC-Partner durch gemeinsame Nutzung eines Schmelzofens die erforderliche Rohstoffmenge und damit den Break-even erreichen.[953] Im Endeffekt haben die SC-Partner durch den Einsatz der Handhabungsmaßnahme Effizienzoptimierung ihren primären Rohstoffbedarf reduziert und sich damit nachhaltig für die betroffene Bedarfsmenge von den Preisbewegungen auf den Rohstoffmärkten unabhängig gemacht sowie das daraus resultierende Rohstoffpreisrisiko vermieden (Wirkungsstärke - 3, Nachhaltigkeit - 5). Das Problem der Effizienzoptimierung ist, dass die Umsetzung der Maßnahmen erhebliche Ressourcen beansprucht und u.U. sehr lange dauern kann (Vorlaufzeit - 2).[954] Die damit verbundenen Kosten können allerdings – wie oben bereits angesprochen – je nach Optimierungsvorgang und Rohstoff erheblich sein (Implementierungsaufwand - 3). Es ist auch nicht auszuschließen, dass neue Maschinen nicht funktionieren wie erwartet, Kunden anders reagieren als von Marktforschungen suggeriert oder unvorhergesehene Schwierigkeiten im Recyclingprozess auftreten. Diese Risiken sollten durch sorgfältige Planung minimiert werden (Risikointensität - 3). Auf Grund der teilweise signifikanten Eingriffe in den Produktions- bzw. Designprozess ist sehr spezifisches Know-how an unterschiedlichen Stellen gefragt, gerade die reibungslose Umsetzung der Effizienzoptimierung von allen selektierten SC-Partnern bedarf intensiver Abstimmungen und Kooperation (Know-how-Anforderungen - 2, Kooperationsanforderungen - 2). Eine grafische Zusammenfassung der Charakterisierung der Effizienzoptimierung entlang der sieben Kriterien findet sich in Abbildung 5.35.

Gerade im Automobilbau ist aber zu beobachten, dass bestimmte Praktiken das einfache und damit kostengünstige Recycling von Bauteilen schwieriger machen. So werden z.B. viele verschiedene Sorten eines Rohstoffs verwendet, wo rein theoretisch auch auf nur eine Sorte hätte zurückgegriffen werden können. Dieses Phänomen findet sich besonders häufig bei Stahl- und Kunststoffteilen. Dieser Sachverhalt führt zu der zweiten

[953] Selbstverständlich muss bei dieser Berechnung beachtet werden, dass die Fertigungsstätten der SC-Partner geografisch verteilt liegen und die Aluminiumabfälle u.U. längere Strecken transportiert werden müssen. Zusätzlich zu dem Effekt auf die Rohstoffpreisrisiken ist durch das Inhouse-Recycling jederzeit bekannt, welche Legierungselemente im eingeschmolzenen und damit auch im neuen Material zu finden sind. Späteres Recycling kann somit noch zielgerichteter und effizienter erfolgen. Vgl. GASSEL (2009).

[954] Vgl. VOEGELE (2008), S. 138 ff.

Rohstoffpreisrisikohandhabungsmaßnahme im Rahmen der Nachfragemengenanpassung – der Standardisierung/Bedarfsbündelung.

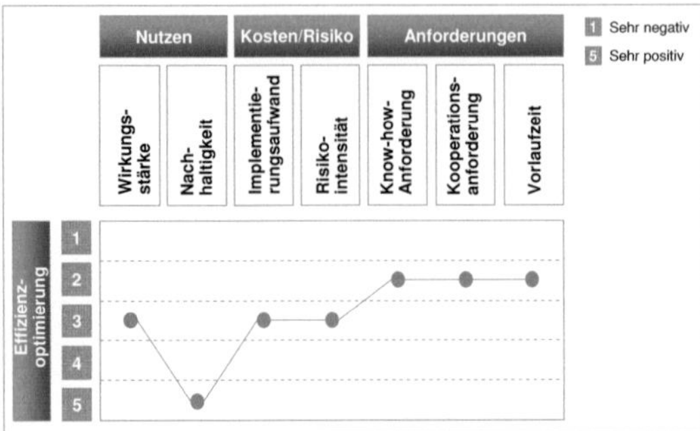

Abbildung 5.35: Charakterisierung Handhabungsmaßnahme Effizienzoptimierung

Die Standardisierung/Bedarfsbündelung und eine damit einhergehende Erhöhung der Verhandlungsmacht kann ein probates Mittel sein, die Rohstoffkosten zu reduzieren.[955] Sie kann in zwei unterschiedliche Arten unterteilt werden: Zum Ersten kann die Standardisierung/Bündelung von Bedarfen innerhalb eines Unternehmen erfolgen.[956] Zum Zweiten kann die Standardisierung/Bündelung auch unternehmensübergreifend durchgeführt werden.[957] Wie bereits in den vorangegangenen Kapiteln mehrfach erwähnt, steht im Rahmen des Rohstoffpreisrisikomanagements in der SC vor allen Dingen der unternehmensübergreifende Aspekt im Vordergrund. Insbesondere die Bündelung der Rohstoffbedarfe aller selektierten SC-Partner bildet die Grundlage der effizienten Anwendung vieler alternativer Handhabungsmaßnahmen.[958] Der Effekt der Standardisierung/Bedarfsbündelung auf

[955] Vgl. hierzu z.B. auch die Argumentation zu den Vorteilen des unternehmensübergreifenden Kontraktmanagements auf der Beschaffungsseite in Kapitel 5.3.3.1.

[956] Vgl. HESS (2008), S. 168. Empirische Untersuchungen zeigen, dass interne Bedarfsbündelung bei den Automobilherstellern weiter entwickelt ist als bei ihren Lieferanten. Vgl. ZAWISLA (2008), S. 202.

[957] Vgl. HESS (2008), S. 161. Dabei ist noch einmal in horizontale und vertikale Beschaffungskooperationen zu unterscheiden. Vgl. ARCACHE (2003), S. 71, WOLFF (2005), S. 25, BACKHAUS/VOETH (2007), S. 42. Allerdings zeigt die Praxis, dass weit weniger horizontale als vertikale Kooperationen existieren. Vgl. RIPPE/THOLEN (2008), S. 36.

[958] Vgl. hierzu aus Kapitel 5.1.2. Unabhängig von freiwilligen kooperativen unternehmensübergreifenden Bedarfsbündelungen waren zuletzt unter anderem aus China und Südkorea Bestrebungen von politischer Seite zu vernehmen, große Eisenerz-Verarbeiter zu Nachfrage-Gemeinschaften zusammenzuschließen. Vgl. O.V. (2010a).

die Rohstoffpreise in der SC kann erheblich sein und ist in der Regel auch durch eine hohe Nachhaltigkeit gekennzeichnet (Wirkungsstärke - 3, Nachhaltigkeit - 5). So konnten z.B. sieben mittelständische Unternehmen im Raum Nürnberg durch Bildung einer unternehmensübergreifenden Einkaufskooperation je nach Warengruppe Einsparungen in Höhe von 5-50% realisieren.[959] Ein führender Automobilhersteller verwendete nach internen Analysen acht unterschiedliche Radbefestigungsmuttern. Die Standardisierung dieses Bauteils und der damit verbundenen Bedarfsbündelung führte zu Einsparungen von fünf Millionen Euro pro Jahr.[960] Insgesamt gilt, je standardisierter ein Teil, desto höher die Wahrscheinlichkeit von Bedarfsüberschneidungen zwischen den SC-Partnern und desto höher die Verhandlungsmacht und die Möglichkeit der Preisbeeinflussung.

Die Standardisierung ist insbesondere für den Rohstoff Stahl attraktiv. Wie bereits in Kapitel 5.3.2.1 herausgestellt, existieren weit über 1.000 unterschiedliche Stahlsorten, die sich vor allen Dingen nach den Kriterien Herkunft, Dicke und technische Verarbeitung unterscheiden. Eine starke Individualisierung der Stahlbedarfe führt tendenziell zu einer Reduktion der Bedarfsmengen und der potenziellen Anbieter, zu einer stärkeren Abhängigkeit von dem jeweiligen Zulieferer und damit zu einer schwächeren Verhandlungsposition und höheren Preisen. Daher sollten die SC-Partner versuchen, soviel standardisierten Stahl wie möglich zu verwenden.[961] Derzeit existieren selbst innerhalb eines Automobilherstellers weitestgehend nur limitierte Standardisierungen und demzufolge eine hohe Komplexität an unterschiedlichen Stählen. Die Anzahl verschiedener Stahlsorten für einen durchschnittlichen Automobilhersteller hat sich vom Jahr 1990 bis zum Jahr 2005 von 150 auf 450 verdreifacht. Im selben Zeitraum stieg die Anzahl der Stahlprodukte in einem durchschnittlichen Auto von 75 auf 175.[962] Der Einsatz der Maßnahme Standar-

---

959 Vgl. CHRISTE (1998), S. 53 f.

960 Vgl. GABATH (2010), S. 107. Arnold berichtet von 13 mittelständischen Unternehmen aus der Automobilindustrie und der metallverarbeitenden Industrie, die über Bedarfsbündelungen Einsparungen von 15% realisierten. Vgl. ARNOLD (1996), S. 51. Ein erfolgreiches Beispiel für eine horizontale Bedarfsbündelung in der Automobilindustrie stellt die Kooperation von BMW und Daimler dar. Hier wurden nicht markenrelevante Teile wie Gurtaufroller, Stellmotoren für Fensterheber und Klimaanlagen gemeinsam beschafft. Die Einsparungen beliefen sich im ersten Jahr bereits auf 350 Millionen Euro. Vgl. GABATH (2010), S. 125.

961 Vgl. SCHRÖDER (2008), S. 24.

962 Vgl. MCKINSEY&COMPANY (2009), S. 46.

disierung/Bedarfsbündelung im Rahmen des Rohstoffpreisrisikomanagements in der SC ist allerdings durch viele physische sowie technische Anforderungen an die im Automobil verwendeten Rohstoffe geprägt und birgt aus diesem Grund auch erhebliche Risiken (Risikointensität - 3). Zudem ist es notwendig, dass alle SC-Partner eng kooperieren, um die Standardisierung ohne signifikante Beeinflussung der verschiedenen Produkteigenschaften durchführen zu können (Know-how-Anforderungen - 2, Kooperationsanforderungen - 3).[963] Des Weiteren muss die Standardisierung der Bauteile und damit der Stahlsorten oft bereits in der Entwicklungsphase eines Automobils ansetzen. Vom Start der Implementierung bis zur Entfaltung der ersten Wirkung können somit mehrere Jahre vergehen und erhebliche Kosten auflaufen (Vorlaufzeit - 2, Implementierungsaufwand - 3).[964]

Allerdings ist mit der reinen Standardisierung und anschließenden Bedarfsbündelung noch keine Einsparung verbunden.[965] Vielmehr muss der außerhalb der SC stehende Lieferant der Rohstoffe in u.U. zähen Verhandlungen überzeugt werden, den Preis des Rohstoffs auf Grund der Standardisierung und Bündelung zu reduzieren.[966] Wie die unternehmensübergreifende Bedarfsbündelung letztendlich durchgeführt werden soll, liegt im Ermessen der SC-Partner. Denkbar ist z.B., dass die SC-Partner die besseren Konditionen eines anderen SC-Partners nutzen und direkt über diesen die Rohstoffe beschaffen. Das hat u.U. den Vorteil, dass der betroffene SC-Partner durch die Volumenbündelung für die Rohstoffe noch günstigere Konditionen vereinbaren kann. Eine weitere Möglichkeit ist, dass der Automobilhersteller den gesamten Rohstoffbedarf der SC-Partner beschafft und die anderen Unternehmen für die Bearbeitung der Rohstoffe bezahlt. In Abbildung 5.36

963 Des Weiteren steigt der Abstimmungsaufwand oft exponentiell, wenn die Unternehmen regional nicht zusammensitzen. Vgl. Hess (2008), S. 171.

964 Vgl. Hofmann/Wessely (2008), S. 135, Voegele (2008), S. 138 ff.

965 Vgl. Jahns (2005d), S. 163. Die erste Voraussetzung – eine große Überschneidung der Rohstoffbedarfe – ist im Rahmen des Rohstoffpreisrisikomanagements in der SC durch die in Kapitel 5.1.1 beschriebene Selektion der SC-Partner bereits garantiert. Vgl. Rogler (2002), S. 48-58, Hofmann/Wessely (2008), S. 134.

966 Dieser argumentiert aber verständlicherweise oft damit, dass für ihn keine Mengeneffekte beobachtbar sind. Vgl. Hess (2008), S. 172. Eine Möglichkeit, auch für den Lieferanten einen wirklichen Vorteil zu bieten, ist, Kooperationen mit Unternehmen einzugehen, die bisher bei diesem Lieferanten nicht Kunde waren oder dem Lieferanten zu helfen Transaktionskosten zu sparen. Transaktionskostenreduzierend wirkt z.B. die verringerte Verhandlungszeit oder die Lieferung an nur einen zentralen Ort. Vgl. Hofmann/Wessely (2008), S. 134 f. Es gibt allerdings sogar Anbieter, die die Bildung von Einkaufskooperationen aktiv unterstützen, indem sie ihren Kunden günstigere Preise anbieten, wenn sie ihren Beschaffungsbedarf zusammenlegen.

findet sich eine Zusammenfassung der Charakterisierung entlang der sieben in Kapitel 5.3.1 abgeleiteten Kriterien.

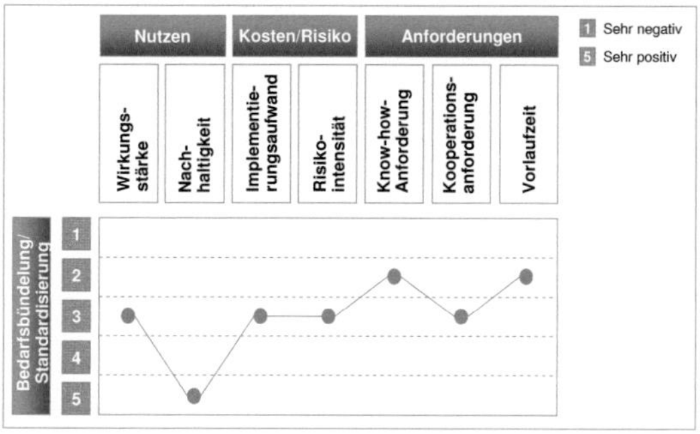

Abbildung 5.36: Charakterisierung Handhabungsmaßnahme Standardisierung/ Bedarfsbündelung

Die dritte Rohstoffpreisrisikohandhabungsmaßnahme in der SC im Rahmen der Nachfragemengenanpassung ist die Substitution der Rohstoffe.[967] Diese Maßnahme zielt darauf ab, im Produktionsprozess benötigte Rohstoffe, die durch hohe Preise und starke Preisschwankungen gekennzeichnet sind, gegen Rohstoffe, deren Preise geringer sind und sich als weniger volatil erwiesen haben, auszutauschen.[968] Gelingt die Substitution, reduzieren sich sowohl die RK als auch das Rohstoffpreisrisiko der betroffenen SC. Dabei muss selbstverständlich darauf geachtet werden, dass insbesondere im Automobilbau neben der rein technischen Machbarkeit u.U. auch die Funktionalität sowie die Sicherheit des neuen Rohstoffs z.B. im Rahmen von Crash-Tests nachzuweisen ist (Know-how-Anforderungen - 2).[969] Auch kann die Substitution möglicherweise Anpassungen in Verkaufsverträgen

[967] Nach einer empirischen Studie ziehen 44% der befragten Unternehmen die Substitution von Materialien bzw. Rohstoffen als Preisrisikohandhabungsmaßnahme in Betracht. Vgl. PROCUREMENT STRATEGY COUNCIL (2008), S. 18.

[968] Vgl. z.B. HESS (2008), S. 175.

[969] Zur Illustration der unterschiedlichen Funktionsweisen und Sicherheitscharakteristika verschiedener Rohstoffe kann z.B. die Substitutionsbeziehung Stahlblech und Kunststoff für das Türmodul eines Automobils herangezogen werden. Verzinktes Stahlblech zeichnet sich durch eine bessere passive Sicherheit, eine höhere Türsteifigkeit, eine einfache Integration des Seitenaufprallschutzes und eine einfache Trennung von Nass- und Trockenraum aus. Kunststoff dagegen ist leichter und billiger und es müssen keine zusätzlichen Dämmmatten zur Schallisolierung integriert werden. Vgl. RADTKE/ ABELE/ZIELKE (2004), S. 61.

und/oder Produktbeschreibungen nach sich ziehen. Es wird deutlich, dass je nach Situation der Substitution im Automobilbau enge Grenzen gesetzt sind, die Substitution einer längeren Vorbereitungszeit bedarf und u.U. sehr hohe Implementierungskosten anfallen können (Vorlaufzeit - 1, Implementierungsaufwand - 2).[970]

Im Automobilbau bieten sich insbesondere die Substitutionen Stahlsorte A – Stahlsorte B bei diversen Bauteilen, Kobalt – Nickel – Chrom bei der Herstellung von Edelstahl, Plastik – Edelstahl bei Rostschutz, Palladium – Platin im Katalysator oder Stahl – Aluminium – Magnesium beim Karosseriebau an.[971] Insgesamt gilt für die Substitution, je ähnlicher der Rohstoff, d.h. je augenscheinlicher die Substitutionsbeziehung, desto schneller und kostengünstiger ist die Substitution letztendlich durchzuführen, aber desto geringer ist auch die Wahrscheinlichkeit, dass zwischen den beiden Rohstoffen starke preisliche Unterschiede bestehen und die Substitution einen großen Effekt auf die Rohstoffpreisrisiken in der SC aufweist.[972] In Abbildung 5.37 sind die preisliche Entwicklung und die Korrelationen von den relativ ähnlichen Stahlsorten HRC- und CRC-Stahl exemplarisch für die Jahre 2006 - 2010 dargestellt. Bei Betrachtung der praktisch parallel verlaufenden Preise und der dementsprechend sehr hohen Korrelationen wird schnell klar, dass hier nicht mit erheblichen Substitutionseffekten zu rechnen ist (Wirkungsstärke - 3).

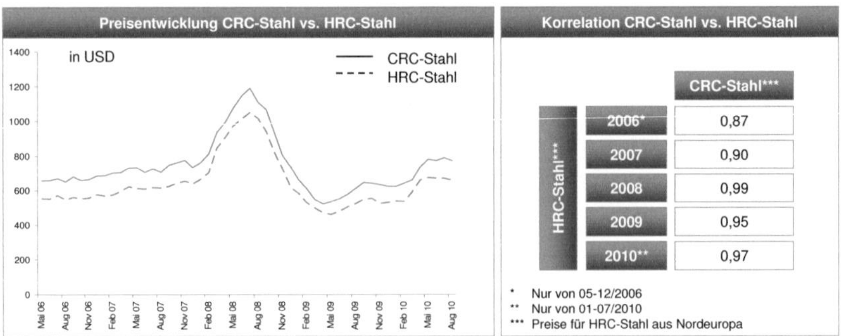

Abbildung 5.37: Substitutionsmöglichkeiten HRC- vs. CRC-Stahl[973]

[970] Dieser Eindruck wird im Rahmen der empirischen Untersuchung in Kapitel 4 bestätigt. Vgl. insbesondere Kapitel 4.2.3.

[971] Vgl. RADTKE/ABELE/ZIELKE (2004), S. 71.

[972] Vgl. hierzu auch STEPHENS (2001), S. 96.

Hat eine SC die Substitution eines teuren und stark volatilen Rohstoffs durch einen günstigeren und preislich stabileren Rohstoff durchgeführt, ist die meist sehr nachhaltig (Nachhaltigkeit - 5). Diese Substitution muss allerdings auf lange Sicht nicht immer die richtige Entscheidung gewesen sein. Wie in den vorherigen Kapiteln – insbesondere in den Tabellen 2.1 und 5.1 – herausgestellt, kann sich sowohl die Volatilität als auch das Verhältnis der Preise zweier Rohstoffe intertemporal stark verändern. Es ist nicht unwahrscheinlich, dass sich Rohstoffpreise in versetzten Zyklen bewegen und Phasen mit hoher und weniger hoher Schwankungsbreite aufweisen (Risikointensität - 2). Aus diesem Grund scheint die Schaffung einer größtmöglichen Flexibilität (sog. Realoptionen) im Rohstoffeinsatz in der SC und der damit einhergehenden Möglichkeit der kurzfristigeren und zeitlich begrenzten Substitution die ideale Vorgehensweise zu sein.[974] Dabei gilt: Umso größer die Unsicherheit bezüglich der Preisentwicklungen der Rohstoffe, desto mehr Wert liegt in der Möglichkeit, auf verschiedene Umweltzustände flexibel zu reagieren.[975] Diese Flexibilität verlangt allerdings von allen selektierten SC-Partnern eine sehr enge Kooperation im Rahmen des Produktionsprozesses (Kooperationsanforderungen - 2). Es wäre z.B. denkbar, dass für die Entwicklung, Diskussion und Entscheidung derartiger Vorschläge bereits bestehende Meeting-Formate wie z.B. Entwicklungssitzungen genutzt werden.[976] Um die Schaffung einer Realoption z.B. im Rahmen der Substitution von Rohstoffen erfolgreich zu gestalten, sollten zwei Aspekte besonders beachtet werden. Zum Ersten sollte die Einführung nicht erzwungen, sondern eher darauf gewartet werden, dass sich eine gute Möglichkeit ergibt. Dies kann im Falle der Substitution in der Automobilindustrie die Einführung eines neuen Modells oder die Überarbeitung eines bestimmten Bauteils sein. Zum Zweiten ist darauf zu achten, dass dem zuständigen Mitarbeiter sowohl funktional als auch regional die erforderlichen Zugriffs- und Bestimmungsrechte eingeräumt

[973] Eigene Darstellung. Daten stammen aus The Steelindex. Abgerufen im August 2010.

[974] Rein technologisch ist durch die hauptsächlich eingesetzten flexiblen Fertigungssysteme diese Flexibilität bereits heute relativ kostengünstig umzusetzen.

[975] Vgl. SMITH (2002), S. 1.

[976] Viele Unternehmen aus der Automobilindustrie treffen sich im Rahmen solcher Veranstaltungen mit ihren wichtigen Lieferanten, um technologische Roadmaps sowie Innovationen zu diskutieren. Vgl. ZOBOLSKI (2008), S. 357, SCHULZ/ASENKERSCHBAUMER (2008), S. 38 f.

werden.[977] Die Charakterisierung der Handhabungsmaßnahme Substitution entlang der sieben bereits bekannten Kriterien ist in Abbildung 5.38 zusammengefasst.

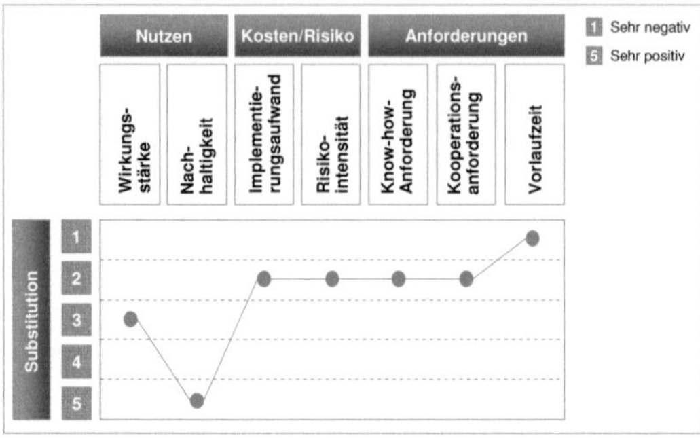

Abbildung 5.38: Charakterisierung Handhabungsmaßnahme Substitution

5.3.3.4 Lager- und Bestellmanagement

Die Handhabungsmaßnahme Lager- und Bestellmanagement besteht eigentlich aus zwei unterschiedlichen Maßnahmen – dem Lagermanagement (Lagerung von Rohstoffen) und dem Bestellmanagement (Anpassung der Beschaffungsfrequenz), welche beide im Anschluss detailliert dargestellt und charakterisiert werden sollen.

Lagermanagement als Rohstoffpreisrisikohandhabungsmaßnahme in der SC ist relativ kurzfristig einzusetzen und bedeutet den Aufbau von Pufferlagern in Zeiten, in denen der Rohstoffpreis eines bestimmten Rohstoffs als relativ niedrig angesehen wird und den Abbau der Lager in Zeiten, in denen der Rohstoffpreis eines bestimmten Rohstoffs als relativ hoch angesehen wird (Vorlaufzeit - 3).[978] Lagermanagement ist traditionell eine gern genommene und relativ einfach umzusetzende Maßnahme, um Preisschwankungen

[977] Vgl. Smith (2002), S. 157 f. In der Praxis ist oft diese übergreifende Wirkung und Verantwortung ein Problem bei der Umsetzung. Vgl. Huchzermeier (2000), S. 199 und auch die Ausführungen in Kapitel 5.1.3.

[978] Vgl. Voegele (2008), S. 138 ff.

aufzufangen bzw. abzumildern[979] und wird auch heute noch vielfach eingesetzt (Know-how-Anforderungen - 4).[980] Der Effekt des Lagermanagements ist allerdings auf die sich im Lager befindliche Menge an Rohstoffen begrenzt (Wirkungsstärke - 4, Nachhaltigkeit - 2).

Entscheidend für die erfolgreiche Durchführung des Lagermanagements sind der Rohstoffpreis zum Zeitpunkt des Lageraufbaus sowie die entstehenden Kosten – insbesondere Lager- und Kapitalbindungskosten. Die Maßnahme hat nur einen Mehrwert generiert, wenn der Rohstoffpreis zum Zeitpunkt des Lageraufbaus inklusive der angefallenen Lager- und Kapitalbindungskosten kleiner ist, als der auf den Weltmärkten gültige Rohstoffpreis zum Zeitpunkt der Lagerauflösung.[981] Die Maßnahme ist insofern besonders attraktiv, wenn ein starker Anstieg der Rohstoffpreise erwartet wird und/oder Lagerkosten sehr niedrig sind. Auf Grund einer derartigen Konstellation parkten z.B. Mitte 2009 sowohl Energiekonzerne als auch Investmentbanken Rohöl auf hoher See, um von antizipierten Preiserhöhungen in Zukunft zu profitieren.[982] Die Anwendung des Lagermanagements im Rahmen der SC der Automobilindustrie für die Rohstoffe Aluminium und Stahl ist aller Voraussicht nach mit relativ hohen Lagerkosten verbunden. Dies liegt in erster Linie daran, dass die beiden Rohstoffe relativ viel Platz beanspruchen und dadurch große Lagerhallen notwendig werden. Zusätzlich reduziert die verstärkte Lagerung aber auch die notwendigen Liefervorgänge und die damit in Verbindung stehenden Transaktionskosten. Die Kosten des Lagermanagements in der Automobilindustrie sollten demnach überschaubar bleiben (Implementierungsaufwand - 4).

---

979 Vgl. WILLIAMS/WRIGHT (1991), S. 7. Zsidisin und Ellram machten allerdings in 2003 die kontradiktive Entdeckung, dass die Vorratshaltung verschiedener Firmen völlig unabhängig von dem kumulierten Risikoniveau dieser Firmen zu sein scheint. Vgl. ZSIDISIN/ELLRAM (2003), S. 23.

980 Vgl. ROGLER (2002), S. 42-88, WATERS (2007), S. 160 ff., HANDFIELD et al. (2008b), S. 33, 41 f. Im Rahmen einer empirischen Studie wurde herausgefunden, dass der Aufbau von Lagerbeständen von 53% der befragten Unternehmen als Maßnahme Preisrisikohandhabung eingesetzt wird. Vgl. PROCUREMENT STRATEGY COUNCIL (2008), S. 18.

981 Vgl. STEPHENS (2001), S. 13 f.

982 Rund 50 Millionen Barrel Öl trieben aus diesem Grund auf unseren Weltmeeren. Der Rohölmarkt befand sich derzeit stark im Contango und die Frachtraten schlugen mit weniger als einem Dollar pro Barrel im Monat zu Buche. Vgl. o.V. (2009b), S. 63.

Sobald der Rohstoffpreis im Zeitablauf sinkt, ist die Durchführung des Lagermanagements allerdings mit Verlusten verbunden.[983] Dabei gilt, dass der Effekt des Lagermanagements umso größer ist, desto höher die zur Verfügung stehende Lagerkapazität ausfällt. Auch birgt die Maßnahme in Zeiten hoher Rohstoffpreise die Gefahr, dass die Rohstofflager nicht wieder aufgefüllt und Notbestände unterschritten werden. Im schlimmsten Fall kann dies bereits bei minimalen Lieferschwierigkeiten der Zulieferer zu Produktionsausfällen führen (Risikointensität - 3).

Insbesondere die unternehmensübergreifende Komponente des Rohstoffpreisrisikomanagements in der SC erhöht die Einsatzmöglichkeiten des Lagermanagements als Risikohandhabungsmaßnahme noch einmal. Es ist denkbar, dass unterschiedliche SC-Partner, die in geografischer Nähe operieren, den Aufbau eines gemeinsamen Lagers verfolgen. Dieser Aufbau kann wiederum unterschiedlich ausgestaltet sein und reicht von der Option, dass ein SC-Partner das Lager besitzt und Kapazitäten an andere SC-Partner vermietet (sog. Konsignationslager),[984] über die Option einer gemeinsamen Mietung, bis hin zur Option, das Lager gemeinsam zu besitzen (Kooperationsanforderung - 3). Die Charakterisierung der Handhabungsmaßnahme Lagermanagement entlang der sieben Kriterien ist in Abbildung 5.39 zusammengefasst.

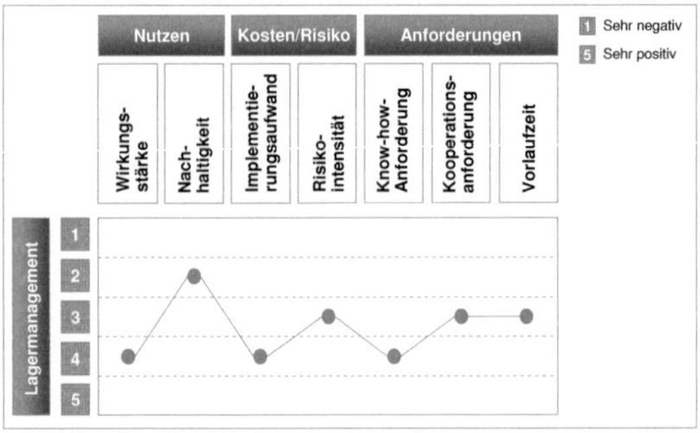

Abbildung 5.39: Charakterisierung Handhabungsmaßnahmen Lagermanagement

[983] Die Verluste werden allerdings erst realisiert (auch in den RKaR), wenn die Lagerposition aufgelöst wird. Vgl. hierzu auch die Überlegungen in Kapitel 5.1.2.

[984] Vgl. VOEGELE (2008), S. 138 ff.

Die zweite Maßnahme, die im aktuellen Kapitel kurz charakterisiert werden soll, ist das Bestellmanagement. Das Bestellmanagement beschreibt die Anpassung der Kauffrequenz und geht davon aus, dass es aus Rohstoffpreisrisikogesichtspunkten vorteilhaft sein kann, den Bedarf an Rohstoffen in kleineren Mengen, aber dafür in einer erhöhten Anzahl von Zeitpunkten zu kaufen, als größere Bedarfsmengen in weiter auseinander liegenden Zeitpunkten zu beziehen. Die Hoffnung ist, dass sich durch die enge Taktung Preisschwankungen eher ausgleichen, als wenn der gesamte Bedarf an einigen wenigen Zeitpunkten im Jahr beschafft wird. Ursprünglich stammt die Idee aus der Finanzwirtschaft und ist dort unter den Stichpunkten „Sparplan vs. Einmalanlage" viel diskutiert. In empirischen Untersuchungen wird hier unter bestimmten Annahmen bestätigt, dass Sparpläne geringere Standardabweichungen des Endvermögens als Einmalanlagen bewirken.[985] Abweichend zur Finanzwirtschaft fallen allerdings durch den realen Bezug von Rohstoffen weitere Kosten (Lagerkosten, Bestellkosten, Kapitalbindungskosten) an, die sich bei der vorliegenden Maßnahme sowohl positiv als auch negativ auf die Kostensituation auswirken können (Wirkungsstärke - 2). So hat die Erhöhung der Kauffrequenz den Vorteil, dass der durchschnittliche Lagerbestand sinkt und damit die Lager- sowie Kapitalbindungskosten reduziert werden. Ein Nachteil stellt allerdings die Tatsache dar, dass durch die ständig hohe Anzahl von Lieferungen und damit auch Verhandlungen, Kontrollen etc. erhöhte Transaktionskosten zu verzeichnen sind. Insgesamt ist davon auszugehen, dass die reduzierten Lager- und Kapitalbindungskosten die erhöhten Transaktionskosten nicht aufwiegen und die Maßnahmen insofern nicht unerhebliche Kosten verursachen (Implementierungsaufwand - 2). Die Anpassung der Kauffrequenz reduziert das Rohstoffpreisrisiko nicht dauerhaft, sondern muss, um einen Effekt zu entfalten, über einen längeren Zeitraum durchgeführt werden (Nachhaltigkeit - 1, Vorlaufzeit - 2). Die Wirkung des Bestellmanagements auf die Höhe der RK der SC muss ebenfalls nicht positiv ausfallen. So kann es durchaus sein, dass zwar das Rohstoffpreisrisiko – also die Schwankung der Rohstoffpreise – reduziert wurde, aber die RK der SC im Vergleich zum „normalen Bestellmanagement" gestiegen sind. Das gemeinsam definierte Ziel der SC-Partner wäre folglich nicht erreicht (Risikointensität - 2). Vorteilhaft wirkt sich aus, dass für die Durchführung

985 Vgl. z.B. ALBRECHT et al. (2003).

der Maßnahme des Bestellmanagements kein spezifisches Know-how benötigt wird (Know-how-Anforderungen - 4). Allerdings bedarf die unternehmensübergreifende Koordination der Kauffrequenz unter Berücksichtigung der Produktionsmengen, Lager etc. einer hohen Kooperation der SC-Partner (Kooperationsanforderungen - 2).

Neben der Reinform der Maßnahme, wo ein fester Bedarf an Rohstoffen in festgelegten Tranchen zu festgelegten relativ eng zusammenliegenden Zeitpunkten bezogen wird, steht eine Vielzahl von Abwandlungen zur Auswahl. So kann die Idee der erhöhten Kauffrequenz auf den Kauf von Futures ausgeweitet werden. Dies hat den Vorteil, dass z.B. Lieferungen nicht unbedingt durchgeführt werden müssten und somit die Transaktionskosten reduziert werden. Es könnte auch von der Definition der festgelegten Tranchen Abstand genommen und in kurzen Abständen, aber mit an den aktuellen Preis angepassten Volumina, der Rohstoff beschafft werden. Eine Zusammenfassung der Charakterisierung der Handhabungsmaßnahme Bestellmanagement findet sich in Abbildung 5.40.

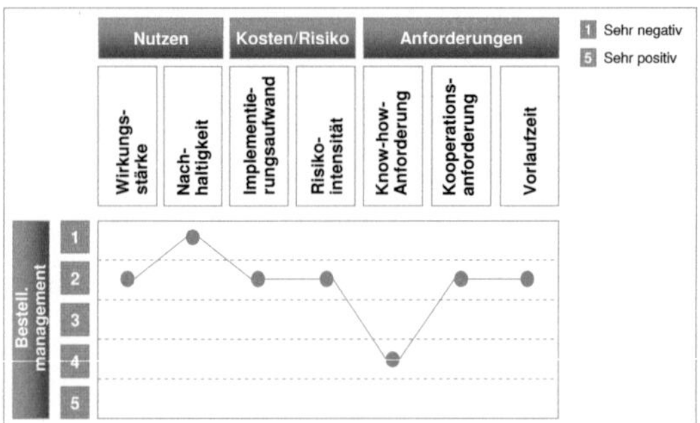

Abbildung 5.40: Charakterisierung Handhabungsmaßnahmen Bestellmanagement

5.3.3.5 Sourcingstrategien

Eine weitere Möglichkeit, das Rohstoffpreisrisiko in der SC einzuschränken, ist die gezielte Anwendung von Sourcingstrategien. Wie bereits in Kapitel 2.2.1 herausgestellt, existiert je nach Diversifikationsmerkmal eine Vielzahl von verschiedenen Sourcingstrategien, die meist auch über das Vertrauensniveau in der jeweiligen Abnehmer-Lieferanten-Beziehung Auskunft geben können.[986] Der entscheidende Ansatzpunkt der Sourcingstrategien im Rahmen des Rohstoffpreisrisikomanagements in der SC ist – wie in Kapitel 5.1.2 und insbesondere Abbildung 5.6 herausgearbeitet – die Beschaffungsbeziehung zwischen der SC und außerhalb der SC stehender Dritter. Da in der Regel nur die SC-Partner, die eine hohe strategische Wichtigkeit für die SC besitzen und zu denen bereits eine gesunde Vertrauensbasis besteht, in das Rohstoffpreisrisikomanagement in der SC integriert wurden,[987] sind die Sourcingstrategien, die zum Management von Rohstoffpreisrisiken in der SC in Frage kommen, demnach eher die Strategie, die ein geringeres Vertrauensniveau benötigen. Aus Abbildung 2.6 wird ersichtlich, dass demzufolge insbesondere die Sourcingstrategien Global Sourcing sowie Multiple Sourcing en detail auf ihre Anwendbarkeit im Rohstoffpreisrisikomanagement in der SC untersucht werden sollten. Des Weiteren soll noch die in Kapitel 2.2.1 nicht eingeführte Strategie – Direct Sourcing – beleuchtet werden. Diese drei Handhabungsmaßnahmen sind in Abbildung 5.41 zusammengefasst.

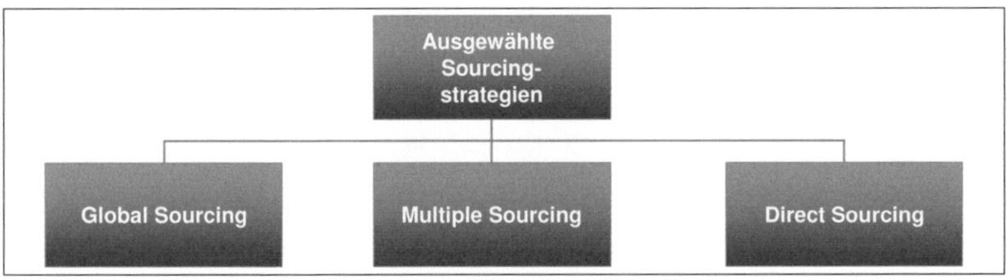

Abbildung 5.41: Maßnahmen der Sourcingstrategien

Global Sourcing im Rahmen des Rohstoffpreisrisikomanagements in der SC hat die Nutzung von weltweiten Preisunterschieden zum Ziel. Durch den Bezug eines Rohstoffs, wie z.B. Stahl, in anderen Regionen der Welt, können sowohl die RK als auch die RKaR pro Endprodukt reduziert werden. Untersuchungen ergeben allerdings, dass Multiple Sourcing – gerade auch im Vergleich zu Local Sourcing – relativ selten eingesetzt wird, um Preis-

[986] Vgl. hierzu insbesondere Abbildung 2.6. Die Performance der jeweiligen Sourcingstrategie hängt stark von den individuellen Gegebenheiten ab. Dies wurde in einer modelltheoretischen Untersuchung verschiedener Sourcingstrategien (Single Sourcing, Multiple Sourcing (E-procurement) und Kombinierter Strategie) bestätigt. Vgl. PELEG/LEE/HAUSMAN (2002), S. 473 f.

[987] Vgl. hierzu Kapitel 5.1.1.

risiken zu managen.[988] Vor allem die Automobilzulieferer scheinen bei Global Sourcing noch schwach zu sein.[989] In Abbildung 5.42 sind beispielhaft die Preisbewegungen von Mai 2006 bis August 2010 der Stahlsorten HRC und CRC für die Regionen USA, Nordeuropa, Südeuropa und China (Export to Europe) abgebildet. Bereits diese parallelen Preisbewegungen lassen eine hohe Korrelation zwischen den unterschiedlichen Regionen vermuten. Diese Vermutung wird durch die Berechnung der Korrelationen für die Jahre 2007 bis 2009 bestätigt. Die Korrelationen liegen hier – bei relativ großen Schwankungen im Zeitablauf – in über 65% der Fälle bei mindestens 0,80. Unter Berücksichtigung dieser Ergebnisse ist davon auszugehen, dass kein intertemporal stabiler Mehrwert durch Global Sourcing entsteht, dass aber je nach Situation der Einsatz dieser Maßnahme zur Reduktion der Stahlpreisrisiken in der SC beitragen kann. Bei anderen Rohstoffen, wie z.B. Aluminium, für die weiter entwickelte und noch transparentere Märkte existieren, ist auf Grund von Arbitragegeschäften von einer noch höheren Korrelation der Preise zwischen den verschiedenen Regionen auszugehen (Wirkungsstärke - 2).

Zusätzlich sind die durch das Global Sourcing entstehenden Kosten sowie zeitlichen Verzögerungen, insbesondere durch Suchkosten nach geeigneten Lieferanten, Marktanalysen, Transport- und Logistikkosten (inkl. Zölle) sowie umfassendere Qualitätskontrollen zu beachten, die je nach Markttransparenz und Herkunftsland des Rohstoffs erheblich sein können (Vorlaufzeit - 3, Implementierungsaufwand - 3). Wenn die globalen Beziehungen zu den Lieferanten erst einmal aufgebaut wurde ist die Nachhaltigkeit der Maßnahme als hoch zu bezeichnen (Nachhaltigkeit - 4). Es kann aber durchaus sein, dass sich anfänglich erhebliche regionale Preisunterschiede durch den erhöhten Implementierungsaufwand im Endeffekt nicht gewinnbringend für die SC konservieren lassen. Des Weiteren macht Global Sourcing – besonders wenn große Distanzen zwischen Herkunftsland und Destination liegen – die SC anfälliger für Unterbrechungen. Dies gilt vor allem dann, wenn die SC-Partner sehr schlank aufgestellt sind und weitestgehend ohne große Zwischenläger

[988] Vgl. ZAWISLA (2008), S. 186.

[989] Vgl. ZAWISLA (2008), S. 202. Dies kann allerdings maßgeblich daran liegen, dass sich diese Untersuchungen auf Zulieferteile und nicht auf einen Rohstoff beziehen.

[990] Eigene Darstellung. Daten stammen aus The Steelindex. Abgerufen im August 2010.

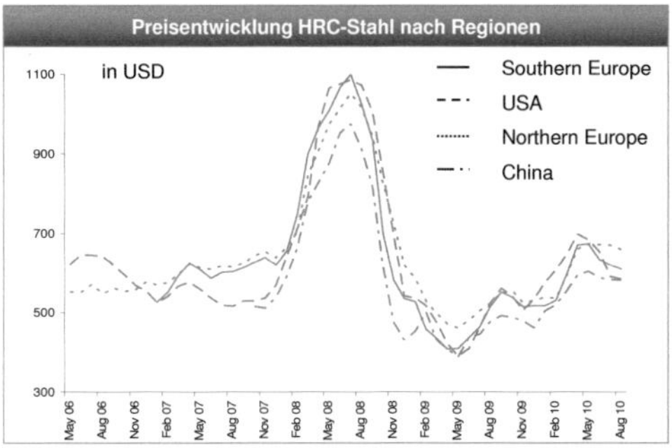

Korrelation HRC-Stahl nach Regionen

		USA	N. Eur.	S. Eur.	China
USA	2007	1	0,08	0,26	N/A
	2008	1	0,99	0,94	0,93
	2009	1	0,91	0,91	0,85
N. Eur.	2007		1	0,94	N/A
	2008		1	0,95	0,94
	2009		1	0,89	0,74
S. Eur.	2007			1	N/A
	2008			1	1
	2009			1	0,77
China	2007				1
	2008				1
	2009				1

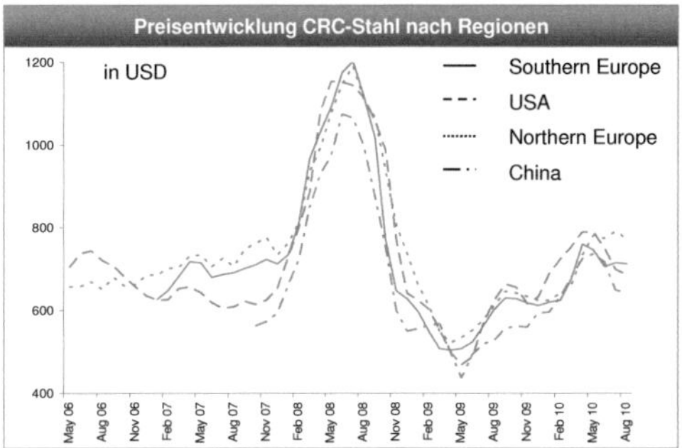

Korrelation CRC-Stahl nach Regionen

		USA	N. Eur.	S. Eur.	China
USA	2007	1	-0,02	0,26	N/A
	2008	1	0,96	0,92	0,95
	2009	1	0,93	0,92	0,81
N. Eur.	2007		1	0,82	N/A
	2008		1	0,95	0,96
	2009		1	0,93	0,69
S. Eur.	2007			1	N/A
	2008			1	0,99
	2009			1	0,62
China	2007				1
	2008				1
	2009				1

Abbildung 5.42: Korrelationen globaler Preise für HRC- und CRC-Stahl[990]

(z.B. mittels JIT, JIS) agieren.[991] Auch Qualitätsprobleme sind insbesondere am Anfang einer Lieferbeziehung mit Unternehmen aus sog. Emerging Markets keine Seltenheit (Risikointensität - 3). Die Know-how-Anforderungen an die SC-Partner sind überschaubar und beziehen sich hauptsächlich auf die Lieferantenanalyse und -auswahl sowie auf die Beschaffungsabwicklung (Know-how-Anforderungen - 4).[992] Mit der unternehmensübergreifenden Anwendung des Global Sourcing im Rahmen des Rohstoffpreisrisikomanagements in der SC sind erhebliche Vorteile verbunden. So ist mit einer Vervielfältigung der Kontakte zu potenziellen Zulieferern zu rechnen. Durch die Bedarfsbündelung werden die Suchkosten nach geeigneten Anbietern reduziert, günstigere Preise bei den Rohstoffproduzenten erzielt und auch die Transport- und Logistikkosten fallen aller Voraussicht nach

991 Vgl. dazu insbesondere Kapitel 2.1.1 und 2.1.2.

992 Beide Aufgaben stellen mehr oder weniger Standardaufgaben im Rahmen des Beschaffungsmanagementprozesses dar. Vgl. hierzu Kapitel 2.2.1.

geringer aus. Die Kooperationsanforderungen sind auf Grund der realen Lieferung der gebündelten Rohstoffbedarfe und der damit verbundenen Distribution an die SC-Partner allerdings tendenziell als etwas höher einzuschätzen (Kooperationsanforderungen - 3). Abbildung 5.43 charakterisiert die Handhabungsmaßnahme des Global Sourcing umfassend entlang der in Kapitel 5.3.1 abgeleiteten sieben Kriterien.

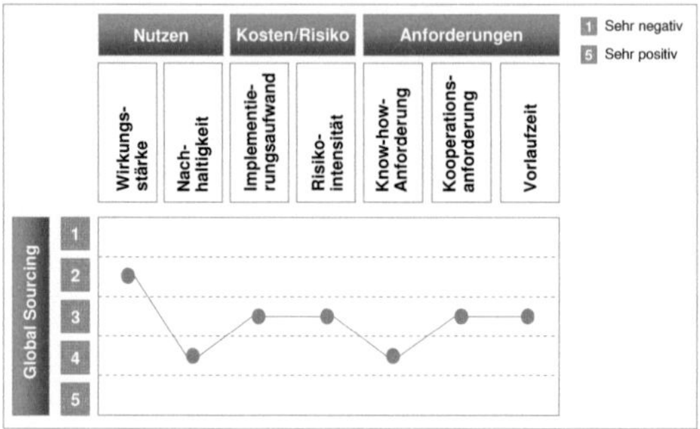

Abbildung 5.43: Charakterisierung Handhabungsmaßnahme Global Sourcing

Die Handhabungsmaßnahme Multiple Sourcing zielt darauf ab, die Anzahl der potenziellen Lieferanten eines Beschaffungsguts – z.B. eines Rohstoffs – zu erhöhen und auf diese Weise Preisdruck aufzubauen.[993] Die Beschaffungsabteilung hat somit die Aufgabe, fortwährend auf der Suche nach neuen Zulieferern zu sein, um bei Notwendigkeit Lieferanten untereinander ohne Qualitätseinbußen oder Lieferschwierigkeiten austauschen zu können. Dieser Prozess motiviert sowohl die bestehenden als auch die potenziellen Zulieferer und führt in der Regel zu Performancesteigerungen.[994] Dementsprechend ist es möglich, dass sich die SC nachhaltig vor steigenden RK und vor steigenden RKaR pro Endprodukt schützt (Wirkungsstärke - 3, Nachhaltigkeit - 4).[995]

Allerdings ist Multiple Sourcing auch mit erheblichen Kosten verbunden (Implementierungsaufwand - 2). So erfordern die Suche und der Aufbau neuer Lieferanten personelle

[993] Vgl. ZSIDISIN/ELLRAM (2003), S. 17.
[994] Vgl. SMITH (2002), S. 163.
[995] Vgl. ROSENKRANZ-KAISER (2008).

und zeitliche Kapazitäten der SC-Partner (Vorlaufzeit - 3). Durch die potenzielle Splittung der Bedarfe auf mehrere Lieferanten steigen auch die Transport- und Logistikkosten sowie die Gefahr, dass der Lieferant in sog. Allokationsphasen die Lieferverpflichtungen nicht erfüllt.[996] Empirischen Untersuchungen zur Folge ist der langfristige Aufbau eines oder mehrerer alternativer Lieferanten derzeit aus diesen Gründen noch die Ausnahme.[997] Dies wird auch in der empirischen Untersuchung in Kapitel 4 bestätigt. Der Automobilhersteller nutzt zwar als einziges Unternehmen Multiple Sourcing, ist aber insgesamt auch der Meinung, dass das dauerhafte Vorhalten von mehreren Lieferanten, insbesondere bei komplexeren und/oder knappen Beschaffungsgütern, zu teuer und aus diesem Grund nicht zielführend ist (Risikointensität - 4).[998]

Eine zielführende Vorgehensweise könnte in dieser Situation eine phasenweise Abschwächung des Multiple Sourcing und damit des Wettbewerbs sein.[999] Da gerade die Lieferbeziehung im Rahmen der Automobilindustrie in der Regel durch alternierende Abhängigkeiten gekennzeichnet ist, macht es Sinn für die SC-Partner, die Wettbewerbsphasen so zu koordinieren, dass sie zu den Zeitpunkten durchgeführt werden, wo die SC die größere Verhandlungsmacht besitzt.[1000] Die Phasen der gegenseitigen Abhängigkeit sind übersichtlich in Abbildung 5.44 dargestellt.

---

[996] Ist der Lieferant in der unangenehmen Situation, dass er nicht alle Lieferverpflichtungen erfüllen kann, so wird er aller Voraussicht nach zuerst die Lieferungen zu für ihn weniger wichtigen Kunden beschneiden.

[997] Nur 21% der befragten Unternehmen ziehen eine derartige Vorgehensweise in Betracht. Vgl. Procurement Strategy Council (2008), S. 18.

[998] Vgl. hierzu Kapitel 4.2.3.

[999] Generell wird in der einschlägigen Literatur kritisiert, dass in der Automobilindustrie die vorherrschenden Sourcingstrategien gegenüber eines Lieferanten zu wenig ambivalent sind. Beziehungen zeichnen sich entweder durch starken Wettbewerb (Multiple Sourcing) zwischen den Zulieferern während des gesamten PLZ eines Endprodukts oder durch starke Kooperationen (Single Sourcing) aus. Nur wenige Unternehmen verstehen es, diese beiden Strategien in einer Kombination gewinnbringend für sich einzusetzen. Vgl. Radtke/Abele/Zielke (2004), S. 171.

[1000] Mehr Informationen zur Verhandlungsmacht im Allgemeinen finden sich in Gabath (2010), S. 110.

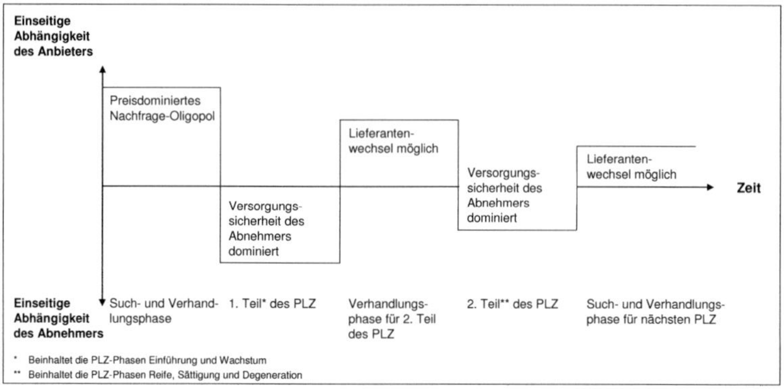

Abbildung 5.44: Lieferabhängigkeiten im Automobillebenszyklus[1001]

Insgesamt gilt, je frühzeitiger die Kontaktierung der potenziellen Lieferanten durchgeführt wird und/oder je entspannter die Kapazitätslage zu diesem Zeitpunkt, umso größer die Verhandlungsmacht des Abnehmers und umso eher ist damit zu rechnen, dass Multiple Sourcing zu positiven Effekten führt.[1002] In den Phasen, in denen der Lieferant eine größere Verhandlungsmacht aufweist und hohe Kosten mit der Durchführung des Multiple Sourcing verbunden sind, sollten die aktiven Lieferanten erheblich reduziert und das Multiple Sourcing insofern nur in abgeschwächter Form betrieben werden. Die Know-how-Anforderungen gehen nur geringfügig über den Level der normalen Beschaffungstätigkeit hinaus (Know-how-Anforderungen - 4).

Die Anwendung der Handhabungsmaßnahme Multiple Sourcing im unternehmensübergreifenden Rohstoffpreisrisikomanagement bietet – ähnlich dem Global Sourcing – erhebliche Vorteile gegenüber einer Anwendung im individuellen Unternehmen. Durch die durchgeführte Bedarfsbündelung spielt der Effekt, dass Bedarfe auf mehrere Lieferanten verteilt werden, eine weniger wichtige Rolle. Zudem ist damit zu rechnen, dass die Such-

[1001] Eigene Darstellung. Angelehnt an SCHONERT (2008), S. 207.

[1002] Vgl. SCHRÖDER (2008), S. 24. Empirische Untersuchungen zeigen, dass die frühe Kontaktierung mehrerer Lieferanten (sog. Konzeptwettbewerb) insgesamt sehr wenig eingesetzt wird, um Preisrisiken zu managen. Vgl. ZAWISLA (2008), S. 209, 236. Ein großes Automobilunternehmen wurde 2008 mit dem Satz zitiert: „Wir nutzen die entspannte Marktsituation, um qualifizierte chinesische Lieferanten aufzubauen." ROSENKRANZ-KAISER (2008).

kosten nach neuen Lieferanten insgesamt geringer ausfallen und evtl. einzelne SC-Partner bereits erprobte Lieferanten in das gemeinsame Rohstoffpreisrisikomanagement in der SC einbringen.[1003] Ein Nachteil des unternehmensübergreifenden Ansatzes und eine größere Kooperationsanforderung stellt – analog zum Global Sourcing – die Distribution der Rohstoffe dar (Kooperationsanforderung - 3). Die Charakterisierung des Multiple Sourcing entlang der in Kapitel 5.3.1 abgeleiteten Dimensionen und Kriterien findet sich in Abbildung 5.45.

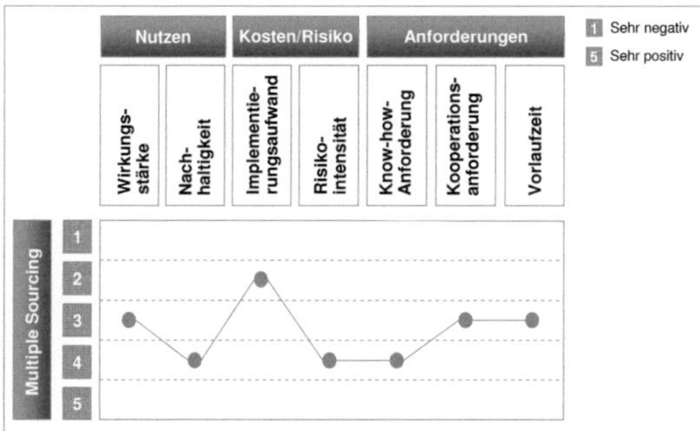

Abbildung 5.45: Charakterisierung Handhabungsmaßnahme Mutiple Sourcing

Die dritte und letzte Rohstoffpreisrisikohandhabungsmaßnahme im Rahmen der Sourcingstrategien, die im aktuellen Kapitel charakterisiert werden soll, ist das Direct Sourcing. Direct Sourcing im Sinne des Rohstoffpreisrisikomanagements in der SC bedeutet das Auslassen von limitiert wertschöpfenden Zwischenschritten in der SC und somit die Beschaffung der Rohstoffe direkt beim Hersteller. Die Zwischenschritte sind oft Distributoren oder kleine Processing-Einheiten, die den Rohstoff noch einmal geringfügig bearbeiten und vertreiben. Das Auslassen dieser Zwischenschritte kann – je nach Vertragssituation – relativ schnell umgesetzt werden und die Rohstoffpreise und damit die RK pro Endprodukt als auch die RKaR nachhaltig verringern (Wirkungsstärke - 2, Nachhaltigkeit - 5, Vorlaufzeit - 3).

[1003] Ob die SC-Partner die Lieferantenkontakte auch den anderen SC-Partnern zur Verfügung stellen wollen, hängt maßgeblich von dem bereits bestehenden Vertrauensniveau ab.

Die zwei Hauptgründe für den weit verbreiteten Einsatz sog. Distributoren im Rohstoffhandel sind die Ad-hoc-Verfügbarkeit von Rohstoffen, d.h., die Distributoren übernehmen eine Art Lagerfunktion und erlauben den Unternehmen, einen bestimmten Rohstoff schnell beziehen zu können, um z.B. Engpässe auszugleichen. Außerdem sind die Distributoren – anders als die großen Rohstoffproduzenten – bereit, auch kleinere Bedarfsmengen der verschiedenen Rohstoffe abzugeben und erlauben dementsprechend auch kleineren Unternehmen den problemlosen Bezug.

Auch wenn der Mehrwert der Distributoren in Bezug auf die Bedarfsmengen durch die unternehmensübergreifende Bündelung der Rohstoffbedarfe weitestgehend entfallen sollte, würde die Maßnahme Direct Sourcing bewirken, dass die Ad-hoc-Verfügbarkeit und auch die geringfügige Bearbeitung des Rohstoffs von den SC-Partnern aufgefangen werden müsste (Kooperationsanforderungen - 2, Know-how-Anforderungen - 2). Dies kann u.U. mit nicht unerheblichen Kosten, hohem personellem wie zeitlichem Aufwand sowie der Generierung zusätzlicher Risiken (z.B. Lagerrisiken) verbunden sein (Implementierungsaufwand - 2, Risikointensität - 3). Ein weiterer Nachteil dieser Maßnahme ist, dass insbesondere im Stahlbereich die Distributoren und Processing-Einheiten oft Geschäftszweige von größeren Rohstoffproduzenten bzw. Zulieferern sind. So scheint es – je nachdem ob das betroffene Unternehmen als SC-Partner selektiert wurde – u.U. schlecht möglich, den Zwischenschritt tatsächlich auszulassen, ohne Lieferanten nachhaltig zu verärgern.[1004] Eine vollständige Zusammenfassung der Charakterisierung der Handhabungsmaßnahme Direct Sourcing entlang der sieben Kriterien findet sich in Abbildung 5.46.

[1004] So ist z.B. der Stahlproduzent aus Kapitel 4 auch Distributor.

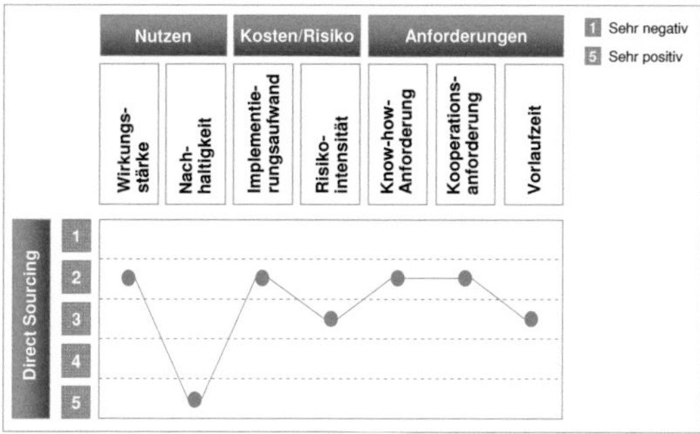

Abbildung 5.46: Charakterisierung Handhabungsmaßnahme Direct Sourcing

5.3.3.6 Vertikale Integration

Die Maßnahme der Vertikalen Integration im Rahmen des Rohstoffpreisrisikomanagements in der SC beschreibt die Akquisition eines tendenziell weit upstream situierten, rohstoffproduzierenden, außerhalb der SC stehenden Unternehmens durch einen oder mehrere SC-Partner. Dieser Schritt führt zu einer Preiskontrolle des betroffenen Rohstoffs und damit zu einer Reduzierung der Rohstoffkosten und der Rohstoffpreisrisiken für die gesamte SC. Dabei gilt in der Regel: Umso eher in der Wertschöpfungskette die Preiskontrolle gesichert werden kann, desto stärker kann das Rohstoffpreisrisiko eingeschränkt werden.[1005] Gerade in letzter Zeit ist, insbesondere in der Stahlindustrie, eine Vielzahl von Bestrebungen zur Vertikalen Integration zu beobachten. Global aufgestellte Stahlproduzenten versuchen, das Preisrisiko ihrer wichtigen Inputfaktoren – vor allem Kokskohle und Eisenerz – zu reduzieren, indem sie Minen in allen Ländern der Erde akquirieren. Selbst kleinere Mühlen, deren wichtigster Rohstoff meist Stahlabfall ist, akquirieren derzeit Schrotthändler zur Sicherung ihres kostengünstigen und preisstabilen Schrottnachschubs.[1006]

Ein möglicher Ansatzpunkt für die Automobilindustrie im Sinne der Vertikalen Integration zum Management von Rohstoffpreisrisiken in der SC könnte z.B. der Kauf von Ei-

[1005] Vgl. Geman (2005), S. 171.
[1006] Vgl. Petro (2008).

senerzminen sein.[1007] Der langfristig von den SC-Partnern zu zahlende Eisenerzpreis setzt sich dann hauptsächlich aus den operativen Kosten zusammen und würde den Bezug von Stahl auf lange Sicht wesentlich günstiger und preisstabiler gestalten (Wirkungsstärke - 3, Nachhaltigkeit - 5). Ein weiterer Vorteil der Vertikalen Integration, neben den Effekten auf die RK und Rohstoffpreisrisiken, ist die Sicherung der Lieferungen für alle SC-Partner. Dies spielt insbesondere bei Rohstoffen, die sich durch regelmäßige Allokationsphasen auszeichnen, eine große Rolle.[1008]

Allerdings ist die Vertikale Integration nicht kurzfristig einsetzbar (Vorlaufzeit - 1) und sie ist – je nach Größe des zu akquirierenden Unternehmens – sehr kapital- und zeitintensiv (Implementierungsaufwand - 1).[1009] Selbst wenn sich die SC-Partner zu einer unternehmensübergreifenden, konzertierten Übernahme eines außerhalb der SC stehenden Unternehmens entscheiden (Kooperationsanforderungen - 2), birgt die Maßnahme auch große operative Risiken (Risikointensität - 1). Es bestehen berechtigte Zweifel, ob fachfremde Unternehmen, deren eigene Kernkompetenz in den meisten Fällen mehrere SC-Stufen weiter downstream zu finden sein wird, in der Lage sind, das akquirierte Unternehmen weiterhin profitabel und angemessen zu führen (Know-how-Anforderungen - 1). Diese Überlegung wird durch eine empirische Studie unterstützt, die belegt, dass keines der befragten Unternehmen jemals ein Unternehmen akquiriert hatte, welches mehr als eine SC-Stufe entfernt war.[1010] Vielen Unternehmen erscheint auf Grund dieser erheblichen Nachteile das Preis-Leistungs-Verhältnis der Vertikalen Integration als eher schlecht.[1011] Eine Zusammenfassung der Charakterisierung der Handhabungsmaßnahme Vertikale Integration gibt Abbildung 5.47.

[1007] In Anbetracht der hohen Marktkonzentration bieten sich besonders die Akquisition kleinerer Eisenerzminen an.

[1008] Stahl befand sich z.B. im Jahr 2007 und 2008 teilweise in einer Allokationsphase.

[1009] Im Falle der vorgeschlagenen Akquisition von Eisenerzminen bzw. eines Eisenerzförderers ist auf Grund der hohen Marktkonzentration mit tendenziell eher größeren Übernahmezielen und damit sehr hohen Kosten zu rechnen.

[1010] Vgl. Procurement Strategy Council (2008), S. 18.

[1011] Vgl. Mau/Mau (2008), S. 336. Diese Aussage wird wiederum durch die empirische Studie unterstützt, in der festgestellt wurde, dass nur 6% der befragten Unternehmen die Akquisition eines Unternehmens aus Gründen der Risikohandhabung ernsthaft in Betracht gezogen haben. Vgl. Procurement Strategy Council (2008), S. 18.

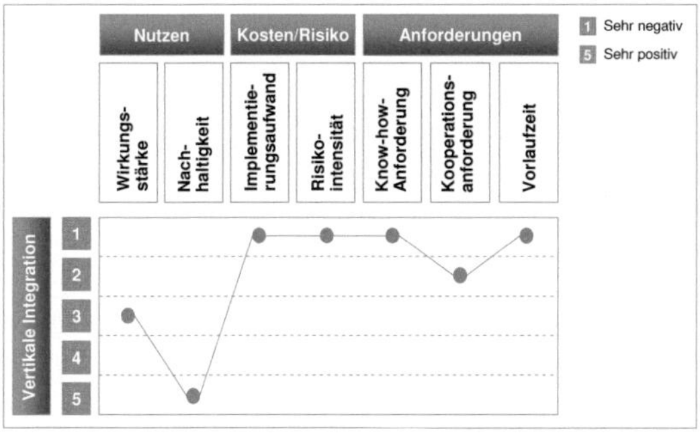

Abbildung 5.47: Charakterisierung Handhabungsmaßnahme Vertikale Integration

5.3.3.7 Risikoakzeptanz

Die Risikoakzeptanz, die auch als passive Risikohandhabungsmaßnahme bezeichnet wird, kommt immer dann automatisch zum Einsatz, wenn das Rohstoffpreisrisiko nicht aktiv gehandhabt wird – d.h. im Gegensatz zu den aktiven Handhabungsmaßnahmen verändern die passiven Maßnahmen die RKaR nicht.[1012] Die Risikoakzeptanz lässt die SC-Partner dem Rohstoffpreisrisiko ungeschützt gegenübertreten und stellt streng genommen eine Spekulation dar.[1013] Sinken die Rohstoffpreise, ist dies positiv für die Finanz- und Ertragslage der SC, steigen die Rohstoffpreise, reduziert dies unmittelbar die zur Verfügung stehende Risikodeckungsmasse.[1014]

Wie bereits in Kapitel 2.3.2 und Kapitel 5.1.2 betont, sollten sich automobile SC den Rohstoffpreisrisiken gegenüber tendenziell risikoavers verhalten, die Risikolimits eng bemessen und so die zur Verfügung stehende Risikodeckungsmasse für Risiken nutzen, die

[1012] Vgl. HÖLSCHER (2000), S. 330.

[1013] Vgl. ROSENKRANZ-KAISER (2008).

[1014] Bestandteile der Risikodeckungsmasse sind dabei bspw. leicht liquidierbare Rücklagen oder stille Reserven sowie liquide Mittel, die bei Eintritt von erhöhten Rohstoffbeschaffungsausgaben eine finanzielle Schieflage des Unternehmens verhindern können. Vgl. NÜBLING (1991), S. 159. Die genaue Zusammensetzung der Risikodeckungsmasse muss im Rahmen der unternehmensübergreifenden Risikopolitik einheitlich festgelegt werden.

in einem unmittelbaren leistungswirtschaftlichen Zusammenhang zu den Kernaktivitäten stehen und die eine hohe Chance auf zukünftige Gewinne enthalten.[1015]

Da es aber auf Grund der Kosten, die mit dem Einsatz der aktiven Handhabungsmaßnahmen verbunden sind, aus wirtschaftlicher Sicht keinen Sinn macht, das Risikolimit auf null zu reduzieren, wird sich der „Einsatz" der Risikoakzeptanz und damit eine Inanspruchnahme der Risikodeckungsmasse kaum vermeiden lassen. Des Weiteren ist auch durch die Selektion der Rohstoffe und der SC-Partner (Kapitel 5.1.1) ein bestimmter Teil der auf die SC-Partner wirkenden Rohstoffpreisrisiken aus der Betrachtung ausgeschlossen. Je nachdem, ob die SC-Partner diese Risiken unternehmensindividuell managen, kommt auch hier die Risikoakzeptanz zum Tragen. Demzufolge muss auch für die Rohstoffpreisrisiken immer eine ausreichend große Risikodeckungsmasse zur Verfügung stehen.[1016] Dabei ist es gerade im Rahmen des Rohstoffpreisrisikomanagements in der SC von besonderem Interesse, welche SC-Partner wieviel zur Gesamt-Risikodeckungsmasse für Rohstoffpreisrisiken beitragen.[1017] Die Maßnahme der Risikoakzeptanz soll nicht wie die aktiven Handhabungsmaßnahmen entlang der in Kapitel 5.3.1 entwickelten Kriterien charakterisiert werden. Die Risikoakzeptanz kommt automatisch immer dann zum Tragen, wenn keine aktive Handhabungsmaßnahme ausgelöst wird, hat keine Wirkung auf die RKaR, verursacht keine Kosten und stellt auch keine Anforderungen an die Kooperations- oder Know-how-Level einer SC.

5.3.4 Auswahl adäquate Handhabungsmaßnahmen

In den vorangegangenen Kapiteln 5.3.2 und 5.3.3 wurden insgesamt 22 unterschiedliche Maßnahmen zur Handhabung von Rohstoffpreisrisiken in der SC (9 finanzwirtschaftliche Maßnahmen, 13 operative Maßnahmen) entwickelt und grob entlang der sieben in

[1015] Vgl. ähnlich KREMERS (2002), S. 87.

[1016] Vgl. HÖLSCHER (2000), S. 330 f.

[1017] Vgl. hierzu die Überlegungen in Kapitel 5.1.2. Die Abrufung der jeweils fällig werdenden Risikodeckungsmasse könnte über sog. Contingent Capital Agreements realisiert werden. Vgl. KREMERS (2002), S. 89. Contingent Capital wird das Kapital genannt, welches, bevor potenzielle Verluste realisiert wurden, bereits genehmigt ist. Vgl. ELIOTT (2001), S. 1.

Kapitel 5.3.1 erarbeiteten Kriterien charakterisiert.[1018] Selbstverständlich ist diese grobe Charakterisierung der Maßnahmen nicht dafür geeignet, die ultimativ beste Maßnahme für die Rohstoffpreisrisikohandhabung der SC-Partner zu identifizieren. Die finale Auswahl der angemessenen Handhabungsmaßnahme ist vielmehr sehr stark von der individuellen Situation jeder SC abhängig. Hierzu zählen z.B. die spezifischen Ziele des Rohstoffpreisrisikomanagements, die Höhe der RKaR pro Endprodukt, der im Fokus stehende Rohstoff, der Zeithorizont sowie die Erwartungen bezüglich der zukünftigen Rohstoffpreisentwicklung.[1019] Je nach Situation können sich viele der Handhabungsmaßnahmen als vorteilhaft erweisen.[1020] Die vorgenommene Charakterisierung kann allerdings als Basis für verschiedene Analysen verwendet werden, um ein Gefühl für die Eigenschaften und Wirkungsweise verschiedener Maßnahmen zu erhalten und eine generelle Priorisierung der Maßnahmen vorzunehmen. Insofern ist ein derartiges Vorgehen, insbesondere in der frühen Phase des unternehmensübergreifenden Rohstoffpreisrisikomanagements, unverzichtbar.[1021]

Eine erste Priorisierung der 22 unterschiedlichen Maßnahmen könnte entlang der Dimensionen Nutzen und Kosten und demzufolge entlang der Kriterien Wirkungsstärke und Nachhaltigkeit sowie Implementierungsaufwand und Risikointensität im Rahmen einer typischen 2x2-Matrix erfolgen.[1022] Die SC-Partner sollten, unabhängig von anderen Ein-

1018 Eine Zusammenfassung aller Charakterisierungen über alle Kriterien hinweg findet sich in Anhang C dieser Arbeit.

1019 Vgl. z.B. SACHS (2005), S. 19.

1020 Vgl. STEPHENS (2001), S. 208. Diese Sichtweise wurde durch eine empirische Untersuchung von verschiedenen Hedgingstrategien unter Berücksichtigung der WTI-Ölpreisentwicklung und verschiedener Begleitumstände im Zeitraum von 1991 bis 1997 bestätigt. Vgl. KRAPELS/PRATT (1998), S. 78. Zudem ist es wichtig zu erwähnen, dass bei der Auswahl von Handhabungsmaßnahmen im Rahmen des Rohstoffpreisrisikomanagements in der SC immer auch der „Bauch" mitreden wird. Schon die Charakterisierung der Maßnahmen war selbstverständlich vom „Bauchgefühl" beeinflusst. Selbst bei einer äußerst systematischen Vorgehensweise bleibt die Einschätzung qualitativ und darf innerhalb einer gewissen Bandbreite durch das Gefühl hinterfragt und fallweise auch einmal überstimmt werden. Vgl. SCHEURING (2008).

1021 Es ist darüber hinaus denkbar, dass sich die Einschätzung der Charaktereigenschaften für bestimmte Handhabungsmaßnahmen im Laufe der Zeit verändert. Die Charakterisierung kann in diesem Fall selbstverständlich frei angepasst werden.

1022 Dabei ist es selbstverständlich entscheidend, wie die SC-Partner die Kriterien je Dimension gewichten und auch wie die Grenzen zwischen den vier sich ergebenden Quadranten gezogen werden. Für das Beispiel soll innerhalb der Dimensionen mit einer 75%- (Wirkungsstärke, Implementierungsaufwand) vs. 25%-Gewichtung (Nachhaltigkeit, Risikointensität) gearbeitet werden und keine explizite Grenzsetzung erfolgen. Demzufolge werden nur die augenscheinlich „klaren Fälle" hoch- bzw. herunterpriorisiert.

flussfaktoren, in allererster Linie daran interessiert sein, Maßnahmen einzusetzen, die ein gutes Kosten-Nutzenverhältnis aufweisen. Folglich sollten Maßnahmen, die einen eher negativ einzuschätzenden Nutzen, gepaart mit tendenziell negativ zu bewertenden Kosten aufweisen, bevorzugt nicht eingesetzt werden. In diese Kategorie würden – unter Berücksichtigung der in Kapitel 5.3.2 und 5.3.3 durchgeführten Charakterisierungen – die Maßnahmen Direct Sourcing, Bestellmanagement sowie Investments in alternative Assets fallen.[1023] Im Gegensatz dazu schneiden die Maßnahmen Commodity Swaps, Commodity Futures und traditionelle langfristige Kontrakte besonders gut ab, da sie sich durch einen eher positiv zu bewertenden Nutzen sowie eher positiv einzuschätzende Kosten auszeichnen.[1024] Zu den Maßnahmen, die sich nicht eindeutig in eine dieser Extremkategorien einordnen lassen und die damit negativ einzuschätzende Kosten bei positiv einzuschätzendem Nutzen sowie positiv einzuschätzende Kosten bei negativ einzuschätzendem Nutzen aufweisen, kann auf Grund dieser Analyse keine eindeutige Aussage über Einsatz oder Nichteinsatz gemacht werden.[1025] Diese sollten demzufolge detailliert unter Berücksichtigung der spezifischen Situation der SC-Partner evaluiert werden. Die Ergebnisse der beispielhaft durchgeführten Kosten-Nutzen-Analyse sind in Abbildung 5.48 illustrativ zusammengefasst.

Aufbauend auf der Kosten-Nutzen-Analyse können im Anschluss weitere Analysen durchgeführt und wegweisende Entscheidungen getroffen werden. So ist es sinnvoll, insbesondere die Maßnahmen, die ein gutes Kosten-Nutzen-Verhältnis aufweisen, hinsichtlich ihrer benötigten Vorlaufzeit zu analysieren. Maßnahmen, wie z.B. die Vertikale Integration oder die Substitution, weisen eine negativ zu beurteilende Vorlaufzeit oder mit anderen Worten eine Vorbereitungszeit von mehreren Monaten – teilweise Jahren – auf. Diese Maßnahmen müssen frühzeitig angestoßen und vorbereitet werden, damit sie zu gegebener Zeit im Rahmen des Rohstoffpreisrisikomanagements in der SC einsetzbar sind. Nur wenn die SC-Partner diesen Sachverhalt berücksichtigen, die Maßnahmen in verschiedene Zeithori-

[1023] Die Maßnahmen Floating-Price-Kontrakte, Global Sourcing, Bull Call Spread und Commodity Linked Note stehen ebenfalls im Verdacht, weniger effizient zu sein.

[1024] Auch hier stehen einige Maßnahmen auf der Schwelle, um zu den tendenziell positiv einzuschätzenden Maßnahmen zu gehören. Dies sind Hybrid-Pricing-Kontrakte, Bull Corridor, Effizienzoptimierung und Standardisierung/Bündelung.

[1025] In der Regel sollten dies die Mehrzahl der Maßnahmen sein.

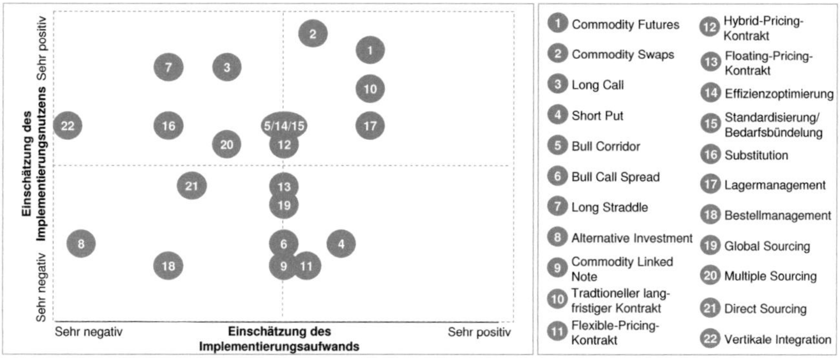

Abbildung 5.48: Kosten-Nutzen-Analyse Handhabungsmaßnahmen

zonte einteilen und dementsprechend implementieren, ist es möglich, zu gegebener Zeit die volle Klaviatur der Handhabungsmaßnahmen zu bedienen. Andere Maßnahmen, wie z.B. die Commodity Futures oder die traditionellen langfristigen Kontrakte, haben eine sehr viel geringere Vorlaufzeit und können demzufolge ad-hoc eingesetzt werden. Analog zur Vorlaufzeit können auch die Kriterien Know-how- oder Kooperationsanforderungen in die Analyse integriert werden. Auf diese Weise kann ebenfalls frühzeitig eine Entscheidung bezüglich des Know-how-Aufbaus in der SC bzw. der Intensivierung der Kooperationsbeziehungen getroffen werden, um die betroffenen Maßnahmen später in angemessener Art und Weise einsetzen zu können.[1026] Abbildung 5.49 illustriert z.B. die Einteilung der verschiedenen Handhabungsmaßnahmen entlang der drei Kriterien der Dimension Anforderungen in verschiedene Zeithorizonte.[1027] Hierbei fällt sofort auf, das die finanzwirtschaftlichen Maßnahmen und die Maßnahmen des Kontraktmanagements in der Regel geringere Anforderungen stellen als die weiteren operativen Handhabungsmaßnahmen.

[1026] Vgl. hierzu insbesondere Kapitel 5.1.4.

[1027] Die Kriterien wurden im Rahmen dieser Kalkulation gleichgewichtet. Die Maßnahmen mit einem negativen Kosten-Nutzen-Verhältnis wurden nicht mehr berücksichtigt.

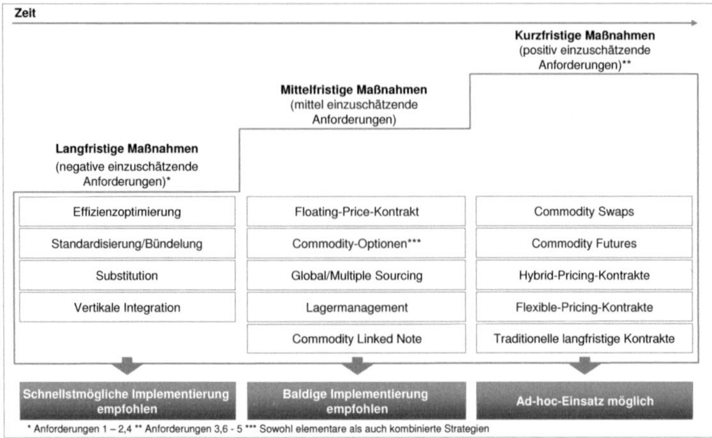

Abbildung 5.49: Einteilung der Handhabungsmaßnahmen in Zeithorizonte

Die Charakterisierung der unterschiedlichen Handhabungsmaßnahmen in den vorangegangenen Kapiteln hat einige Stärken und Schwächen offen gelegt. Manche Maßnahmen weisen eine geringe Wirkungsstärke auf und sind alleine nicht in der Lage, größere Rohstoffpreisrisiken im gewünschten Maße zu handhaben. Andere haben kurze Nachhaltigkeiten oder hohe Implementierungsaufwendungen, so dass sich ein Unternehmen den stetigen Einsatz nur einer Maßnahme u.U. nicht leisten kann oder möchte. Praktisch alle Handhabungsmaßnahmen wirken besonders gut in einer bestimmten Marktsituation, so dass zur eindeutigen Auswahl einer Maßnahme idealerweise robuste Erwartungen bezüglich der Rohstoffpreisentwicklungen im Planungszeitraum vorliegen sollten. Dies ist allerdings nicht immer der Fall. In allen geschilderten Fällen kann es Sinn machen, verschiedene Maßnahmen zu kombinieren, um das gewünschte Gesamtprofil betreffend Wirkungsstärke, Nachhaltigkeit, Implementierungsaufwand oder Flexibilität bezüglich der Preisentwicklung zu realisieren.[1028] Dabei gilt auch hier, dass der Fantasie keine Grenzen gesetzt sind und rein theoretisch jede Maßnahme mit jeder anderen kombinierbar ist.[1029]

[1028] Experten warnen aus diesem Grund regelmäßig davor, auf eine einzige Handhabungsmaßnahme zu setzen. Vgl. o.V. (2009a), S. 13.

[1029] Insgesamt bleibt festzuhalten, dass ein Unternehmen im Management von Rohstoffpreisrisiken kreativ sein muss. Vgl. Stephens (2001), S. 197.

So gilt generell, dass – unabhängig von jeglichen Kosten-Nutzen-Betrachtungen – operative Handhabungsmaßnahmen relativ unkompliziert mit jeder möglichen finanzwirtschaftlichen Handhabungsmaßnahme kombinierbar sind.[1030] Zusätzlich gilt, dass die operativen Handhabungsmaßnahmen untereinander relativ problemlos kombiniert werden können. Entweder weil sie sich ohnehin gut ergänzen (also zwei Maßnahmen auf eine Einheit eines Rohstoffs wirken und sich gegenseitig verstärken) oder weil sie für zwei separate Mengen des gleichen Rohstoffs (z.B. 20% des Bedarfs vs. 80% des Bedarfs) eingesetzt werden können. So könnten z.B. durch Standardisierung gebündelte Bedarfe (Standardisierung/Bündelung) global beschafft (Global Sourcing) und die verbleibenden RKaR über dem entsprechenden Gesamtrisikolimit durch den mengenmäßig gezielten Einsatz von Futures, Swaps oder Optionen gehandhabt werden. Dieses Beispiel stellt offensichtlich eine Kombination dar, bei der die beiden operativen Maßnahmen auf die gleiche Einheit des Rohstoffs wirken und sich gegenseitig verstärken. Ein Beispiel für die separate Anwendung ist der Einsatz eines Floating-Price-Kontrakt und eines traditionellen langfristigen Kontrakts. Diese Kontrakte können per definitionem nicht gleichzeitig für eine Rohstoffeinheit abgeschlossen werden, können aber durchaus parallel von den SC-Partnern zur Handhabung der Rohstoffpreisrisiken in der SC eingesetzt werden.

Auf Grund der hinter jeder Maßnahme liegenden Grunderwartung an die Rohstoffpreisentwicklung, ist die freie Kombination von finanzwirtschaftlichen Handhabungsmaßnahmen zu sinnvollen Gesamtprofilen – selbst bei Anwendung auf separate Mengen – nur bedingt gegeben.[1031] So macht es z.B. wenig Sinn, die Maßnahme Bull Corridor mit einem Bull Call Spread zu kombinieren. Werden stark steigende Rohstoffpreise erwartet, sollte der Bull Corridor zum Einsatz kommen, wenn stark fallende oder parallele Preisbewegungen prophezeit werden, der Bull Call Spread. Wenn die Erwartung aber unsicher und nicht bekannt ist, ob die Zukunft steigende, fallende oder neutrale Rohstoffpreise bringt, dann erscheint nicht eine Kombination der beiden oben genannten Maßnahmen, sondern der Einsatz eine Long Call sinnvoll.

1030 Vgl. SMITH (2002), S. 173.
1031 Vgl. hierzu die Ausführungen in Kapitel 5.3.2.

Es kristallisiert sich heraus, dass es durchaus ein probates Mittel sein kann, mehrere der Situation angemessene Maßnahmen einzusetzen und sich auf diese Weise eine noch breitere Palette an potenziellen Reaktionsmöglichkeiten auf Rohstoffpreisrisiken zu verschaffen. Wie diese Kombination letztendlich durchgeführt wird und ob sie Sinn macht, ist ohne Kenntnis der spezifischen Situation nur bedingt möglich.

5.4 Phase 4 – Rohstoffpreisrisikocontrolling in der Supply Chain

5.4.1 Etablierung regelmäßige Performancemessung und Prozessentwicklung

Wie in Kapitel 3 herausgearbeitet, lässt sich das Rohstoffpreisrisikocontrolling in die Risikokontrolle, die Risikodokumentation und das Risikoreporting unterteilen. Jedem dieser Aufgabengebiete lässt sich ein spezifischer Erfolgsfaktor zuordnen. Dies sind „Etablierung regelmäßige Performancemessung und Prozessentwicklung" (Risikokontrolle), „Sicherstellung Prozessdokumentation und Garantierung Datenqualität" (Risikodokumentation) sowie „Entwicklung zielgruppenorientierter, aussagekräftiger, standardisierter Reports" (Risikoreporting). Das Rohstoffpreisrisikocontrolling hat eine besondere Bedeutung für die Koordination des gesamten Rohstoffpreisrisikomanagement-Prozesses.[1032] So bestehen starke Interdependenzen zu allen anderen Prozessphasen, da das Risikocontrolling auf deren Informationen und Daten angewiesen ist und gleichzeitig den einzelnen Prozessphasen die Informationen und Daten wiederum in verarbeiteter Form (Analysen, Dokumentationen, Reports) zur Verfügung stellt und damit die zukünftige Durchführung des gesamten Prozesses beeinflusst.[1033] Voraussetzung für die erfolgreiche Durchführung des Risikocontrollings im Allgemeinen ist demnach die zeitnahe Weiterleitung der benötigten Informationen und Daten von den operativen Einheiten auf den festgelegten Kommunika-

[1032] Vgl. WITTMANN (2000), S. 470.
[1033] Vgl. WITTMANN (2000), S. 471 f.

tionskanälen in der vereinbarten Granularität und Qualität.[1034] In den folgenden Kapiteln soll nun geklärt werden, was die Umsetzung der drei Erfolgsfaktoren des Risikocontrollings im Rahmen des Rohstoffpreisrisikomanagements in der SC konkret bedeutet.

Der Erfolgsfaktor „Etablierung regelmäßige Performancemessung und Prozessentwicklung" meint hauptsächlich, dass das implementierte Rohstoffpreisrisikomanagement in der SC regelmäßig auf verschiedene Aspekte überprüft werden muss. Hier sind insbesondere Wirksamkeit der Risikoanalyse und Risikohandhabung, Wirtschaftlichkeit und die Einhaltung der im Rahmen der Risikostrategie definierten Rahmenbedingungen zu nennen.[1035] Darüber hinaus spielen noch Aspekte, wie z.B. Anwenderfreundlichkeit, Vollständigkeit oder Rechtzeitigkeit eine zentrale Rolle.[1036]

Die Mehrzahl der unternehmerischen Entscheidungen – wie auch die Entscheidungen im Rahmen der Risikoanalyse – werden unter Unsicherheit getroffen, weil zukünftige Gegebenheiten nicht in vollem Umfang vorhersehbar sind. Entsprechend ist der Erfolg einer Entscheidung nachhaltig von der Qualität der getroffenen Annahmen abhängig (z.B. der angenommenen Preiserwartung, der Auswahl des statistischen Modells, Volatilitäts- und Korrelationserwartungen).[1037] Eine gute Möglichkeit, die Validität dieser Annahmen und damit die Wirksamkeit der Risikoanalyse zu überprüfen, ist die Durchführung eines sog. Backtesting.[1038] Dieses Verfahren sollte auf den gleichen Variablen basieren wie auch die

[1034] Vgl. WINTER (2006), S. 222. Auf Grund der Tatsache, dass die Risikokontrolle und das Risikocontrolling allgemein immer nur das leisten können, was die zur Verfügung gestellten Informationen zulassen, ist damit zu rechnen, dass das Risikocontrolling insgesamt einen Qualitätsschub erhält, wenn die Prozessphasen eins bis drei professionalisiert werden. Vgl. hierzu auch die Ausführungen in Kapitel 4.3.

[1035] Vgl. hierzu die Inhalte in Kapitel 5.1.

[1036] Vgl. z.B. WOLF (2003), S. 51. Es wird deutlich, dass nicht nur die finanzielle Performance im Mittelpunkt der Messungen steht, sondern auch eher qualitative Aspekte Berücksichtigung finden. Die angemessene Balance zwischen finanzieller und nicht finanzieller Performancemessung ist in vielen Unternehmensverbünden noch immer nicht erreicht. Vgl. HIEBER (2002), S. 81.

[1037] Vgl. auch Kapitel 5.2. LÖFFLER/LIENHARD (2009), S. 14, HULL (2010), S. 407. „In economics, for instance, we have very large models of risk calculations sitting on very rickety assumptions (actually, not rickety but plainly wrong). They smoke us with math, but everything else is wrong. Getting the right assumptions may matter more than having a sophisticated model." TALEB (2005), S. 289.

[1038] Vgl. PFENNIG/SCHÄFER (1999), S. 162, KROPP/SCHUBERT (2000), S. 1.263, MEYER (2008), S. 348.

Berechnung der RKaR, d.h. identische Haltedauer und Konfidenzniveaus,[1039] und vergleicht die in der Vergangenheit errechneten RKaR mit den realen Beobachtungen in diesem Zeitraum.[1040] Daraufhin können Schwachpunkte identifiziert und ggf. Optimierungsansätze bezüglich der Risikoanalyse abgeleitet werden.

Ferner muss selbstverständlich das gesamte Rohstoffpreisrisikomanagement in der SC und speziell die Risikohandhabung auf Wirksamkeit und Wirtschaftlichkeit überprüft werden.[1041] Hierzu wird meist ein Kosten-Nutzen-Vergleich durchgeführt.[1042] Der Nutzen ist im Fall des Rohstoffpreisrisikomanagements in der SC definiert als Reduzierung der RKaR pro Endprodukt im Vergleich zu einer Situation der vollständigen Risikoakzeptanz. Die Kosten sind sämtliche im Rahmen des Einsatzes der Handhabungsmaßnahmen notwendigen Kapital-, Zeit- und Personalressourcen.[1043] Dabei ist im Rahmen des Kosten-Nutzen-Vergleichs sicherzustellen, dass sämtliche Wirkungen von einer im Rahmen des Rohstoffpreisrisikomanagements in der SC durchgeführten Maßnahmen in die Analyse einbezogen werden.[1044] Dies bedeutet, dass reduzierte Chancen, reduzierte Flexibilität und weitere u.U. auch positive Auswirkungen der realisierten Maßnahmen auf andere Risikoarten und damit andere relevante Kennzahlen in der Performanceevaluierung der Maßnahme berücksichtigt werden müssen.[1045] Dadurch wird sichergestellt, dass Maßnahmen ganzheitlich analysiert werden und dass das Rohstoffpreisrisikomanagement in der SC nicht unbemerkt auf Kosten anderer Funktionsbereiche optimiert wird. Auf lange Sicht ist allerdings nicht davon auszugehen, dass das Rohstoffpreisrisikomanagement in

[1039] Diese Vorgabe ist z.B. selbst bei vielen gesetzlichen Vorgaben nicht erfüllt. Der VaR soll meist auf Basis von zehn Haltetagen und Backtesting auf Basis von einem Haltetag berechnet werden. Vgl. SENIK (2007), S. 15, 17.

[1040] Diese Vorgehensweise ist ähnlich der in Kapitel 5.2.2 durchgeführten Validitätsprüfung der Verteilungsannnahmen. Vgl. RISKMETRICSGROUP (JP MORGAN) (1999), S. 39. Ein viel genutztes Performancemaß ist z.B. der Prozentsatz der Ausnahmen, d.h. der Fälle, in denen der reale Verlust das kalkulierte Risikomaß – hier der RBKaR – überschreitet. Vgl. HULL (2010), S. 169. Bei Einsatz einer Normalverteilung werden z.B. unter Berücksichtigung eines 95%-Konfidenzintervalls bei 100 Beobachtungen fünf „Ausreißer" in die Verlustzone erwartet. Vgl. DOWD (2006), S. 190 f.

[1041] Vgl. HÖLSCHER (2000), S. 334.

[1042] Auf Basis dieser Ergebnisse kann dann auch wieder die Charakterisierung der Handhabungsmaßnahmen angepasst und optimiert werden.

[1043] Auch wenn die Zeit, die die SC-Partner für Strategieabsprachen bzw. Durchführung der Risikoanalyse, -handhabung und -controlling nur schwer monetär zu bewerten sind.

[1044] Vgl. PEDELL (2004), S. 5.

[1045] Vgl. MELZER-RIDINGER (2001), S. 45 f.

der SC regelmäßige Gewinne generiert. Vielmehr müssen die SC-Partner damit rechnen, dass die Reduzierung des Risikos mit Kosten verbunden sein wird.[1046] Dies gilt umso mehr, desto höher der angestrebte Sicherheitsgrad (desto niedriger das Risikolimit) ausfällt.[1047] Auf Basis der Ergebnisse der Analyse sollten wiederum Schwachstellen identifiziert und potenzielle Optimierungsansätze für die Zukunft abgeleitet werden.

Dieser Kosten-Nutzen-Vergleich sollte so transparent und einfach wie möglich gehalten werden.[1048] Hohe Transparenz verringert die Wahrscheinlichkeit von Manipulationsversuchen und fördert das Vertrauen unter den SC-Partnern und in die Berechnungen. Dies ist umso wichtiger, da die Ergebnisse des Kosten-Nutzen-Vergleichs idealerweise verwendet werden sollten, um die Fragen der Gewinnverteilung bzw. Finanzierung des Rohstoffpreisrisikomanagements in der SC zu klären.[1049] Des Weiteren muss darauf geachtet werden, dass es sich um einen kollaborativen und partnerschaftlichen Ansatz handelt. Ein Problem von Ansätzen zur Performancemessung, insbesondere in fokalen SC, wie sie in der Automobilindustrie vorherrschen, ist, dass das Fokalunternehmen den Ansatz eigenmächtig definiert und den anderen Unternehmen zu deren Unzufriedenheit aufoktroyiert.[1050]

Eine weitere nicht unerhebliche Aufgabe der Risikokontrolle im Rahmen des Rohstoffpreisrisikomanagements in der SC ist die regelmäßige Überprüfung der Einhaltung der im Rahmen der Risikostrategie definierten Rahmenbedingungen.[1051] Diese reichen von der Realisierung der Rohstoffbedarfsbündelung, über die Einhaltung der vereinbarten Risiko-

[1046] So verspricht Hedging zwar stabilere RK, aber nicht immer ein besseres finanzielles Ergebnis als eine vollkommene Risikoakzeptanz. Vgl. KRAPELS/PRATT (1998), S. 5.

[1047] Dies liegt an der Tatsache, dass der durch einen höheren Sicherheitsgrad erzielte Nutzen einen abnehmenden Grenzwert aufweist und die Kosten irgendwann überproportional ansteigen. Vgl. HÖLSCHER (2000), S. 315.

[1048] Vgl. HIEBER (2002), S. 83.

[1049] Dies spielt insbesondere für die Anreizpolitik (Win-Win-Situation) eine große Rolle. Vgl. hierzu z.B. Kapitel 2.1.3.

[1050] Vgl. SCHWENK (1994), S. 43 f., GUNASEKARAN/PATEL/MCGAUGHEY (2004), S. 346, HORVATH (2006), S. 787, STÖLZLE (2007), S. 202. Auch Zanger konstatierte in einer empirischen Studie mit 863 kleineren Unternehmen zwischen 25 und 250 Angestellten, dass diese in SC oft Gefahr laufen, ihre Unabhängigkeit ein Stück weit aufgeben zu müssen und rücksichtsloses Verhalten von Seiten der größeren Unternehmen zu beklagen haben. Vgl. HALLIKAS/VIROLAINEN/TUOMINEN (2002), S. 47. Für Details zur Studie vgl. ZANGER (1997).

[1051] Vgl. THIEMT (2003), S. 45, PRICE WATERHOUSE COOPERS AG (2008), S. 34.

limite,[1052] bis zu den unterschiedlichen Aspekten eines vertrauensfördernden Kooperationsmanagements (z.B. intensiver Informationsaustausch entlang der institutionalisierten Kommunikationskanäle und umfassender Know-how-Transfer). Während die Überprüfung der Rohstoffbedarfsbündelung und der vereinbarten Risikolimite relativ unkompliziert sein sollte, stellt die Überprüfung der Realisierung des Kooperationsmanagements eine Herausforderung dar. Hierzu sollten entsprechende Kriterien zur Evaluation der partnerschaftlichen Zusammenarbeit in die Performancemessung aufgenommen werden. Dazu eignen sich z.B. Messgrößen für den Level und den Grad des Informationsaustausches[1053] oder auch für die Messung der gegenseitigen Hilfestellungen bei der Problembewältigung bzw. des Know-how-Transfers.[1054] Im Zuge dessen muss das Rohstoffpreisrisikocontrolling in einen robusten Eskalationsprozess integriert sein und disziplinarischen Einfluss zugesprochen bekommen. Nur auf diese Weise kann verhindert werden, dass die Ignorierung der vereinbarten Rahmenbedingungen ohne Konsequenzen bleibt und das Risikocontrolling zu einem zahnlosen Tiger verkommt.[1055]

Mehrere Untersuchungen haben ergeben, dass insbesondere die Balanced Scorecard (BSC) als ganzheitliches Performancemesssystem die unterschiedlichen Anforderungen, die ein unternehmensübergreifender Einsatz wie im Rahmen des Rohstoffpreisrisikomanagements in der SC mit sich bringt, sehr gut erfüllen kann.[1056] Die traditionelle BSC wurde erstmals 1992 von Kaplan und Norton vorgeschlagen und beinhaltet vier Dimensionen,[1057]

[1052] Ein interessanter Aspekt von Versicherungen bzw. Risikomanagement ist, dass diese oft zu einem eher risikoaffinen Verhalten der betroffenen Menschen führt, da diese sich blind auf die Absicherung verlassen. Dies spiegelt sich z.B. auch in der Geschichte der Titanic wider. Ein derartiges Verhalten sollte durch die Kontrollen der Risikolimite auf den verschiedenen Ebenen verhindert werden. Vgl. HESS (2008), S. 54, HIEBER (2002), S. 82.

[1053] Z.B. Anzahl der Meetings, Telefonate etc. Vgl. TONI/NASSIMBENI/TONCHIA (1994.), S. 41 ff.

[1054] Vgl. MALONIA/BENTON (1997), S. 419 ff.

[1055] Vgl. hierzu auch die Ausführungen in Kapitel 5.1.4.

[1056] So untersuchte Hieber z.B. das Supply Chain Operations Reference Model, das ENAPS process performance model, VDI-Standards, SCM Software, EFQM Model und die Balanced Scorecard anhand mehrerer Kriterien. Zu Details und Erklärungen zu den verschiedenen Modellen oder der Untersuchung vgl. HIEBER (2002), S. 88-94.

[1057] Namentlich sind das die Kunden-, die Finanz-, die Prozess- sowie die Lern- und Wachstumsdimension. Vgl. KAPLAN/NORTON (1992).

die wiederum mehrere Kennzahlen beinhalten.[1058] Die große Stärke der BSC ist ihre Flexibilität und Anpassungsfähigkeit.[1059] So wurde in zahlreichen Veröffentlichungen immer wieder darauf hingewiesen, dass die BSC leicht auf weitere moderne Führungskonzepte, wie z.B. das Risikomanagement, erweitert werden könnte.[1060]

Wie bereits anfänglich betont, ist eine weitere wichtige Aufgabe des Rohstoffpreisrisikocontrollings – basierend auf der Performancemessung – eine Weiterentwicklung des Rohstoffpreisrisikomanagement-Prozesses bzw. seiner einzelnen Prozessphasen anzustoßen.[1061] Die Vorgehensweise der Weiterentwicklung sollte sich idealerweise an einem einheitlichen Vorgehen orientieren, um sowohl die Anpassungsgeschwindigkeit zu erhöhen, als auch die Fehlerwahrscheinlichkeit zu reduzieren. Bezüglich eines derartigen Vorgehens zur Einführung neuer bzw. veränderter Abläufe im Rahmen des Rohstoffpreisrisikomanagements in der SC der Automobilindustrie besteht die Möglichkeit, von anderen Branchen zu lernen, die im Rahmen des Risikomanagements traditionell weiter fortgeschritten sind. Im Bereich der Finanzwirtschaft z.B. existiert ein derartiges – sogar gesetzlich fixiertes – Vorgehen für die Aufnahme von neuen Produkten oder neuen Märkten in den Tätigkeitsbereich.[1062] Dieses Vorgehen besteht im Kern aus vier Phasen und könnte für das Rohstoffpreisrisikomanagement in der automobilen SC ebenfalls zur Anwendung kommen. Zum Ersten müssen selbstverständlich die Analysen zur Performancemessung durchgeführt und darauf aufbauend die Schwachstellen im Rahmen des Rohstoffpreisrisikomanagement-Prozesses identifiziert werden. Die identifizierten Schwachstellen bilden wiederum – wie bereits im Verlauf dieses Kapitels mehrfach betont – den Ausgangspunkt für die Ableitung

[1058] Die ursprüngliche Idee einer Kennzahlensammlung war allerdings schon damals nicht gänzlich neu. Bereits Anfang des 20. Jahrhunderts wurde in Frankreich ein ähnliches Instrument – das sogenannte „Tableau de bord" – eingesetzt. Die BSC stellt eine Weiterentwicklung dieses Ansatzes dar. Vgl. KENT/GERAGHT (2004), S. 1.

[1059] Vgl. KAPLAN/NORTON (1992).

[1060] Vgl. CALANDRO/LANE (2006), S. 34, KENT/GERAGHT (2004), S. 1, GUNASEKARAN/PATEL/MCGAUGHEY (2004), S. 335. Nicht nur diese Tatsache führte dazu, dass die BSC in den letzten Jahren sehr viel Aufmerksamkeit in Theorie und Praxis erfahren hat. Vgl. HENKE (2009), S. 111, BUCHHOLZ (2002), S. 365. Die große Flexibilität des BSC-Ansatzes wird durch Siepermann und Vockeroth unterstrichen, die z.B. die Integration einer Lieferantenperspektive und einer Beschaffungsmarktperspektive vorschlagen. Vgl. SIEPERMANN/VOCKEROTH (2008), S. 88 ff.

[1061] Vgl. TROSSMANN/BAUMEISTER (2004), S. 77.

[1062] Einzelheiten zu diesem Prozess aus der Finanzwirtschaft finden sich in den Mindestanforderungen für das Risikomanagement (MaRisk). Vgl. BUNDESANSTALT FÜR FINANZDIENSTLEISTUNGSAUFSICHT (BAFIN) (2009), S. 14, PRICE WATERHOUSE COOPERS AG (2008), S. 39.

von potenziellen Optimierungsansätzen. Zum Zweiten sollte für jeden Optimierungsansatz eine repräsentative Testphase – z.B. in einem realen, aber begrenzten Gebiet mit begrenztem Umfang – mit anschließender ausführlicher Analyse der Stärken und Schwächen sowie der einflussnehmenden Umweltbedingungen durchlaufen werden. Wenn diese Phase erfolgreich abgeschlossen wurde, können u.U. noch geringfügige Anpassungen vorgenommen werden. Zum Dritten sollten zwingend ex-ante die Verfügbarkeit von qualifiziertem Personal und die technische und finanzielle Ausstattung zur breiten Umsetzung des jeweiligen Optimierungsansatzes sichergestellt werden. Erst dann kann in einem vierten Schritt die abschließende Genehmigung, die Kommunikation an die SC-Partner und damit der Startschuss für den umfassenden „Roll-out" in allen selektierten Partnerunternehmen erfolgen.[1063] Die Abbildung 5.50 stellt diesen Prozess übersichtlich dar.

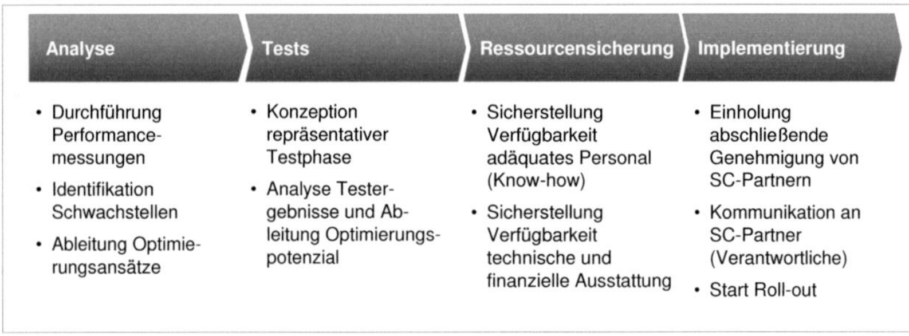

Abbildung 5.50: Vorgehen der Prozessentwicklung

Nach Durchlauf der Prozessphasen Risikoanalyse und Risikohandhabung auf Basis der veränderten Prämissen wird wiederum das Rohstoffpreisrisikocontrolling angestoßen, die Performance gemessen und u.U. Optimierungsansätze abgeleitet. Es wird deutlich, dass der Prozess des Rohstoffpreisrisikomanagements in der SC nur dann seine volle Wirkung entfalten kann, wenn er immer wieder von Neuem durchlaufen wird und die Rückkopplung zwischen dem Rohstoffpreisrisikocontrolling und den restlichen Prozessphasen reibungslos funktioniert.[1064]

[1063] Vgl. eine ähnliche Vorgehensweise in Zobolski (2008), S. 367 f.
[1064] Vgl. Hermann (1996), S. 48, KPMG AG (1998), S. 25 ff.

5.4.2 Sicherstellung Prozessdokumentation und Garantierung Datenqualität

Der zweite Aufgabenbereich im Rahmen des Rohstoffpreisrisikocontrollings ist die Risikodokumentation mit dem zugehörigen Erfolgsfaktor „Sicherstellung Prozessdokumentation und Garantierung Datenqualität".[1065] Dieser Erfolgsfaktor beinhaltet die Aspekte Prozessdokumentation und Datenqualität, die sukzessive beleuchtet werden sollen.

Gerade in einem unternehmensübergreifenden, sehr fokussierten und komplexen Risikomanagementansatz wie dem Rohstoffpreisrisikomanagement in automobilen SC ist es von großer Bedeutung, dass sämtliche involvierte Stellen (SC-Partner und deren Funktionsbereiche) die aktuellen strategischen Rahmenbedingungen und auch die Methoden und Abläufe innerhalb der Prozessphasen detailliert kennen. Daher kommt der Erstellung, Überarbeitung und Kommunikation einer umfassenden Prozessdokumentation eine hohe Bedeutung zu.[1066] Diese Dokumentation erfüllt die bereits mehrfach in der vorliegenden Arbeit angesprochene Informationsfunktion hinsichtlich organisatorischer, verantwortungstechnischer und risikopolitischer Zusammenhänge und gewährleistet die Ordnungsmäßigkeit und Sicherheit der Abläufe.[1067] Sie determiniert die gemeinsame Terminologie, im Idealfall in mehreren Sprachen, führt die in den unterschiedlichsten Bereichen getroffenen Entscheidungen sowie deren Implikationen zusammen und enthält eine detaillierte Beschreibung der einzelnen Prozessphasen.[1068] Ohne derartige Guidelines tendieren Mitarbeiter dazu, sinnvolle Risikolimits zu ignorieren, risikoaffiner zu werden und mehr Risiko einzugehen, als ihre Erfahrungen und Kompetenzen erlauben.[1069] Einige finanzielle Disaster im Rahmen von Risikomanagement in der nicht allzu fernen Vergangenheit haben dies gezeigt. Des Weiteren müssen vor allem die Risikoprozessphasen, die teilweise dezentral durchgeführt werden sollen, wie die Risikoanalyse in einzelne Handlungsschritte zerlegt und die gewünschte Vorgehensweise detailliert beschrieben werden. Ist dies nicht der Fall, besteht die Gefahr, dass die Mitarbeiter in den Unternehmen unterschiedliche Vorgehens-

1065 Vgl. hierzu insbesondere Kapitel 3.1.5 und 3.4.
1066 Vgl. Lück (1998), S. 43, Mott (2001), S. 225 f.
1067 Vgl. Ganz (2007), S. 340 f.
1068 Vgl. Horvath (2006), S. 782. Der Detaillierungsgrad und Umfang des Handbuchs muss sich an Größe und Komplexität des Netzwerks orientieren. Vgl. Präuer/Bernecker (2006), S. 35.
1069 Vgl. Stephens (2001), S. 214.

weisen wählen und aus diesem Grund die Nachvollziehbarkeit und vor allen Dingen die Aggregation der einzelnen Bestandteile sehr mühsam wird. Dabei gilt, je komplizierter die angewendete Methode und die Abläufe einer Prozessphase, desto höher die Anforderungen an die Ausgestaltung der Beschreibungen. Insbesondere für die teilweise komplizierten und oft flexibel einzusetzenden Handhabungsmaßnahmen im Rahmen des Rohstoffpreisrisikomanagements in der SC sollten z.B. eine Charakterisierung,[1070] die Anwendung, die Voraussetzungen, die Ansprechpartner innerhalb der SC-Partnerunternehmen sowie damit verbundene rechnungslegungstechnische Zusammenhänge und Interdependenzen beschrieben sein.[1071] Selbstverständlich ist die Anfertigung einer derartigen Beschreibung erst dann sinnvoll, wenn geplant ist, die jeweilige Handhabungsmaßnahme mehrmals durchzuführen.

Insgesamt ist die Prozessdokumentation eine Aufgabe, die regelmäßige Überarbeitungen und Anpassungen impliziert, da es unmöglich ist, gleich zu Beginn einer Zusammenarbeit im Rahmen des Rohstoffpreisrisikomanagements in der SC alle Eventualitäten und Spezifitäten zu berücksichtigen und sich die verschiedenen Phasen auf Grund der Weiterentwicklung ständigen Veränderungen unterworfen sehen. Die zentral zu erarbeitende Dokumentation ist regelmäßig und vor allen Dingen immer nach bedeutenden Anpassungen an alle betroffenen Mitarbeiter zu kommunizieren.[1072]

Das Rohstoffpreisrisikomanagement in der SC ist ein sehr zahlengetriebenes Konzept. Aus diesem Grund kommt dem Datenmanagement bzw. der Sicherstellung einer guten und einheitlichen Datenqualität eine erhebliche Bedeutung zu. Das Risikocontrolling, insbesondere die Risikodokumentation, hat die Datensammlung, -pflege und -bereitstellung zur Aufgabe und übernimmt auf diese Weise die Rechenschaftsfunktion und die Prüfbarkeitsfunktion des Rohstoffpreisrisikomanagements.[1073] Die Datenaufbereitung ist sehr zeitaufwendig und bedarf höchster Sorgfalt, weil hier gemachte Fehler kaum reversibel sind, sich in der Rohstoffpreisrisikoanalyse und der Rohstoffpreisrisikohandhabung der

[1070] Vgl. Kapitel 5.3.2 und 5.3.3.
[1071] Vgl. Price Waterhouse Coopers AG (2008), S. 278 ff.
[1072] Vgl. Mott (2001), S. 214.
[1073] Vgl. Horvath (2006), S. 782.

Zukunft wiederfinden und die Ergebnisse des Rohstoffpreisrisikomanagements in der SC insgesamt verfälschen und verschlechtern. Allen am Rohstoffpreisrisikomanagement in der SC beteiligten SC-Partnern müssen die Daten, die auch die in der Vergangenheit ergriffenen Rohstoffpreisrisikohandhabungen mit der jeweiligen Performance enthalten sollten, zur Verfügung stehen.[1074] Um die dauernde Verfügbarkeit und einfache Handhabung zu gewährleisten, sollte auf ein unternehmensübergreifendes IT-System (z.B. internetbasiert) zurückgegriffen werden. Eine detaillierte Abhandlung des Themas IT-System ist im Rahmen dieser Arbeit nicht möglich und derzeit scheint auch kein System zu existieren, welches alle Anforderungen erfüllt.[1075] Diese Anforderungen reichen von hoher Flexibilität, um alle Aufgaben abzubilden und unternehmensspezifische Anpassungen preiswert implementieren zu können, über die notwendigen Informationssicherheitsanforderungen inkl. detaillierter Anwendungsprotokolle, bis hin zu einfacher Integrierbarkeit in bestehende Applikationslandschaften ohne komplizierte Schnittstellenlösungen sowie Benutzerfreundlichkeit.[1076] Insbesondere in Bezug auf den Erfolgsfaktor „Sicherstellung Prozessdokumentation und Garantierung Datenqualität" können durch den unternehmensübergreifenden Ansatz des Rohstoffpreisrisikomanagements in der SC erhebliche Synergieeffekte realisiert werden. Durch die zentrale Pflege der Daten sowie die Verfassung und Überarbeitung der Prozessdokumentationen werden erhebliche zeitliche und personelle Ressourcen geschont.

5.4.3 Entwicklung standardisierter, zielgruppenorientierter, aussagekräftiger Reports

Eine weitere Aufgabe des Rohstoffpreisrisikocontrollings ist das Rohstoffpreisrisikoreporting mit dem zugehörigen Erfolgsfaktor „Entwicklung zielgruppenorientierter, aussagekräftiger, standardisierter Reports".[1077]

Das unternehmensübergreifende Rohstoffpreisrisikoreporting als zentrale Informationsaufbereitungsstelle berichtet in möglichst standardisierter Form über die analysierten Ri-

[1074] Vgl. Horvath (2006), S. 752.
[1075] „So forget about silver-bullet software implementations." Gould (o.A.).
[1076] Vgl. Secricon GmbH, Security & Risk Consulting (o.A.), S. 6, Ganz (2007), S. 340 f.
[1077] Vgl. hierzu insbesondere Kapitel 3.1.5 und 3.4.

siken sowie die eingeleiteten Handhabungsmaßnahmen und deren Effekt.[1078] Gleichzeitig ist es sinnvoll, das Rohstoffpreisrisikoreporting nicht separat zu erstellen, sondern in bereits bestehenden Strukturen der SC-Partnerunternehmen zu integrieren und über die implementierten und bewährten Berichtswege zu zirkulieren.[1079] Dies bedeutet, dass die SC-Partner u.U. auf gewohnte Kennzahlen bezüglich des Rohstoffpreisrisikomanagements verzichten müssen, da diese unternehmensübergreifend festgelegt und standardisiert werden. Dies kann mit erheblichem Aufwand verbunden sein.[1080] Damit das Rohstoffpreisrisikoreporting beim Adressaten eine Akzeptanz hervorruft und zur Sensibilisierung gegenüber Rohstoffpreisrisiken in der SC beiträgt, muss das Reporting die Erkenntnisse der Kognitionswissenschaften beachten. Danach ist die Datentransformationsfähigkeit des Menschen beschränkt.[1081] So sollten Inhalt, Umfang und Häufigkeit der Risikoberichte an der Bedeutung der Geschäfte, der Geschwindigkeit der Veränderung des Risikoexposures sowie den Informationsbedürfnissen der Adressaten ausgerichtet werden, um einen Informationsüberfluss zu vermeiden.[1082] Insgesamt sollte darauf geachtet werden, dass die standardisierten Reports so umfassend sind, dass so wenig arbeitsintensive Ad-hoc-Berichte wie möglich angefordert werden müssen und gleichzeitig die Aufnahmefähigkeit der Adressaten nicht überstrapaziert wird.

Um diese komplex erscheinende Herausforderung zu bewältigen, sollten zielgruppenorientierte, aber dennoch standardisierte Risikoreports entwickelt werden. Dies ist relativ problemlos möglich, da diese Reports erstens strikt intern sind und zweitens das Rohstoffpreisrisikomanagement in der SC eine rein freiwillige Maßnahme ist. Insofern existieren keine gesetzlichen Zwänge bei der Gestaltung der Reportings. Es ist sinnvoll, zumindest zwei unterschiedliche standardisierte Reports regelmäßig zu erstellen. Einen Report, der nur die wichtigsten Kennzahlen und Informationen enthält und hauptsächlich das Top-

---

[1078] Vgl. SCHIERENBECK (2000), S. 478.

[1079] Diese Vorgehensweise kann erfolgreich einer Isolation des Rohstoffpreisrisikomanagements in der SC vorbeugen. Vgl. WITTMANN (2000), S. 480, BÖTZEL et al. (2002), S. 24.

[1080] Vgl. HIEBER (2002), S. 80. In Kapitel 4 wurde konstatiert, dass die Unternehmen der Automobilindustrie nur teilweise ein Rohstoffpreisrisiko inklusive der entsprechenden Berichte etabliert haben. Dies könnte die Standardisierungsdiskussionen erleichtern.

[1081] Vgl. WEBER/SCHÄFFER (2000), S. 9.

[1082] Vgl. DENK/EXNER-MERKELT (2005), S. 125 ff.

Management als Adressaten hat,[1083] und einen weiteren, der sehr viel mehr Details zum Rohstoffpreisrisikomanagement in der SC enthält mit dem mittleren und damit operativeren Management als Zielgruppe. Je nach Bedarf kann es darüber hinaus vorteilhaft sein, das detaillierte Risikoreporting noch auf einzelne Rohstoffe, Geschäfts- oder Ländereinheiten zu fokussieren, um weiter ins Detail gehen zu können.[1084] Das auf diese Weise zielgruppenorientierte Risikoreporting muss sich an die im Zuge der Risikostrategie festgelegten Verantwortungs- und Organisationsstrukturen halten und kann durch die gezielte Weiterleitung von Reportings an die richtigen Empfänger einen erheblichen Beitrag zur notwendigen interfunktionalen (z.B. Beschaffungs- und Finanzabteilung) und interorganisationalen Kommunikation leisten und damit das weit verbreitete Problem, dass die jeweiligen lokalen Entscheidungsträger nur einen partiellen Überblick über die existierenden Rohstoffpreisrisiken besitzen, entschärfen.[1085]

Das Risikoreporting sollte zu fest definierten – nicht zu nah aufeinanderliegenden – Terminen stattfinden. Diese Termine könnten wiederum je nach Zielgruppe unterschiedlich eng gestaffelt sein (z.B. Top-Management alle zwei Monate, Mittleres Management jeden Monat). Nur wenn zwischen den geplanten Berichtsterminen außergewöhnliche Veränderungen der Risikosituation eintreten, sollte eine Ad-hoc-Berichterstattung an die Verantwortlichen weitergeleitet werden.[1086] Aus Gründen der Effizienz ist es sinnvoll, hierfür ebenfalls Schwellenwerte bzw. Wesentlichkeitsgrenzen einzuführen, deren Überschreitung die Ad-hoc-Berichterstattung auslöst. So bleibt der administrative Aufwand begrenzt und das Management wird nur dann mit außerordentlichen Rohstoffpreisrisikoberichten versorgt, wenn bewiesenermaßen eine Notwendigkeit vorliegt.[1087] Eine weitere Voraussetzung für ein erfolgreiches Rohstoffpreisrisikoreporting ist die aussagekräftige Aggregation, Auf-

[1083] Ohne die Unterstützung des Top-Managements ist das Rohstoffpreisrisikomangement in der SC zum Scheitern verurteilt. Vgl. PRÄUER/BERNECKER (2006), S. 35.

[1084] Vgl. WITTMANN (2000), S. 481.

[1085] Vgl. ERTL (2000), S. 359, WILDEMANN (2004), S. 35.

[1086] Vgl. VOGLER/GUNDERT (1998), S. 2.381.

[1087] Dies wird so oder ähnlich auch bereits von einigen der in Kapitel 4 untersuchten Unternehmen praktiziert. Probleme einer an Schwellenwerten gekoppelten Reportingstruktur ist, dass zu niedrige Schwellenwerte dazu führen, dass das Management mit Risikoreports überhäuft wird. Ein zu hoher Ansatz der Schwellenwerte führt zu einer starken Limitierung des Informationsflusses an das Management. Vgl. SIEPERMANN/VOCKEROTH (2008), S. 93.

bereitung und Interpretation der Informationen, um letztendlich dem Top- und Mittleren Management der SC-Partner eine angemessene Entscheidungshilfe zu bieten.[1088] Derzeit ist die Informationsgüte sowohl von freiwilligen als auch von gesetzlich vorgeschriebenen Risikoreports eher gering. Dies gilt insbesondere für die Teile des obligatorischen externen Reportings, welches Forecasts enthalten sollte.[1089] Risikoreportings sind oft als „Zahlenfriedhöfe" verschrien und werden in den wenigsten Unternehmen als Katalysator eines zukunftsorientierten Risikodialogs zwischen Funktionsbereichen oder SC-Partnern verstanden.

Unverzichtbare Inhalte eines Rohstoffpreisrisikoreportings in der SC sind die RKaR, für die auch ein Risikolimit definiert wurde – also die RKaR pro Endprodukt gesamt, die RKaR pro Endprodukt für die hochpriorisierten Rohstoffe sowie die RKaR pro SC-Partner, bevor und nachdem die unterschiedlichen Handhabungsmaßnahmen ergriffen wurden.[1090] Des Weiteren sollte das Reporting den Effekt des Rohstoffpreisrisikomanagements in der SC auf die Ertragslage der SC-Partner und damit der SC widerspiegeln. Ein weiterer nicht unerheblicher Teil des Risikoreportings sollten Risikoforecasts sein. Hier sollte aufgezeigt werden, wie hoch die RKaR pro Endprodukt in Zukunft aller Wahrscheinlichkeit nach sind und welchen Effekt dies auf die Ertragslage der SC-Partner und der SC ausübt.[1091] Die SC-Partner können unter Berücksichtigung dieser Forecasts über den gemeinsamen Einsatz von Handhabungsmaßnahmen entscheiden.[1092]

5.5 Zwischenfazit und Ausblick auf Kapitel 6

Ziel des fünften Kapitels war die Beantwortung der vierten und letzten Forschungsfrage dieser Arbeit: Wie sollte ein Konzept zum Management von Rohstoffpreisrisiken in der SC mit Fokus auf die Automobilindustrie gestaltet werden? Dazu wurden die in Kapitel 3 entwickelten Erfolgsfaktoren des Rohstoffpreisrisikomanagements in der SC ausführlich

[1088] Vgl. Reh (2001), S. 41.
[1089] Vgl. Dobler (2006), S. 30.
[1090] Vgl. hierzu auch Kapitel 5.1.2.
[1091] Vgl. Wittmann (2000), S. 479, Burger/Buchhart (2002), S. 175.
[1092] Vgl. Gebhardt/Mansch (2001), S. 133.

entlang der vier Phasen des Rohstoffpreisrisikomanagement-Prozesses – Risikostrategie, Risikoanalyse, Risikohandhabung und Risikocontrolling[1093] – beleuchtet.

In Kapitel 5.1 wurde insbesondere auf den unternehmensübergreifenden Aspekt des Rohstoffpreisrisikomanagements in der SC und die daraus resultierenden Konsequenzen eingegangen. So sind die Schaffung einer initialen SC-Transparenz und damit eine Offenlegung der existierenden Lieferbeziehungen die Grundvoraussetzung für den gesamten Ansatz. Darüber hinaus wurde stichhaltig argumentiert, dass eine Beschränkung des Fokus bezüglich der Rohstoffe (entlang der Dimensionen „Rohstoffbedarf im Endprodukt" und „Volatilität des Rohstoffs") sowie der SC-Partner (entlang der Dimensionen „Gegenseitige strategische Bedeutung/Vertrauen" und „Bedarf der hochpriorisierten Rohstoffe") Sinn macht. Durch diese Beschränkung wird zwar ein Teil der RK und damit der RKaR von der unternehmensübergreifenden Betrachtung ausgeschlossen, im Gegenzug steigen allerdings die Erfolgschancen gemeinsamer Abstimmungen und sinken die Kosten der Implementierung.[1094] Darüber hinaus konnte erarbeitet werden, wie ein Zielsystem bzw. eine konkrete Zielsetzung im Rahmen des Rohstoffpreisrisikomanagements in der SC aussehen könnte. Idealerweise wird die bisher in der Literatur nicht existierende Risikomesszahl RKaR pro Endprodukt in den Mittelpunkt der Betrachtung gerückt. Diese beschreibt das Risiko detailliert und ist zusätzlich auch schnell und unkompliziert in hochrangige Kennzahlen zur Unternehmens- bzw. SC-Steuerung überführbar. Die wichtigste Voraussetzung für die effiziente Durchführung des Rohstoffpreisrisikomanagements in der SC ist die Bündelung der Rohstoffbedarfe und damit der RKaR entlang aller selektierten SC-Partner. Dies bedeutet, dass zukünftig keine vertraglichen Überwälzungen von Rohstoffpreisrisiken unter den SC-Partnern gestattet sind, sondern die Konzentration des gemeinsamen Rohstoffpreisrisikomanagements ausschließlich auf die Liefer- und Vertragsbeziehungen zu außerhalb der SC stehenden Dritten gerichtet wird.[1095]

Das Rohstoffpreisrisikomanagement in der SC sollte größtenteils zentral gesteuert werden. Insofern ist die Bildung eines zentralen Hubs zur Steuerung des Rohstoffpreisrisi-

[1093] Vgl. hierzu die Ausführungen in Kapitel 2.3.2.
[1094] Vgl. Kapitel 5.1.1.
[1095] Vgl. Kapitel 5.1.2.

komanagements in der SC empfehlenswert. Auf Grund der Tatsache, dass das für das Rohstoffpreisrisikomanagement in der SC notwendige Know-how meist in mehreren funktionalen Abteilungen verteilt ist, sollte die interdisziplinäre Zusammenarbeit besonders gefördert werden.[1096] Das bereits bestehende Kooperations- und Vertrauensverhältnis zwischen den SC-Partnern muss im Verlauf des Rohstoffpreisrisikomanagements in der SC weiter optimiert werden. Dies beinhaltet u.a. die Institutionalisierung von Kommunikationswegen sowie den Aufbau eines gemeinsamen Wissensmanagements, um die Identifizierung, Bewertung, Konservierung, Weiterentwicklung, Multiplikation und Generierung von Wissen zu gewährleisten.[1097]

In Kapitel 5.2 wurden die Bestandteile des Rohstoffpreisrisikomanagements für die im Rahmen der Risikostrategie festgelegte Risikomesszahl (RKaR pro Endprodukt) in einen Formelzusammenhang gebracht und detailliert und auf die möglichen Arten der Bestimmung eines erwarteten zukünftigen Rohstoffpreises eingegangen.[1098] Die generierte Preiserwartung sollte allerdings immer nur als grobe Tendenz in die Kalkulation einbezogen werden und die Berechnung selbst auf einer statistischen Verteilung basieren. Die ideale statistische Verteilung zur Bestimmung der RKaR pro Endprodukt ist nach ausführlichen Vergleichen die MC-Simulation.[1099] Zum Ende des Kapitels wurde noch herausgearbeitet, wie die Notwendigkeit einer Rohstoffpreisrisikohandhabung in der SC unter Berücksichtigung der unterschiedlichen Risikolimits auf verschiedenen Leveln (SC, Unternehmen, Rohstoff, gesamt) bestimmt werden kann.[1100]

Zu Beginn von Kapitel 5.3 konnte eine neue, in dieser Form in der Theorie bislang nicht existente, Vorgehensweise zur groben Charakterisierung von Rohstoffpreisrisikohandhabungsmaßnahmen in der SC definiert werden.[1101] Im Einzelnen handelt es sich um ein Nutzwertanalyseverfahren auf Basis von sieben Kriterien und drei übergeordnete Dimensionen (Nutzen, Aufwand, Anforderungen). Anschließend wurden 22 potenzielle Maßnah-

[1096] Vgl. Kapitel 5.1.3.
[1097] Vgl. Kapitel 5.1.4.
[1098] Vgl. Kapitel 5.2.1.
[1099] Vgl. Kapitel 5.2.2.
[1100] Vgl. Kapitel 5.2.3.
[1101] Vgl. Kapitel 5.3.1.

men für die SC (9 finanzwirtschaftliche Maßnahmen, 13 operative Maßnahmen) entwickelt und entlang der definierten Vorgehensweise charakterisiert.[1102] Insgesamt ist zu betonen, dass eine pauschale Aussage über die Eignung bestimmter Handhabungsmaßnahmen nicht unabhängig von der jeweiligen Situation, in der sich eine SC befindet, getroffen werden kann. Die Charakterisierung kann insofern immer nur als grobe Orientierungshilfe und zur Ableitung erster Vermutungen genutzt werden und sollte in der Realität nicht alleinige Entscheidungsgrundlage vor der Anwendung verschiedener Maßnahmen sein. Unter Berücksichtigung der beiden Dimensionen Kosten und Nutzen wurden z.B. die Maßnahmen Commodity Swaps, Commodity Futures und traditionelle langfristige Kontrakte als besonders positiv und die Maßnahmen Direct Sourcing, Bestellmanagement sowie Investments in alternative Assets als tendenziell eher weniger positiv herausgestellt.[1103]

Am Ende des fünften Kapitels stand das Rohstoffpreisrisikocontrolling in der SC im Mittelpunkt. Hier steht neben der Performancemessung vor allen Dingen die Weiterentwicklung und Optimierung des gesamten Prozesses im Fokus. Dazu sollten regelmäßig entlang einer strukturierten und systematischen Vorgehensweise Optimierungsvorschläge entwickelt, getestet und implementiert werden.[1104] Darüber hinaus besteht die Notwendigkeit, dass der teilweise komplizierte Prozess inkl. seiner Maßnahmen, Modelle und Verfahren umfassend dokumentiert wird, um eine sowohl intertemporal als auch interorganisational standardisierte Durchführung des Prozesses garantieren zu können. Auch liegt es in der Verantwortung des Rohstoffpreisrisikocontrollings, die Datenqualität und damit eine belastbare Grundlage aller Berechnungen im Rahmen der Risikoanalyse, Risikohandhabung und des Risikocontrollings sicherzustellen. Ist die Datenqualität schlecht, wird auch die Performance des Rohstoffpreisrisikomanagements in der SC, unabhängig von den eingesetzten Maßnahmen, Modellen und Verfahren, hinter den Erwartungen zurück bleiben.[1105] Zudem muss das Rohstoffpreisrisikocontrolling auch sicherstellen, dass das Reporting des Rohstoffpreisrisikomanagements in der SC möglichst standardisiert abläuft, um Economies of Scale nutzen zu können und eine Integration der unternehmens-

[1102] Vgl. Kapitel 5.3.2 und Kapitel 5.3.3.
[1103] Vgl. Kapitel 5.3.4.
[1104] Vgl. Kapitel 5.4.1.
[1105] Vgl. Kapitel 5.4.2.

übergreifenden Reports in die unternehmensindividuellen Berichte zu ermöglichen. Das Reporting sollte außerdem zielgruppenorientiert und möglichst aussagekräftig sein und je nach Zielgruppe bestimmte Informationen mehr oder weniger detailreich wiedergeben.[1106]

Im sechsten und letzten Kapitel sollen die Ergebnisse der aktuellen Untersuchung zum Thema Rohstoffpreisrisikomanagement in der SC noch einmal kurz zusammengefasst werden. Zudem wird zusätzlich auf die Grenzen der aktuellen Untersuchung und des daraus resultierenden weiteren Forschungsbedarfes eingegangen.

[1106] Vgl. Kapitel 5.4.3.

6 Schlussbetrachtung

6.1 Zusammenfassung der Ergebnisse

Das Ziel dieser Arbeit war die Beantwortung der vier in Kapitel 1 formulierten Forschungsfragen und die Entwicklung eines umfassenden Konzepts zum Management von Rohstoffpreisrisiken in der SC. Die Bearbeitung der vier Forschungsfragen erfolgte kapitelweise. So wurde die erste Forschungsfrage in Kapitel 2, die zweite Forschungsfrage in Kapitel 3, die dritte Forschungsfrage in Kapitel 4 und letztendlich die vierte Forschungsfrage in Kapitel 5 beantwortet. Im Anschluss soll eine kurze Zusammenfassung der erarbeiteten Erkenntnisse der Arbeit entlang dieser vier Forschungsfragen erfolgen.[1107]

- **Forschungsfrage 1:** Wie entstehen Rohstoffpreisrisiken und besteht eine Notwendigkeit, das Rohstoffpreisrisiko in der Supply Chain mit erhöhter Aufmerksamkeit zu betrachten? Existiert hier eine Forschungslücke?

  Die Notwendigkeit des Managements von Rohstoffpreisrisiko in der SC wurde eindeutig nachgewiesen. Heutzutage pflanzt sich Risiko unabhängig davon, in welchem Unternehmen es ursprünglich auftrat, innerhalb der SC fort und betrifft letztlich alle Unternehmen der SC.[1108] Auf Grund stark schwankender, meist steigender Rohstoffpreise, kann gerade das Rohstoffpreisrisiko, in rohstoffintensiven Industrien wie der Automobilindustrie, die Finanz- und Ertragslage der Unternehmen erheblich belasten und sollte mit erhöhter Aufmerksamkeit betrachtet werden. Zu guter Letzt wurde festgestellt, dass im Bereich des Rohstoffpreisrisikomanagements in der SC

[1107] Die Zusammenfassung wird hier sehr kurz gehalten. Für eine ausführlichere Zusammenfassung der Ergebnisse sei auf die jeweiligen Zwischenfazite am Ende jedes Kapitels verwiesen.

[1108] Vgl. Kapitel 2.1.

tatsächlich eine Forschungslücke existiert. Das Rohstoffpreisrisikomanagement in der SC wird in der Praxis – trotz aller Relevanz – nur sehr oberflächlich behandelt und spielt auch in der einschlägigen wissenschaftlichen Literatur nur eine untergeordnete Rolle. Die existierenden, identifizierten Konzepte „Allgemeines Risikomanagement im Unternehmen", „Risikomanagement in der SC" und „Rohstoffpreisrisikomanagement im Unternehmen" greifen entweder auf Grund ihrer fehlenden interorganisationalen Spannweite oder ihrer limitierten thematischen Spezifität zu kurz.[1109]

- **Forschungsfrage 2:** Welche Ansätze in der theoretischen und empirischen Literatur gibt es bereits, auf die bei der Entwicklung eines Konzepts zum unternehmensübergreifenden Management von Rohstoffpreisrisiken zurückgegriffen werden kann? Welche Erfolgsfaktoren lassen sich daraus ableiten?

  Zur Beantwortung dieser Fragestellung wurde auf die in Kapitel 2 identifizierten mit dem Rohstoffpreisrisikomanagement in der SC verwandten Konzepte zurückgegriffen: „Allgemeines Risikomanagement im Unternehmen", „Risikomanagement in der SC" und „Rohstoffpreisrisikomanagement im Unternehmen". Diese wurden entlang des definierten vierphasigen Risikomanagementprozesses Risikostrategie, Risikoanalyse, Risikohandhabung und Risikocontrolling unter Berücksichtigung der einschlägigen theoretischen und empirischen Literatur eingehend auf bestehende Erfolgsfaktoren untersucht. Schlussendlich konnte eine Liste von 14 Erfolgsfaktoren für das Rohstoffpreisrisikomanagement in der SC entwickelt werden.[1110] Diese 14 Erfolgsfaktoren bildeten die inhaltliche und verfeinerte strukturelle Basis für die Entwicklung eines Konzepts zum Management von Rohstoffpreisrisiken in der SC.

- **Forschungsfrage 3:** Wie ist der aktuelle Status quo der abgeleiteten Erfolgsfaktoren in der SC der Automobilindustrie zu beurteilen? Lassen sich inhaltliche Schwerpunkte für das Konzept zum Rohstoffpreisrisikomanagement in der SC ableiten?

[1109] Vgl. Kapitel 2.3.

[1110] Vgl. Kapitel 3.4. Diese verteilen sich auf die einzelnen Phasen des Risikomanagementprozesses wie folgt: Risikostrategie – vier, Risikoanalyse – drei, Risikohandhabung – vier, Risikocontrolling – drei.

Zur Beantwortung dieser Forschungsfrage wurde ein qualitatives empirisches Forschungsdesign auf Basis von halbstandardisierten Interviews gewählt. Der in den Interviews eingesetzte Fragebogen wurde in Kooperation mit der Unternehmensberatung McKinsey&Company entwickelt. Die Auswertung der Interviewergebnisse und die Erhebung des Status quo erfolgten in Form von drei Fallstudien zu Unternehmen aus unterschiedlichen SC-Stufen der Automobilindustrie (Rohstoffproduzent, Automobilzulieferer, Automobilhersteller) entlang der in Kapitel 3 abgeleiteten Erfolgsfaktoren des Rohstoffpreisrisikomanagements in der SC.[1111] Ergebnis der Untersuchung war, dass das Rohstoffpreisrisikomanagement in der automobilen SC insgesamt einen sehr limitierten Entwicklungsstand aufweist. Insbesondere die Risikostrategie und hier vor allen Dingen die Erfolgsfaktoren „Generierung zielgerichteter SC-Transparenz und Durchführung Partnerselektion" und „Implementierung vertrauensförderndes Kooperationsmanagement", große Teile der Risikoanalyse und die Risikohandhabung weisen erhebliche Mängel auf. Auffallend ist die wenig quantitative Vorgehensweise in den Prozessphasen Risikoanalyse und Risikohandhabung. Auch das Risikocontrolling erscheint nicht sonderlich stark entwickelt.

- **Forschungsfrage 4:** Wie sollte ein Konzept zum Management von Rohstoffpreisrisiken in der SC mit Fokus auf die Automobilindustrie gestaltet werden?

Die Beantwortung dieser Forschungsfrage erfolgte entlang der vier Phasen des Risikomanagementprozesses und der jeweiligen Erfolgsfaktoren des Rohstoffpreisrisikomanagements in der SC unter Berücksichtigung des Status quo hinsichtlich der Erfolgsfaktoren in der Automobilindustrie.

Im Rahmen der Risikostrategie sollte insbesondere der unternehmensübergreifende Aspekt des Rohstoffpreisrisikomanagements in der SC und die daraus resultierenden Konsequenzen im Vordergrund stehen. Die wichtigste Voraussetzung für die effiziente Durchführung des Rohstoffpreisrisikomanagements in der SC ist die Bündelung der Rohstoffbedarfe unter allen selektierten SC-Partnern. Dies bedeutet, dass zu-

[1111] Vgl. Kapitel 4.1.

künftig keine vertraglichen Transfers von Rohstoffpreisrisiken unter den SC-Partnern gestattet sind, sondern die Konzentration des Rohstoffpreisrisikomanagements in der SC auf die Liefer- und Vertragsbeziehungen zu außerhalb der SC stehenden Dritten gerichtet werden muss.

Die Risikoanalyse muss die Bestandteile des Rohstoffpreisrisikos für die im Rahmen der Risikostrategie festgelegte Risikomesszahl (RKaR pro Endprodukt) in einen Formelzusammenhang bringen und detaillieren und sollte zur Berechnung der RKaR idealerweise eine MC-Simulation einsetzen. Die endgültige Entscheidung über die Notwendigkeit der Handhabung der Rohstoffpreisrisiken sollte muss unter Berücksichtigung unterschiedlicher Risikolimits auf verschiedenen Leveln (z.B. SC, Unternehmen, Rohstoff, gesamt) getroffen werden.

Betreffend die Risikohandhabung wurde auf Basis einer Nutzwertanalyse unter Berücksichtigung der Dimensionen Kosten und Nutzen der Einsatz der Maßnahmen Commodity Swaps, Commodity Futures und traditionelle langfristige Kontrakte als besonders positiv und die Maßnahmen Direct Sourcing, Bestellmanagement sowie Investments in alternative Assets als tendenziell eher weniger positiv herausgestellt.

Im Rahmen des Rohstoffpreisrisikocontrollings sollte neben der traditionell stattfindenden Performancemessung vor allen Dingen die Weiterentwicklung und Optimierung des gesamten Prozesses in den Aufgabenbereich des Risikocontrollings im Fokus stehen. Darüber hinaus besteht der Bedarf, dass der teilweise komplizierte Prozess inkl. seiner Maßnahmen, Modelle und Verfahren umfassend dokumentiert und eine gute Datenqualität sichergestellt wird, damit eine belastbare Grundlage aller Berechnungen im Rahmen der Risikoanalyse, Risikohandhabung und des Risikocontrollings besteht. Dies ist heute in der Automobilindustrie leider nur in sehr beschränktem Maße der Fall. Schlussendlich muss das Rohstoffpreisrisikocontrolling sicherstellen, dass das Reporting des Rohstoffpreisrisikomanagements in der SC möglichst effizient, d.h. standardisiert ist, zielgruppenorientierte Informationen enthält und von den Empfängern als wichtige Grundlage zur Entscheidungsfindung angesehen wird. Auch hier konnten erheblich Schwächen identifiziert werden.

6.2 Limitationen der Untersuchung und weiterer Forschungsbedarf

Die Belastbarkeit der vorliegenden Untersuchung und der unterschiedlichen Argumentationen ist maßgeblich von bestimmten Voraussetzungen abhängig. So ist das Rohstoffpreisrisikomanagement in der SC selbstverständlich nur für sehr rohstoffintensive Industrien relevant, in denen die Konzentration auf die Kernkompetenzen und das SCM bereits verstärkt Einzug gehalten haben und die Beschaffung der Rohstoffe demzufolge stark entlang der SC-Stufen verteilt ist.[1112] Die effiziente Durchführung des Rohstoffpreisrisikomanagements in der SC verlangt darüber hinaus ein hohes Maß an Kooperation und Vertrauen zwischen den SC-Partnern. Da nicht davon auszugehen ist, dass sich dieses Vertrauen innerhalb kurzer Zeit aufbauen lässt, muss bereits in der Anfangsphase eine relativ hohe Kooperationsintensität bzw. ein hohes Vertrauenslevel zwischen den SC-Partnern bestehen. Es wurde bereits betont, dass es gerade in der Anfangsphase des Rohstoffpreisrisikomanagements in der SC einen SC-Partner geben muss, der die Initiative übernimmt. Dazu eignet sich aus verschiedenen Gründen insbesondere das Fokalunternehmen in einer monozentrischen SC. Die im Rahmen dieser Arbeit im Fokus stehende Automobilindustrie erfüllt alle diese Voraussetzungen (hohe Rohstoffintensität, starke Konzentration auf Kernkompetenzen, hohes Vertrauenslevel, monozentrische SC) und ist aus diesem Grund für die Einführung eines Rohstoffpreisrisikomanagements in der SC prädestiniert. Dies bedeutet im Umkehrschluß aber auch, dass das Konzept nicht ohne Weiteres auf andere Industrien übertragen werden kann, in denen diese Voraussetzungen u.U. nicht erfüllt sind.

Hieraus ergibt sich auch direkt das erste interessante Forschungsfeld. So besteht ein beachtenswerter Ansatzpunkt zukünftiger Forschungsarbeiten darin, zu beleuchten, in-

[1112] In Industrien, wo dies nicht der Fall ist, kann u.U. ein unternehmensindividuelles Rohstoffpreisrisikomanagement ausreichend sein.

wiefern das Konzept zum Rohstoffpreisrisikomanagement in der SC in weniger arbeitsteiligen, aber ebenso rohstoffintensiven SC wie der Automobilindustrie implementierbar bleibt. Denkbar wäre z.B. eine Untersuchung der Nahrungsmittelindustrie. Auch wäre es spannend, die spezifische Rolle des Fokalunternehmens genauer unter die Lupe zu nehmen und damit zu untersuchen, ob die Implementierung des Rohstoffpreisrisikomanagements in der SC auch in tendenziell eher heterozentrischen SC möglich ist, bzw. inwiefern Anpassungen des Konzepts notwendig werden.

Die aktuelle Arbeit basiert zu großen Teilen auf der Herleitung von Erfolgsfaktoren des Rohstoffpreisrisikomanagements in der SC auf Basis theoretischer und empirischer wissenschaftlicher Publikationen. Daraus ergeben sich zwei mögliche Limitationen der Untersuchung: Zum einen stellt sich die Frage, ob nicht bereits bei der Erstellung der Quelle und der Bemessung von Erfolg sowie beim Versuch der kausalen Zuordnung von bestimmten Handlungen Fehler gemacht wurden. Selbst wenn sich zum Beispiel eine eindeutige Wirkungsbeziehung zwischen einer bestimmten Handlung und dem eingetretenen Erfolg feststellen ließe, so bleibt immer noch die Frage, ob die Duplikation des Vorgehens wieder zu dem gewünschten Erfolg führt.[1113] Vielmehr ist sogar beobachtbar, dass sich Erfolgsfaktoren bezüglich ihrer Intensität und Wirkungsrichtung im Zeitablauf verändern können. Hieraus entsteht die Notwendigkeit, die Erfolgsfaktoren in regelmäßigen Abständen auf ihre Aktualität zu überprüfen.[1114] Zum anderen birgt die Zusammenführung der zahlreichen wissenschaftlichen Publikationen und die anschließende Ableitung der Erfolgsfaktoren für das Rohstoffpreisrisikomanagement in der SC wiederum die Gefahr, zu verallgemeinern und die Erfolgsfaktoren damit unschärfer zu machen. Auch die empirische Erhebung in Kapitel 4 ist auf Grund der Tatsache, dass sie auf Fallstudien und nicht auf einer großzahligen Erhebung basiert, immer argumentativ angreifbar und nicht über jeden Zweifel erhaben.[1115] Insgesamt bleibt also festzuhalten, dass generelle Aussagen über die Erfolgswirksamkeit von bestimmten Verhaltensweisen oder Strategien – so auch die Erfolgsfaktoren dieser Arbeit – immer vor dem Hintergrund der jeweiligen SC reflektiert werden müs-

[1113] Vgl. zu dieser Diskussion Annacker (2001), S. 13 ff.
[1114] Vgl. Abell (1978), S. 24.
[1115] Vgl. hierzu auch Kapitel 4.1.3.

sen.[1116] Eine wichtige Erkenntnis der neoinstitutionalistischen Forschung ist, dass erfolgreiche Unternehmen vorhandene Konzepte nicht unreflektiert einführen, sondern situativ an die Besonderheiten der Organisation und deren Umfeld anpassen. Entsprechend dieser neoinstitutionalistischen Sichtweise sollte der Rohstoffpreisrisikomanagement-Prozess in der SC, wie in dieser Arbeit entwickelt, nicht als normative Gestaltungsvorgabe fehlinterpretiert werden. Vielmehr sollte er jene Perspektiven aufzeigen, die bei der situativen Umsetzung und Implementierung in der Regel beachtet werden müssen.[1117]

Unter Berücksichtigung der erläuterten Limitationen der Untersuchung ergeben sich weitere bemerkenswerte Forschungsthemen. Es wäre interessant, nach erstmalig erfolgter Implementierung eines ähnlichen Konzepts zum Management von Rohstoffpreisrisiken in der SC in der Automobilindustrie empirisch zu überprüfen, ob die erarbeiteten Erfolgsfaktoren inklusive der entwickelten Modelle und Maßnahmen ein effizientes Vorgehen ermöglichen oder ob sie ggf. sinnvoll ergänzt bzw. abgewandelt werden müssen. Vor diesem Hintergrund könnte auch eine detaillierte Untersuchung der Integration des Rohstoffpreisrisikomanagements in der SC in die bestehenden Risikomanagementsysteme durchgeführt werden.[1118]

Inwieweit eine effiziente Rohstoffpreisrisikohandhabung mit Hilfe der entwickelten Handhabungsmaßnahmen durchgeführt werden kann, ist selbstverständlich maßgeblich von der Verfügbarkeit der jeweiligen Instrumente abhängig. Gerade die Verfügbarkeit von finanzwirtschaftlichen Instrumenten für den Rohstoff Stahl ist derzeit noch stark eingeschränkt. Allerdings ist dies ein Bereich, der sich aller Voraussicht nach in Zukunft rasant entwickeln wird und aus diesem Grund auch zahlreiche weitere Forschungsfelder impliziert.[1119] Ein interessantes Forschungsthema könnte hier z.B. die Zusammenstellung von Rohstoffindizes

[1116] Vgl. Kreutzer (1989), S. 118.

[1117] Vgl. dazu auch eine ähnliche Argumentation in Strohmeier (2007), S. 81.

[1118] Das Rohstoffpreisrisikomanagement in der SC berücksichtigt und betont an mehreren Stellen explizit die wichtige Integration in bestehende Risikomanagementsysteme. Die Vernachlässigung der Integration führt zu sog. Siloansätzen, die in der wissenschaftlichen Literatur einhellig als suboptimal bezeichnet werden. Vgl. hierzu z.B. Fisher/Kumar (2010), S. 1.

[1119] Diese Argumentation wird z.B. durch das rasante Wachstum rohstoffbezogener finanzwirtschaftlicher Derivate in den letzten Jahren unterstützt. So existieren vielfältige Stahlfutures erst seit 2008, Eisenerz-Swaps ebenfalls erst seit 2008 bzw. 2009. Vgl. Blas (2010), Vgl. Hook/Blas (2010).

sein, die die Bedarfe verschiedener Industrien (z.B. der Automobilindustrie) widerspiegeln und demzufolge eine unkomplizierte Handhabung der Rohstoffpreisrisiken in der SC ermöglichen.[1120] Die Kehrseite der fortschreitenden Entwicklung der finanzwirtschaftlichen Instrumente ist, dass dadurch auch Spekulanten der Handel wesentlich erleichtert wird, was u.U. zu einer Verstärkung der Volatilität führen könnte.

Insgesamt bleibt festzuhalten, dass auch in Zukunft von weiter steigenden, v.a. stark schwankenden Rohstoffpreisen ausgegangen werden muss und die Abhängigkeiten zwischen den Unternehmen einer SC weiter zunehmen. Es ist folglich mit einer erhöhten Anzahl von Unternehmen zu rechnen, welche die Notwendigkeit des Managements von Rohstoffpreisrisiken in der SC erkennen und ein derartiges Konzept implementieren möchten. In der vorliegenden Arbeit wurde versucht die bestehende Forschungslücke durch den Entwurf eines umfassenden Konzepts zum Management von Rohstoffpreisrisiken in der SC zu schließen. Ein möglicher nächster Schritt ist, dass die Industrie, insbesondere die Automobilindustrie, das Konzept u.U. unter Berücksichtigung einiger situativer Veränderungen versucht zu implementieren. Darauf aufbauend kann die empirische Forschung – unter Umständen sogar die quantitative, standardisierte Forschung – eingesetzt werden, um das Konzept des Rohstoffpreisrisikomanagements in der SC weiter zu optimieren.

[1120] Vgl. Hofmann/Wessely (2008), S. 146 f.

Anhang

A Zuordnung der Fragen des Fragebogens zu Erfolgsfaktoren

Erfolgsfaktoren	Zuordnung von Surveyfragen – Haupttreiber des Status quo							Anzahl
Generierung zielgerichtete SC-Transparenz und Durchführung Partnerselektion	3	72	79	80				4
Definition konvergentes, homogenes, quantifizierbares Zielsystem	12-13	21-24	28-29	33	57	75	85	12
Etablierung schlanke, eindeutige, interdisziplinaritäts-fördernde Organisations- und Verantwortungsstruktur	16	26	36	40	42-47	50-55		16
Implementierung vertrauensförderndes Kooperationsmanagement	3	79-80						3
Identifikation und Beleuchtung Risikobestandteile	59	60-64	66-68	76				10
Etablierung statistisches Modell zur Risikobewertung	24	33	35	106				4
Implementierung Stresstests und Ableitung Handhabungsnotwendigkeit	34	65	69-70					4
Etablierung einheitliches Modell zur Maßnahmencharakterisierung und -auswahl	n/a							n/a
Entwicklung und Charakterisierung finanzwirt-schaftlicher Maßnahmen	4	14	81-83	86-93	100			14
Entwicklung und Charakterisierung operativer Maßnahmen	4	10-11	71	73-74	77-78	81	92	10
Auswahl adäquate Handhabungsmaßnahmen	Ableitbar aus 2 vorhergehenden Erfolgsfaktoren							n/a
Etablierung regelmäßige Performancemessung und Prozessentwicklung	24	56						2
Sicherstellung Prozessdokumentation und Garantierung Datenqualität	n/a							n/a
Entwicklung standardisierter, zielgruppenorientierter, aussagekräftiger Reports	37-39							3
Allgemeine Charakterisierung der Befragten	1-2	5-9	15	17-20	30	30-32	58	16

B Charakterisierung der Rohstoffpreisrisikohandhabungsmaßnahmen

	Wirkungsstärke	Nachhaltigkeit	Implementierungsaufwand	Risikoidentität	Know-how Anforderung	Kooperationsanforderung	Vorlaufzeit
Commodity Futures	5	3	4	3	4	4	5
Commodity Swaps	5	4	3	4	4	4	3
Long Call	5	2	2	4	3	4	3
Short Put	2	2	4	2	3	4	3
Bull Corridor	4	2	3	3	3	4	3
Bull Call Spread	2	2	3	3	3	4	3
Long Straddle	5	2	2	2	3	4	3
Alternative Investments	1	5	1	2	4	2	4
Commodity Linked Note	1	4	3	3	4	2	3
Tradtioneller Langfristiger Kontrakt	4	4	4	3	4	4	4
Flexible Pricing Kontrakt	1	4	4	1	3	4	4
Hybrid Pricing Kontrakt	3	4	3	3	4	4	4
Floating Pricing Kontrakt	2	5	3	3	3	4	2
Effizienzoptimierung	3	5	3	3	2	2	2
Standardisierung/ Bedarfsbündelung	3	5	3	3	2	3	2
Substitution	3	5	2	2	2	2	1
Lagermanagement	4	2	4	3	4	3	3
Bestellmanagement	2	1	2	2	4	2	2
Global Sourcing	2	4	3	3	4	3	3
Multiple Sourcing	3	4	2	4	4	3	3
Direct Sourcing	2	5	2	3	2	2	3
Vertikale Integration	3	5	1	1	1	2	1

Literaturverzeichnis

ABELL, D. F. (1978), Strategic Windows, in: *Journal of Marketing*, Vol. 42, Nr. 3, S. 21-26.

ABERDEEN GROUP (2006), Global Supply Chain Benchmark Report: Industry Priorities for Visibility, B2B Collaboration, Trade Compliance, and Risk Management, Internetquelle, abgerufen am 20.10.2010, auf: http://www-935.ibm.com/services/us/igs/pdf/aberdeen-benchmark-report.pdf.

ABERLE, G./EISENKOPF, A. (2002), Wettbewerbspolitische Probleme innovativer Beschaffungskonzeptionen, in: Hahn, D./Kaufmann, L. (Hrsg.), Handbuch industrielles Beschaffungsmanagement, Wiesbaden, S. 165-179.

ADAM, D. (1996), Planung und Entscheidung, 4. Auflage, Wiesbaden.

ADAM, D. (1998), Produktionsmanagement, 9. Auflage, Wiesbaden.

ADAMER, M. (1994), Erfolgsgeheimnis von Markt- und Weltmarktführern: eine Analyse der Erfolgsfaktoren von erfolgreichen Unternehmen des deutschsprachigen Raumes, München.

ADLER, M./DUMAS, B. (1984), Exposure to Currency Risk: Definition and Measurement, in: *Financial Management*, Vol. 13, No. 2, S. 41-50.

AHN, D. H./BOUDOUKH, J./RICHARDSON, M. (1999), Optimal Risk Management using options, in: *The Journal of Finance*, Vol. 54, H. 1, S. 359-375.

ALBRECHT, P. et al. (2003), Langfristiger Sparplan versus Einmalanlagen: Probable Minimum Wealth und Shortfallrisiken, Internetquelle, abgerufen am 18.01.2010, auf: http://madoc.bib.uni-mannheim.de/madoc/volltexte/2004/225/pdf/MAMA19.pdf.

ALEXANDER, C. (1998), Estimating and Forecasting Volatility and Correlation Using ARCH and GARCH Models, in: Das, S. (Hrsg.), Risk Management and Financial Derivatives, New York, S. 337-354.

ALICKE, K./GRAF, H./PUTZLOCHER, S. (2004), Unternehmensübergreifendes Supply Chain Management realisiert Multi-Tier-Collaboration, in: Busch, A./Dangelmaier, W. (Hrsg.), Integriertes Supply Chain Management. Theorie und Praxis effektiver unternehmensübergreifender Geschäftsprozesse, 2. Auflage, Wiesbaden, S. 485-497.

AMELING, D. (2004), Statement aus Anlass der Pressekonferenz zu STAHL 2004 in Düsseldorf, Internetquelle, abgerufen am 24.10.2010, auf: http://www.stahl-online.de/medien_lounge/Vortraege/1811AmPK.pdf.

AMEND, F. (2000), Flexibilität und Hedging : Realoptionen in der Elektrizitätswirtschaft, Bamberg.

ANDERSON, D. L. et al. (2003), Creating and Sustaining the High Performance Business: Research and Insights on the Role of Supply Chain Mastery, Internetquelle, abgerufen am 19.01.2010, auf: http://www.accenture.com/NR/rdonlyres/5B7A592A-D32F-433F-96A6-3D8652CD52F1/0/CreatingandSustainingtheHighPerformanceBusiness.pdf.

ANNACKER, D. (2001), Unbeobachtbare Einflussgrößen in der strategischen Erfolgsfaktorenforschung, Wiesbaden.

ANSOFF, I. (1975), Managing Strategic Surprise by Response to Weak Signals, in: *California Management Review*, Vol. 18, H. 2, S. 21-33.

ANUPINDI, R./BASSOK, Y. (1999), Supply contracts with quantity commitments and stochastic demand, in: Tayur, S./Ganeshan, R./Magazine, M. (Hrsg.), Quantitative Models for Supply Chain Management, Boston, S. 197-232.

ARCACHE, A. (2003), Einsatz von E-Procurement-Systemen im Beschaffungsprozess der Abnehmer-Zulieferer-Kooperation, Frankfurt am Main.

ARNDT, H. (2004), Supply Chain Management: Optimierung logistischer Prozesse, Wiesbaden.

ARNDT, H. (2008), Supply Chain Management: Optimierung logistischer Prozesse, 4. Auflage, Wiesbaden.

ARNOLD, U. (1996), Gemeinschaftsbeschaffung in Einkaufskooperationen: Ergebnisse des Verbundsprojektes, in: *Beschaffung Aktuell*, Vol. 43, Nr. 4, S. 50-51.

ARNOLD, U. (1997), Beschaffungsmanagement, 2. Auflage, Stuttgart.

ARNOLDS, H./HEEGE, F./TUSSING, W. (1996), Materialwirtschaft und Einkauf, 9. Auflage, Wiesbaden.

ASBJORNSLETT, B. E. (2008), Assessing the Vulnerability of Supply Chains, in: Zsidisin, G./Ritchie, B. (Hrsg.), Supply Chain Risk: A handbook of assessment, management, and performance, New York, S. 15-34.

A.T. KEARNEY (2006), Risikomanagement im Rohstoffeinkauf: Ungenützte Potenziale für Österreichs produzierende Industrie, Internetquelle, abgerufen am 29.04.2009, auf: http://www.atkearney.at/content/misc/wrapper.php/name/file_risikomanagement_rohstoffeinkauf_11631479904db8.pdf.

AXELROD, R. (1984), The Evolution of Cooperation, New York.

AYDEMIR, A. B. (1998), Volatility Modelling in Finance, in: Knight, J./Satchell, S. (Hrsg.), Forecasting Volatility in the financial markets, Oxford, S. 1-46.

BACHELIER, L. (1900), Theorie de la speculation, in: *Annales Scientifiques de l'Ecole Normale Superieure*, Vol. 3, H. 17, S. 21-86.

BACKHAUS, K./VOETH, M. (2007), Industriegütermarketing, München.

BAILY, P. et al. (1994), Purchasing Principles and Management, London.

BAMBERG, G./COENENBERG, A. G. (2000), Betriebswirtschaftliche Entscheidungslehre, 10. Auflage, München.

BANK FÜR INTERNATIONALEN ZAHLUNGSAUSGLEICH (BIZ) (1996), 66. Jahresbericht, Basel.

BANKER, S. (2009), Supplier Risk Management and the Automotive Supply Chain, Internetquelle, abgerufen am 18.11.2009, auf: http://logisticsviewpoints.com/2009/07/31/supplier-risk-management-and-the-automotive-supply-chain.

BARNARD, C. I. (1938), The Functions of the executive, Cambridge, USA.

BARNES-SCHUSTER, D. Y./BASSOK, Y./ANUPINDI, R. (2002), Coordination and flexibility in supply contracts with options, in: *Manufacturing and Service Operations Management*, Vol. 4, H. 3, S. 171-207.

BARRINGER, B. R./HARRISON, J. S. (2000), Walking a tightrope: Creating value through interorganizational relationships, in: *Journal of Management*, Vol. 26, H. 3, S. 367-403.

BARRO, R. J. (1972), A Theory of Monopolistic Price Adjustment, in: *Review of Economic Studies*, Vol. 39, S. 17-26.

BARTELT, A. (2002), Vertrauen in Zuliefernetzwerken: Eine theoretische und empirische Analyse am Beispiel der Automobilindustrie, Wiesbaden.

BARTRAM, S. (2000), Verfahren zur Schätzung finanzwirtschaftlicher Exposures von Nichtbanken, in: Johanning, L./Rudolph, B. (Hrsg.), Handbuch Risikomanagement, Vol. 2 Bad Soden, S. 1287-1294.

BAUMANN, S. (2002), Kundenorientierung und Anreizsysteme: Externe und interne Kundenzufriedenheit als Messgrößen der Balanced Scorecard, 2. Auflage, Stuttgart.

BECHTEL, C./JAYARAM, J. (1997), Supply Chain Management: A Strategic Perspective, in: *International Journal of Logistic Management*, Vol. 8, H. 1, S. 15-34.

BECK, A./MENDE, P./STECHMEYER-EMDEN, K. (2000), Methodische Ansätze für Risikomessung, Internetquelle, abgerufen am 06.08.2006, auf: http://www.gillardon.de/pdfs/presse/fachartikel/pub2000-4_meth-ansaetze.pdf.

BECKER, S. et al. (2009), In der Opel Falle, in: *Der Spiegel*, Vol. 62, H. 36, S. 20-24.

BECKER, W. (1999), Entwicklungsperspektiven für die Beschaffung in der Weltautomobilindustrie, in: Hahn, D./Kaufmann, L. (Hrsg.), Handbuch industrielles Beschaffungsmanagement, Wiesbaden, S. 53-74.

BECKER, W./STAFFEL, M./ULRICH, P. (2008), Unternehmensführung und Controlling im Mittelstand: Einflüsse von Unternehmensgröße und Leitungsstruktur, Bamberg.

BEHNKE, H. (1986), Verletzbarkeitsmanagement bei parallelen Rohstoffpreis- und Devisenkursrisiken, Frankfurt am Main.

BEHRENBECK, K. et al. (2005), Supply Chain Excellence im Handel: Trends, Erfolgsfaktoren und Best Practice Beispiele, Wiesbaden.

BEIKE, R./KÖHLER, A. (1997), Risk Management mit Finanzderivaten, München.

BEISSEL, J. (2003), Anreizsysteme in der Beschaffung: Eine informationsökonomische Analyse der Abnehmer Lieferanten Beziehung, Wiesbaden.

BENSAOU, M. (1999), Portfolios of Buyer Supplier Relationships, in: *Sloan Management Review*, Vol. 40, S. 35-44.

BENTH, F. E./CARTEA, A./KIESEL, R. (2008), Pricing forward contracts in power markets by the certainty equivalence principle: Explaining the sign of the market risk premium, in: *Journal of Banking & Finance*, Vol. 32, Nr. 10, S. 2006-2021.

BERG, C. C. (1981), Beschaffungsmarketing, Würzburg.

BERGER, T./GLEISSNER, W. (2007), Risikosituation und Stand des Risikomanagements aus Sicht der Geschäftsberichterstattung, in: *Zeitschrift für Corporate Governance*, Vol. 2, H. 2, S. 62-68.

BERNECKER, T. (2005), Entwicklungsdynamik organisatorischer Netzwerke. Konzeption, Muster und Gestaltung, Wiebaden.

BERNSTEIN, P. (2000), Wider die Götter: Die Geschichte von Risiko und Risikomanagement von der Antike bis heute, 3. Auflage, München.

BERNSTEIN, P. (1987), Liquidity, Stock Markets, and Market Makers, in: *Financial Management*, Vol. 16, No. 2, S. 54-62.

BETH, S. et al. (2004), Bauen Sie die richtigen Beziehungen auf! in: *Harvard Business Manager*, Vol. 25, Nr. 2, S. 92–103.

BEYER, H. T. (1991), Personallexikon, 2. Auflage, München.

BICHLER, K. (1997), Beschaffungs- und Lagerwirtschaft, 7. Auflage, Wiesbaden.

BIERGANS, B. (1992), Zur Entwicklung eines marketingadäquaten Ansatzes und Instrumentariums für die Beschaffung. Beiträge zum Beschaffungsmarketing: Band 1, 4. Auflage, Köln.

BIERMANN, B./STRATMANN, H. (2005), Cashflow Mapping Methoden im Vergleich, in: Eller, R. (Hrsg.), Handbuch Derivativer Instrumente: Produkte, Strategien, Instrumente, 3. Auflage, Stuttgart, S. 453-474.

BLACK, F./SCHOLES, M. (1973), The Pricing of Options and Corporate Liabilities, in: *Journal of Political Economy*, Vol. 5, S. 637-654.

BLAS, J. (2010), CME in move on iron ore swaps, Internetquelle, abgerufen am 14.07.2010, auf: http://www.ft.com/cms/s/0/ef6f6e76-7d53-11df-a0f5-00144feabdc0.html.

BLASE, H. (1993), Warentermin- und Warenterminoptionsmärkte, Bergisch-Gladbach.

BLECKER, T./LIEBHART, U. (2006), Grundlagen und aktuelle Herausforderungen in Wertschöpfungsnetzwerken, in: Blecker, T./Gemünden, H. G. (Hrsg.), Wertschöpfungsnetzwerke, Berlin, S. 1-16.

BLOSS, M./ERNST, D. (2008), Derivate: Handbuch für Finanzintermediäre und Investoren, München.

BMW AG (2010), Geschäftsbericht der BMW AG 2009, München.

BODE, C. et al. (2007), Supply Chain Risiken und ihre Versicherbarkeit, in: *Logisitk Management*, Vol. 9, H. 3, S. 8-22.

BODNAR, G./GEBHARDT, G. (1999), Derivative Usage in Risk Management by US and German Non Financial Firms: A comparative Survey, in: *Journal of International Financial Management and Accounting*, Vol. 10, No. 3, S. 153-187.

BOLLERSLEV, T. (1986), Generalized Autoregressive Conditional Heteroskedasticity, in: *Journal of Econometrics*, Vol. 31, S. 307-327.

BOLTON, P./DEWATRIPONT, M. (2005), Contract theory, Cambridge.

BORTZ, J./DÖRING, N. (2006), Forschungsmethoden und Evaluation für Human- und Sozialwissenschaftler, 4. Auflage, Heidelberg.

BOSCH, K. (1992), Statistik Taschenbuch, München.

BOTHE, K. R. (1989), Strategic Supplier Management: A Blueprint for Revitalization of the Manufacturer-Supplier Relationship, New York.

BÖTZEL, D. et al. (2002), Turning risks into opportunities: Strategic risk management in turbulent markets, München.

BOUTELLIER, R./LOCKER, A. (1998), Beschaffungslogistik, München.

BOUTELLIER, R./WAGNER, S. (2001), Strategische Partnerschaften mit Lieferanten, in: Mühlmeyer, J./Belz, C. (Hrsg.), Key Supplier Management, Kriftel-Neuwied, S. 38-61.

BRANCH, A. (2001), International Purchasing and Management, Singapore.

BRANDT, C./KLEIN, S. P. (1998), Value at Risk: Orientierungshilfen für die Wahl eines internen Modells, in: *Schweizer Gesellschaft für Finanzmarktforschung*, Vol. 12, Nr. 3, S. 304-316.

BRATZEL, S./MORITZ, A. (2010), Finanzierung in der Unternehmenskrise, Internetquelle, abgerufen am 08.01.2011, auf: http://www.management-engineers.com/fileadmin/assets/pdf/fachbeitraege/Concentro_Investment_Guide_Beitrag_ME_02_2010.pdf.

BRAUN, H. (1984), Risikomanagement, Darmstadt.

BRENNAN, M. J. (1991), The price of Convenience and the Valuation of Commodity Contigent Claims, in: Lund, D./Oksendal, B. (Hrsg.), Stochastic models and options value, Amsterdam, S. 33-71.

BRINDLEY, C./RITCHIE, B. (2004), Introduction, in: Brindley, C. (Hrsg.), Supply Chain Risk, Hampshire, S. 3-13.

BRIYS, E. et al. (1998), Options, Futures and exotic Derivatives, Chichester.

BROWN, A. O./LEE, H. (1997), Optimal pay to delay capacity reservation with application to the semiconductor industry, Internetquelle, Working Paper auf: StanfordUniversity.

BRÜHWILER, B. (2008), Neue Standards im Risikomanagement, Internetquelle, abgerufen am 04.02.2010, auf: http://www.qm-aktuell.de/downloads/mq_05_08_s26-27_v.pdf.

BUCHHOLZ, W. (2002), Messung und Darstellung von Beschaffungsleistungen, in: *Zeitschrift für betriebswirtschaftliche Forschung*, Vol. 54, S. 363-380.

BÜHLER, W./KORN, O./SCHMIDT, A. (1998), Ermittlung von Eigenkapitalanforderungen mit internen Modellen: Eine empirische Studie zur Messung von Zins-, Währungs- und Optionsrisiken mit Value at Risk Ansätzen, in: *Die Betriebswirtschaft*, Vol. 58, S. 64-85.

BÜHLMANN, B. (1998), Corporate Hedging: über die Wertsteigerungsmöglichkeiten durch finanzwirtschaftliches Risikomanagement, Zürich.

BUND, M./GRANTHIEN, M. (2001), Ganzheitliches Beziehungsmanagement in der Supply Chain: Konzept und Gestaltungsfelder, in: Walther, J./Bund, M. (Hrsg.), Supply Chain Management, Frankfurt am Main, S. 129-155.

BUNDESANSTALT FÜR FINANZDIENSTLEISTUNGSAUFSICHT (BAFIN) (2009), Mindestanforderungen an das Risikomanagement: MaRisk, Internetquelle, abgerufen am 03.10.2010, auf: http://www.bundesbank.de/download/bankenaufsicht/pdf/marisk/090814_rs.pdf.

BÜNTING, H. (2008), Commodity Risikomanagement, in: Seethaler, P./Steitz, M. (Hrsg.), Praxishandbuch Treasury-Management: Leitfaden für die Praxis des Finanzmanagements, Wiesbaden, S. 396-411.

BURGER, A./BUCHHART, A. (2002), Risiko Controlling, München.

BURGESS, K./SINGH, P./KOROGLU, R. (2006), Supply Chain Management: A structured literature review and implications for future research, in: *International Journal of Operations and Production Management*, Vol. 26, H. 7, S. 703-729.

BUSCHER, U./WELS, A./WINTER, D. H. (2007), Eine bibliographische Analyse zum Supply Chain Risikomanagement unter besonderer Berücksichtigung der Risikoquantifizierung, in: Otto, A./Obermaier, R. (Hrsg.), Logistik Management Analyse, Bewertung und Gestaltung logistischer Systeme, Wiesbaden, S. 347-375.

CALANDRO, J./LANE, S. (2006), An introduction to the Enterprise Risk Scorecard, in: *Measuring Business Excellence*, Vol. 10, H. 3, S. 31-40.

CAPITAL MARKET RISK ADVISORS (CMRA) (1996), Risk Standards for Institutional Investment Managers and Institutional Investors, Internetquelle, abgerufen am 29.04.2010, auf: http://www.cmra.com/risk_standards_working_group.php.

CARLTON, D. W. (1986), The rigidity of prices, in: *American Economic Review*, Vol. 76, S. 637-658.

CARLTON, T./BENNETT, F. (1999), Risk and Capital Management in Non Financial Firms, Internetquelle, abgerufen am 29.04.2009, auf: http://www.apra.gov.au/RePEc/RePEcDocs/Archive/conference_papers1/risk_capmgt_non_financial_companies.pdf.

CARNOL, C. (2001), Integration von Logistikdienstleistern in die Supply Chain, in: Walther, J./Bund, M. (Hrsg.), Supply Chain Management, Frankfurt am Main, S. 204-225.

CARTER, P. L. et al. (2000), The future of purchasing and supply: A ten year forecast, in: *Journal of Supply Chain Management*, Vol. 36, S. 14-26.

CECCHETTI, S./CUMBY, R. E./FIGLEWSKI, S. (1988), Estimation of the Optimal Futures Hedge, in: *Review of Economics and Statistics*, Vol. 70, Nr. 4, S. 623-630.

CHAN, W. H./YOUNG, D. (2006), Jumping Hedges: An Examination of Movements in Copper Spot and Futures Markets, in: *The Journal of Futures Markets*, Vol. 26, H. 2, S. 169-188.

CHANCE, D. M./BROOKS, R. (2008), An Introduction to Derivatives and Risk Management, 7. Auflage, Mason.

CHEN, S. S./LEE, C. F./SHRESTHA, K. (2003), Futures Hedge Ratios: A Review, in: *The Quarterly Review of Economics and Finance*, Vol. 43, H. 3, S. 433-465.

CHOPRA, S./MEINDL, P. (2007), Supply Chain Management: Strategy, Planning and Organisation, 3. Auflage, New Jersey.

CHRISTE, R. (1998), Kooperation im Einkauf. Erfolg bei Preisen, Kosten und Verfahren. Bedarfsbündelung macht stark, in: *Beschaffung Aktuell*, Vol. 45, Nr. 10, S. 48-55.

CHRISTOFFERSEN, P. F. (2003), Elements of financial Risk Management, San Diego.

CHRISTOFFERSEN, P. F./DIEBOLD, F. X. (2000), How relevant is Volatility Forecasting for financial Risk Management, in: *Review of Economics and Statistics*, Vol. 82, No. 1, S. 12-22.

CHRISTOPHER, M. (1999), Creating the Agile Supply Chain, Internetquelle, abgerufen am 16.11.2009, auf: http://www.sclgme.org/shopcart/Documents/creating_the_agile_supply_chain.pdf.

CHRISTOPHER, M./PECK, H. (2004b), Building the resilient Supply Chain, in: *International Journal of Logistic Management*, Vol. 15, S. 1-13.

CHRISTOPHER, M./LEE, H. (2004), Mitigating supply chain risk through improved confidence, in: *International Journal of Physical Distribution and Logistics Management*, Vol. 34, Nr. 5, S. 388-396.

CIGOLINI, R./COZZI, M./PERONA, M. (2004), A new Framework for Supply Chain Management: Conceptual Model and Empirical Test, in: *International Journal of Operations and Production Management*, Vol. 24, H. 1/2, S. 7-41.

CLAESSENS, S./DUNCAN, R. C. (1993), Overview: The Importance of Managing Commodity Price Risks, in: Claessens, S./Duncan, R. C. (Hrsg.), Managing Commodity Price Risks in Developing Countries, Baltimore, S. 3-29.

CLEM, A. (2005), Commodity price volatility trends during 1975 until 84, in: *Monthly Labor Review*, Vol. 118, H. 6, S. 17-21.

COASE, R. H. (1937), The nature of the firm, in: *Economica*, Vol. 4, S. 386-406.

COMMITTEE OF SPONSORING ORGANIZATIONS OF THE TREADWAY COMMISSION (COSO) (2004), Enterprise Risk Management: Integrated Framework, Internetquelle, abgerufen am 09.02.2010, auf: http://www.coso.org/Publications/ERM/COSO_ERM_ExecutiveSummary.pdf.

CORDERO, R. (1989), Risiko Management mit Optionen, St. Gallen.

CORSTEN, H. (1999), Beschaffung, in: Corsten, H./Reiß, M. (Hrsg.), Betriebswirtschaftlehre, 3. Auflage, München, S. 629-722.

CORSTEN, H./GÖSINGER, R. (2001), Einführung in das Supply Chain Management, München.

COURTAULT, J. et al. (2000), On the Centenary of Theorie de la Speculation, in: *Mathematical Finance*, Vol. 10, No. 3, S. 341-353.

COX, J./ROSS, S./RUBINSTEIN, M. (1979), Option Pricing: A Simplified Approach, in: *Journal of Financial Economics*, Vol. 63, S. 229-263.

CRAUL, M. (2000), Hedging von induzierten Stromlieferungsverträgen, in: *Energiewirtschaftliche Tagesfragen*, Vol. 50, Nr. 10, S. 734-738.

CUSATIS, P./THOMAS, M. (2005), Heding Instruments and Risk Management, New York.

DAIMLER AG (2009), Geschäftsbericht der Daimler AG 2008, Stuttgart.

DAIMLER AG (2010), Geschäftsbericht der Daimler AG 2009, Stuttgart.

DANIEL, R. (1961), Management Information Crisis, in: *Harvard Business Review*, Vol. 39, Nr. 5, S. 111-121.

DAS, S. (1998), Estimating Volatility, in: Das, S. (Hrsg.), Risk Management and Financial Derivatives, New York, S. 307-336.

DAS, S. (2006), Structured Products Volume 2: Equity; Commodity; Credit and New Markets, 3. Auflage, Singapore.

DAS, S./MARTIN, J. (1998b), Value at Risk Models, in: Das, S. (Hrsg.), Risk Management and Financial Derivatives, New York, S. 547-684.

DASCHMANN, H. A. (1994), Erfolgsfaktoren mittelständischer Unternehmen: ein Beitrag zur Erfolgsfaktorenforschung, Stuttgart.

D'AVENI, R. A. (1995), Hyperwettbewerb, Frankfurt am Main.

DAVIS, M. C./HAMILTON, J. D. (2003), Why are prices sticky? The dynamic of wholesale gasoline prices, Cambridge.

DEATON, A. S./LAROQUE, G. (1992), On the behavior of commodity prices, in: *Review of Economics*, Vol. 59, H. 1, S. 1-23.

DELOACH, J. (2000), Enterprise wide Risk Management: Strategies for linking Risk and Opportunity, London.

DENK, R./EXNER-MERKELT, K. (2005), Corporate Risk Management: Unternehmensweites Risikomanagement als Führungsaufgabe, Wien.

DEUTSCH, H. P. (2001), Derivate und interne Modelle: Modernes Risikomanagement, 2. Auflage, Stuttgart.

DEUTSCHE BANK AG (2002), Global Autos: The drivers how to navigate the auto industry, Frankfurt am Main.

DEUTSCHE INDUSTRIEBANK AG (IKB) (2006), Automobilzulieferer. Zulieferer kompensieren Rohertragsrückgang, Internetquelle, abgerufen am 15.10.2010, auf: http://www.ikb-pe.de/content/de/Kontakt185/IKB_Brber_Automobil_05499.pdf.

DIEDERICHS, M./REICHMANN, T. (2003), Risikomanagement und Risikocontrolling in der Praxis, in: *Controlling*, Vol. 15, H. 5, S. 229-234.

DIGGELMANN, P. (1999), Value at Risk, Zürich.

DOBLER, D./BURT, D. (1996), Purchasing and Supply Management, 6. Auflage, New York.

DOBLER, M. (2006), Risk Reporting: A German Perspective Based on a Review of Disclosure Models, in: Zeghal, D./Lajili, K. (Hrsg.), Enterprise Risk Management: Rethinking Risk in the 21th Century, Ottawa, S. 7-37.

DODEL, J. H. (2004), Supply Chain Integration: Verringerung der logistischen Kritizität in der Automobilindustrie, Wiesbaden.

DOHMEN, F. (2010), Rohstoffe: "Reine Wetten", in: *Der Spiegel*, Vol. 63, Nr. 22, S. 78-79.

DOWD, K. (2006), Retrospective Assessment of Value at Risk, in: Ong, M. K. (Hrsg.), Risk Management: A modern perspective, Amsterdam, S. 183-202.

DRAULANS, J./DEMAN, A. P./VOLBERDA, H. W. (2003), Building alliance capability: Management techniques for superior alliance performance, in: *Long Range Planning*, Vol. 36, H. 2, S. 151-166.

DUBOFSKY, D. A. (1992), Options and Financial Futures: Valuation and Uses, New York.

DYER, J. H./CHO, D. S./CHU, W. (1998), Strategic supplier segmentation: The next "best practiceïn supply chain management, in: *California Management Review*, Vol. 40., H. 2, S. 57-77.

DYER, J. H./OUCHI, W. G. (1993), Japanese Style business partnerships: giving companies a competitive edge, in: *Sloan Management Review*, Vol. 35, H. 1, S. 51-63.

DYER, J. H./SINGH, H. (1998b), The relational view: Cooperative Strategy and sources of interorganizational competitive advantage, in: *Academy of Management*, Vol. 23, H. 4, S. 660-679.

EBERLE, A. (2005), Risikomanagement in der Beschaffungslogistik: Gestaltungsempfehlungen für ein System, Bamberg.

ECKHARD, B. (2008), Lernen in Vertragsbeziehungen: Eine empirische Untersuchung in der Automobilindustrie, Wiesbaden.

EDWARDS, F. R./MA, C. W. (1992), Futures and Options, New York.

EDWARDS, R. D./MAGEE, J. (1988), Aktien: Technische Analyse von Trends, 5. Auflage, Darmstadt.

EICHAR, S. (2009), Sarbanes-Oxley Act of 2002: Will it Be effective in preventing another Enron Scandal? Internetquelle, abgerufen am 22.10.2009, auf: http://digitalcommons.liberty.edu/cgi/viewcontent.cgi?article=1083\&context=honors.

ELIOTT, M. W. (2001), Contingent Capital Arrangements, Internetquelle, abgerufen am 13.08.2006, auf: http://riskmanagement.cpcusociety.org/file_depot/0-10000000/0-10000/8116/folder/20215/RMQsept.2001.pdf.

ELKINS, D. et al. (2008b), A To Do List to Improve Supply Chain Risk Management Capabilities, in: Handfield, R. B./McCormack, K. (Hrsg.), Supply Chain Risk Management: Minimizing Disruptions in Global Sourcing, New York, S. 57-63.

ELKINS, D./KULKARNI, D./TEW, J. (2008), Identifying and Assessing Supply Chain Risk, in: Handfield, R. B./McCormack, K. (Hrsg.), Supply Chain Risk Management: Minimizing Disruptions in Global Sourcing, New York, S. 51-56.

ELLER, R. (1999), Derivative Instrumente: Überblick, Strategien, Tendenzen, in: Eller, R. (Hrsg.), Handbuch Derivativer Instrumente, Stuttgart, S. 3-38.

ELMERS, N. (2009), Das Risikomanagement wird zu häufig vernachlässigt, Internetquelle, abgerufen am 20.10.2010, auf: http://www.hafm.de/Downloads/Public/veroeffentlichungen/Dow%20Jones%20NE-Metall%20Newsletter.pdf.

ELTANTAWY, R. A./GIUNIPERO, L. C. (2004), Securing the upstream supply chain: A risk management approach, in: *International Journal of Physical Distribution and Logistics Management*, 34, Nr. 9, S. 698-713.

ENDRES, E./WEHNER, T. (1996), Zwischenbetriebliche Kooperation aus prozessualer Perspektive, in: Sauer, D./Hirsch-Kreinsen, H. (Hrsg.), Zwischenbetriebliche Arbeitsteilung und Kooperation. Ergebnisse des Expertenkreises Zukunftsstrategien, Frankfurt am Main, S. 81-120.

ENGLE, R. F. (1982), Autoregressive Conditional Heteroscedasticity with Estimates of the Variance of the UK inflation, in: *Econometrica*, Vol. 50, S. 987-1008.

ERNST AND YOUNG AG (2005), Best Practive Survey: Risikomanagement 2005, Internetquelle, abgerufen am 08.10.2009, auf: https://www.risknet.de/fileadmin/template_risknet/dokumente/Studien/EY-Summary-Risikomanagement-2005.pdf.

ERNST AND YOUNG AG (2006), Best Practice Survey Risikomanagement 2006, Internetquelle, abgerufen am 29.04.2009, auf: http://www.ey.com/Publication/vwLUAssets/Studie_Risikomanagement-2006_2007/$File/Studie_Risikomanagement_2007.pdf.

ERNST AND YOUNG AG (2009), Is risk management broken? An Australien and New Zealand perspective on the current and future state of risk management, Internetquelle, abgerufen am 08.10.2009, auf: http://www.ey.com/Publication/vwLUAssets/Is_risk_management_broken/$FILE/Is%20risk%20management%20broken.pdf.

ERNST AND YOUNG AG (2009b), The future of risk: Protecting and enabling performance, Internetquelle, abgerufen am 08.10.2009, auf: http://www.ey.com/Publication/vwLUAssets/The_future_of_risk/$FILE/The%20future%20of%20risk.pdf.

ERNST AND YOUNG AG (2009c), A new balanced Scorecard: Measuring Performance and Risk, Internetquelle, abgerufen am 08.10.2009, auf: http://www.eoy.at/Publication/vwLUAssets/A_new_balanced_scorecard:_measuring_performance_and_risk/$FILE/AABS_Advisory_New_balanced_scorecard.pdf.

ERNST AND YOUNG AG (2009d), European Automotive Survey 2009: Befragungsergebnisse, Internetquelle, abgerufen am 10.10.2010, auf: http://www.ey.com/Publication/vwLUAssets/European_Automotive_Survey_2009/$FILE/European%20Automotive%20Survey%202009_dt.pdf.

ERTL, M. (2000), Finanzmanagement in der Unternehmenspraxis, München.

ESSIG, M. (2002), Cooperative Sourcing, in: Hahn, D./Kaufmann, L. (Hrsg.), Handbuch industrielles Beschaffungsmanagement, Wiesbaden, S. 263-280.

ESSIG, M./MOHR, G. (2007), Bündelungsmodelle für die Supply Chain, in: *Beschaffung Aktuell*, Vol. 54, Nr. 5, S. 40-41.

EU KOMMISSION: GENERALDIREKTION UNTERNEHMEN UND INDUSTRIE (2006), Die neue KMU-Definition: Benutzerhandbuch und Mustererklärung, Internetquelle, abgerufen am 09.08.2010, auf: http://ec.europa.eu/enterprise/policies/sme/files/sme_definition/sme_user_guide_de.pdf.

FALKENSTEIN, I. A. (2005), Risikomanagement mit leistungsabhängiger Vergütung: Einfluss variabler Entgeltformen auf das Kreditvergabeverhalten von Banken, Wiesbaden.

FAMA, E. F. (1970), Efficient Capital Markets: A Review of Theory and Empirical Work, in: *Journal of Finance*, Vol. 25, S. 383-418.

FAMA, E. F./FRENCH, K. R. (1987), Commodity Futures Prices: Some evidence on forecast power, premiums and the theory of storage, in: *The Journal of Business*, Vol. 60, No. 1, S. 55-73.

FICHTER, K. (1998), Umweltkommunikation und Wettbewerbsfähigkeit: Wettbewerbstheorien im Lichte empirischer Ergebnisse zur Umweltberichterstattung von Unternehmen, Marburg.

FINCH, P. (2004), Supply Chain Risk Management, in: *Supply Chain Management: An international Journal*, Vol. 9, H. 2, S. 183-196.

FISCHER, H. (2006), Peugeot fährt Renditeziel herunter, in: *Financial Times Deutschland*, Vol. 6, 27.07.2006, S.7.

FISCHER, T. M. (2002), Unternehmenskultur und Controlling, in: Weber, J./Hirsch, B. (Hrsg.), Controlling als akademische Disziplin. Eine Bestandsaufnahme, Wiesbaden, S. 267-281.

FISHER, B./KUMAR, A. (2010), The right way to hedge, Internetquelle, abgerufen am 28.07.2010, auf: https://www.mckinseyquarterly.com/The_right_way_to_hedge_2644.

FLADNITZER, M./BIDMON, S./SCHNEIDER, D. (2006), Bedeutung und Besonderheiten von Vertrauen in virtuellen Unternehmen, in: Blecker, T./Gemünden, H. G. (Hrsg.), Wertschöpfungsnetzwerke, Berlin, S. 35-52.

FLICK, U. (1999), Qualitative Forschung. Theorie, Methoden, Anwendung in Psychologie und Sozialwissenschaften, Reinbek.

FONTANARI, M. L. (1995), Voraussetzungen für den Kooperationserfolg: Eine empirische Analyse, in: Schertler, W. (Hrsg.), Management von Unternehmenskooperationen, Wien, S. 115-187.

FRANKE, G./HAX, H. (2004), Finanzwirtschaft des Unternehmens und Kapitalmarkt, 5. Auflage, Berlin.

FRANKE, R./ZERRES, M. (1992), Planungstechniken, Frankfurt am Main.

FREEDMAN, D./PISANI, R./PURVES, R. (1998), Statistics, 3. Auflage, New York.

FRENCH, K. R. (1986), Detecting Spot Price Forecasts in Futures Prices, in: *The Journal of Business*, Vol. 59, H. 2, S. 39-54.

FRESE, E. (1995), Grundlagen der Organisation: Konzept, Prinzipien, Strukturen, 6. Auflage, Wiesbaden.

FREUDENBERG, T./KLENK, U. (1999), Strategische Veränderungen in der Zulieferpyramide der Automobilindustrie, in: Hahn, D./Kaufmann, L. (Hrsg.), Handbuch industrielles Beschaffungsmanagement, Wiesbaden, S. 123-134.

FROOT, K./SCHARFSTEIN, D./STEIN, J. (1993), Risk Management: Coordinating Corporate Investment and Financing Policies, in: *Journal of Finance*, Vol. 48, No. 5, S. 1629-1658.

FUCHS, A./KAUFMANN, L. (2008), Von Zielen zu Erfolgen: Strategische Lieferantenbeziehung gestalten, in: Materialwirtschaft, B. (Hrsg.), Best Practice in Einkauf und Logistik, 2. Auflage, Wiesbaden, S. 191-200.

FUEST, U. (1998), Die Organisation von Kooperationen, Bamberg.

GABATH, C. (2010), Risiko- und Krisenmanagement im Einkauf, Wiesbaden.

GAMPER, P. (1995), Währungsexposure Management: Bewirtschaftung von Währungsrisiken in international tätigen Unternehmen, Bank und finanzwirtschaftliche Forschungen, Bern.

GANZ, P. (2007), Ausgewählte Aspekte des finanzwirtschaftlichen Risikomanagements, in: Seethaler, P./Steitz, M. (Hrsg.), Praxishandbuch Treasury-Management: Leitfaden für die Praxis des Finanzmanagements, Wiesbaden, S. 325-342.

GASSEL, C. (2009), Günstiges Aluminium aus dem Späneabfall, Internetquelle, abgerufen am 20.10.2010, auf: http://www.industrie.de/industrie/live/index2.php?menu=1\&submenu=1\&object_id=31875230.

GAUDENZI, B. (2008), Assessing Risks in Projects and Processes, in: Zsidisin, G./Ritchie, B. (Hrsg.), Supply Chain Risk: A Handbook of Assessment, Management, and Performance, New York, S. 67-82.

GEBHARDT, G./MANSCH, H. (2001), Risikomanagement und Risikocontrolling in Industrieunternehmen und Handelsunternehmen, Düsseldorf.

GEMAN, H. (2005), Commodities and Commodity Derivatives: Modeling and Pricing for Agriculturals, Metals and Energy, Chichester.

GEREFFI, G. (1999), A Commodity Chains Framework for Analyzing Global Industries, Durham.

GERHARDT, K. (2005), Automobilzulieferer: Bericht zur Branche, Internetquelle, abgerufen am 02.08.2006, auf: http://www.ikb-pe.de/content/de/Service/IKB_Brber_Automobil_05.pdf.

GESAMTVERBAND DER ALUMINIUMINDUSTRIE (GDA) (2009), The Metal Aluminium, Internetquelle, abgerufen am 20.11.2009, auf: http://www.aluinfo.de/index.php/the-metal-aluminium.html.

GILBERT, C. L. (1993), Domestic Price Stabilization Schemes for Developing Countries, in: Claessens, S./Duncan, R. C. (Hrsg.), Managing Commodity Price Risk in Developing Countries, Baltimore, S. 30-67.

GILBERT, C. L. (1996), Commodity price volatility in the nineties, in: Smith, K. T./Kennison, P. (Hrsg.), Commodity Derivatives and Finance, Rochester, S. 1-22.

GLAUM, M. (2000), Finanzwirtschaftliches Risikomanagement deutscher Industrie und Handelsunternehmen, Frankfurt am Main.

GLEISSNER, W. (2001), Risikomanagement im Überblick, in: Gleißner, W./Meier, G. (Hrsg.), Wertorientiertes Risikomanagement für Industrie und Handel, Wiesbaden, S. 13-17.

GLEISSNER, W. (2002), Risikomanagement und Balanced Scorecard im Kontext integrierter wertorientierter Managementsysteme, Internetquelle, abgerufen am 20.10.2010, auf: http://www.competence-site.de/controlling/Risikomanagement-Balanced-Scorecard-Kontext-integrierter-wertorientierter-Managementsysteme.

GLEISSNER, W. (2010), Risikomanagement ist ein zentrales Instrument, um Unternehmenskrisen abzuwenden, in: *Controlling und Management*, Vol. 54, H. 1, S. 51-53.

GMEINER, S. (2005), Konzentrationsprozess in der Automobilindustrie. Konsequenzen für das Verhältnis zwischen Hersteller und Zulieferer, Aachen.

GOMEZ, P. (1983), Frühwarnung in der Unternehmung, Bern.

GORTON, G./ROUWENHORST, K. G. (2004), Facts and Fantasies about Commodity Futures, Internetquelle, abgerufen am 19.07.2010, auf: http://www.csb.uncw.edu/people/cinerc/Courses%20Web%20Page/Fin%20533/Facts_and_Fantasies_About_Commodity_Futures.pdf.

GOSH, S./GILBERT, C. L./HUGHES HALLET, A. J. (1987), Stabilizing Speculative Commodity Markets, Oxford.

GÖTZ, A. (2005b), Erfolg mit Fragezeichen, in: *Automobilproduktion*, Vol. 20, Nr.9, S. 32-34.

GÖTZE, U./MIKUS, B. (2006), Der Prozess des Risikomanagements in Supply Chains, in: Vahrenkamp, R./Siepermann, C. (Hrsg.), Risikomanagement in Supply Chains: Gefahren abwehren, Chancen nutzen, Erfolg generieren, Berlin, S. 29-58.

GOULD, L. (o.A.), Automotive Supply Chain Management: As Good As It Gets? Internetquelle, abgerufen am 18.11.2009, auf: http://www.autofieldguide.com/articles/020306.html.

GRAF, H./PUTZLOCHER, S. (2000), E-Supply bei DaimlerChrysler. Kooperation über sechs Stufen, in: *Logistik Heute*, Vol. 22, Nr. 4, S. 44-47.

GRAF, H./PUTZLOCHER, S. (2004), DaimlerChrysler. Integrierte Beschaffungsnetzwerke, in: Corsten, D./Gabriel, C. (Hrsg.), Supply Chain Management erfolgreich umsetzen. Grundlagen, Realisierung und Fallstudien, 2. Auflage, Berlin, S. 55-71.

GREBE, L. (2008), Stahl- und Metallbranche im Wandel: Balance zwischen Kostendruck und Nachfragewachstum, Internetquelle, abgerufen am 18.01.2010, auf: http://www.osco.de/news/aktuelles/osco-tag_2008_vortrag_shi.pdf.

GREBE, U. (1993), Finanzwirtschaftliches Risikomanagement in Nichtbanken, Frankfurt am Main.

GRECA, R. (2005), Audi and BMW: Supplier strategies of two successful Car Producers, in: Garibaldo, F./Bardi, A. (Hrsg.), Company Strategies and Organizational Evolution in the Automotive Sector: A Worldwide Perspective, Frankfurt am Main, S. 85-123.

GROCHLA, E./KUBICEK, H. (1976), Zur Zweckmäßigkeit und Möglichkeit einer umfassenden betriebswirtschaftlichen Beschaffungslehre, in: *Zeitschrift für betriebswirtschaftliche Forschung*, Vol. 28, S. 257-274.

GROCHLA, E./SCHÖNBOHM, P. (1980), Beschaffung in der Unternehmung, Stuttgart.

GROHER, E. (2003), Gestaltung der Integration von Lieferanten in den Produktentstehungsprozess, München.

GROHMANN, G./HOFER, A./ZANGL, F. (2005), Kooperationen brauchen klare Abläufe. Automotive Survey 2005: Studie über Trends im Automobilsektor, in: *QZ*, Vol. 50, H.12, S. 19-24.

GROLIK, S. (o.A.), Wissenskultur in der Betriebswirtschaft: Bestandteil des Wissensmanagements von Organisationen, Internetquelle, abgerufen am: 24.08.2006, auf: http://www.wiwi.uni-frankfurt.de/Professoren/schefold/semfried/grolik.pdf.

GROLL, M. (2004), Koordination im Supply Chain Management: die Rolle von Macht und Vertrauen, Wiesbaden.

GROUP OF THIRTY (1993), Derivatives: Practices and Principles, Washington.

GRUBER, M. (2000), Der Wandel von Erfolgsfaktoren mittelständischer Unternehmen, Wiesbaden.

GUERRERA, F./BAER, J. (2009), Jack Welch schwört Shareholder-Value ab, Internetquelle, abgerufen am 13.03.2009, auf: http://www.ftd.de/unternehmen/industrie.

GUNASEKARAN, A./PATEL, C./MCGAUGHEY, R. (2004), A framework for supply Chain Performance Measurement, in: *International Journal of Production Economics*, Vol. 87, S. 333-347.

GUNASEKARAN, A./PATEL, C./TIRTIROGLU, E. (2001), Performance Measures and Metrics in a Supply Chain Environment, in: *International Journal of Operations and Production Management*, Vol. 21, No. 1, S. 71-87.

GUTENBERG, E. (1962), Unternehmensführung. Organisation und Entscheidung, Wiesbaden.

GUTENBERG, E. (1985), Grundlagen der Betriebswirtschaftslehre: Die Produktion, Heidelberg.

HAGER, P. (2004), Corporate Risk Management: Cash Flow at Risk und Value at Risk, Frankfurt am Main.

HAHN, D. (1999), Thesen für die Zukunft des Beschaffungsmanagements in einem integrierten Supply Chain Management, in: Hahn, D./Kaufmann, L. (Hrsg.), Handbuch industrielles Beschaffungsmanagement, Wiesbaden, S. 849-855.

HAHN, D. (2002), Problemfelder des Supply Chain Management, in: Hahn, D./ Kaufmann, L. (Hrsg.), Handbuch industrielles Beschaffungsmanagement, München, S. 1061-1071.

HALLER, A. (1997), Wertschöpfungsrechnung: Ein Instrument zur Steigerung der Aussagefähigkeit von Unternehmensabschlüssen im internationalen Kontext, Stuttgart.

HALLER, M. (1986), Risikomanagement: Eckpunkte eines integrierten Konzepts, in: Jakobs, H. (Hrsg.), Risikomanagement, Wiesbaden, S. 7-43.

HALLIKAS, J./VARIS, J. (2008), Risk Management in Value Networks, in: Zsidisin, G./ Ritchie, B. (Hrsg.), Supply Chain Risk: A handbook of assessment, management, and performance, New York, S. 35-52.

HALLIKAS, J./VIROLAINEN, V. M./TUOMINEN, M. (2002), Risk analysis and assessment in network environments: A dyadic case study, in: *International Journal of Production Economics*, Vol. 78, H. 1, S. 45-55.

HAMMANN, P./LOHBERG, W. (1986), Beschaffungsmarketing, Stuttgart.

HANDELSBLATT (2004a), Bosch Chef mit Ertrag und Umsatz zufrieden: Risiko Stahlpreise, Internetquelle, abgerufen am 16.11.2009, auf: http://www.handelsblatt.com/archiv/ bosch-chef-mit-ertrag-und-umsatz-zufrieden-risiko-stahlpreise;838879.

HANDELSBLATT (2004b), Kunden laufen gegen hohe Stahlpreise Sturm, Internetquelle, abgerufen am 16.11.2009, auf: http://www.handelsblatt.com/unternehmen/industrie/ kunden-laufen-gegen-hohe-stahlpreise-sturm;733040.

HANDFIELD, R. B. (2008), Consumers of Supply Chain Risk Data, in: Handfield, R. B./ McCormack, K. (Hrsg.), Supply Chain Risk Management: Minimizing Disruptions in Global Sourcing, New York, S. 1-28.

HANDFIELD, R. B. et al. (2008b), A Framwork for Reducing the Impact of Disruptions to the Supply Chain: Observations from Multiple Executives, in: Handfield, R. B./ McCormack, K. (Hrsg.), Supply Chain Risk Management: Minimizing Disruptions in Global Sourcing, New York, S. 29-49.

HANDFIELD, R. B./NICHOLS, E. L. (1999), Introduction to Supply Chain Management, New Jersey.

HANNEMANN, S. (2005), Swaps: Produktbeschreibung, Pricing und Bewertung, in: Eller, R. (Hrsg.), Handbuch Derivativer Instrumente: Produkte, Strategien, Risikomanagement, 3. Auflage, Stuttgart, S. 249-268.

HANSMANN, K. W./RINGLE, C. M. (2007), Zur Eignung virtueller Unternehmen als Kooperationsform in Zeiten raschen Wandels, in: *Zeitschrift für Management*, Vol. 1, Nr. 2, S. 94-111.

HARLAND, C./BRENCHLEY, R./WALKER, H. (2003), Risk in supply networks, in: *Journal of Purchasing and Supply Management*, Vol. 9, H. 2, S. 51-62.

HARRANT, H./HEMMRICH, A. (2004), Risikomanagement in Projekten, München.

HARTMANN, H. (1993), Materialwirtschaft, 6. Auflage, Gernsbach.

HAVIGHORST, D. (2001), Globale Integration des Zuliefernetzwerkes bei DaimlerChrysler, in: Walther, J./Bund, M. (Hrsg.), Supply Chain Management, Frankfurt am Main, S. 196-203.

HAYWOOD, M./PECK, H. (2003), An Investigation into the Management of Supply Chain Vulnerability in UK Aerospace Manufacturing, Internetquelle, abgerufen am 21.10.2010, auf: http://www.som.cranfield.ac.uk/som/dinamic-content/research/lscm/downloads/Sevilla%208th%20Int%20Symp.pdf.

HECK, M. (2003), Risikobewusstes F&E Programm Management: theoretische und empirische Modellanalysen, München.

HEIMERIKS, K. H./DUYSTERS, G. (2007), Alliance capability as a mediator between experience and alliance performance: An empirical investigation into the alliance capability development process, in: *Journal of Management Studies*, Vol. 44, H. 1, S. 25-49.

HEINZEL, H. (2001), Gestaltung integrierter Lieferketten auf Basis des Supply Chain Operations Reference Modells, in: Walther, J./Bund, M. (Hrsg.), Supply Chain Management, Frankfurt am Main, S. 32-58.

HENDRICKS, K. B./SINGHAL, V. R. (2005), An Empirical Analysis of the Effect of Supply Chain Disruptions on Long Term Stock Price Performance and Equity Risk of the Firm, in: *Production and Operations Management*, Vol. 14, H. 1, S. 35-52.

HENDRICKS, K. B./SINGHAL, V. R. (2005b), Association between Supply Chain Glitches and Operating Performance, in: *Management Science*, Vol. 51, H. 5, S. 695-711.

HENKE, M. (2008), Enterprise and Supply Risk Management, in: Zsidisin, G./Ritchie, B. (Hrsg.), Supply Chain Risk: A Handbook of Assessment, Management, and Performance, New York, S. 177-185.

HENKE, M. (2009), Supply Risk Management: Planung, Steuerung und Überwachung von Supply Chains, Berlin.

HENSCHEL, T. (2003), Risikomanagement im Mittelstand: Eine empirische Untersuchung, in: *Controlling and Management*, Vol. 47, H. 5, S. 331-336.

HERBECK, T. (1997), Cashflow Risiken im Risikomanagement der Unternehmung, Bamberg.

HERBST, A. (1986), Commidity Futures: Markets, Method of Analysis, and Management of Risk, New York.

HERMANN, D. C. (1996), Strategisches Risikomanagement kleiner und mittlerer Unternehmen, Berlin.

HESS, G. (2008), Supply Strategien in Einkauf und Beschaffung: Systematischer Ansatz und Praxisfälle, Wiesbaden.

HEUSLER, K. F. (2004), Implementierung von Supply Chain Management. Kompetenzorientierte Analyse aus der Perspektive eines Netzwerkakteurs, Wiesbaden.

HIEBER, R. (2002), Supply Chain Management: A Collaborative Performance Measurement Approach, Zürich.

HINES, P. (1994), Creating World Class Suppliers: Unlocking Mutual Competitive Advantage, London.

HINTERHUBER, H. H./STAHL, H. K. (1996), Unternehmensnetzwerke und Kernkompetenzen, in: Bellmann, K./Hippe, A. (Hrsg.), Management von Unternehmensnetzwerken, Wiesbaden, S. 87-118.

HOFBAUER, G./BAUER, C. (2004), Integriertes Beschaffungsmarketing, München.

HOFFMANN, K. (1985), Risk Management: Neue Wege der betrieblichen Risikopolitik, Karlsruhe.

HOFFMANN, V. et al. (o.Jg.), Wertsteigerung durch Risikomanagement, Internetquelle, abgerufen am 12.07.2009, auf: http://www.mckinsey.de/_downloads/kompetenz/emcc/basics_allgemein/BASICS8_risk%20management.pdf.

HOFLER, D. (2009), Securing the Automotive Supply Chain, Internetquelle, abgerufen am 18.11.2009, auf: http://www.automotivedigest.com/cms/docLibrary/A/Ariba_--_Auto_Supplier_Receivables___byline_4_23_2009-9_31_AM.pdf.

HOFMANN, E./WESSELY, P. (2008), Natural Hedging in Supply Chains: ein alternatives Instrument zur Lieferantenfinanzierung, in: Bogaschewsky, R. et al. (Hrsg.), Supply Management Research: Aktuelle Forschungsergebnisse 2008, Wiesbaden, S. 127-152.

HOITSCH, H.-J./WINTER, P. (2004), Die Cash Flow at Risk Methode als Instrument eines integriert holistischen Risikomanagements, in: *Controlling and Management*, Vol. 48, H. 4, S. 235-246.

HOITSCH, H.-J./WINTER, P./BAUMANN, N. (2006), Risikocontrolling bei deutschen Kapitalgesellschaften: Ergebnisse einer empirischen Untersuchung, in: *Controlling*, Vol. 18, H. 2, S. 69-76.

HÖLSCHER, R. (2000), Gestaltungsformen und Instrumente des industriellen Risikomanagements, in: Schierenbeck, H. (Hrsg.), Risk Controlling in der Praxis. Rechtliche Rahmenbedingungen und geschäftspolitische Konzeptionen in Banken, Versicherung und Industrie, Stuttgart, S. 297-363.

HOOK, L./BLAS, J. (2010), Japan's first iron ore swap agreed, Internetquelle, abgerufen am 14.07.2010, auf: http://www.ft.com/cms/s/0/04be1fd8-82c3-11df-85ba-00144feabdc0.html.

HORVATH, P. (2006), Controlling, 10. Auflage, München.

HOTWAGNER, B. (2008), Supply Chain Risk Management und dessen systematische Umsetzung im Unternehmen, in: Holzinger, H. (Hrsg.), Wirtschaft und Management, Wien, S. 23-40.

HÜBLER, O. (2005), Einführung in die empirische Wirtschaftsforschung, München.

HUCHZERMEIER, A. (2000), The real option value of operational and managerial flexibility in global supply chain networks, in: Frenkel, M./Hommel, U./Rudolf, M. (Hrsg.), Risk Management: Challenge and Opportunity, Berlin, S. 181-201.

HULL, J. C. (2009), Options, Futures and other Derivatives, 7. Auflage, New Jersey.

HULL, J. C. (2010), Risk Management and Financial Institutions, 2. Auflage, Boston.

HUMPHREYS, B. H./SHIMKO, D. C. (1997), Commodity Risk Management and the Corporate Treasury, in: Jameson, R. (Hrsg.), Financial Risk and the Corporate Treasury, London, S. 109-124.

IANSITY, M./LEVIEN, R. (2004), Strategy as ecology, in: *Harvard Business Review*, Vol. 82, H. 3, S. 68-78.

JAHNS, C. (2003), Einkauf: Weniger Kostendruck durch Supply Management. Entlastung für Ingenieure, Internetquelle, abgerufen am 21.10.2010, auf: http://www.vdi-nachrichten.com/vdi-nachrichten/aktuelle_ausgabe/akt_ausg_detail.asp?cat=2&id=14186.

JAHNS, C. (2005a), Supply Management. Neue Perspektiven eines Managementansatzes für Einkauf und Supply, St. Gallen.

JAHNS, C. (2005b), Systematische Konzeption zur langfristigen Existenzsicherung: Formulierung der Supply Strategie, in: *Beschaffung Aktuell*, Vol. 52, Nr. 6, S. 26-29.

JAHNS, C. (2005c), Cases in Purchasing and Supply Management: Category Sourcing, St. Gallen.

JAHNS, C. (2005d), Einkauf und Supply Management, St. Gallen.

JANZ, M. (2004), Erfolgsfaktoren der Beschaffung im Einzelhandel, Wiesbaden.

JORION, P. (2000), Value at Risk: The new benchmark for managing financial risk, 2. Auflage, New York.

JÜTTNER, U. (2003), Risiko und Krisenmanagement in Supply Chains, in: Boutellier, R./Wagner, S. M./Wehrli, H. P. (Hrsg.), Handbuch Beschaffung: Strategien, Methoden, Umsetzung, München, S. 775-795.

JÜTTNER, U. (2005), Supply Chain Risk Management: Understanding the business requirements from a practitioner perspective, in: *International Journal of Logistic Management*, Vol. 16, Nr. 1, S. 120-141.

JÜTTNER, U./ZIEGENBEIN, A. (2008), SCRM for small and medium sized businesses, in: Zsidisin, G./Ritchie, B. (Hrsg.), Supply Chain Risk: A Handbook of Assessment, Management, and Performance, New York, S. 199-217.

KAEN, F. R. (2000), Risk Management, Corporate Governance and the Modern Corporation, in: Frenkel, M./Hommel, U./Rudolf, M. (Hrsg.), Risk Management: Challenge and Opportunity, Berlin, S. 247-262.

KAJÜTER, P. (2006), Risikomanagement in der Supply Chain: Ökonomische, regulatorische und konzeptionelle Grundlagen, in: Vahrenkamp, R./Siepermann, C. (Hrsg.), Risikomanagement in Supply Chains: Gefahren abwehren, Chancen nutzen, Erfolg generieren, Berlin, S. 13-28.

KALE, P./DYER, J. H./SINGH, H. (2002), Alliance capability, stock market response, and long-term alliance success: The role of the alliance function, in: *Strategic Management Journal*, Vol. 23, S. 747-767.

KALE, P./SINGH, H. (1999), Alliance capability & success: A knowledge-based approach, Internetquelle, abgerufen am 20.10.2010, auf: http://knowledge.wharton.upenn.edu/papers/842.pdf.

KALE, P./SINGH, H. (2005), Building firm capabilities through learning: the role of the alliance learning process in alliance capability and firm-level alliance success, in: *Strategic Management Journal*, Vol. 28, No. 10, S. 981-1000.

KALKA, R. (1996), Marketingserfolgsfaktoren im Facheinzelhandel, Wiesbaden.

KAPLAN, R./NORTON, D. (1992), The Balanced Scorecard: Measures that drive performance, in: *Harvard Business Review*, Vol. 70, Nr. 1, S. 71-79.

KATZ, D. M. (2004), The O-Ring in Your Supply Chain, Internetquelle, abgerufen am 30.06.2009, auf: http://www.cfo.com/article.cfm/3012297.

KAUBA, N. (2005), Methoden zur Projektpriorisierung, Internetquelle, abgerufen am 19.04.2010, auf: http://www.cscakademie.com/_common/file/root/fachbeitraege/Vortrag_Kauba_Erfa_Priorisierung_V_2005-04-26.pdf.

KAUFMANN, L. (1999), Purchasing and Supply Management: A conceptual framework, in: Hahn, D./Kaufmann, L. (Hrsg.), Handbuch industrielles Beschaffungsmanagement, Wiesbaden, S. 3-34.

KEITSCH, D. (2004), Risikomanagement, 2. Auflage, Stuttgart.

KELLETT, J. (2005), Energy Swaps, in: Kaminski, V. (Hrsg.), Managing Energy Price Risk: The New Challenges and Solutions, 3. Auflage, London, S. 9-44.

KENT, D./GERAGHT, K. (2004), Extend your Balanced Scorecard across the Supply Chain, Internetquelle, abgerufen am 17.09.2009, auf: http://www.performance-measurement.net/news-detail.asp?nID=199.

KERSTEN, W. et al. (2007), Komplexitäts- und Risikomanagement als Methodenbaustein des Supply Chain Managements, in: Hausladen, I./Mauch, C. (Hrsg.), Management am Puls der Zeit: Strategien, Konzepte und Methoden, München, S. 1159-1181.

KERSTEN, W./HOHRATH, P./WINTER, M. (2008), Risikomanagement in Wertschöpfungsnetzwerken: Status quo und aktuelle Herausforderungen, in: Holzinger, H. (Hrsg.), Wirtschaft und Management, Wien, S. 7-22.

KEYNES, J. M. (1930), A Treatise on Money: The Applied Theory of Money, 2. Auflage, London.

KIENZLE, W. (2000), Früherkennung im Beschaffungsmarketing, Köln.

KIESER, A./WOYWODE, M. (1999), Evolutionstheoretische Ansätze, in: Kieser, A. (Hrsg.), Organisationstheorien, 3. Auflage, Stuttgart, S. 253-285.

KIM, J./MALZ, A. M./MINA, J. (1999), LongRun Technical Document by RiskMetrics Group (JP Morgan), Internetquelle, abgerufen am 18.08.2006, auf: http://www.riskmetrics.com/lrovv.html.

KINGSMAN, B. (1985), Raw Materials Purchasing, Oxford.

KLESSE, H. J./ROTHER, F. (2010), Angst unter der Haube, in: *Wirtschafts Woche*, Vol. 64, Nr. 6, S. 54-55.

KNIGHT, F. H. (1921), Risk, Uncertainty and Profit, Wiederabdruck New York 1964 Auflage, New York.

KNISS, D./MÜLLER, R. (2006), Verträge in der Lieferkette: Vertragsgestaltung aus Sicht des Zulieferers, in: *Qualität und Zuverlässigkeit*, Vol. 51, H. 3, S. 26-28.

KNORST, P. (2004), Ford: Lean Manufacturing and Supply, in: Corsten, D./Gabriel, C. (Hrsg.), Supply Chain Management erfolgreich umsetzen, 2. Auflage, Berlin, S. 73-86.

KOHN, M. (2004), Financial Institutions and Markets, 2. Auflage, Oxford.

KÖHN, R. (2009), Siemens trennt sich von 74000 Lieferanten, in: *Frankfurter Allgemeine Zeitung*, Vol. 60, H. 76, S. 18.

KOPPELMANN, U. (2000), Beschaffungsmarketing, 3. Auflage, Berlin.

KOSCHNIKE, M. (2001), Supply Chain Management in der Automobilindustrie, in: Lawrenz, O. et al. (Hrsg.), Supply Chain Management: Strategien, Konzepte und Erfahrungen auf dem Weg zu digitalen Wertschöpfungsnetzwerken;, Wiesbaden, S. 281-302.

KOTLER, P./BLIEMEL, F. (2001), Marketing Management: Analyse, Planung und Verwirklichung, 10. Auflage, Stuttgart.

KPMG AG (1998), Integriertes Risikomanagement, Berlin.

KPMG AG (2006), Indian Automotive Supply Chain, Internetquelle, abgerufen am 18.11.2009, auf: http://www.kpmg.de/docs/indian_Automotive_Supply_Chain.pdf.

KPMG AG (2007), Energie und Rohstoffpreise: Risiken und deren Absicherung, Internetquelle, abgerufen am 29.04.2009, auf: http://www.kpmg.at/de/files/Energie_und_Rohstoffpreise.pdf.

KRAMPF, P. (2000), Strategisches Beschaffungsmanagement in industriellen Großunternehmen, Lohmar.

KRAPELS, E. N./PRATT, M. (1998), Crude Oil Hedging: Benchmarking Price Protection Strategies, London.

KRATZHELLER, J. B. (1997), Risiko und Risk Management aus organisationswissenschaftlicher Perspektive, Wiesbaden.

KREIKEBAUM, H./GILBERT, D. U./REINHARDT, G. O. (2003), Organisationsmanagement internationaler Unternehmen, 2. Auflage, Wiesbaden.

KREMERS, M. (2002), Risikoübernahme in Industrieunternehmen, Sternenfels.

KREUTZER, R. (1989), Global Marketing: Konzeption eines länderübergreifenden Marketing: Erfolgsbedingungen, Analysekonzepte, Gestaltungs- und Implementierungsansätze, Wiesbaden.

KREY, S. (2001), Konzeption und Anwendung eines risikoorientierten Prüfungsansatzes in der Internen Revision, Berlin.

KROPP, M./GILLENKIRCH, R. (2004), Controlling von Finanzrisiken in Industrieunternehmen, in: *Controlling and Management*, Sonderheft, S. 86-96.

KROPP, M./SCHUBERT, D. (2000), Value at Risk für Rohstoffpreisrisiken, in: Johanning, L./Rudolph, B. (Hrsg.), Handbuch Risikomanagement, Vol. 2 Bad Soden, 1239-1266.

KRUSE, K. O. (1998), Anreizsysteme in Abnehmer Zulieferkooperationen, Hamburg.

KRYSTEK, U./MÜLLER, M. (1999), Frühaufklärungssysteme: Spezielle Informationssysteme zur Erfüllung der Risikokontrollpflicht nach KonTraG, in: *Controlling*, Vol. 11, S. 177-183.

KRYSTEK, U./MÜLLER-STEWENS, G. (1993), Frühaufklärung für Unternehmen. Identifikation und Handhabung zukünftiger Chancen und Bedrohungen, Stuttgart.

KRYSTEK, U. (2002), Beschaffung und Vertrauen, in: Hahn, D./Kaufmann, L. (Hrsg.), Handbuch industrielles Beschaffungsmanagement, 2. Auflage, Wiesbaden, S. 1039-1057.

KUHLES, M./HORST, B. (2009), ISO 31000 Norm für Risk Management, Internetquelle, abgerufen am 09.02.2010, auf: http://www.risikomanagement-wissen.de/ISO_31000.htm.

KÜPPER, H. U. (1993), Beschaffung, in: Bitz, M. (Hrsg.), Vahlens Kompedium, München, S. 203-262.

KUREK, R. (2004), Erfolgsstrategien für Automobilzulieferer, Berlin.

KWON, I. G./SUH, T. (2004), Factors Affecting the Level of Trust and Commitment in Supply Chain Relationships, in: *Journal of Supply Chain Management*, Vol. 40, H. 2, S. 4-14.

LABYS, W./GRANGER, C. (1970), Speculation, Hedging and Commodity Price Forecasts, Lexington, Massachusetts.

LAM, J. (2006), Managing Risk Across the Enterprise: Challenges and Benefits, in: Ong, M. K. (Hrsg.), Risk Management: A modern perspective, Amsterdam, S. 3-20.

LAMNEK, S. (1993), Qualitative Sozialforschung: Methoden und Techniken, 2. Auflage, Weinheim.

LAMNEK, S. (2005), Qualitative Sozialforschung, 4. Auflage, Weinheim.

LARGE, R. (2000), Strategisches Beschaffungsmanagement, Wiesbaden.

LASCH, R./JANKER, C. G. (2006), Risikoorientiertes Lieferantenmanagement, in: Vahrenkamp, R./Siepermann, C. (Hrsg.), Risikomanagement in Supply Chains: Gefahren abwehren, Chancen nutzen, Erfolg generieren, Berlin, S. 111-131.

LAUX, H. (1990), Risiko, Anreiz und Kontrolle: Principal Agent Theorie: Einführung und Verbindung mit dem Delegationswert Konzept, Berlin.

LAUX, H./LIERMANN, F. (1993), Grundlagen der Organisation: Die Steuerung von Entscheidungen als Grundproblem der Betriebswirtschaftslehre, 3. Auflage, Berlin.

LEE, A. (1999), CorporateMetrics Technical Document by RiskMetricsGroup (JP Morgan), Internetquelle, abgerufen am 18.08.2006, auf: http://www.riskmetrics.com/corpovv.html.

LEE, D. L./BILLINGTON, C. (1992), Managing supply chain inventory: Pitfalls and opportunities, in: *Sloan Management Review*, Vol. 33, No. 3, S. 65-73.

LEENDERS, M. R./FEARON, H. E. (1997), Purchasing and Supply Management, 11. Auflage, Chicago.

LEITNER, F. (1915), Die Unternehmensrisiken, Berlin.

LERNER, A./METHA, D. (1996), Controlling energy price risk, in: Smith, K. T./ Kennison, P. (Hrsg.), Commodity Derivatives and Finance, Rochester, S.23-44.

LI, S./MURAT, A./HUANG, W. (2009), Selection of contract suppliers under price and demand uncertainty in a dynamic market, in: *European Journal of Operational Research*, Vol. 198, S. 830-847.

LIN, Z. et al. (2006), Organizational Design and Restructuring in Response to Crises: Lessons from Computational Modeling and Real-World Cases, in: *Organization Science*, Vol. 17, No. 5, S. 598-618.

LITTLER, D./LEVERICK, F. (1995), Joint Ventures for Product Development: Learning from Experience, in: *Long Range Planning*, Vol. 28, H. 3, S. 58-67.

LÖFFLER, H. F. (2008), Lektion gelernt? Risikomanagement: Vom Papiertiger zum Führungsinstrument, in: *Zeitschrift für Versicherungswesen*, Vol. 59, H. 19, S. 621-623.

LÖFFLER, H. F./LIENHARD, H. (2009), Fehlsteuerung vermeiden, in: *Risk, Compliance and Audit*, Vol. 8, H. 2, S. 14-19.

LOVELL, A./SAW, R./STIMSON, J. (2005), Product value density: Managing diversity through supply chain segmentation, in: *International Journal of Logistic Management*, Vol. 16, H. 1, S. 142-158.

LÜCK, W. (1998), Risikomanagementsystem und -Überwachungssystem, München.

LUCKS, K./MECKL, R. (2002), Internationale Mergers & Aquisitions. Der prozessorientierte Ansatz, Berlin.

LYSONS, K./FARRINGTON, B. (2006), Purchasing and Supply Chain Management, 7. Auflage, Harlow.

MALIK, F. (2001), Wofür Wertsteigerung? Internetquelle, abgerufen am 10.11.2009, auf: http://www.manager-magazin.de/koepfe/mzsg/0,2828,166128,00.html.

MALONIA, M. J./BENTON, W. C. (1997), Supply chain partnerships: Opportunities for operations research, in: *European Journal of Operational Research*, Vol. 101, No. 3, S. 419-429.

MANKIW, G. N. (2002), Sticky Information Versus Sticky Prices: A Proposal to Replace the New Keynesian Phillips Curve, in: *The quaterly journal of economics*, Vol. 117, No. 4, S. 1295–1328.

MANUJ, I./MENTZER, J. (2008), Global Supply Chain Risk Management, in: *Journal of Business Logistics*, Vol. 29, No. 1, S. 133-155.

MARCH, J. G./SHAPIRA, Z. (1987), Managerial Perspectives on Risk and Risk Taking, in: *Management Science*, Vol. 33, No. 11, S. 1404-1418.

MARCH, J. G./SIMON, H. A. (1958), Organizations, New York.

MARKOWITZ, H. M. (1952), Portfolio Selection, in: *Journal of Finance*, Vol. 7, S. 77-91.

MARKOWITZ, H. M. (1959), Portfolio Selection: Efficient diversification of investments, New York.

MARLINGHAUS, S. T./IMMERTHAL, L. (2007), Risk management reloaded: A procurement perspective, Bonn.

MARTINEZ DE ALBENIZ, V./SIMCHI-LEVI, D. (2005), A Portfolio Approach to Procurement Contracts, in: *Production and Operations Management*, Vol. 14, H. 1, S. 90-114.

MASSELL, B. F. (1969), Price Stabilisation and Welfare, in: *Quarterly Journal of Economics*, Vol. 83, S. 284-298.

MATTES, B. et al. (2004), Trends in der Automobilindustrie: Paradigmenwechsel in der Zusammenarbeit zwischen Zulieferer, Hersteller und Händler, in: Ebel, B./Hofer, M./ Al-Sibai, J. (Hrsg.), Automotive Management, Berlin, S. 13-38.

MATTHIES, K. (2005), Commodity Prices Recede from Record to Record, in: *Highs Intereconomics*, Vol. 40, Nr. 12, S.361-364.

MATTHIES, K. (2008), Rohstoffpreise 2008, Internetquelle, abgerufen am 21.08.2010, auf: http://www.hwwi.org/uploads/tx_wilpubdb/HWWI_Policy_Report_Nr._8.pdf.

MAU, N./MAU, M. (2008), Securing Global Food Distribution Networks, in: Zsidisin, G./Ritchie, B. (Hrsg.), Supply Chain Risk: A Handbook of Assessment, Management, and Performance, New York, S. 331-344.

MAULL, H. W. (1988), Strategische Rohstoffe: Risiken für die wirtschaftliche Sicherheit des Westens, München.

MCCORMACK, K. (2008), Measuring and Managing Risk, in: Handfield, R. B./ McCormack, K. (Hrsg.), Supply Chain Risk Management: Mimizing Disruptions in Global Sourcing, New York, S. 65-91.

MCFALL LAMM, R. (1996), Strategic Commodity Risk Management, in: Klein, R. A./ Lederman, J. (Hrsg.), Derivatives Risk and Responsibility, Chicago, S. 187-208.

McKinsey&Company (2009), Raw Material Volatility Management in Steel, unveröffentlichtes Knowledge Paper, Frankfurt am Main.

Meckl, R. (1994), Interorganisatorische Strukturen bei unternehmensübergreifender Zusammenarbeit, Regensburg.

Meffert, H. (2000), Marketing: Grundlagen marktorientierter Unternehmensführung ; Konzepte, Instrumente, Praxisbeispiele, 9. Auflage, Wiesbaden.

Meffert, J./Klein, H. (2007), DNS der Weltmarktführer: Erfolgsformeln aus dem Mittelstand, Heidelberg.

Mehr, R./Hedges, B. (1974), Risk Management: Concepts and Applications, Homewood.

Meinig, W./Mallad, H. (2005), SSI 2005, in: *Zeitschrift für die gesamte Wertschöpfungskette Automobilwirtschaft*, Vol. 8, H. 4, S. 45-48.

Melzer-Ridinger, R. (2001), Risikomanagement als Aufgabe des Supply Chain Management: Risikoarten richtig gewichten, in: *Beschaffung aktuell*, Vol. 48, Nr. 1, S. 45.

Mentzer, J. T. et al. (2001), Defining Supply Chain Management, in: *Journal of Business Logistics*, Vol. 22, No. 2, S. 1 –25.

Merkle, E. (2001), Wissensmanagement: Was kann eigentlich unser Schlüssellieferant? in: Belz, C./Mühlmeyer, J. (Hrsg.), Key Supplier Management, Kriftel-Neuwied.

Merkle, M. (1999), Bewertung von Unternehmensnetzwerken. Eine empirische Bestandsaufnahme mit der Balanced Scorecard, Bamberg.

Meyer, C. (1990), Beschaffungsziele, 2. Auflage, Köln.

Meyer, R. (2008), Chancen/Risikomanagement und Controllingorganisation, in: Kalwait, R./Meyer, R./Romeike, F. (Hrsg.), Risikomanagement in der Unternehmensführung, Weinheim, S. 337-364.

MIKUS, B./GÖTZE, U. (1999), Risikomanagement als Bestandteil des strategischen Management, Göttingen.

MINAHAN, T. A. (2005), The Supply Risk Benchmark Report, Boston.

MINAHAN, T. (2008), Automotive Supply Chain Mess: Is the Worst Over? Internetquelle, abgerufen am 18.11.2009, auf: http://www.supplyexcellence.com/blog/2008/03/28/automotive-supply-chain-mess-is-the-worst-over/.

MISTRY, A. (1996), Corporate Exposure Management: An Alternative Approach, in: Konishi, A./Dattatreya, R. E. (Hrsg.), The Handbook of Derivative Instruments, 2. Auflage, Chicago, S. 567-594.

MLYNARCZYK, T. (2008), Kooperationsmanagement: Partnerschaften evaluieren, aufbauen und weiterentwickeln, Internetquelle, abgerufen am 13.04.2010, auf: http://www.inova-group.com/deu/pdf/Inova_Kooperationsmanagement_121108.pdf.

MODER, M. (2008), Supply Frühwarnsysteme: Die Identifikation und Analyse von Risiken in Einkauf und Supply Management, Wiesbaden.

MODIGLIANI, F./MILLER, M. (1958), The cost of capital corporation finance and the theory of investment, in: *American Economic Review*, Vol. 48, S. 261-297.

MÖHRSTÄDT, D./BOGNER, P./PAXIAN, S. (2001), Electronic Procurement planen, einführen, nutzen. Von der Konzeption zu optimalen Beschaffungsprozessen, Stuttgart.

MONCZKA, R./TRENT, R./HANDFIELD, R. (2001), Purchasing and Supply Chain Management, 3. Auflage, Mason, USA.

MONTE, P. (2001), Effizienzsteigerung in der internationalen Beschaffung, in: Belz, C./Mühlmeyer, J. (Hrsg.), Key Supplier Management, Kriftel-Neuwied.

MOSCHINI, G.-C./MYERS, R. J. (2002), Testing for Constant Hedge Ratios in Commodity Markets: A Multivariate GARCH Approach, in: *Journal of Empirical Finance*, Vol. 9, Nr. 5, S. 589-603.

MOTAMEDI, K. (1985), Transorganizational development: Developing relations among organizations, in: Warrick, D. D. (Hrsg.), Contemporary organization development, New York, S. 57-67.

MOTT, B. P. (2001), Organisatorische Gestaltung von Risikomanagementsystemen, in: Gleißner, W./Meier, G. (Hrsg.), Wertorientiertes Risiko-Management für Industrie und Handel, Wiesbaden, S. 199-232.

MÜHLMEYER, J./BELZ, C. (2001), Key Supplier and Key Account Management: Konfrontation oder Kooperation zwischen Anbieter und Nachfrager? in: Mühlmeyer, J./Belz, C. (Hrsg.), Key Supplier Management, Kriftel-Neuwied, S. 20-37.

MÜLLER, E. (2009), Sparen, aber richtig. Kostenmanagement: In der Krise regiert der Rotstift, in: *Manager Magazin*, Vol. 39, H. 6, S. 82-88.

MÜLLER, H. (2003), Gestaltungsanforderungen Internettechnologiebasierter Marktplätze aus Sicht der industriellen Beschaffung, Würzburg.

MÜLLER, M. (2005), Informationstransfer im Supply Chain Management: Analyse aus Sicht der Neuen Institutionenökonomik, Wiesbaden.

MUNZ, M. (1956), Beschaffung, in: Seischab, H./Schwantag, K. (Hrsg.), HWB: Handbuch der Betriebswirtschaft, 3. Auflage, Stuttgart, Sp. 671-678.

NAIN, A. (2004), The Strategic Motives for Corporate Risk Management, Internetquelle, abgerufen am 10.10.2010, auf: http://www1.fee.uva.nl/fm/PAPERS/NAIN.pdf.

NEUBÜRGER, K. W. (1989), Chancen und Risikobeurteilung im strategischen Management: Die informatorische Lücke, Stuttgart.

NISHIGUCHI, T. (1994), Strategic Industrial Sourcing: The Japanes Advantage, Oxford.

NOBEOKA, K./DYER, J. H./MADHOK, A. (2002), The influence of customer scope on supplier learning and performance in the Japanese automobile industry, in: *Journal of International Business Studies*, Vol. 33, S. 717-736.

NORRMAN, A./JANSSON, U. (2004), Ericsson's proactive supply chain risk management approach after a serious subsupplier accident, in: *International Journal of Physical Distribution and Logistics Management*, Vol. 34, H. 5, S. 434-456.

NÜBLING, J. (1991), Risikohandhabung bei der Materialbeschaffung, Hohenheim.

OBERPARLEITNER, K. (1955), Funktionen und Risiken des Warenhandels, 2. Auflage, Wien.

OELDORF, G./OLFERT, K. (2000), Materialwirtschaft, 9. Auflage, Ludwigshafen.

OI, W. Y. (1961), The desirability of price instability under perfect competition, in: *Econometrica*, Vol. 29, S. 58-64.

OLIVER, R. K./WEBBER, M. D. (1982), Supply Chain Management: Logistics Catches Up With Strategy, in: Christopher, M. (Hrsg.), Logistics: The Strategic Issues, London, S. 63-75.

OSTERTAG, R. (2008), Supply Chain Koordination im Auslauf in der Automobilindustrie: Koordinationsmodell auf Basis von Fortschrittszahlen zur dezentralen Planung bei zentraler Informationsbereitstellung, Wiesbaden.

OTTO, A./KOTZAB, H. (2002), Ziel erreicht? Sechs Perspektiven zur Ermittlung des Erfolgsbeitrags des Supply Chain Management, in: Hahn, D./Kaufmann, L. (Hrsg.), Handbuch industrielles Beschaffungsmanagement, 2. Auflage, Wiesbaden, S. 125-152.

O.V. (2003), Schlechte Noten für den Einkauf, in: *Frankfurter Allgemeine Zeitung*, Vol. 54, vom 15.09.2003, S. 19.

o.V. (2008), Vorsorgliche Rohstoffeinkäufe sind derzeit sinnvoll, in: *Technik und Einkauf: Prozessautomation*, Vol. 2, Nr. 3, S. 22.

o.V. (2009a), Rohstoffkosten Management, in: *Beschaffungsmanagement*, H. 4, S. 12-13.

o.V. (2009b), Schwimmende Lager, in: *Der Spiegel*, Vol. 62, H. 16, S. 63.

o.V. (2010a), Vale läutet Eisenerz-Preiserhöhungen ein, Internetquelle, abgerufen am 14.07.2010, auf: http://bjoernjunker.wordpress.com/2010/05/31/medienberichte-vale-lautet-eisenerz-preiserhohungen-ein/.

o.V. (2010b), Whirlpool starts hedging steel, Internetquelle, abgerufen am 12.08.2010, auf: http://insurancenewsnet.com/article.aspx?id=170904\&type=newswires.

o.V. (2010d), Hedging für Stahl- und Metallverarbeitung ungeeignet, Internetquelle, abgerufen am 14.07.2010, auf: http://stahlbroker.de/2010/06/hedging-fur-stahl-und-metallverarbeitung-ungeeignet/.

o.V. (2010e), ArcelorMittal verhandelt zukünftig quartalsweise über Stahlpreis, Internetquelle, abgerufen am 14.07.2010, auf: http://stahlbroker.de/2010/05/arcelormittal-verhandelt-zukunftig-quartalweise-uber-stahlpreis/.

o.V. (2010h), Koch Supply & Trading enter steel swap trading, Internetquelle, abgerufen am 20.08.2010, auf: http://www.allbusiness.com/primary-metal-manufacturing/iron-steel-mills-ferroalloy/772095-1.html.

Pasternack, B. A. (1985), Optimal pricing and returns policies for perishable commodities, in: *Marketing Science*, Vol. 4, H. 2, S. 166-176.

Pawlowsky, P. (1992), Betriebliche Qualifikationsstrategien und organisationales Lernen, in: Staehle, W. H./Conrad, P. (Hrsg.), Managementforschung, Berlin, S. 177-237.

PECK, H. (2005), Drivers of Supply Chain vulnerability: An integrated framework, in: *International Journal of Physical Distribution and Logistics Management*, Vol. 35, H. 3/4, S. 210-232.

PEDELL, B. (2004), Risikointerdependenzen als Ansatzpunkt für Aufgaben und Instrumente des Risikocontrolling, in: *Controlling und Management*, Vol. 48, H. 3, S. 4-11.

PELEG, B./LEE, H./HAUSMAN, W. (2002), Short term e-procurement strategies versus long term contracts, in: *Production and Operations Management*, Vol. 11, H. 4, S. 458-479.

PERRIDON, L./STEINER, M. (1997), Finanzwirtschaft der Unternehmung, 9. Auflage, München.

PETRO, M. (2008), Steel Price Surge: Part 2, Internetquelle, abgerufen am 17.11.2009, auf: http://www.supplyexcellence.com/blog/2008/04/22/steel-price-surge-integration-scarcity/.

PFENNIG, M./SCHÄFER, K. (1999), Quantifizierung von Commodity Preisrisiken, in: Steiner, M./Dittmar, T./Willinsky, C. (Hrsg.), Elektronische Dienstleistungswirtschaft und Financial Engineering, Augsburg, S. 153-177.

PFENNIG, M./SCHÄFER, K. (1999b), Preisrisiken bei Commodities: Systematisierung und Implikationen für die Quantifizierung, in: *Zeitschrift für Betriebswirtschaft*, Vol. 69, S. 569-592.

PFOHL, H. C. (2000), Supply Chain Management: Konzepte, Trends, Strategien, in: Pfohl, H. C. (Hrsg.), Supply Chain ManagementLogistik Plus? Logistikkette-MarketingketteFinanzkette, Darmstadt, S. 1-42.

PFOHL, H.-C. (2002), Risiken und Chancen: Strategische Analyse in der Supply Chain, in: Pfohl, H. C. (Hrsg.), Risiko- und Chancenmanagement in der Supply Chain, Darmstadt, S. 1-58.

PORTER, M. E. (1985), The competitive strategy, New York.

POWER, G. J./VEDENOV, D. V. (2008), The Shape of the Optimal Hedge Ratio: Modeling Joint Spot-Futures Prices using an Empirical Copula GARCH Model, Internetquelle, abgerufen am 16.04.2010, auf: http://www.farmdoc.uiuc.edu/nccc134.

PRANGE, C. (2006), Interorganisationales Lernen: Lernen in, von und zwischen Organisationen, in: Sydow, J. (Hrsg.), Management von Netzwerkorganisationen, 4. Auflage, Wiesbaden, S. 187-213.

PRÄUER, A./BERNECKER, T. (2006), Professioneller Umgang mit Risiken in Supply Netzwerken: Gestaltungsfelder des Risikomanagements, in: *Beschaffung aktuell*, Vol. 53, Nr. 3, S. 32-33.

PRICE WATERHOUSE COOPERS AG (2000), Unternehmensweites Risikomanagement: Maßnahmen zur Sicherung Ihres Unternehmenserfolges, Frankfurt am Main.

PRICE WATERHOUSE COOPERS AG (2007), Kostenmanagement in der Automobilindustrie: Bestandsaufnahme und Zukunftspotenziale, Frankfurt am Main.

PRICE WATERHOUSE COOPERS AG (2008), Derivative Finanzinstrumente in Industrieunternehmen: Einsatz, Risikomanagement und Bilanzierung nach HGB und IFRS, 4. Auflage, Ostercappeln.

PRICE WATERHOUSE COOPERS AG (2008b), Intertwined: the physical and the financial: Commodity risk in the oil & gas, power utility and mining sectors, Internetquelle, abgerufen am 15.03.2010, auf: http://www.pwc.com/en_GX/gx/energy-utilities-mining/pdf/intertwined_commodity-risk.pdf.

PRICE WATERHOUSE COOPERS AG (o.A.), Automotive Supply Chain Risk Assessment: Supply Chain Health: An ounce of prevention is worth more than a pound of cure, Internetquelle, abgerufen am 19.01.2010, auf: http://www.anella.cat/c/document_library/get_file?folderId=552813\&name=DLFE-2525.pdf.

PRIERMEIER, T. (2005), Finanzrisikomanagement im Unternehmen, München.

PRIOVOLOS, T./DUNCAN, R. C. (1991), Introduction, in: Priovolos, T./Duncan, R. C. (Hrsg.), Commodity Risk Management and Finance, Oxford, S. 1-10.

PROCUREMENT STRATEGY COUNCIL (2008), Defense of the Enterprise: 2008 Supply Risk Management Benchmarking Survey, Internetquelle, abgerufen am 20.10.2010, auf: https://cfo.executiveboard.com/public/documents/CFO_2008_Supply_Risk_Benchmarking_Report.pdf.

PROFF, H./PROFF, H. (2008), Dynamisches Automobilmanagement: Strategien für Hersteller und Zulieferer im internationalen Wettbewerb, Wiesbaden.

PUSCHKE, K. (2007), On the Design of Firms and Organizations, Berlin.

QUINN, J. B./HILMER, F. G. (1994), Strategic Outsourcing, in: *Sloan Management Review*, Vol. 35, H. 4, S. 43-55.

RADTKE, P./ABELE, E./ZIELKE, A. E. (2004), Die smarte Revolution in der Automobilindustrie: Das Auto der Zukunft, Optionen für Hersteller, Chancen für Zulieferer, Frankfurt am Main.

RAMOS, J. A. S. (2000), Financial Risk Management: A practical approach for Emerging Markets, Baltimore.

RAPPAPORT, A. (1986), Creating shareholder value: The new standard for business performance, Bridgend.

RAUTENSTRAUCH, T. (2002), SCM Integration in heterarchischen Unternehmensnetzwerken, in: Busch, A./Dangelmaier, W. (Hrsg.), Integriertes Supply Chain Management, Wiesbaden, S. 343-362.

RECYCLING MAGAZIN (2009), Londoner Metallbörse: 1,5 Millionen Stahl-Futures gehandelt, Internetquelle, abgerufen am 17.11.2009, auf: http://www.recyclingmagazin.de/rm/news_detail.asp?ID=11066\&MODE=2\&NS=1.

REH, G. (2001), Ablaufplan: Einführung eines Risiko Managementsystems, in: Gleißner, W./Meier, G. (Hrsg.), Wertorientiertes Risikomanagement für Industrie und Handel, Wiesbaden, S. 27-42.

REICHLING, P./BIETKE, D./HENNE, A. (2007), Praxishandbuch Risikomanagement und Rating: Ein Leitfaden, 2. Auflage, Wiesbaden.

REISS, M./PRÄUER, A. (2003), Win Win Partnerschaften in der Beschaffung, in: *Beschaffung Aktuell*, Vol. 50, Nr. 2, S. 28-31.

RIEKEBERG, M. (2003), Erfolgsfaktoren bei Sparkassen: Kausalanalytische Untersuchung mittels linearer Strukturgleichungsmodelle, Wiesbaden.

RIPPE, J./THOLEN, J. (2008), Beschäftigung und Verflechtungsbeziehungen der Automobilindustrie und ihrer Zulieferer in der Metropolregion Bremen-Oldenburg, Internetquelle, abgerufen am 19.11.2009, auf: http://www.iaw.uni-bremen.de/downloads/Kfz-Endbericht-neu.pdf.

RISKMETRICSGROUP (JP MORGAN) (1999), Risk Management a practical guide, Internetquelle, abgerufen am 21.10.2010, auf: http://www.riskmetrics.com/system/files/private/RMGuide.pdf.

ROGERS, J. (2005), Rohstoffe: Der attraktivste Markt der Welt, München.

ROGGE, K. E. (1995), Basiskarte: Ergebungsmethoden, in: Rogge, K. E. (Hrsg.), Methodenatlas, Berlin, S. 100-108.

ROGLER, S. (2002), Risikomanagement im Industriebtrieb: Analyse von Beschaffungs-, Produktions- und Absatzrisiken, Wiesbaden.

ROLAND, F. (1993), Beschaffungsstrategien, Bergisch-Gladbach.

ROMEIKE, F. (2005), Risikokategorien im Überblick, in: Romeike, F. (Hrsg.), Modernes Risikomanagement, Weinheim, S. 17-32.

ROMEIKE, F./HAGER, P. (2009), Erfolgsfaktor Risikomanagement 2.0: Methoden, Beispiele und Checkliste: Praxishandbuch für Industrie und Handel, 2. Auflage, Wiesbaden.

ROSE, M. (o.A.), Kooperationsmanagement: Sicherung der Wettbewerbsfähigkeit durch zwischenbetriebliche Kooperation, Internetquelle, abgerufen am 13.04.2010, auf: www.innomedia.info/Downloads/2008-01-17.4038341891/download.

ROSENKRANZ-KAISER, J. (2008), Niedrige Preise langfristig sichern, Internetquelle, abgerufen am 20.10.2010, auf: http://www.industrieanzeiger.de/einkauf/-/article/12503/68562//Niedrige+Preise+langfristig+sichern/art_co_INSTANCE_0000/maximized.

ROTEMBERG, J. J. (2005), Customer anger at price increases, changes in the frequency of price adjustment and monetary policy, in: *Journal of Monetary Economics*, Vol. 52, No. 4, S. 829-852.

RUCH, M. (2005), Die Automobilindustrie braucht den Stahl, in: *Stahlmarkt*, Vol. 56, H. 9, S. 21-22.

RUDNITZKI, J. (1999), TANDEM: Die Lieferantenkooperation von Daimler Chrysler, in: Hahn, D./Kaufmann, L. (Hrsg.), Handbuch industrielles Beschaffungsmanagement, Wiesbaden, S. 168-185.

SABLOFF, M. (1996), Integrated risk management, in: Smith, K. T./Kennison, P. (Hrsg.), Commodity Derivatives and Finance, Rochester, S. 155-176.

SACHS, G. (2005), Corporate Commodity Risk Management in Practice, Internetquelle, abgerufen am 15.03.2010, auf: http://www.riskwhoswho.com/Resources/GutmanJames1.pdf.

SALANIE, B. (2005), The economics of contracts: A primer, 2. Auflage, Cambridge.

SALVENMOSER, C. (2009), Preisklauseln schützen vor steigenden Kosten, Internetquelle, abgerufen am 17.11.2009, auf: http://www.handelsblatt.com/preisklauseln-schuetzen-vor-steigenden-kosten;2275628.

SANDIG, C. (1935), Grundriß der Beschaffung, in: *Die Betriebswirtschaft*, 28. Jg., H. 8, S. 175-182.

SCHANZ, G. (1991), Motivationale Grundlagen der Gestaltung von Anreizsystemen, in: Schanz, G. (Hrsg.), Handbuch Anreizsysteme, Stuttgart, S. 3-30.

SCHEURING, H. (2008), Der www-Schlüssel zum Projektmanagement: Projektevaluation und -priorisierung, Internetquelle, abgerufen am 19.04.2010, auf: http://www.pm-schluessel.com/index.php?option=com_content\&view=article\&id=345\&Itemid=147.

SCHICK, C. (2002), Die kooperative Supply Chain bei dm drogerie markt GmbH & Co.KG: Risiken und Chancen, in: Pfohl, H. C. (Hrsg.), Risiko- und Chancenmanagement in der Supply Chain, Darmstadt, S. 127-154.

SCHIERENBECK, H. (1990), Bank- und Versicherungslexikon, München.

SCHIERENBECK, H. (2000), Risk-Controlling in der Praxis: rechtliche Rahmenbedingungen und geschäftspolitische Konzeptionen in Banken, Versicherungen und Industrie, Stuttgart.

SCHINDLBECK, K./DIRINGER, F. (2007), Controlling im Mittelstand 2007, Deggendorf.

SCHLÜCHTERMANN, J./VÖLKL, S. (2004), Rekonfiguration der Logistikaktivitäten in einer Supply Chain mit Hilfe der Prozesskostenrechnung, in: *Controlling*, Vol. 16, H. 7, S. 385-392.

SCHMIDT, C. (1996), Hedge Accounting mit Optionen und Futures: Eine Konzeption für die Schweiz unter Berücksichtigung nationaler und internationaler Rahmenbedingungen, Zürich.

SCHOLEY, C. (2006), Risk and the Balanced Scorecard: organizations around the globe need to step up their risk management initiatives, Internetquelle, abgerufen am 17.09.2009, auf: http://www.allbusiness.com/management/1191110-1.html.

SCHOLZ, J. (2000), Globalisierung und Konzentration verändern die Branche, in: *Beschaffung Aktuell*, Vol. 47, Nr. 5, S. 38-41.

SCHONERT, T. (2008), Interorganisationale Wertschöpfung in der deutschen Automobilindustrie, Wiesbaden.

SCHÖNSLEBEN, P. (2004), Integrales Logistikmanagement: Planung und Steuerung der umfassenden Supply Chain, 4. Auflage, Berlin.

SCHREYÖGG, G. (1999), Organisation, 3. Auflage, Wiesbaden.

SCHRÖDER, S. (2008), Absicherung im Stahleinkauf, in: *Beschaffung Aktuell*, Vol. 55, Nr. 2, S. 24-25.

SCHUBERT, M. (2004), Risikomanagement im Beschaffungsmarketing, Köln.

SCHUH, G./FRIEDLI, T. (2003), Vom Einkauf zum virtuellen Unternehmen, in: Boutellier, R./Wagner, S./Wehrli, H. P. (Hrsg.), Handbuch Beschaffung: Strategien, Methoden, Umsetzung, München, S. 1-22.

SCHULZ, R./ASENKERSCHBAUMER, M. (2008), Innovationsmanagement der REHAU-Unternehmensgruppe, in: Materialwirtschaft, B. (Hrsg.), Best Practice in Einkauf und Logistik, 2. Auflage, Wiesbaden, S. 25-40.

SCHWENK, C. R. (1994), Commentary, in: Shrivastava, P./Huff, A. S./Dutton, J. E. (Hrsg.), Advances in Strategic Management: Interorganizational Relations and Interorganizational Strategies, Greenwich, S. 41-46.

SEBASTIAN, K.-H. (1999), Beschaffung und Verkauf: Von der Konfrontation zur Kooperation, in: Hahn, D./Kaufmann, L. (Hrsg.), Handbuch industrielles Beschaffungsmanagement, Wiesbaden, S. 381-398.

SECRICON GMBH, SECURITY & RISK CONSULTING (o.A.), Erfolgsfaktoren Risikomanagement, Internetquelle, abgerufen am 09.02.2010, auf: http://www.secricon.com/pdf/Risikomanagement%20Checkliste.pdf.

SEITER, M. (2006), Risikomanagement in komplexen Unternehmenskooperationen, in: *Controlling*, Vol. 18, H. 11, S. 575-581.

SEITER, M. (2008), Behavioural Risk in Supply Networks, in: Zsidisin, G./Ritchie, B. (Hrsg.), Supply Chain Risk: A Handbook of Assessment, Management, and Performance, New York, S. 235-247.

SENIK, D. (2007), Neue Anforderungen an Risikomessung bei kollektiven Kapitalanlagen in der Schweiz, Internetquelle, abgerufen am 09.09.2010, auf: http://www.pwc.ch/user_content/editor/files/ind_bank_gips/pwc_pres_070531_senik_d.pdf.

SHAFIR, E./DIAMOND, P./TVERSKY, A. (1997), Money Illusion, in: *Quarterly Journal of Economics*, Vol. 112, H. 2, S. 341-374.

SHARPE, W. F. (1964), Capital asset prices: A theory of market equilibrium under conditions of risk, in: *Journal of Finance*, Vol. 19, Nr. 3, S. 425-442.

SHESHINSKI, E./WEISS, Y. (1977), Inflation and the Cost of Price Adjustments, in: *Review of Economic Studies*, Vol. 50, S. 287-303.

SHETH, J. N./SHARMA, A. (1997), Supplier relationships, in: *Industrial Marketing Management*, Vol. 11, S. 91-100.

SHIM, J. K./SIEGEL, J. G. (2001), Handbook of Financial Analysis, Forecasting and Modeling, 2. Auflage, New Jersey.

SHIN, O. (2002), Portfolio Diversifikation und Hedging, Lohmar.

SIEBERS, A. B. (1996), Warentermingeschäfte, Stuttgart.

SIEBERT, H. (2006), ökonomische Analyse von Unternehmensnetzwerken, in: Sydow, J. (Hrsg.), Management von Netzwerkorganisationen, 4. Auflage, Wiesbaden, S. 7-28.

SIEGWART, H./SENTI, R. (1995), Product Life Cycle Management. Die Gestaltung eines integrierten Produktlebenszyklus, Stuttgart.

SIEPERMANN, C./VOCKEROTH, J. (2008), Empfehlungen zur Gestaltung einer Risiko-Balanced Scorecard für die Beschaffung, in: Bogaschewsky, R. et al. (Hrsg.), Supply Management Research: Aktuelle Forschungsergebnisse 2008, Wiesbaden, S. 69-101.

SIMON, H. (2009), Ein Lob dem Shareholder Value, in: *Manager Magazin*, Vol. 39, H. 6, S. 75.

SINGH, K. (2004), Risk Management Hedging Commodity Exposure, Internetquelle, abgerufen am 17.06.2006, auf: http://undergrad.wharton.upenn.edu/research/scholars/volume1/Karanjit_Singh_Research_Paper.pdf#search=%22Hedging%20Commodity%20Exposure%22.

SMITH, C./STULZ, R. (1985), The determinants of firms' hedging policies, in: *Journal of Financial and Quantitative Analysis*, Vol. 20, No. 4, S. 391-405.

SMITH, L. (1998), Portfolio Simulation: Stress Testing Techniques, in: Das, S. (Hrsg.), Risk Management and Financial Derivatives, New York, S. 685-696.

SMITH, M. E. (2008), Psychological Foundations of Supply Chain Risk Management, in: Zsidisin, G./Ritchie, B. (Hrsg.), Supply Chain Risk: A Handbook of Assessment, Management, and Performance, New York, S. 219-233.

SMITH, R. (2002), Global Supply Chain Performance and Risk Optimization: The value of Real Options Flexibility Demonstrated in the Global Automotive Industry, Wiesbaden.

SOELLNER, N. F./MACKRODT, C. (1999), Leadership Practices in Procurement Management, in: Hahn, D./Kaufmann, L. (Hrsg.), Handbuch Industrielles Beschaffungsmanagement, Wiesbaden, S. 74-99.

Specht, D./Mieke, C. (2007), Risiko Controlling in Supply Chains, in: *Industrie Management*, Vol. 23, H. 6, S. 17-20.

Spreman, K. (1990), Investition und Finanzierung, 3. Auflage, München.

Stadtler, H./Kilger, C. (2000), Supply Chain Management and Advanced Planning, Berlin.

Stangl, U. (1988), Beschaffungsmarktforschung: Ein heuritisches Entscheidungsmodell, 2. Auflage, Köln.

Steffin, U. (2002), Das risikopolitische Potential von Warentermingeschäften und Konzeption eines Entscheidungsunterstützungssystems zur Durchführung von Warentermingeschäften in der landwirtschaftlichen Praxis, München.

Steinaecker von, J./Kühner, M. (2001), Supply Chain Management: Revolution oder Modewort? in: Lawrenz, O. et al. (Hrsg.), Supply Chain Management, 2. Auflage, Braunschweig, S. 39-70.

Steiner, M./Bruns, C. (2002), Wertpapiermanagement: Professionelle Wertpapieranalyse und Portfoliostrukturierung, 8. Auflage, Stuttgart.

Stephens, J. J. (2001), Managing Commodity Risk using Commodity Futures and Options, Chichester.

Stölzle, W. (2007), Beschaffung als Herausforderung für das Controlling, in: *Controlling and Management*, Vol. 51, H. 3, S. 200-203.

Stölzle, W. (1999), Industrial Relationships, München.

Streitferdt, L. (1973), Grundlagen und Probleme der betriebswirtschaftlichen Risikotheorie, Wiesbaden.

STREITMAYER, S. (2008), Rohstoffe Go. LME-Stahlfutures: Auftakt des Stahlterminhandels an der LME, Internetquelle, abgerufen am 17.11.2009, auf: http://www.finanzen.net/nachricht/rohstoffe/Rohstoffe-Go-LME-Stahlfutures-Auftakt-des-Stahlterminhandels-an-der-LME-351246.

STROHMEIER, G. (2007), Ganzheitliches Risikomanagement in Industriebetrieben, Wiesbaden.

STULZ, R. (1996), Rethinking risk management, Internetquelle, abgerufen am 17.08.2006, auf: http://www.cob.ohio-state.edu/fin/journal/dice/papers/1996/96-17.pdf.

SUEN, W. W. (2005), Non-Cooperation: The dark side of strategic alliances, Hampshire.

SVENSSON, G. (2004), Key Areas, causes and contingency planning of corporate vulnerability in supply chains, in: *International Journal of Physical Distribution and Logistics Management*, Vol. 34, Nr. 9, S. 728-748.

SYDOW, J. (1992), Strategische Netzwerke. Evolution und Organisation, 4. Auflage, Wiesbaden.

SYDOW, J. (2003), Dynamik von Netzwerkorganisationen: Entwicklung, Evolution, Strukturation, in: Hoffmann, W. H. (Hrsg.), Die Gestaltung der Organisationsdynamik, Stuttgart, S. 327-356.

TAKEISHI, A. (2001), Bridging inter and intra firm boundaries: Management of supplier involvement in automobile product development, in: *Strategic Management Journal*, Vol. 22, S. 403-433.

TAKEISHI, A. (2002), Knowledge partitioning in the interfirm division of labor: The case of automotive product development, in: *Organization Science*, Vol. 13, S. 321-338.

TALEB, N. (2005), Fooled by Randomness: The Hidden Role of Chance in the Markets and in Life, 2. Auflage, New York.

TANG, C./TOMLIN, B. (2008), How much flexibility does it take to mitigate supply chain risk? in: Zsidisin, G./Ritchie, B. (Hrsg.), Supply Chain Risk: A Handbook of Assessment, Management, and Performance, New York, S. 155-174.

TEAGUE, P. E. (2009), The risk disconnect, Internetquelle, abgerufen am 29.06.2009, auf: http://brainnet.com/phpwcms/pdf/0902/090228_prchasingcom_the_risk_disconnect.pdf.

TEUTENBERG, F. (2007), Supply Chain Risk Management: A neural approach, in: Ijioui, R./Emmerich, H./Ceyp, M. (Hrsg.), Strategies and tactics in supply chain event management, Berlin, S. 100-118.

THE ECONOMIST INTELLIGENCE UNIT (2007), Best Practice in Risk Management: A function comes of age, Internetquelle, abgerufen am 21.10.2010, auf: http://www.kpmg.com.au/Portals/0/eiu_Risk_Management.pdf.

THE STEELINDEX (2009), Stahl Futures, Internetquelle, abgerufen am 17.11.2009, auf: http://www.thesteelindex.com/de/stahl-futures/.

THEISEN, P. (1974), Beschaffung und Beschaffungslehre, in: Tietz, B. (Hrsg.), HWA: Handwörterbuch der Absatzwirtschaft, Stuttgart, Sp. 338-351.

THEISEN, P. (1974b), Beschaffungpolitik, in: Grochla, E./Wittmann, W. (Hrsg.), HWB: Handbuch der Betriebswirtschaft, 4. Auflage, Stuttgart, Sp. 494-503.

THIEMT, F. (2003), Risikomanagement im Beschaffungsbereich, Göttingen.

THONEMANN, U. et al. (2003), Supply Chain Champions, Wiesbaden.

TOMASEVIC, J. T. (2008), Growing together : Creating Value bei der CLAAS Gruppe, in: Materialwirtschaft (Hrsg.), Best Practice in Einkauf und Logistik, 2. Aufl. Wiesbaden, S. 41-55.

TONI, A./NASSIMBENI, G./TONCHIA, S. (1994.), New trends in supply environment, in: *Logistics Information Management*, Vol. 7, No. 4, S. 41-50.

TRKMAN, P./MCCORMACK, K. (2009), Supply Chain Risk in turbulent environments : A conceptual model for managing supply chain network risk, in: *International Journal of Production Economics*, Vol. 119, Nr. 6, S. 247-258.

TROSSMANN, E./BAUMEISTER, A. (2004), Risikocontrolling in kleinen und mittleren Unternehmungen mit Auftragsfertigung, in: *Controlling and Management*, Sonderheft, S. 74-85.

TUFANO, P. (1996), Who manages risk? An empirical examination of risk management practices in the gold mining industry, in: *Journal of Finance*, 51. Jg., No. 4, S. 1097-1137.

UHLMANN, D. (1999), Strategisches Management von Unternehmenskooperationen, in: Luczak, H./Schenk, M. (Hrsg.), Kooperationen in Theorie und Praxis, Düsseldorf, S. 287-309.

UNITED NATIONS CONFERENCE ON TRADE AND DEVELOPMENT (UNCTAD) (1998), A survey of commodity risk management instruments, Internetquelle, abgerufen am 20.10.2010, auf: http://www.unctad.org/en/docs/pocomd15r2.en.pdf.

VAN DONK, D./VAN DER VAART, T. (2005), A case of shared resources, uncertainty and supply chain integration in the process industry, in: *International Journal of Production Economics*, Vol. 96, S. 97-108.

VAN WEELE, A. J. (2005), Purchasing and Supply Chain Management: Analysis, Strategy, Planning and Practice, 4. Auflage, London.

VAUGHAN, E. J. (1997), Risk Management, New York.

VELOSO, F./KUMAR, R. (2002), The Automotive Supply Chain: Global Trends and Asian Perspectives, Internetquelle, abgerufen am 18.11.2009, auf: http://www.adb.org/Documents/ERD/Working_Papers/WP003.pdf.

VERBAND DER AUTOMOBILINDUSTRIE (VDA) (2009), Jahresbericht 2009, Frankfurt am Main.

VOEGELE, A. R. (2008), Innovative Sourcing: Stellgrößen, Maßnahmen, Erfolgsfaktoren, in: Materialwirtschaft, B. (Hrsg.), Best Practice in Einkauf und Logistik, 2. Auflage, Wiesbaden, S. 135-148.

VOGLER, M./GUNDERT, M. (1998), Einführung von Risikomanagementsystemen: Hinweise zur praktischen Ausgestaltung, in: *Der Betrieb*, Vol. 53, H. 29, S. 1425-1431.

VOLKSWAGEN AG (2010), Geschäftsbericht der Volkswagen AG 2009, Wolfsburg.

VON DEN EICHEN, S. A. (2005), Wie ist es um die Vernetzung der Unternehmen bestellt? Die Automobilwirtschaft als Orientierung, in: Stahl, H./Eichen, S. A. von den (Hrsg.), Vernetzte Unternehmen: wirkungsvolles Agieren in Zeiten des Wandels, Berlin, S. 83-100.

WAGNER, S. (2001), Strategisches Lieferantenmanagement in Industrieunternehmen, Bern.

WALLENTOWITZ, H./FREIALDENHOVEN, A./OLSCHEWSKI, I. (2008), Strategien in der Automobilindustrie: Technologietrends und Marktentwicklungen, Wiesbaden.

WALTHER, J. (2001), Konzeptionelle Grundlagen des Supply Chain Managements, in: Walther, J./Bund, M. (Hrsg.), Supply Chain Management, Frankfurt am Main, S. 11-31.

WANNENWETSCH, H. (2010), Integrierte Materialwirtschaft und Logistik: Beschaffung, Logistik, Materialwirtschaft und Produktion, 4. Auflage, Heidelberg.

WASSERMANN, O. (2002), Die transparente Supply Chain: Notwendige Grundlage für das Chancenmanagement, in: Risiko- und Chancenmanagement in der Supply Chain Darmstadt, S. 59-78.

WATERS, D. (2007), Supply Chain Risk Management: Vulnerability and Resilience in Logistics, Philadelphia.

WAUGH, F. V. (1944), Does the consumer benefit from price instability? in: *Quarterly Journal of Economics*, Vol. 58, S. 602-614.

WEBER, J./BACHER, A./GROLL, M. (2002), Instrumente des Supply Chain Controlling, in: Busch, A./Dangelmaier, W. (Hrsg.), Integriertes Supply Chain Management, Wiesbaden, S. 145-168.

WEBER, J./SCHÄFFER, U. (1999), Balanced Scorecard & Controlling, Wiesbaden.

WEBER, J./SCHÄFFER, U. (2000), Controlling als Koordinationsfunktion? in: *Kostenrechnungspraxis*, 44. Jg., S. 109-118.

WEBER, J./WEISSENBERGER, B. E./LIEKWEG, A. (1999b), Ausgestaltung eins unternehmerischen Chancen- und Risikomanagements nach dem KonTraG, in: *Deutsches Steuerrecht*, Vol. 37, H. 41, S. 1710-1716.

WEISS, J. (2009), Financial Supply Chain Management mit SAP ERP, Bonn.

WERTZ, B. (2000), Management von Lieferanten Produzenten Beziehungen, Wiesbaden.

WHIPPLE, J. M./FRANKEL, R. (2000), Strategic alliance success factors, in: *Journal of Supply Chain Management*, Vol. 36, H. 3, S. 21-28.

WIEDEMANN, A. (2002), Messung und Steuerung von Risiken im Rahmen des industriellen Treasury Managements, in: Hölscher, R./Elfgen, R. (Hrsg.), Herausforderung Risikomanagement, Wiesbaden, S. 505-523.

WIEDEMANN, A./HAGER, P. (2003), Messung finanzieller Risiken mit Cash Flow at Risk/ Earnings at Risk Verfahren, in: Romeike, F./Finke, R. (Hrsg.), Erfolgsfaktor Risikomanagement, Wiesbaden, S. 217-233.

WILDEMANN, H. (1997b), Fertigungsstrategien, 3. Auflage, München.

WILDEMANN, H. (2001), Einkaufspotenzialanalyse: Leitfaden zur Kostensenkung und Gestaltung der Abnehmer Lieferanten Beziehung, 10. Auflage, München.

WILDEMANN, H. (2002), Einkaufspotentialanalyse. Programme zur partnerschaftlichen Erschliessung von Rationalisierungspotentialen, München.

WILDEMANN, H. (2004), Risikomanagement: Zur Umsetzung eines Risikomanagement Systems für die wertorientierte Steuerung von Unternehmen, München.

WILDEMANN, H. (2007), Hedging im globalen Einkauf, in: *Logistik Inside*, Vol. 6, H. 12, S. 61-68.

WILDEMANN, H. (1997), Koordination von Unternehmensnetzwerken, in: *Zeitschrift für Betriebswirtschaft*, Vol. 67, H. 4, S. 417-439.

WILDEMANN, H. (2005), Produktion hat goldenen Boden, in: *Frankfurter Allgemeine Zeitung*, vom 24.01.2005, S. 20.

WILDEMANN, H. (2008), Risikomanagement im globalen Einkauf, in: *Beschaffung Aktuell*, Vol. 55, Nr. 1, S. 16 –17.

WILLIAMS, C. A./HEINS, R. M. (1989), Risk Management and Insurance, 6. Auflage, New York.

WILLIAMS, J. C./WRIGHT, B. D. (1991), Storage and Commodity Markets, Cambridge.

WILLIAMSON, O. E. (1975), Markets and Hierarchies, New York.

WILLIAMSON, O. E. (1979), Transaction Cost Economics: The Governance of Contractual Relations, in: *The journal of Law and Economics*, Vol. 22, S. 233-261.

WILLNOW, J. (1996), Derivative Finanzinstrumente, Wiesbaden.

WINKLER, H. (2005), Konzept und Einsatzmöglichkeiten des Supply Chain Controlling: Am Beispiel einer Virtuellen Supply Chain Organisation, Wiesbaden.

WINKLER, H. (2006), Zielplanung und Zielabstimmung in strategischen Supply Chain Netzwerken, in: Blecker, T./Gemünden, H. G. (Hrsg.), Wertschöpfungsnetzwerke, Berlin, S. 237-252.

WINTER, P. (2006), Risikocontrolling in Nicht-Finanzunternehmen, Köln.

WISNER, J. D./TAN, K. C. (2000), Supply Chain Management and its impact on purchasing, in: *Journal of Supply Chain Management*, Vol. 36, S. 33-42.

WITTMANN, E. (2000), Organisation des Risikomanagements im Siemens Konzern, in: Schierenbeck, H. (Hrsg.), Risk Controlling in der Praxis. Rechtliche Rahmenbedingungen und geschäftspolitische Konzeptionen in Banken, Versicherung und Industrie, Stuttgart, S. 457-482.

WITTMANN, E. (2000b), Risikomanagement im internationalen Konzern, in: Dörner, D./ Saitz, B./Kagermann, H. (Hrsg.), Praxis des Risikomanagements: Grundlagen, Kategorien, branchenspezifische und strukturelle Aspekte, Stuttgart, S. 789-820.

WITZEL, A. (1989), Das problemzentrierte Interview, in: Jüttemann, G. (Hrsg.), Qualitaitve Forschung in der Psychologie. Grundlagen, Verfahrensweisen, Anwendungsfelder, Heidelberg, S. 227-256.

WÖHE, G./BILSTEIN, J. (2002), Grundzüge der Unternehmensfinanzierung, 9. Auflage, München.

WOLF, K./RUNZHEIMER, B. (2000), Risikomanagement und KonTraG, Wiesbaden.

WOLF, K. (2003), Risikomanagement im Kontext der wertorientierten Unternehmensführung, Wiesbaden.

WOLFF, C. (2005), Stabilität und Flexibilität von Kooperationen: Entwicklung einer wettbewerbsorientierten Flexibilitätstheorie am Beispiel der Automobilbranche, Wiesbaden.

WOLTERS, H. (1995), Modul- und Systembeschaffung in der Automobilindustrie: Gestaltung der Kooperation zwischen europäischen Hersteller- und Zulieferunternehmen, Wiesbaden.

WOODS, M./HUMPHREY, C. (2008), Monitoring of the Risk Management System and the Role of internal and external Audit, in: Woods, M./Kajüter, P./Linsley, P. (Hrsg.), International Risk Management: Systems, Internal Control and Corporate Governance, Baddress = Internetquelle, URLington, S. 123-142.

WOODSIDE, A. G./VYAS, N. (1987), Industrial Purchasing Strategies: Recommendations for purchasing and marketing managers, Toronto.

WORKING, H. (1953a), Futures Trading and Hedging, in: *American Economic Review*, Vol. 43, S. 314-343.

WORKING, H. (1953b), Hedging Reconsidered, in: *Journal of Farm Economics*, Vol. 35, S. 544-561.

WORKING, H. (1960), Speculation on Hedging Markets, in: *Food Research Institute Studies*, Vol. 1, S. 185-220.

WU, D. J./KLEINDORFER, P. R./ZHANG, J. E. (2002), Optimal bidding and contracting strategies for capital-intensive goods, in: *European Journal of Operational Research*, Vol. 137, H. 3, S. 657-676.

WYGODA, S. (2005), Risiko als Chance: Risikomanagement als Ansatz innovativer Unternehmensentwicklung: Eine managementtheoretische Analyse, Berlin.

YANAGISAWA, A. (2009), Usefullness of the Forward Curve in Forecasting Oil Prices, Internetquelle, abgerufen am 19.07.2010, auf: www.eaber.org/intranet/documents/96/2117/IEEJ_Yanagisawa_2009.pdf.

ZABOTA, D. (2008), Gemeinsamer Einkauf als Rettung, in: *Beschaffung Aktuell*, Vol. 55, Nr. 6, S. 6.

ZAHN, E./KAPMEIER, F./TILEBEIN, M. (2006), Netzwerkstrukturen und Netzwerkbildung, in: Blecker, T./Gemünden, H. G. (Hrsg.), Wertschöpfungsnetzwerke, Berlin, S. 17-34.

ZANGER, C. (1997), Opportunities and risks of network arrangements among small and large firms within supply chain, in: Raffa, M./Capaldo, G. (Hrsg.), Opportunities and risks of network arrangements among small and large firms within supply chain, Neapel, S. 67-81.

ZAWISLA, T. (2008), Risikoorientiertes Lieferantenmanagement, Berlin.

ZECH, J. (2002), Integriertes Risikomanagement: Status quo und Entwicklungstendenzen aus der Perpektive eines Versicherungskonzerns, in: Hölscher, R./Elfgen, R. (Hrsg.), Herausforderung Risikomanagement. Identifikation Bewertung und Steuerung industrieller Risiken, Wiesbaden, S. 33-49.

ZENTES, J./SWOBODA, B./MORSCHETT, D. (2003), Kooperationen, Allianzen und Netzwerke: Grundlagen, Metaanalyse und Kurzabriss, in: Zentes, J./Swoboda, B./Morschett, D. (Hrsg.), Kooperationen, Allianzen und Netzwerke. Grundlagen, Ansätze, Perspektiven, Wiesbaden, S. 3-22.

ZIEGENBEIN, A. (2007), Supply Chain Risiken: Identifikation, Bewertung und Steuerung, Zürich.

ZOBOLSKI, A. (2008), Kooperationskompetenz im dynamischen Wettbewerb, Wiesbaden.

ZOLLO, M./REUER, J. J./SINGH, H. (2002), Interorganizational routines and performance in strategic alliances, in: *Organization Science*, Vol. 13, H. 6, S. 701-713.

ZSIDISIN, G. (2004b), Early Supplier Involvement as a Tool for Reducing Supply Risk, in: Brindley, C. (Hrsg.), Supply Chain Risk, Hampshire, S. 117-129.

ZSIDISIN, G./ELLRAM, L. (2003), An Agency Theory Investigation of Supply Risk Management, in: *The Journal of Supply Chain Management*, Vol. 39, H. 3, S. 15-27.

ZSIDISIN, G./RITCHIE, B. (2008b), Supply Chain Risk Management: Developments, Issues and Challenges, in: Zsidisin, G./Ritchie, B. (Hrsg.), Supply Chain Risk: A handbook of assessment, management, and performance, New York, S. 1-12.

ZSIDISIN, G. et al. (2008), Supply risk perception and practices: an exploratory comparison of German and US supply management professionals, in: *International Journal of Technology, Policy and Management*, Vol. 8, Nr. 4, S. 401-419.